SketchUp（中国）授权培训中心官方指定教材

SketchUp材质系统精讲

孙　哲　潘　鹏　编著

清华大学出版社
北京

内 容 简 介

除了三维建模的"点线面体"，SketchUp 能做的还有很多，本书要讨论的是三维建模之外的另一半。虽然书名是"材质系统精讲"，其实"材质"只占其中一小部分。

本书和同名的视频教程是 SketchUp（中国）授权培训中心官方指定的教学培训与应考辅导教材。本书中的部分内容已被收录在 SketchUp（SCA）各等级资格认证考试的题库内。

本书可供想要提高模型表达能力的 SketchUp 用户学习参考，也可作为各大专院校、中职中技的专业教材，还可供在职设计师自学后参与技能认证。

图书在版编目（CIP）数据

SketchUp 材质系统精讲 / 孙哲，潘鹏编著 . —北京：清华大学出版社，2022.5
SketchUp（中国）授权培训中心官方指定教材
ISBN 978-7-302-59554-0

Ⅰ.①S…　Ⅱ.①孙…　②潘…　Ⅲ.①建筑设计—计算机辅助设计—应用软件—中等专业学校—教材
Ⅳ.①TU201.4

中国版本图书馆CIP数据核字（2021）第231345号

责任编辑：张　瑜
封面设计：潘　鹏
责任校对：周剑云
责任印制：杨　艳

出版发行：清华大学出版社
　　　　　网　　　址：http://www.tup.com.cn, http://www.wqbook.com
　　　　　地　　　址：北京清华大学学研大厦A座　　　　　邮　　编：100084
　　　　　社 总 机：010-83470000　　　　　　　　　　　邮　　购：010-62786544
　　　　　投稿与读者服务：010-62776969, c-service@tup.tsinghua.edu.cn
　　　　　质量反馈：010-62772015, zhiliang@tup.tsinghua.edu.cn
　　　　　课件下载：http://www.tup.com.cn, 010-62791865
印 装 者：小森印刷霸州有限公司
经　　销：全国新华书店
开　　本：190mm×260mm　　印　张：30　　字　数：725千字
版　　次：2022年5月第1版　　印　次：2022年5月第1次印刷
定　　价：128.00元

产品编号：093688-01

SketchUp官方序

自 2012 年天宝（Trimble）公司从谷歌（Google）收购 SketchUp 以来，这些年 SketchUp 的功能得以持续开发和迭代，目前已经发展成天宝建筑最核心的通用三维建模及 BIM 软件。几乎所有的天宝软、硬件产品都已经和 SketchUp 连通，因此可以将测量测绘、卫星图像、航拍倾斜摄影、3D 激光扫描点云等信息导入 SketchUp；用 SketchUp 进行设计和深化之后也可通过 Trimble Connect 云端协同平台与 Tekla 结构模型、IFC、rvt 等格式协同，也可结合天宝 MR/AR/VR 软、硬件产品进行可视化展示，以及结合天宝 BIM 放样机器人进行数字化施工。

近期天宝公司发布了最新的 3D Warehouse 参数化的实时组件（Live Component）功能，以及未来参数化平台 Materia，将为 SketchUp 打开一扇新的大门，未来还会有更多、更强大的 SketchUp 衍生开发产品陆续发布。由此可以看出，SketchUp 已经发展为天宝 DBO（设计、建造、运维）全生命周期解决方案的核心工具。

SketchUp 在中国的建筑、园林景观、室内设计、规划以及其他众多设计专业里有非常庞大的用户基础和市场占有率。然而大部分用户仅仅使用了 SketchUp 最基础的功能，并不知道虽然 SketchUp 的原生功能很简单，但通过这些基础功能，结合第三方插件的拓展，众多资深用户可以将 SketchUp 发挥成一个极其强大的工具，处理复杂的造型和庞大的设计项目。

SketchUp（中国）授权培训中心的官方教材编审委员会已经组织编写了一批相关的通用纸质和多媒体教材，后续还将推出更多新的教材，其中，ATC 副主任孙哲老师（SU 老怪）的教材和视频对很多基础应用和技巧做了很好的归纳总结。孙哲老师是国内最早的 SketchUp 用户之一，从事 SketchUp 教育培训工作十余年，积累了大量的教学成果。未来还需要 SketchUp（中国）授权培训中心以孙哲老师为代表的教材编审委员能贡献更多此类相关教材，助力所有用户更加高效、便捷地创作出更多优秀的作品。

向所有为 SketchUp 推广应用做出贡献的老师们致敬。

向所有 SketchUp 的忠实用户致敬。

SketchUp 将与大家一起进步和飞跃。

SketchUp 大中华区经理
王奕（Vivien）

SketchUp 大中华区技术总监
张然（Leo Z）

　　《SketchUp 材质系统精讲》是"SketchUp（中国）授权培训中心"（以下称为 ATC）在中国大陆地区出版的官方指定系列教材中的一部分。此系列教材已经陆续出版了《SketchUp 要点精讲》、《SketchUp 学员自测题库》、《SketchUp 建模思路与技巧》、《LayOut 制图基础》、《SketchUp 材质系统精讲》五种图书与配套的视频教程，即将完稿的还有《SketchUp 曲面建模思路与技巧》。另外，《SketchUp 动画创作技法》《SketchUp 插件应用手册》《SketchUp 动态组件手册》等书籍以及与之配套的一系列官方视频教程也在规划中。

　　SketchUp 软件诞生于 2000 年，经过二十年的演化升级，已经成为全球用户最多、应用最广泛的三维设计软件。自 2003 年登陆中国以来，在城市规划、建筑、园林景观、室内设计、产品设计、影视制作与游戏开发等专业领域，越来越多的设计师转而使用 SketchUp 来完成自身的工作。2012 年，Trimble（天宝）从 Google（谷歌）收购了 SketchUp。凭借 Trimble 强大的科技实力，SketchUp 迅速成为融合地理信息采集、3D 打印、VR/AR/MR 应用、点云扫描、BIM 建筑信息模型、参数化设计等信息技术的"数字创意引擎"，并且这一趋势正在悄然改变着设计师的工作方式。

　　官方教材的编写是一个系统性的工程。为了保证教材的翔实性、规范性及权威性，ATC 专门成立了"教材编审委员会"，组织专家对教材内容进行反复的论证与审校。本教材的编写由 ATC 副主任孙哲老师（SU 老怪）主笔。孙哲老师是国内最早的 SketchUp 用户之一，从事 SketchUp 教育培训工作十余年，积累了大量的教学研究成果。此系列教材的出版将有助于院校、企业及个人在学习过程中，更加规范、系统地认知和掌握 SketchUp 软件的相关知识和技能。

　　在教材编写过程中，我们得到了来自 Trimble 的充分信任与肯定。特别鸣谢 Trimble SketchUp 大中华区经理王奕女士、Trimble SketchUp 大中华区技术总监张然先生的鼎力支持。同时，也要感谢我的同事们以及 SketchUp 官方认证讲师团队，这是一支由建筑师、设计师、工程师、美术师组成的超级团队，是"SketchUp ATC（中国）授权培训中心"的中坚力量。

　　最后，要向那些 SketchUp 在中国发展初期的使用者和拓荒者致敬。事实上，SketchUp 旺盛的生命力源自民间各种机构、平台，乃至个体之间的交流与碰撞。SketchUp 丰富多样的用户生态是我们最为宝贵的财富。

　　SketchUp 是一款性能卓越、扩展性极强的软件。仅凭一本或几本工具书并不足以展现其全貌。我们当前的努力也仅为助力用户实现一个小目标，即推开通往 SketchUp 世界的大门。欢迎大家加入我们。

SketchUp（中国）授权培训中心主任

作者前言

我们知道，SketchUp 的主要功能是创建三维模型，俗称"建模"；其实在建模的功能之外，SketchUp 还自带有一个"实时渲染系统"，正因为有了这个系统，SketchUp 一面世就被美誉为"立体的 Photoshop"。

在 SketchUp 的"实时渲染系统"中，包括了各种色彩与贴图、精确的日照、可调整的光影、边线柔化、可调整的雾化、透明和半透明、可调整的 X 光透视、可定制的样式风格、剖切和剖面、照片匹配、镜头规划、页面和动画等，以及由这些功能组合派生发展出来的其他大量功能与技巧。所以，在 SketchUp 6.0 版之前，前述这些三维建模以外的重要功能被 SketchUp 官方统称为"实时渲染系统"。近年还有 3D 扫描与 3D 打印、航测建模、全景技术应用、地理信息采集、VR/AR/MR、BIM、参数化设计等新功能。客观地说：能够同时拥有如此多强大的实时渲染功能，目前恐怕非 SketchUp 莫属。这个特点是 SketchUp 的独特魅力所在，也是 SketchUp 能够在短时间内风靡全球的重要原因之一。

为了不和传统意义上的"渲染"和"渲染软件"混淆，我们通常不把 SketchUp 的这些功能和表现说成"SketchUp 的实时渲染系统"，而称为"SketchUp 的材质系统"。所以在这本书的大多数场合会用"材质系统"描述除"三维建模"之外的所有功能，其实"材质"只是其中很小的一部分。

在 SketchUp 实体教材与技术培训领域，普遍局限于三维建模与后续渲染，很少有对于 SketchUp 自带的"实时渲染系统"进行专门介绍、讨论与研究的。绝大多数用户对于这部分功能的应用也停留在非常初级的水平。在作者撰写制作的大量实体出版物里和视频教程，曾经不止一次地提醒过："只有充分驾驭了 SketchUp 的材质系统（实时渲染系统），你才算是真正学会了 SketchUp，否则，你只能算学会了一半。"

为了让用户能够用足用好 SketchUp 的这部分功能，作者精耕细作九个多月才完成了这本书稿，尽力介绍和讨论了 SketchUp 三维建模之外的另一半，希望能被所有 SketchUp 用户重视和利用。

感谢清华大学出版社的老师及其全体同事们的工作，谢谢。

ATC 副主任孙哲

目 录

第 1 章

SketchUp 材质系统概述

在长期的教学实践中发现，很多 SketchUp 初学者甚至多年的老用户，对于这一节要介绍的概念与内容并非都很清楚，为了顺利展开后续的课程，有必要以少许篇幅快速捋一下。

这一章将要对 SketchUp 自带的"实时渲染系统""数字图像、图形、像素、分辨率"和"常用的图形文件格式"等一系列重要概念做比较详细的介绍。

如果你曾经学习过这方面的知识，并已经有了清楚的认识，可以跳过这一章。不过还是建议大多数读者浏览一下这一章的内容，就算是复习，加深一点印象，因为后面的课程中要反复用到这些概念和定义。

扫码下载本章教学视频及附件

1.1 SketchUp 的材质和实时渲染系统

我们知道，SketchUp 的主要功能是创建三维模型，俗称"建模"。其实在建模的功能之外，SketchUp 还自带有一个"实时渲染系统"，正因为有了这个系统，SketchUp 一面世就被美誉为"立体的 Photoshop"。那么为什么把这些功能统称为"实时渲染系统"呢？请看下面几幅图。

如图 1.1.1 所示的别墅模型是刚刚创建的，只有 SketchUp 默认的正面和反面，我们称它为"白模"，虽然模型做得非常认真，所有的细节都做得很到位，但是它终究只是白模，只能表达模型的基本布局、结构和体量；能够传递、表达的信息相当有限。

如图 1.1.2 所示，这是在白模的基础上稍微加工后的情况，只是为墙面、屋顶、门窗赋了几种不同的材质，看起来就传神多了，不同的材质和色彩搭配进一步完善了设计师的想法和创意。

如图 1.1.3 所示，这是打开了日照光影，又增加了一份精彩；如图 1.1.4 所示，这是用了一种模仿"铅笔淡彩"的风格。

图 1.1.1 白模

图 1.1.2 上色后的效果

图 1.1.3 打开日照光影的效果

图 1.1.4 应用铅笔淡彩风格的效果

本节附件里有这两个模型，我们旋转模型再放大和缩小，漂亮的材质和真实的光影跟着模型的变化而变化，这种技术就是在"真实透视"条件下的所谓"实时渲染"。请注意关键词："真实透视"和"实时渲染"。

在 SketchUp 的"实时渲染系统"中，除了在以上截图中看到的各种色彩和材质以外，还包括了现在看不到的贴图功能，精确的日照，可调整的光影，边线柔化，可调整的雾化，透明和半透明，可调整的 X 光透视，可定制的样式风格，剖切和剖面，照片匹配，镜头规划，页面和动画，以及由这些功能组合派生发展出来的其他大量功能与技巧；所以，在 SketchUp 6.0 版之前，前述这些三维建模基本功能以外的重要功能被 SketchUp 官方统称为"实时渲染系统"。

这些功能在 SketchUp 老用户看来，就好像是应该的，没有什么了不起，但如果拿其他软件来比较一下，客观地说，能够同时拥有如此多强大的实时渲染功能，目前恐怕只有 SketchUp 莫属；这个特点是 SketchUp 的独特魅力所在，也是 SketchUp 能够在短时间内风靡全球的重要原因之一。

为了不和传统意义上的"渲染"和"渲染软件"混淆，我们通常不把 SketchUp 的这些功能和表现说成"SketchUp 的实时渲染系统"，而改称为"SketchUp 的材质系统"，所以，在这本书的大多数场合会用"材质系统"描述除"三维建模"之外的所有功能，其实"材质"只是其中很小的一部分。

在作者撰写制作的大量实体出版物和视频教程里，曾经不止一次地提醒过"只有充分驾驭了 SketchUp 的材质系统（实时渲染系统）后，你才算是真正学会了 SketchUp，否则，你只学会了一半"。也许有人要问，我为什么要花工夫去掌握这个材质系统呢？或者换句话说，我掌握了这个系统有什么用呢？下面的描述供你参考。

第一，无论是建筑规划、园林景观还是室内环境艺术行业，在方案推敲阶段，大概可以归纳为两大部分工作，首先是要考虑设计对象的布局、体量、结构等大框架，这部分工作可以由 SketchUp 的三维建模基本功能来实现。在大框架基本确定后，就要进一步对各部分的材料、色彩等进行推敲测试，这一阶段甚至还要考虑在各种不同纬度、不同季节、不同时间、不同光照条件下的效果及客观感受，SketchUp 的材质系统这时就发挥作用了。如果一位设计师在这两个设计阶段都能把 SketchUp 的功能用好用足，他的作品一定很出色。

第二，现代设计师的工作，除了要面对电脑屏幕之外，另一部分工作同样重要，甚至比面对电脑做的工作更重要，那就是单位里上下级之间的上传下达和沟通；团队内部与团队之间的交流合作；甲乙双方或者更多方之间的信息交换、意见交流，甚至钩心斗角的谈判、利益平衡和妥协；诸如此类，期间总离不开"表达"二字，只有让别人接受了你的方案，你的设计才有意义，通常该阶段的工作非常辛苦，加班修改，反复讨论，互相说理，在这些工作中，SketchUp 都是你表达说服的好帮手，其间材质系统的作用尤其重要。

第三，大量的事实证明，如果你能把 SketchUp 的建模和材质这两大功能都真正吃透、用好用足，你的绝大多数设计任务，尤其是一般的中小型设计任务，只要用 SketchUp 一种软件就可以完成。就算你只是用 SketchUp 来建模，后续还想要用其他软件加工，譬如渲染和做动画等，但对于 SketchUp 材质系统理论的掌控与实际操作的水平也将是后续加工的基础，当然也非常重要。

上面说的也是作者为什么愿意花大半年时间撰写这本书的意义与原因。

1.2 数字图像、像素与分辨率

这一节要简单介绍一下"数字图像""像素"与"分辨率"方面的大概含义。

首先，"图片""图像""图形"三者都有个"图"字，在实际应用中，三者时常混淆，其实三者之间是有很大区别的。

在计算机应用普及之前，图像（或图片）只有三种，一种是手工绘制的，如铅笔素描，水彩画，水粉画，油画，铜版画，钢笔画，中国画的工笔、泼墨等。第二种是用照相机拍摄的黑白或彩色的照片或影片。第三种是以上两种的印刷品或复制品。它们都是有形的实体，习惯称它们为"图""画"或"图片""插图""壁画"等。

随着电子技术的发展，特别是计算机技术的普及（大概只有三十多年），人们开始普遍用计算机来生成和加工图像，这种用计算机生成或加工的图像称为"数字图像"，简称"图像"；特别是近十年以来，随着智能手机的普及，你只要稍微注意一下，就会发现，数字图像已经快速浸入到我们生活的细枝末节中，甚至产生了"有图有真相""一图抵千言""读图时代"等新鲜概念。

数字图像跟传统图像的区别非常大，传统图像（图片）都是看得见摸得着的实体；而数字图像实际上只是电脑或者相机甚至手机里一系列 0 和 1 构成的数据集合，在没有把它们输出、印刷成实体之前，它们就是"以数字描述的图像"，是占据电脑存储空间的一些数据，是无形的。

1. 图形与图像

再严格一点说，用计算机生成或处理的"数字图像"其实还可以细分成"图像"和"图形"两部分。通常所说的"图像"涵盖静态和动态的画面，范围较宽，它们是由输入设备捕捉的实际场景，或者是以数字化形成、生成、存储的任意画面。图像由大量二维排列的像素组成，也可以称为"位图"，早期的印刷业中也称为"光栅图"；正因为需要保存大量的像素，所以位图的数据量都比较大。位图是无法表示三维空间关系的。位图除了表达真实景况的照片外，也可以表现复杂的绘画细节，具有表达灵活性、体现个性和创造力的特点。

"图形"通常是指用计算机绘制生成的直线、圆、圆弧、曲线和图表等；图形文件只记录生成这个图形的算法和图上特征点的坐标数据。图形文件在计算机里还原时，诸多特征点要按照特定的算法还原成直线或曲线，组成有意义的图形。图形文件还可以在计算机里方便地进行移动、压缩、旋转、扭曲等变换编辑。图形文件通常被称为"矢量图"，它们主要用于工程制图、美术字等。

因为图形文件只需保存算法和特征点的坐标，所以相对于位图（图像）的大量数据来说，它占用的存储空间比较小，但是，每次在屏幕上显示或者输出时都需要重新计算生成，所以显示速度就没有图像快。在打印输出和放大时，图形的质量较高而位图（图像）常会发生失真。

下一节我们还要对矢量图和位图进行比较深入的讨论。

2. 像素与分辨率

下面再对"像素"和"分辨率"的概念做一些必要的说明，还要澄清一些常见的错误概念。

相信有很多人是从手机广告里知道"像素"这个术语的。这些年，手机厂商常常拿手机前后摄像头的像素数量当作重要的卖点；见过最离谱的广告是某些手机号称拥有 8000 万像素，甚至 1.2 亿像素的摄像头，而号称四五千万像素的比比皆是，差不多就是标配，然后就有数不清的帅哥美女趋之若鹜，冲着最高的像素爽快掏钱。那么像素到底是什么？会有这么大的魔力，让平时省吃俭用的人们不惜一掷千金？

这里准备了一幅图片，见图 1.2.1。现在把它放大、放大、再放大，一直放大到能看到图像边缘有很多马赛克似的小方格，这里的每个小方格就是一个像素，如图 1.2.2 所示。这幅图片（图 1.2.1）的像素数量是：水平方向 460 像素，垂直方向 579 像素，总的像素数量是二者的乘积，大概是 26.6 万像素。

图 1.2.1　原图

图 1.2.2　放大到显示像素

下面我们列举一些常见数码设备的像素资料（2017 年）。

主流的入门级单反和微单相机，价格在两三千元到八九千元的，像素大多在 2500 万以内。

主流的国产智能手机，摄像头像素大概在 1000 多万元到 2000 多万的范围。售价为 13000 元的 8848 钛金手机摄像头 2300 万像素。售价为八九千元的苹果 X 手机，为了提高画面品质，用了两个 1200 万像素的摄像头协同工作，最终的画面仍然是 1200 万像素。

3. 常见设备与图像的分辨率

好了，知道了以上数据，我们再来看看平时对图像的应用到底需要多少像素。

● 常见的笔记本电脑显示屏，水平方向为 1366 像素，垂直方向为·768 像素，总的像素大约是 105 万像素。

- 目前主流的台式计算机显示器，水平方向为 1920 像素，垂直方向为 1080 像素，总计大概不到 140 万像素。
- 有些手机显示屏，标称的像素总量大概在 200 万 ~ 250 万之间。
- 打印或印刷一张 A4 纸大小的照片，为保证图像品质，需要水平方向 3500 像素，垂直方向 2500 像素的图像，像素总量 875 万。
- 数码冲印照片对像素的要求低很多，可以查看网络冲印店在百度上公开的数据，如图 1.2.3 所示。
- 6 寸照片（4 英寸 × 6 英寸），较好的品质，提供的图像文件需要 1024 像素 × 768 像素，总计不到 80 万像素。
- 5 寸照片（3.5 英寸 × 5 英寸），一般品质只要 800 像素 × 600 像素，总计 48 万像素就可以了。

换句话讲，500 万像素的图像文件，可以冲印对角线 21 英寸（53.34 厘米）的大幅照片。

根据上面的数据，以 "8000 万像素" 的图像为例，需要一个对角线 4.2 米的显示器才能显示出全部图像。如果用来打印或印刷，需要印出 10 张 A4 纸大小的照片才不至于浪费像素；如果用来冲印照片，可以冲印 100 张 6 寸的照片。

冲着像素数量买手机的帅哥美女们，你们当真想要这些吗？就算是中规中矩 2400 万像素摄像头的手机，拍出的图像也足够打印 3 张 A4 纸大小的照片了；同样的图像用来冲印，可以得到对角线超过 1 米的照片，把它做成海报，贴到马路边的墙上，用来竞选总统都够用了。

规格	英寸	毫米	文件的长、宽 （不低于的像素数）		
			较好	一般	差
1寸证照每版8张	≈1 x 1.5	27 x 38	300 x 200		
2寸证照每版4张	≈1.3 x 1.9	35 x 45	400 x 300		
3寸单页	2.5 x 3.5	63.5 x 89	800 x 600	640 x 480	
3寸跨页=5吋	5 x 3.5	127 x 89	800 x 600	640 x 480	
5 寸	3.5 x 5	89 x 127	800 x 600	640 x 480	
6 寸	4 x 6	102 x 152	1024 x 768	800 x 600	640 x480
7 寸	5 x 7	127 x 178	1280 x 960	1024 x 768	800 x 600
8 寸	6 x 8	203 x 152	1536 x 1024	1280 x 960	1024 x 768
10 寸	8 x 10	203 x 254	1600 x 1200	1536 x 1024	1280 x 960
12 寸	9 x 12	254 x 305	2048 x 1536	1600 x 1200	1536 x 1024
14 寸	10 x 14	254 x 351	2400 x 1800	2048 x 1536	1600 x 1200
15 寸	10 x 15	254 x 381	2560 x 1920	2400 x 1800	2048 x 1536
16 寸	12 x 16	305 x 406	2568 x 2052	2560 x 1920	2400 x 1800
18 寸	13.5 x 18	342 x 457	3072 x 2304	2568 x 2052	2560 x 1920
20 寸	15 x 20	381 x 508	3200 x 2400	3072 x 2304	2568 x 2052
24 寸	18 x 24	457 x 609	3264 x 2448	3200 x 2400	3072 x 2304

图 1.2.3　某冲印网店公布的照片尺寸与像素对照表

还要告诉帅哥美女们的是：

- 2012 年美国军用卫星所用相机的像素是 100 万左右，而当时的技术已经达到四五百万像素了，为了相机的工作稳定并没有采用最新的技术。

- 欧洲空间局（ESA）"盖亚"探测器上的"十亿像素阵列"相机，采用 106 个电子耦合器件（CCD）制作而成，折合到每个器件 943 万像素。

2021 年 3 月，在淘宝上搜索"专业相机"，部分结果如下：

- 日本代购，宾得专业数码相机，P45Z，4800 万像素，售价 27.8 万元。
- 日本代购，宾得专业数码相机，645Z，4800 万像素，售价 23.7 万元。
- 哈苏 H6D-100C 专业数码相机，1 亿像素，售价 21 万元。
- 徕卡 S Typ007 专业数码相机 10804 单机（无镜头）3635 万像素，售价 14.6 万元。

看过这些，你还相信两三千元就能买到 8000 万、1 亿 2 千万像素的拍照手机吗？

我们再从照片文件体积的角度来计算一下这种广告的可信度：假设你买了一台 8000 万像素的拍照手机，再假设只用 16 位的颜色深度，每拍摄一张 8000 万像素的照片所要的存储空间是 1.28GB（原始数据），就算做 jpg 有损压缩到 60%，还要占用 768MB 存储空间，请问你手机的内存有多大，能保存几张这样的照片？

如果你有兴趣，可以去关心一下：为什么 500 万像素的单反相机，拍出的照片质量可以秒杀 1600 万像素的手机？为什么苹果 800 万像素的手机拍出的照片比大多数 2000 万像素的其他手机还好？结论是：图像的质量不完全决定于像素的数量；更重要的是镜头、感光器件、内置软件等要素。

真正的内行，不会轻信和追求所谓的像素数量，他们关心的是"有效物理像素而不是软件生成的插补像素""感光元件的众多品质指标""感光元件的尺寸""镜头的结构""镜头的品质""软件的算法"……其实我们最该关心的是"最终图像的品质"，如果你用手机拍照，主要用来刷刷朋友圈，偶尔做个电脑桌面，或者还要打印或冲印成 5 寸、6 寸，哪怕 12 寸的相片，说实话，有 500 万以上正经物理像素（不是插补像素）的摄像头就绰绰有余了。

上面说了一些百姓中关于像素这个术语的误解。专业人士对像素的定义为"像素是数字图像的最小单位"。像素的英文名称是 Pixel，可简写为 Px。

4. 显示器的分辨率

经常跟"像素"一起出现的另一个术语是"分辨率"，这个术语也时常被错误地理解。很多电子设备都有分辨率这个指标，如果讲的是显示器的分辨率，那就是指显示器所能显示的点数，也就是像素的多少。同样大小的屏幕显示的点数越多，也就是分辨率越高，显示的画面就越精细，所以分辨率是重要的性能指标之一。以上面提到过的大多数台式计算机显示器来说，水平方向可以显示 1920 像素，垂直方向可以显示 1080 像素，这就是该显示器可以显示的最高精度了。

显示器的分辨率还有另外一种表示方法，也可以说成是扫描列数为 1920 列，行数为 1080 行。显示器的显示质量，不仅跟显示器的尺寸，扫描的列、行数量有关，还受点距、视频带宽、刷新频率、色彩还原等因素的制约，同样的分辨率，设计用的专业显示器，价格是五位数，差不多大小的普通显示器价格只要三位数。

5. 投影仪的分辨率

投影仪在市场上普遍存在着一个严重欺瞒大众的坏现象，那就是厂家或商家常常在投影仪的宣传指标上号称 1080P 高清，甚至 2K、4K 高清，其实质只是这种投影仪可以兼容接受高清的片源；真实的像素远远达不到高清（甚至都不到 720P）。如果想要买投影仪，请不要相信标称的"分辨率"，一定要查看指标里的"物理像素"或"光学分辨率"。为了欺骗用户，关键的"物理像素"数据通常会放在最不显眼的位置甚至根本没有，粗心的人就跌进了圈套。若是不信，可以到淘宝的天猫上去搜索，凡是卖投影仪的，很少有不玩这种花招的，勾引的就是只想花一两千块钱买高清投影仪的外行（甚至 2021 年仍然如此）。

6. 扫描仪的分辨率

分辨率是扫描仪最重要的指标，通常用 dpi（dot per inch，每英寸的点数）来表示。扫描仪的分辨率分为光学分辨率、机械分辨率和插值分辨率。

（1）扫描仪的光学分辨率：就是扫描仪感光元件精度的参数。其定义是在横向上每英寸感光元件所能获取的最多真实像素数。

（2）扫描仪的机械分辨率：是衡量扫描仪传动机构工作精度的参数。其定义是在纵向上扫描头每移动 1 英寸，步进电机所走过的最多步数。如某扫描仪的参数是 600dpi × 1200dpi，其中 600dpi 是光学分辨率，1200dpi 是机械分辨率。

（3）扫描仪的插值分辨率：是指在真实的扫描点基础上，用软件技术插入一些点后形成的分辨率。插值分辨率毕竟不是真实扫描的点，所以，虽然插值分辨率增加了图像的细致程度，但并不能代表扫描的真实精度。"光学分辨率"或者"物理分辨率"代表的才是扫描的真实精度。通常在扫描操作时，还可在粗略和各种不同扫描精度之间选择，精度的选择与扫描稿的用途有关。

顺便说一下：手机和数码相机的内置软件也有同样的做法。

7. 打印机的分辨率

打印机的分辨率也是用 dpi 来表示的，即指每英寸打印的点数，这个数据直接反映打印机输出图像或文字的质量。打印分辨率也是用水平分辨率和垂直分辨率来表示，通常情况下这两者相同。例如打印分辨率为 600dpi，是指打印机在 1 英寸的长度内打印 600 个墨点，且墨点不重合。因此，分辨率越高，墨点的体积越小，现阶段比较流行的有 300dpi、600dpi、1200dpi。

这里要回顾一下扫描仪的话题，如果你要扫描一份稿件，内容是文字，打印机选择 300dpi 就够了，扫描仪也只要选择 300dpi 的扫描精度，选择更高的扫描精度是没有意义的，只是浪费时间和文件保存空间。相反，低分辨率的扫描稿用高分辨率来打印也是勉为其难，不可能获得更好的打印质量。

8. 鼠标的分辨率

很少有人关注鼠标的分辨率，鼠标的分辨率也叫灵敏度，单位也是 dpi。它是指鼠标每移动 1 英寸产生的脉冲数量。每英寸产生的脉冲越多，鼠标的灵敏度就越高，指点得就越准确。早期滚球鼠标的灵敏度为 300 ～ 600dpi，现在一般的光电鼠标都可达到 1000dpi 以上，设计用的专业鼠标甚至可以达到 1600 ～ 2500dpi，这种鼠标可以用来做十分精细的操作。

通过上面的这些介绍，希望读者能够对数字图像、图形，像素、分辨率这些术语有一个清楚的认识，后面的课程中要反复用到这些概念和定义。

1.3 常用图像格式

前面两个小节我们简单讨论了 SketchUp 的材质系统以及数字图像和图形的基本概念。这一节我们要比较深入地讨论跟 SketchUp 密切相关的几种"矢量图"和"位图"。

1. SketchUp 与图像格式

在 SketchUp 文件菜单的导入选项下，有 14 种不同的格式可以选择（见图 1.3.1），里面包括了 2D 和 3D 的文件格式，有矢量图和位图，还有既不是 2D 也不是 3D 的 IFC 等格式。

在导出 2D 的选项里，见图 1.3.2，可以导出 8 种不同的二维文件，接下来我们会比较深入地讨论它们。至于导出 3D，见图 1.3.3 的 11 个选项，跟本节的内容没有直接的关系，暂且不讨论。顺便说一下，在《SketchUp 要点精讲》一书与配套的视频里有关于 SketchUp 的导入、导出方面的详细介绍，可供对此还不熟悉的用户查阅。

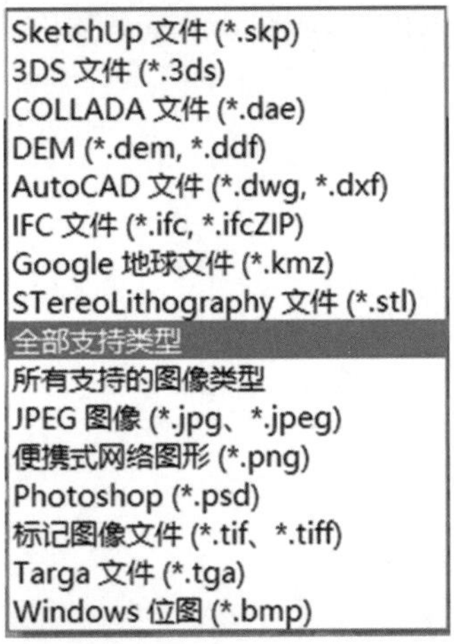

图 1.3.1 可导入的所有格式 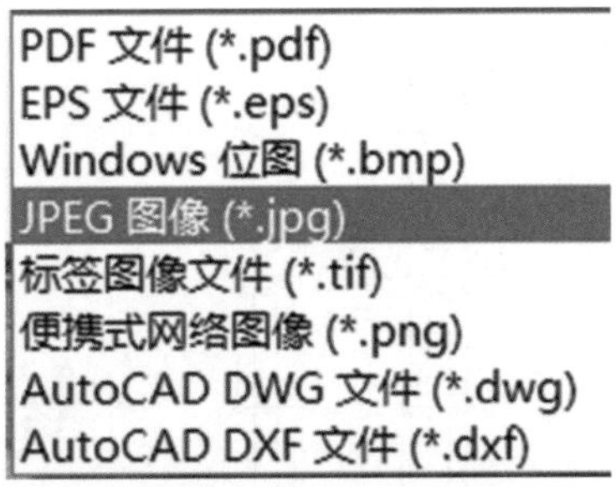　　图 1.3.2 可导出的 2D 格式 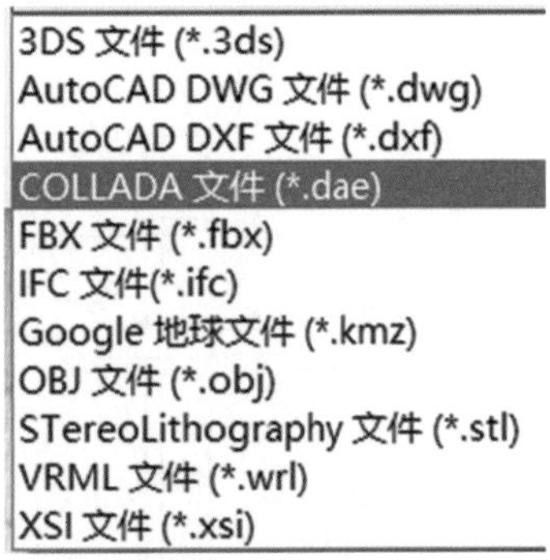　　图 1.3.3 可导出的 3D 格式

　　统计一下，除掉跟这个教程没有直接关系的 3D 格式，再排除重复出现的以后，还有以下一些格式（按文件扩展名区分）：pdf、eps、bmp、jpeg（jpg）、tif、png、dwg（dxf）、gif、psd、tga，最前面的两种：pdf 和 eps 格式，留在最后讨论。再看最后面的两种，即 psd 和 tga，只能导入不能导出，也留在最后讨论。

　　有几种图像格式对 SketchUp 用户比较重要，它们是 bmp、jpeg（jpg）、tif、png、dwg 和 dxf，其中只有 dwg 和 dxf 两种是矢量图，其余 4 种是位图。除此之外，还有一种 gif 格式也比较常见，所以下面的篇幅里，我们要具体介绍与 SketchUp 用户有关的图像格式，其中有两种矢量图格式和四五种位图格式是 SketchUp 用户经常要用到的，所以必须要熟练掌握。

2. 两种矢量图格式

　　上一节我们说过：用计算机绘制直线、圆、圆弧、曲线和图表等形成的图形文件，也就是矢量图（“矢量”有时候也称为“向量”，是同时具有方向和大小的量），矢量图只记录生成这个图形的算法和图上特征点的坐标，每幅矢量图只是电脑里的一堆公式与数据。矢量图文件还原成可见图形时，众多特征点要按照特定的算法（公式）还原成直线或曲线，然后重新组成有意义的图形呈现给我们，大文件可能需要很多时间。

　　图 1.3.4 和图 1.3.5 所示就是 dwg 文件，典型的矢量图，它们是一种只有线没有面的线框图。这种线框图大多用在工程图纸领域，代替传统用丁字尺、三角板、圆规、铅笔绘制的图纸。这种数字图形的优点是文件体积小，可以任意放大而不会降低图像质量。SketchUp 也可以接受和导出这样的图。显然，我们无法通过数码相机或者扫描仪得到这样的矢量图，矢量图只能由某些专业的软件来生成。在某些平面设计工具里，矢量图也可以用线框（路径）来生成面，并且赋上颜色。

　　图 1.3.4、图 1.3.5 展示的是在 SketchUp 配套的 LayOut 里导入的 dwg 图形，左下角的小图是原状，我们把它放大、放大再放大，它仍然是清晰的。所以矢量图非常适合于做工程图样，插图等。

图 1.3.4　矢量图形（1）　　　　　　　　图 1.3.5　矢量图形（2）

如图 1.3.6 所示的米老鼠就是对矢量图形人工赋色的结果，是由一系列色块组成的；如图 1.3.7 所示，在填色时用了一些平滑过渡的技巧，部分模拟出一些立体感，但仍然无法表现丰富的色阶，图像缺乏真实感，所以它和照片不一样，无法像图 1.3.8 那样细腻而传神。加工过的矢量图形还是比较生硬和卡通，因此矢量图形特别适合于表现具有大面积色块的卡通、文字或公司 Logo 等。SketchUp 和 LayOut 也可以完成这种任务。

图 1.3.6　矢量图形＋颜色　　　　图 1.3.7　矢量图形＋颜色＋平滑　　　　图 1.3.8　位图

　　能够用来创建矢量图形的软件可以分为两种，一种是只能创建二维的平面矢量图形，譬如 Flash、Freehand、Illustrator、CorelDRAW、AutoCAD 的二维功能等，我们称这一类软件为"平面设计工具"。

　　另一种是可以创建立体三维矢量图形的，也就是俗称的"模型"软件，常见的有 3ds Max、C4D、Maya、AutoCAD 的三维功能，当然还有 SketchUp，我们称这些软件为"三维建模工具"或者"建模工具"。

　　矢量图的格式有几十种，但我们目前只关心 dwg 和 dxf 这两种格式就够了，这两种格式是 SketchUp 与很多工具交换数据的手段，dwg 格式是 AutoCAD 生成的文件格式，也可以被 SketchUp 所接受。

　　dxf 格式的文件并不是 AutoCAD 所独有的格式，很多软件，包括 SketchUp 也可以接受或生成 dxf 文件，所以 dxf 格式比 dwg 格式的文件更通用，也更重要。dwg 和 dxf 两种格式是要重点关注的矢量图格式。

　　这里顺便说一下，在 SketchUp 里，如果对模型的表面只赋予颜色而不贴图，得到的就是大面积的色块，辅以日照光影可以生成一些"明暗渐变"表达的效果，类似图 1.3.9、图 1.3.10 这样，还是比较生硬。为了改善这种缺陷，就有了"贴图"的做法；"贴图"是把"位图"甚至是把真实的照片"贴"到模型的表面，如果操作手法得当，再用 SketchUp 实时渲染系统的阴影、柔化、雾化等功能，贴图的表达效果就可以接近于完美，如图 1.3.11 ～图 1.3.14 所示。

图 1.3.9 色块＋日照光影（1）

图 1.3.10 色块＋日照光影（2）

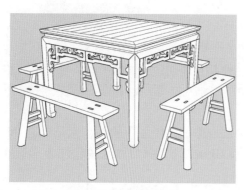

图 1.3.11 白模（1）

图 1.3.12 贴图后（1）

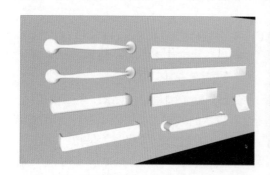

图 1.3.13 白模（2）

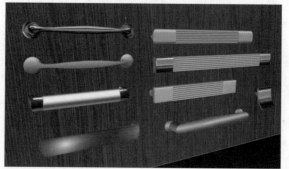

图 1.3.14 贴图后（2）

3. 位图的概念

位图又称为点阵图，是用许多点来表示图像，这些点称为像素，因此位图也称为基于像素的图像。位图一般又可以分为 8 位图、16 位图、24 位图、32 位图和 48 位图，这些数字是指图片所包含的颜色数目（色彩深度），典型的位图格式是 Windows 里绘图板的 bmp 格式，这种图片分为 2 位、4 位、8 位、16 位、24 位、32 位图；24 位以上的图已经非常接近我们看到的真实世界，所以把 24 位以上的图称为真彩图。

4. 图片的"位"

单色的位图只有黑白两种颜色，4 位的图最多有 2^4 种（16 种）颜色组成，8 位表示其最多有 2^8 种（256 种）颜色组成，其余的位图可以类推。一个图片文档通常由四部分组成：文件头、文件信息头、颜色表和颜色数据，但一般用户不会也不用去关心这些。

5. 矢量图和位图的应用范围

在进行图像处理时需要综合使用矢量图和位图这两种类型的图像。在图像处理中如何判断使用哪种类型呢？其实很简单，对图像颜色要求不高、需要不同大小或分辨率输出的场合，要使用矢量图来处理图像；而当需要处理由像素构成的颜色丰富的图像（如各种人物、风景照片）时，要使用位图来处理图像。

总之，在选择图像类型时，要综合考虑图像的用途和图像内容，以满足图像处理的需要，达到最好的视觉效果。在本书后面的章节中，主要讨论位图在 SketchUp 里的应用，如果没有特殊声明，凡是提到"图像""图片"都是指位图。

6. 常见位图的格式

随着计算机技术的发展和应用，图形图像类软件也如雨后春笋般与日俱增，常见的位图格式也有数十种，下面介绍 SketchUp 用户经常会接触的几种图像文件格式和相关知识，熟记这些知识，对于在不同的条件下，选用和处理不同格式的图像文件非常重要。

1）BMP 格式

BMP 格式，也称为 Windows 位图，这种格式是 Windows 的标准图像文件格式，已成为个人计算机（PC）的 Windows 系统中事实上的工业标准，有压缩和不压缩两种形式。它以独立于设备的方法描述位图，可用非压缩格式存储图像数据，解码速度快，支持多种图像的存储。

在输出图像时，可以选择将图像输出到 Windows 或者苹果的 iOS 系统，也可以将图像输出为 1 位、4 位、8 位或者 24 位图像。4 位和 8 位图像可以使用 RLE 压缩，它是一种无损压缩格式，对图像的质量不会有影响。

几乎所有平面设计软件都可处理 BMP 格式的图像，最常见的就是 Windows 系统自带的"画图"工具，如图 1.3.15 所示，它除了提供一些最简单的绘图功能外，请特别留意它的另存为功能，可以保存为另外几种常用格式，还可以保存为四种不同色彩精度的位图。当你需要更改 BMP 图片格式和色彩精度的时候，不妨就直接用 Windows 系统自带的"画图"。

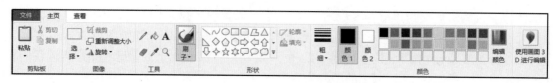

图 1.3.15 Windows 的"画图"工具

2）RAW 格式

这是一种被大多数人忽视的重要格式。普通数码相机用得较多的是 TIFF 或 JPEG 格式，而专业数码相机还可以保存为 RAW 格式，因为 RAW 格式是直接读取图像传感器（CCD 或 CMOS）上的原始记录数据，这些数据尚未经过曝光补偿、色彩平衡等处理，因此专业人士可以在后期通过专门的图像处理软件，对照片进行曝光补偿、色彩平衡等操作。另外 RAW 格式的图片比 TIFF 格式占用的空间小。在高品质的要求下，选取 RAW 格式存储还有节省存储空间、加快处理速度的优势。

如果你拥有一台专业的数码相机，请仔细查看一下，应该有一个把照片保存为 RAW 格式的选项，如果你还知道一点照片处理的技巧，却还把图片保存为 JPG 或者其他有损压缩格式，则有点可惜。虽然这种图像格式对专业人士非常重要，但对绝大多数 SketchUp 用户来说，在大多数境况下可以无视。

3）TIFF 格式（这是第一种要特别关注的格式）

TIFF（Tagged Image File Format）是带颜色特征的图像文件格式，是由 Aldus 公司提出的用于保存扫描图像的格式。一般来说，如果图片是用于扫描、印刷出版的话，那么采用上述非压缩格式的 RAW 和 TIFF 格式的图片最好，特别是 TIFF 格式。对于要用于出版或印刷的图像，从图像的生成获取，一直到所有后期处理，应一直保持 TIFF 格式。需要指出：如果用数码相机拍摄、扫描，SketchUp 导出的最初图像是 JPEG 格式，或者在后期处理的时候曾经保存过 JPG 格式，那么，再另存为 TIFF 格式时，对影像品质的提升就没有意义了。

作为一种非破坏性的存储格式，TIFF 文件占用的空间较大。不过 TIFF 格式具有如下优点。其一，RAW 文件需要使用专门的软件才能读取，而 TIFF 是一种被广大图像处理软件普遍支持的格式；其二，在 TIFF 文件的头部，可以记载图片的分辨率，甚至可在图片内放置多个图像，因此，TIFF 文件对于排版软件来说相当便利。不过正是由于 TIFF 格式的大包容性，使得其体积也很大，存储效率也因此显得相对较低，一般 500 万像素的一张 TIFF 格式图片的容量在 10MB 以上，存储时间也稍长。经计算，一张 TIFF 格式的图片占用的硬盘空间通常是 JPEG 格式图片的 16 倍左右。

综上所述，请牢记：如果从 SketchUp 文件导出的图像是要用于打印或印刷的，应导出 TIFF 格式，并且在后续的编辑加工过程中一直保持这种格式才能获得较高的图像品质。

4）JPEG 格式（这是第二种要注意的格式）

JPEG 格式（也称 JPG 格式）是一个最有效、最基本的有损压缩格式（注意关键词"有损"）。JPG 是用户最熟悉的大众化存储格式，能被大多数图形处理软件所支持。因为人眼对色彩高频的部分较不敏感，其压缩原理就是把空间领域转换为频率领域，并且大幅压缩人眼不敏感的部分，把这部分以较粗略的方式来呈现，达到缩小文件的目的。

一般 JPEG 格式的图片文件大小是未经压缩格式的 1/10 左右（压缩比可调），在不放大图片进行对比的条件下，肉眼很难分辨出效果的区别。因此，JPEG 格式是被图形图像处理软件支持最多的文件格式之一。但是如果图像要输出印刷或打印，最好不使用 JPEG 格式，应选择无损失的文件格式，譬如 TIFF，以保证输出质量。

由于访问互联网的时候，对图片下载速度的要求远高于对图片质量的要求，于是 JPEG 格式也就成了互联网上最为流行的图片格式，尤其是高压缩比的图片在网络应用领域相当广泛。SketchUp 用户在要求不高的时候，也大量使用 JPG 格式的图像。

另外，许多数码相机拍摄的 JPEG 照片，会在文件头嵌入 EXIF 信息，包含了完整的拍摄参数以及色彩吻合参数，甚至地理参数，提供给用户参考。

5）PNG 格式（这是第三种要注意的格式）

PNG 格式最初是用来压缩网络图像的，现在的使用范围越来越广，SketchUp 也可以接受和输出 PNG 格式的图像。PNG 格式使用无损滤色过程进行压缩。以 PNG 格式保存的图像，保留所有颜色和所有 Alpha 通道，但不能保存 CMYK 颜色模式（关于 CMYK 颜色，将在后面的章节里介绍）。以 PNG 格式保存文件时，所有对象会合并为单个对象，并且透明度会得以保留。

图 1.3.16 展示的就是用 Photoshop 打开的 PNG 格式的图像，背景上的灰色小方格表示它是没有背景的，或者说背景是透明的。同一幅 PNG 图片，用不同的软件打开，看到的结果会大不一样，图 1.3.17 就是用普通的看图软件，包括 Windows 资源管理器缩略图和系统自带的图像工具打开的同一幅 PNG 图片，它并不能告诉我们这幅图像的背景是否透明，这种情况需要引起注意。

图 1.3.16　专业软件显示透明背景的方格　　　图 1.3.17　看图工具不能展示透明背景

6）PSD 格式（这是第四种要注意的格式）

PSD（Adobe Photoshop Document）是 Photoshop 中使用的一种标准图像文件格式，可以存储成 RGB 或 CMYK 的颜色模式，还能够自定义颜色数并加以存储。PSD 文件能够将不同的图像以层的方式来分离保存，便于修改和制作各种特殊效果。Photoshop 就是通常所说的 PS，知道 PS 的人很多，能够熟练操作它的人却不多，在教程的后半部分，我们会介绍该软件的基础使用技巧，譬如修整、处理图像，制作无缝贴图的时候就要用到它。

7）PDF 格式

PDF 是 Portable Document Format 的缩写，意为"便携式文档格式"，它是一种与应用程序、操作系统、电脑硬件无关的方式进行文件交换的格式。PDF 文件在任何打印机上都可保证精确的颜色和准确的打印效果，也就是说，PDF 会忠实地再现原稿的每一个字符、颜色以及图像。这一特点使它成为在网络上进行电子文档发行和数字化信息传播的理想文档格式。越来越多的电子图书、产品说明、公司文告、网络资料、电子邮件都开始使用 PDF 格式文件。

PDF 格式是全世界印刷行业通用的电子印刷品文件格式，是一种事实上的国际通用文件格式，当你的设计需要输出打印、印刷和传送的时候，应优先选择 PDF 格式。但是，PDF 格式的优点也许就是它的缺点，一个文件一旦保存成了 PDF 格式，再想修改编辑就比较麻烦了。

8）GIF 格式

GIF（the Graphics Interchange Format）是历史悠久的网络图像压缩格式，使用 LZW 压缩法存储文件，是输出图像到互联网网页上最常用的格式，在各种平台的图形处理软件上均能够处理。GIF 格式只支持 8 位或者 8 位以下的索引色图像（也包括 Bitmap 模式），存储色彩最高只能达到 256 种，不能用于存储真彩色的图像文件，但是 GIF89a 格式支持 Alpha 通道作为透明背景的遮罩，能够存储成背景透明的形式，并且可以将数张图存成一个文件，从而形成动画效果。

GIF 格式的应用领域十分广泛，目前互联网上的动画图片大部分采用的是 GIF 格式和 Micromedia 公司（已被 Adobe 公司收购）的 Flash 所支持的 SWF 格式。如果你打算把 SketchUp 模型做成简单的动画，并且不在乎没有声音和相对单调的色彩，可以关注一下这种格式。

9）EPS 格式

EPS（Encapsulated PostScript）是用 PostScript 语言描述的一种 ASCII 码图形文件格式，在 PostScript 图形打印机上能打印出高品质的图形图像，最高能表示 32 位图形图像。EPS 格式包含两个部分：第一部分是屏幕显示的低解析度影像，方便影像处理时的预览和定位；第二部分包含各个分色的单独资料。EPS 文件以 DCS/CMYK 形式存储，文件中包含 CMYK 四种颜色的单独资料，可以直接输出四色网片。

当你的 SketchUp 模型导出的图像需要输入到 Adobe Illustrator、QuarkXPress 等软件时，最好选择 EPS 格式。但由于 EPS 格式在保存过程中图像体积过大（EPS 格式的压缩方案也较差，一般同样的图像经 TIFF 的 LZW 压缩后，要比 EPS 的图像小 1/4 ~ 1/3），因此，如果仅仅是保存图像，建议不要使用 EPS 格式。如果文件要打印到无 PostScript 的打印机上，为避免出现打印问题，最好也不要使用 EPS 格式，可以用 TIFF 或 JPEG 格式来代替。

EPS 还有一个变种，叫作 DCS 格式。DCS 是 Quark 开发的一个 EPS 格式的变种，称为 Desk Color Separation（DCS）。在支持这种格式的 QuarkXPress、PageMaker 和其他应用软

件上工作，DCS 便于分色打印。

10）TGA 格式

TGA（Tagged Graphics）是由美国 Truevision 公司为其显卡开发的一种图像文件格式，文件后缀为 tga，已被国际上的图形、图像工业所接受。TGA 的结构比较简单，属于一种图形、图像数据的通用格式，在多媒体领域有很大影响，是计算机生成图像向视频转换的一种首选格式。

TGA 图像格式最大的特点是可以做出不规则形状的图形、图像文件，一般图形、图像文件都为四方形，若需要有圆形、菱形甚至是镂空的图像文件时，TGA 就有用武之地了！ TGA 格式支持压缩，使用不失真的压缩算法，这种算法几乎没有压缩，所以文件一般很大。目前大部分的作图软件均可打开 TGA 格式，譬如 ACDSee、Photoshop、After Effect、Premiere 等。

前面比较详细地介绍了我们即将要遇到的十种图像格式，其中的 dwg 和 dxf 两种矢量图格式和 jpg、tif、png、psd 是这个课程中一定会用到的，须特别留意。

第 2 章

色彩的奥秘与应用

　　"平面构成""立体构成"和"色彩构成"是艺术专业（学科）主要的必修基础课程，也是建筑、景观、室内、规划等专业的主修课程，同样是每一位设计师必须掌握的基本技能。

　　"三大构成"中的"色彩构成"是知识与技法相结合并且具有强烈人文性质的课程，它关乎艺术设计理论运用、实践与创新的能力。这是大多数 SketchUp 用户容易忽略的领域，在已知的 SketchUp 教材与培训中也是普遍缺乏的。

　　这一章将用八个小节的篇幅，从最基础的"色彩三要素"开始，到"色彩标准""色彩文化"一直到"色彩设计"，让每一位读者在轻松活泼的场景中体会"三大构成"中"色彩构成"实用性最强的部分。

　　学完这一章并掌握介绍的方法后，你的 SketchUp 除了可以创建"点、线、面、体"之外，还将成为"色彩设计"的绝佳工具。

扫码下载本章教学视频及附件

2.1 趣话色彩

记得我小的时候，有几次老妈打毛衣，到最后缺了一点，就要去专门卖毛线的店里配同样颜色的毛线，我也跟着去逛街看热闹。虽然店里各种颜色的毛线琳琅满目，但总是很难配到颜色完全一致的，此时，有经验的老店员就会出来解释和安慰说：就算是同一个工厂，同一个车间，同一口染缸，同一个配方，同一个师傅也染不出百分百完全相同的颜色，只有同一"批号"的毛线颜色才会完全相同。那时跟柜台差不多高的我便知道：颜色这个东西一定"很麻烦、很复杂、很不好玩"。

又记得二十世纪五十到六十年代，上美术课的时候，不同的美术老师都会讲同一件事：世界上所有的颜色都是"红黄蓝"3种颜色组合调配出来的，所以红黄蓝3种颜色叫作三原色，也叫作"三色法则"。虽然我也许不是听话的好学生，却因为喜欢美术的关系，将"红黄蓝三原色"这6个字牢记在心，学生时代和参加工作后的很多年，我时不时会画点水彩画和油画，特别是"文革"期间，二十刚出头的我曾经画过近百幅"伟大领袖和他的亲密战友" "马恩列斯毛"的大幅肖像，一直就用"红黄蓝三原色"的理论来指导颜色的调配，从来没有发现有什么不对。

到了二十世纪八十年代，我有幸用上了计算机，显示器是阴极射线管的那种，英文缩写叫作CRT，只能发出一种鬼火似的绿色亮光，显示的文字和简单的图形也都是这种幽幽的绿色。又过了几年，彩色电视机和彩色显示器出现在生活中，出于工作的需要和业余爱好（作者当时在上海铁路局搞红外线检测方面的科研，休假时自己买零件装彩电）就又研究起彩色显像管的工作原理；所有相关的文献资料都说彩色显像管的工作原理是基于"红绿蓝"三原色为理论基础的；——统治我脑袋三十多年之久的"红黄蓝"在"红绿蓝"面前瞬间倾覆。

再后来，又接触了CorelDRAW、Photoshop、Painter这些跟美术相关的软件，期间又冒出来更多的三原色概念，各种书上的提法都不完全相同。譬如：色光三原色，颜料三原色，美术三原色，印刷三原色，加法三原色，减法三原色，还有奥斯瓦尔德颜色体系，孟塞尔颜色体系，日本色研所颜色体系，瑞典自然色系，以及各种各样的颜色模型，色相环、色立体、RGB、HLS、HSB、HSV、HSI、YCC、XYZ、CMYK、Lab、YUV……那几年，四十岁出头的我真是被搞得晕头转向，不时想起当年跟着老妈配毛线时的情景——颜色这个东西"很麻烦、很复杂、很不好玩"。

冷静下来后终于理出个头绪，如果你没有认真学过色彩理论，请记住下面的简单介绍。首先，六十多年前，即我小的时候，美术老师所说的"红黄蓝三原色"的三色法则并没有错，当时的色彩理论认为：红黄蓝三原色是组成千千万万颜色的最基本原色，也就是说，所有的颜色都由红黄蓝三原色混合而成。

如图2.1.1所示，黄加红等于橙色，红加蓝等于紫色，蓝加黄等于绿色，红黄蓝加在一起等于黑色。以前我画水彩画和油画的时候就是这么调色的，现在人们在绘画调色的时候还是这么做。

这种色彩体系叫作"颜料三原色"，用红黄蓝三原色调配颜色的方法，因为互相覆盖，所以叫作减色法。这种方法主要用于颜料调配和印刷等领域。需要指出，现代色彩理论发展后，也有文献把黄、品红、青称为颜料三原色的，据说比红黄蓝的三原色更为科学合理。

后来彩色显像管的"红绿蓝三原色"的原理也没有错，红绿蓝三种颜色的荧光粉被电子束轰击后就产生三种不同颜色的亮点，各色亮点按照不同的比例相加就可以调配出万紫千红，所以这种颜色调配的方法叫作"加色法"，也叫作"色光三原色"。

就像图 2.1.2 所表现的：红加绿等于黄，绿加蓝等于青，蓝加红等于品红，红绿蓝加在一起等于白。这种色彩体系叫作"色光三原色"，也叫作"加色法"，用于电影电视、显像管、显示器等领域。

红绿蓝三原色，简称为 RGB 色彩体系。请注意：RGB 模式是我们在工作中使用最广泛的一种色彩模式。但是，RGB 色彩体系主要用于屏幕显示，不适合用于打印和印刷。

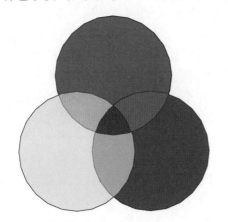 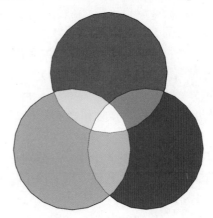

图 2.1.1　红黄蓝三原色　　　　　　　　　图 2.1.2　红绿蓝三原色

在 SketchUp 的材质面板里就有这样一个 RGB 调色工具，可以按照红绿蓝不同的比例来调配颜色。如何调配出你需要的颜色，在后面的章节里我们还要详细讨论。上面把两种不同色彩体系的示意图放在一起，方便做对照。请注意两种色彩体系中，三种颜色相交的地方，加色法和减色法之间的区别。这个 skp 文件保存在这一节的附件里，可供参考。

前面我们说了这么多家常话，对色彩这个话题还只是刚刚开了个头，下面我们就开始言归正传："色彩构成"是很多行业的设计师要掌握的"三大构成"之一，想要充分发挥 SketchUp 材质系统的强大功能，做出更好的作品，不仅要熟悉专业知识，驾驭好各种软件的应用，还需要一定的绘画及色彩方面的知识，不断提高自己的美学素养。

下面用最简单的物理学语言复习一下颜色的定义：这个世界本没有颜色，因为有了光才有颜色。光是一种波，相邻波峰间的长度称为波长。人眼只能感受 380 ~ 780nm 波长的光，物体受光后反射某一波长的光，其余波长被物体吸收，被反射波长的光就是我们看到的颜色。物体反射波长在 505 ~ 470nm 时表现为蓝色，610 ~ 530nm 时为黄色，640 ~ 780nm 时为红色。波长在 390nm 以下为不可见的紫外光，780nm 以上为不可见的红外光。

不同的色彩，在人们的视觉心理方面可以造成不同的感觉，黄色明快、红色热烈、蓝色深沉、绿色闲逸 …… 这是多数人对色彩的视觉心理反应。因此，色彩运用得恰当，能使画面增加光彩，产生更大的感染力和更高的艺术效果，这正是我们设计师要掌握的技巧。

不同的人、不同的场合，因观察的光线和视觉的差异，看到的颜色也不尽相同，因而会对事物的颜色进行不同的描述。因此，为了研究色彩，1931 年由国际照明委员会（CIE）对颜色的表述进行了规定。

根据 CIE 的规定，基于人对色彩的感觉，任何一种色彩都具有 3 个要素：用 H 表示色相，S 表示饱和度，B 表示亮度（或明度），这就是 HSB 色彩体系。在 SketchUp 的材质面板里也有这样一个 HSB 面板工具，见图 2.1.3 ①，这里第一行的 H（见图 2.1.3 ②）就是色相（Hue），也就是色彩的名称，是色彩最重要、最基本的特征，如黄色、红色等。这里表现的全部是纯色，是组成可见光谱的单色。色相 H 的数值是角度，表示在色相环上的位置，0° 表示红色，120° 表示绿色，240° 表示蓝色。它跟 RGB 模式全色度的饼状图基本相同。

第二行的 S（见图 2.1.3 ③）代表饱和度（Saturation），用百分比来描述色彩的强烈程度，也就是彩色的纯度，色彩的饱和度越高，对色调的感觉就越强烈，色彩越鲜艳。在最大饱和度时，每一色相具有最纯的光。注意：白、黑和其他灰色色彩都是没有饱和度的。第三行的 B（见图 2.1.3 ④）是代表亮度（Brightness），用百分比来描述色彩的明暗程度，也叫"明度"。亮度为 0 时相当于没有光照，所以是黑色；亮度为 100% 时，是色彩最鲜明的状态。

如图 2.1.4 所示的 6 个色块，分别是红色、绿色、蓝色、白色、灰色和黑色，现在我们来分别看看它们的 HSB 数值，以加深理解（请打开附件里的 skp 文件，用材质面板吸管汲取颜色后看 HSB 数值）。

①红色，H：0，S：100，B：100　　　　②绿色，H：120，S：100，B：100
③蓝色，H：240，S：100，B：100　　　　④白色，H：0，S：0，B：100
⑤灰色，H：0，S：0，B：50　　　　　　⑥黑色，H：0，S：0，B：0

在 SketchUp 材质面板的编辑标签里，还有另外一个调色工具，如图 2.1.5 ①所示的HLS。作者花了很多时间研究 HLS 跟上面的 HSB 之间的区别。

图 2.1.3　HSB 色系

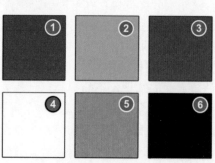

图 2.1.4　测试用的色块

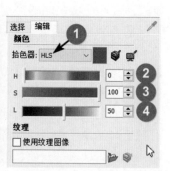

图 2.1.5　HSL 色系

首先，这里的标注 HLS 有点费解，世界上绝大多数文献是以 HSL 来称呼的，搞了很久才明白，其实 SketchUp 的 HLS 和 HSL 是同一回事，有十足的理由怀疑是 SketchUp 标注错了。

这里的 H 是色相，就是不同名称的颜色。S 仍然是饱和度，以百分比描述色彩的纯度。L 是亮度，跟上面的 HSB 体系的"明度"有点区别，研究到最后，得到的关键结论是：HSB 的 B，是 Brightness（明度），是"光的量"，可以是任何颜色。HSL 的 L，是 Lightness（亮度），应该作为"白的量"来理解。明确了这点区别，所有问题就都可以得到解释了。

现在我们再来看看两者之间的区别：图 2.1.6 左边这组是 HSB 体系，右边这组是 HSL 体系，两组的六种色块，互相对应，是相同的。先看下面的白色、灰色和黑色，它们的 HSB 和 HSL 数据是相同的。再看上面红绿蓝的数据，有一点区别，就是 B（明度）和 L（亮度）。

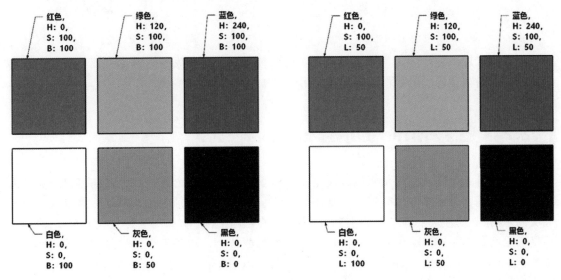

图 2.1.6　HSB 与 HSL 比较

你可以打开本节附件里的 skp 文件做试验，分别用材质面板上的 HSB 和 HSL 两组工具看看它们的区别。先在 HSB 面板上，用吸管获取左边的红色，读取 HSB 值分别是 0，100，100。

然后调出 HSL 面板，还是用吸管获取红色，HSL 的值分别是 0，100，50，区别是明度和亮度之间的数值不同。如果我们回到 HSB，把明度也调到 50，红色就变成了紫色。绿色和蓝色也有同样的问题。

需要提醒一下，HSB 体系适用的范围较宽，而 HSL 体系似乎在网络上用得较多，譬如 HTML 编译系统的 CSS 样式表只支持 HSL，如果想要把 HSB 的数值套用过去，需要经过换算，不然得到的结果会面目全非。

最后，SketchUp 的材质面板上还有个色轮，如图 2.1.7 所示，知道了上面所说的 HSB 色彩体系，这个色轮就比较好理解了。圆形的色轮，相当于 HSB 里的"H 色相"和"S 饱和度"

二者的集合，圆周上的各点就是 HSB 里的 H 色相，色轮的半径相当于 HSB 的 S，越往色轮的外侧，饱和度 S 的值越高。右边竖着的，相当于 HSB 体系里的 B 明度（见图 2.1.8 ④）。

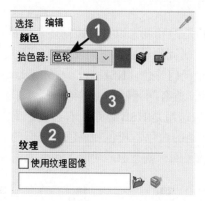

图 2.1.7　色轮 =HSB

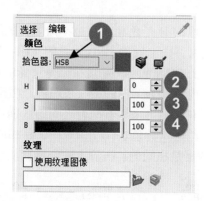

图 2.1.8　HSB 色系

　　建议读者用四种不同的色彩工具做做试验，摸索一下，积累一点经验，下一节我们还要讲色彩这个话题，要讨论色彩的调配和应用。

2.2　色彩标准与屏幕校色

　　上一节讲到了作者儿时陪妈妈去配毛线的故事，第一次知道色差和色差的难以避免，以及解决色差问题的困难。那时候作者还不到十岁，就知道了"颜色是很麻烦、很复杂、很不好玩的东西"；现在七十多岁了，同样的故事却还在不断上演：你只要去注意一下淘宝天猫上，凡是卖服装鞋帽一类跟颜色有关的网店，差不多都要挂上一句关于色差的免责声明：通常都是这么说的："……由于灯光、环境色、显示器的不同，商品介绍上的颜色仅供参考，颜色以收到的实物为准"。

　　再讲个故事：离我家小区大门不远，有个规模不小的汽车 4S 店，凡是汽车有了大病小恙，都会来这里解决，门庭若市、生意兴旺，生意里有一项重要业务就是"补漆"，为了表现自己家的水平和设备的正规，门口竖着个大牌子，上书四个大字"电脑调漆"。作者不满十岁就知道颜色这东西不好玩，所以看到"电脑调漆"的牌子，想当然地就以为现代科技昌明，有电脑当帮手，应该再也不会被色差所扰了……岂知一日路过门口，见一车主跟老板吵得不可开交，因为补漆的色差，非但不肯付补漆的钱还要索赔……后来知道，这个 4S 店，每个月都有几起这种纠纷，都是因为色差。可见现代电脑调漆的设备也未必能解决所有的色差问题。后来在各大汽车之家等论坛上看到，因为补漆出现色差的吐槽帖比比皆是，才知道"颜色"二字，即便在几十年后的现代，仍然跟我童年时差不多，还是个"很麻烦、很复杂、很不好玩的东西"。

1. 色彩标准的由来

其实早在 1931 年，第二次世界大战之前，人们就发现颜色是个"很麻烦、很复杂、很不好玩的东西"。每个人，在不同的条件下看到的、感觉到的都不一样，对同一个颜色的称呼也不一样，需要有个统一的标准。后来，国际照明委员会（CIE）对颜色的表述进行了规定。这就是"HSB 色彩体系"的来历。

1953 年，美国潘通公司（Pantone Inc.）的创始人 Lawrence Herbert 开发了一种革新性的色彩系统，可以进行色彩的识别、配比和交流，从而解决有关在制图行业制造精确色彩配比的问题。然后就有了"彩通配色系统"（Pantone Matching System）的革新，该系统是一册扇形格式的标准色。现在大家称之为"潘通色卡"，在淘宝天猫都有卖的。作者要提请读者注意，淘宝天猫卖的色卡，品种很多，良莠不齐，用途也不同，有几千元一套的，也有一二十元的，一定要看清楚。

六十多年来，这种配色系统延伸到各行各业，如数码技术、印刷、纺织、塑胶、建筑和室内装饰及油墨涂料等所有要跟色彩打交道的领域。潘通的色彩系统和一系列的色彩工具已经成为事实上的世界通用标准，是当今世界色彩信息交流的国际标准语言。有了这样的地位，潘通也很不客气地自称为"世界色彩权威"，甚至只要潘通指定一种颜色作为年度颜色，这种颜色的产品当年就会席卷市场。

自 20 世纪开始，各国颜色科学家就一直从事颜色排序的研究，他们在各自的研究基础上，形成了各种颜色体系，最终形成了表示颜色的科学方法——标准颜色体系。现今国际上比较成熟的颜色体系有美国的 Munsell、瑞典的 NCS 以及日本的 P.C.C.S 等。这些国家的标准颜色体系被广泛地应用在生产、生活的各个领域中。

2. 我国色彩标准与建筑色卡

我国在 1994 年完成了中国颜色体系课题，随后形成了国家标准《中国颜色体系》（GB/T 15608—1995）。《中国颜色体系》的建立，为颜色的正确使用和标定提供了理论基础，进而使人们在应用颜色体系进行色彩信息交换的道路上，走入了使颜色定量化、科学化的管理方向。

譬如，中国国家标准分类目录之"A26 颜色"，里面就有 20 多种标准（见本节附件），其中跟建筑设计、园林景观设计、室内设计等行业有关的至少有 10 种，如中国颜色体系、建筑颜色表示方法、中国古典建筑色彩、安全色、颜色的表示方法、颜色术语、照明光源颜色的测量方法、视觉信号表面色、城市污水处理厂管道和设备色标、照明光源颜色的测量方法等。

随着《中国颜色体系》的标准化，经国家标准化管理委员会批准，国家颜色标准化技术委员会的授权，2002 年 12 月《中国建筑颜色的表示方法》研制成功，随后推出了国家标准的实物样品——《中国建筑色卡》，成为中华人民共和国 GSB16 — 1517.1 — 2002 中国建筑色卡标准样品。

中国建筑色卡共 1026 色，是建筑行业的专用色卡，适用于建筑设计、建筑材料、建筑装饰以及建筑监理等建筑领域，是建筑色彩选择、管理、交流和传递的标准色彩工具。在淘宝天猫上能够买到这套色卡，请注意，正版并且完整的"中国建筑色卡"包含有 1026 种颜色，大概要三百多元。有一些便宜的，不是不完整，就是用途受限，譬如涂料色卡，购买的时候一定要注意。

在这一节的附件里，作者为读者提供了一个电子版的《中国建筑色卡》，安装运行电子版的中国建筑色卡后，桌面上的图标如图 2.2.1 所示；单击运行后会先播放一段宣传视频，其中也有些色彩方面的知识，这段视频播放完后，在桌面上才能看到图 2.2.2 所示的界面，这才是中国建筑色卡的电子版，其中的功能还是比较丰富的（若想要跳过视频，可以直接单击"退出"按钮）。

图 2.2.2 中，电子色卡的整个界面大致可分成四个功能区：

- ①是色卡列表区；
- ②～⑥是其他功能按钮区；
- ⑦是色彩空间展示区；
- ⑧～⑫是色彩空间选择按钮区。

图 2.2.1

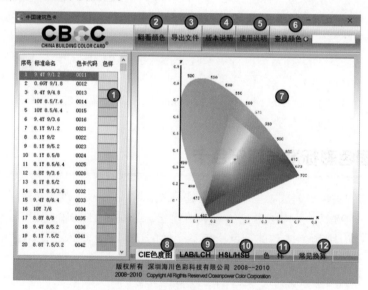

图 2.2.2 《中国建筑色卡》电子版的工作界面

3. 《中国建筑色卡》电子版的功能与用法

图 2.2.2 中①的色卡列表区里，详细列出了 1026 种颜色的"序号、标准名称、色卡代码、色样"，可以移动滑块或滚动鼠标滚轮，在 1026 种不同颜色里粗略查看需要的颜色。

随便选择一种颜色，再分别单击图 2.2.2 中⑧、⑨、⑩三个按钮，它们分别代表三种常见的颜色体系，选中的颜色就会在不同颜色体系的色轮、色度图中出现一个小小的十字，代表这种颜色在这种颜色体系中所在的位置，分别如图2.2.3～图2.2.5所示。

单击图2.2.2中⑪、⑫可分别显示色样和某一种颜色与另七种色系的换算结果。这个功能非常有用，下一节还会提到它。

请注意"常见换算"中把HSL和HSB合并在一起是错误的，见图2.2.5，至少是不够严谨的，理由见上节。

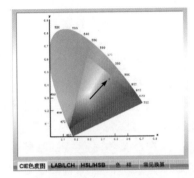

图2.2.3　CIE色度图

图2.2.4　LAB ／ LCH色空间

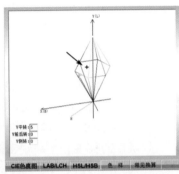

图2.2.5　HSL／HSB色空间

另外一种查找颜色的方法是单击图2.2.2中②"翻看颜色"，就可以在弹出的窗口（见图2.2.6）中翻找想要的颜色，单击图2.2.6中②的上下箭头，每单击一次箭头，可在两侧显示六个色样。

请注意图2.2.6中③中间的六个小小的十字，它们代表了这一组颜色在"中国颜色体系"色轮中的位置。每种颜色左下角是标准命名，右下角是色卡的编号。单击图2.2.2中③"导出文件"，可以得到一个名为Colors的纯文本文件，上面有1026种色卡的序号、色卡代码和标准命名，如图2.2.7所示。

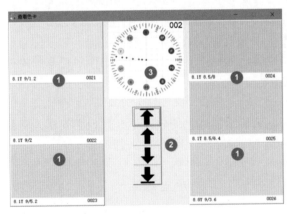

图2.2.6　翻看颜色

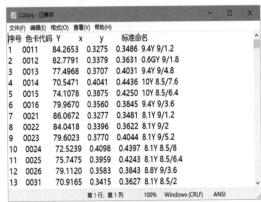

图2.2.7　导出色卡数据

如果你知道色卡代码，可以在图2.2.2的右上角输入代码后回车，查看详细的数据。建议第一次使用《中国建筑色卡》的读者，单击图 2.2.2 中⑤"使用说明"。建议对颜色体系和色彩理论完全没有概念的朋友多看几遍该色卡开头的视频。附件里的《中国建筑色卡》电子版可免费使用 20 次，到期可重新安装"续命"。

4. 显示器的专业校色

上面的篇幅中大致介绍了色彩标准的重要性和《中国建筑色卡》电子版，要提请大家注意：由于屏幕上看到的电子版跟色卡的实体版可能会有很大的色差，所以电子版只能用来理解个大概，正式应用时，还是请用实体版的。

现在就引出了第二个问题：为什么说电子版的色卡跟实体版的会有很大的色差呢？

老设计师都会有这样的经验：发现在显示器上表现良好的作品，打印出来却面目全非，简直不能看。同一幅图，在不同的显示器上看，感觉天差地别……

原因很多，譬如，显示器出厂时的校色不一致，甚至根本没有校色，或者为避免太多蓝光，调整到偏红的暖色，用户曾根据自己的爱好对显示器做过调整，用户对某些颜色特别敏感或特别迟钝，显示器老化，环境光影响，显卡驱动不匹配，显卡过热，显示器周围有磁场等原因都可能造成上面所说的结果。

那么如何让显示器符合通用的颜色标准呢？如何让公司所有的显示器看同一幅图片的时候相同，至少接近相同的表现呢？如何把显示器的表现跟打印机、印刷机统一起来呢？……这些问题对于某些行业，譬如平面设计师、广告业、印刷业、照相业等，可能重要到性命攸关。我们搞建筑设计，环美设计，室内设计，如果你的工作只需输出黑白的线稿和文字，上面说的都不是问题，否则就要考虑对显示器做"屏幕校色"了。

最近的这些年，色彩科技又有发展，校色仪的精准度和功能也有很大的提高，只要在淘宝上输入"校色仪"三字，出来的结果琳琅满目，贵的几万元，便宜的几百元，还有花二三十块钱出租的，我们这个群体的人，没有必要买很贵的，只要普及型的就足够用了，花上几百元到一千多元，全公司都能用（特别声明：本书作者跟任何厂商没有业务关系）。

附件里有两段翻录下来的视频，说的是用某一种校色仪做屏幕校色的过程，如果你对此不感兴趣，那可以忽略。有兴趣的读者可以继续看后面的内容。如果你的工作对色彩的准确度要求不太高，下面再介绍三种用软件校色的方法。

1）Windows 自带的色彩管理工具

这是一种不用掏钱也不用到处寻觅的校正电脑显示器颜色的软件工具。想必很多人对此有所耳闻，但是真正用 Windows 10 系统的颜色管理器进行实际操作的人却不多。

操作方法如下。

（1）在 Windows 10 系统桌面，依次单击"开始"→"Windows 系统"→"控制面板"菜单项。

（2）单击控制面板右上角的"查看方式"下拉按钮，在弹出的菜单中选择"大图标"菜单项。

（3）在打开的"控制面板所有项"窗口中，切换到"颜色管理"图标。

（4）打开颜色管理窗口，切换到"高级"选项卡。

（5）在打开的高级设置窗口中，单击"校准显示器"按钮。

（6）按照弹出的提示一步步操作（本节附件里有一段视频可供参考）。

2）用 Natural Color Pro Color management system（Natural Color Pro 色彩管理系统）

这是由三星电子公司与韩国电子和通信研究所（ETRI）合作开发的一种彩色管理系统。这个系统只能用在三星显示器上，它使得显示器上的图像彩色与打印或扫描出来的图像彩色效果一致。

操作方法如下。

（1）解压压缩包，双击 NCPro.exe，将软件安装完成后，即可使用。

（2）如果需要速度快的就选择基本模式，如果是需要精准校色就选择高级模式。

（3）剩下的，就跟着提示一步一步操作就可以了。

（4）操作完成后会生成一个配置文件，等下次使用时，可以在色彩偏好里导入配置文件。

软件功能如下。

● 调整由于批量生产而可能出现的每个显示器的色彩特性偏移。

● 提供颜色校准器，可根据需要校准显示器的颜色特性。

● 可以创建具有一些更改监视器特征的 icc 配置文件，并将其作为显示器的色彩模式，使您只需通过更改显示器的色彩模式即可在定义的色彩空间中查看色彩。

3）Adobe Gamma

Adobe Gamma 用人工观测的方法取得当前显示器的 ICC profile，是一款简易的为非专业设计使用的屏幕初级人工调整软件，它受人为视觉缺陷和偏好以及环境颜色影响过大，只推荐作为初级调整使用。使用 Adobe Gamma 软件校色前，显示器最少要已经工作半小时，这样显色比较稳定，而且注意不要让强光线直接照射显示器屏幕。

Adobe Gamma 软件随 PC 版或 Mac 版 Photoshop 附送，现在也有独立的"绿色版"可用，本节附件里就有这个绿色版。只要用鼠标右击 Adobe gamma cn.cpl，以管理员身份运行即可。

在弹出的 Adobe Gamma 界面中选择"精灵"（跟着向导逐步进入）或直接进入"控制面板"，初学者推荐选择"精灵"。然后要进行以下几个步骤，对显示器进行校正。

（1）选择显示器初始 ICC profile。

（2）调节显示器亮度、对比度。

（3）确定显示器的磷光剂或重新建立 RGB 数值。

（4）选择理想的伽马值。

（5）选择显示器本身白场色温。

（6）测量显示器白场色温。

（7）选择工作环境的白场色温。

（8）比较调节前后的色彩。

（9）保存 ICC profile。

保存好显示器 ICC profile 后，Adobe Gamma 软件会自动将其调入显示器色彩管理中使用，可以在显示器的显示属性中看到。

2.3 色彩文化

这一节要先提出几个问题，然后作者按自己的理解来回答，不一定全对，可供参考。

1. 第一个问题有点咬文嚼字：颜色和色彩是同一回事吗

中国人的口语说"颜色"比较多，颜色二字也可以理解为"颜料"形成的"色彩"。技术领域里说"色彩"较多，是因为现代，尤其在屏幕上获得"色彩"并不需要"颜料"。"色彩"二字出现在书面语言中时，多有形容词的属性；在不太严格的语境下，"颜色"和"色彩"可以并用，这个系列教程也是这样。

2. 第二个问题：颜料跟染料有什么区别

"颜料"多用于美术绘画，古代以天然物质为多，主要属性是"覆盖"。"染料"多用于织染业，古代也以天然为主，现代以合成为多，主要属性是"渗透"。现在去买喷墨打印机用的墨水，就有颜料型和染料型之分，颜料型的墨水打印的图更明亮鲜艳，不易褪色，价钱也贵了不少，染料型的只能马马虎虎对付着用，不过价格低廉。

3. 第三个问题：中国传统的色彩系统是什么

中国传统的色彩系统是"五色系统"，有五正色和五间色；五正色是：青、赤、黄、白、黑。五间色是：绯、红、紫、绿、碧。这个五色系统是中国文化最可见的部分（见图 2.3.1）。

中华五色系统用色彩来标识社会规范，甚至宇宙运动的规律，从日常生活到天地神灵，都曾受制于这个五色系统。至今我们还有"五彩缤纷""五颜六色"之说。

黑和白是色彩的两极，"有"到极点归于黑，"无"到极点归于白，黑白两极奠定了水墨画的基础，黑白二色千年看不厌。

在民间戏曲脸谱，年画等应用中，五色也是身份性格品质的象征。有"红色忠勇白为奸，黑为刚直灰勇敢，黄色猛烈草莽蓝……"口诀。

图 2.3.1 五正色和五间色

几千年来的传统建筑在色彩上受到"阴阳五行论"的影响。大多数情况下"五行"指金、木、水、火、土五种物质，在建筑上又派生出五色与之相应：即赤代表火，黄代表金，青代表水，白代表土，黑代表木。其中赤、青、黄正好是色彩的三原色，具有最强的精神特征，是最鲜艳的色彩。而黑白则是色彩中的两极，它们相互依存，以对方的存在来显示自己的力量。

五行和五色还是传统风水堪舆的理论基础。

4. 第四个问题：各种颜色的寓意大概是什么

随国家、民族、个人和文化背景的不同，各种颜色有不同的寓意，比较通用的大概有：

白色，纯洁、神圣、朴素……

黑色，死亡、恐怖、邪恶、孤独、严肃……

紫色，高贵、迷惑、神秘……

红色，热情、危险、血腥、喜庆……

橙色，热情、温暖、快乐……

黄色，色情、光明、活力、希望……

绿色，和平、理想、新鲜、成长、安全……

蓝色，自由、忧郁、凉爽、安静……

粉色，风流、浪漫、荒唐、妖艳、淫荡、轻佻……

灰色，阴暗、不定、两可、冷淡、平静……

5. 第五个问题的范围很大：颜色重要吗？重要到什么程度

回答是：当然重要，并且绝对重要，非常重要！往大里说，重要到没有颜色就没有现在的世界。往小里说，颜色有个体属性，政治群体属性，民族文化属性，宗教属性，国家属性等，可以说颜色或者色彩跟人类的所有个体、群体、历史和文化都密切相关。下面稍微展开谈谈颜色的各种属性。

1）颜色的个体属性

先说一个实例：作者有个很久前的学生，三十几岁的大老爷们，条件相当不错，就是不找对象结婚，总以为他高不攀低不就……有一次他在 QQ 上跟我联系，当我看到他发过来的第一条信息，一切差不多就全明白了——大老爷们居然用粉红色的字；根据这点线索，我估计他可能是同性恋中的女性角色。当时只是放在心里的猜测，不久后被证实我的猜测不错。这个例子说明从颜色可以看懂人，虽然有点极端。一个人的脾气性格决定了他对颜色的偏好甚至性取向，这种事例太多了：喜欢大红色的人，大多热情奔放；喜欢白色的通常比较单纯，喜欢黑色的严肃正经，喜欢灰色的冷静冷淡……

顺便说一下，大面积的粉红色大多适用于成年之前的女孩，房间布置，床上用品和服饰等。如果成年女性仍然喜欢用大面积的粉红色，则她的心理发育可能滞后于生理发育。而大男人喜欢粉红色，十有八九是同性恋中的女角，至少有同性恋倾向。

最需要提醒的是，从亚洲的泰国到欧洲的荷兰，粉红色是全世界红灯区的标准色，都有风流淫荡的寓意，设计师们千万不要乱用：改革开放初期，大江南北，很多地方的城乡接合部，有一些"不会理发的发廊"，每到傍晚就点亮粉红色的荧光灯招揽生意，成年人不用介绍就该知道里面经营的是什么，这种现象可以算得上是把颜色运用到极致的案例之一。

2）颜色的群体属性和政治属性

美国共和党用红色，民主党用蓝色；欧美国家还有绿党、茶党，分别以绿色和茶色当标识。用颜色来表示群体主张和政治属性，是人类的一大发明，简单明了，痛快淋漓。

中国古代最尊贵的颜色是黄色，凌驾于所有颜色之上。黄色成为最尊贵的颜色是从隋朝时期开始的，属于帝王的"黄"，其实和普通黄色系还不完全相同，而是其中一种色泽略深、黄中偏赤的"赭黄""赤黄"。直到清代，帝后朝服颜色才明确调整为我们所熟悉的明亮度最高的"明黄"，凌驾于所有颜色之上，皇子及贵妃用略偏赤黄的"金黄"，非特赐禁止臣庶使用。

3）颜色的文化属性

有个真实的故事：前不久，一位多年前的学生同样在QQ上找我，要问一个SketchUp方面的问题，每个字在QQ聊天界面上占有的面积跟大拇指的指甲差不多，字体是大红色，黑体还加粗，……我在回答完他的问题后，顺便提醒他：

在中国的传统文化中，有"丹书不祥"的习俗，红色的文字只用于亲朋好友间的"绝交信"，表明心迹的"血书"，非正常死亡前的"绝笔"；还有法院在执行死刑的公告上也会用"朱笔"在罪犯的名字上打一个大大的勾，阎王爷也用红笔办公；这些都是中国传统文化里的常识；现代只有老师批改作业和考卷、会计在做亏损账的时候才使用红笔……还有，在聊天的时候用太大太显眼的字体，就算不以中国人内敛谦虚的传统文化气质来衡量，即便以西方的心理学角度分析，也会得出此人自大自恋、目中无人、缺乏教养的结论……最后我说：为了不至于被人误解，建议你还是把QQ字体和颜色改了吧……

对方给我的回答仍是几个血红的大字，惊得我愣了好久说不出话来："我痛恨传统文化"……过后的几天，我一直在想到底是什么原因令一位受过高等教育的年轻人（硕士学位、建筑专业、三十刚出头、单位骨干、已为人父）会有这样的想法并且毫不犹豫地直接说了出来……几天后，实在忍不住了，在QQ里给他留言：

"年轻人，你痛恨传统文化想必有自己的理由，其实你天天活在传统文化里，只要还没有被红笔勾销，你跟你的后代还要继续在传统文化里活下去（即便赌气移民到月球），这就像每时每刻在呼吸空气却感受不到它的存在一样，你也痛恨空气吗？"

……按回车键发送，然后拉黑——反正他已经用红色的文字对我表示了绝交的愿望。接着，我把QQ的个性签名改成了："颜色是文化的一部分，而文化是价值观与信念之本"。

上面所说的，在QQ、旺旺里用红色文字聊天的人还真不少，估计有10%左右，这些人倒不见得都有上面那位"痛恨传统文化"的叛逆心理，只因现代所学的应用文写作里并没有对文字颜色禁忌的内容，他们大多是不懂颜色的文化属性而闹出笑话、犯错误。如果读者正好也在那10%之内，请尽早改正吧。若你是家长或老师，也请早点告诉你接触的孩子们"丹书不祥"的道理。

4）色彩在宗教方面也有其重要性

只要稍微注意一下，佛教徒穿着的"僧衣"跟我们凡夫俗子们的穿着，除了款式，在颜色上也有很大的差别；佛教徒僧衣的颜色，在不同的戒律中有细微不同，但有一个总的原则是：按佛教戒律，要避免用青黄赤白黑等五正色和绯红紫绿碧五间色，只能用若青（铜锈色）、若黑（淤泥色）、若木兰（赤中带黑色）等"三如法色"制作袈裟。

袈裟在中国，大多用近似黑色的布制作，因此称僧人的衣服为缁衣，称僧界为缁林。自唐代武则天开始，朝廷常赐高僧紫衣、绯衣以示宠贵。僧人说法和举行隆重仪式时，还多穿用金襕衣（金缕织成的袈裟，胸部绣"吉祥海云相"卍字）。佛教还可分为"藏传佛教""汉传佛教""东密佛教""南传佛教"，他们穿着的"法衣"在 颜色和搭配上也有很大的差别，如图2.3.2～图2.3.5所示。

图2.3.2　汉传佛教僧服　　　图2.3.3　缅甸僧服　　　图2.3.4　日本僧服　　图2.3.5　西藏僧服

5）颜色的国家与民族属性，可以举的例子也很多

红灯笼，几乎成了中国人独有的象征。需要说明的是："中国红"是一种代表中国的颜色体系而不是某种精确的颜色，在下一节中我们还要讨论。最近这些年的春节前后，巴黎埃菲尔铁塔和世界其他很多地标建筑都会亮起中国红的灯饰，说明红色已经被全世界认同为中华民族的代表色，世界上很少有其他国家可以享此殊荣。

清朝的宫殿和王室建筑，大红加大绿是基本配置（见图2.3.6～图2.3.8），一看就知道这一大家子跟北方游牧民族有关系，只要看看某些蒙古包的配色，还有东北能买到的，满地红花配绿叶的大花布就知道了（见图2.3.9～图2.3.11）。

中国宫殿的屋顶是黄色的琉璃瓦，见图2.3.12，皇室规定，只有皇家和庙宇才准用黄色的屋顶。藩属国的高丽宫殿，由宗主国赐给青色（只准用青色）的琉璃瓦，如图2.3.13所示。这个规矩一直传了下来，所以才有了历史的和新建的"青瓦台"，如图2.3.14所示的日本平安神宫也有类似的青色屋形，有类似寓意一直延续到现在。

还有中国人都知道"青楼""青衣""青面獠牙"是什么意思。

图 2.3.6　恭王府红绿配（1）

图 2.3.7　恭王府红绿配（2）

图 2.3.8　小王府红绿配

图 2.3.9　东北大花布（1）

图 2.3.10　东北大花布（2）

图 2.3.11　东北大花布（3）

图 2.3.12　故宫太和殿

图 2.3.13　韩国青瓦台

图 2.3.14　日本平安神宫

　　附件里收集了世界上 210 个国家和地区的旗帜，有个很有趣的现象，凡是伊斯兰教国家的旗帜，多半有绿色，甚至全部是绿色。有些伊斯兰国家甚至还规定绿色只能用于国旗，禁止在商业或其他场合使用。

　　在日本，到处可以看到白色的灯笼，如图 2.3.15 ～图 2.3.17 所示，上面写着店铺的招牌，服务的项目，当然还有人的名字，通常是饭店主厨的名字，理发师的名字，明星的名字，庙宇主持人的名字。白灯笼被日本人拿来当作是一种广告、展示的形式。

　　可是在中国，作者小时候还见过这样的习俗：凡是办丧事的时候都要在门口挂上白色的灯笼（有时还弄成破灯笼以体现亲属的伤心欲绝），白色的灯笼上要写上死者的名字，为的是要告诉大家，就像现代的讣告一样。抬着棺材出殡的队伍里，走在最前面的就是两只或更多只用长竹竿挑得高高的白灯笼。白色还是孝服的颜色，白灯笼是报丧专用的，就算现代没有了这种习俗，谁家也不会在门口挂个白色的灯笼玩玩。

图 2.3.15　日本白灯笼（1）　　图 2.3.16　日本白灯笼（2）　　图 2.3.17　日本白灯笼（3）

　　"白宫"的白色建筑是美国的象征；用纯洁单纯的白色来象征这个国家（说实话，有点货不对板）；从 18 世纪发现美洲大陆开始，欧洲殖民者就开始了对原住民的杀戮，八千万印第安人差点被杀断种！美国的历史虽然不算太长，240 多年的历史，却有 230 多年在打仗，一直到现代还在继续。也许用死亡与邪恶的黑色，或者鲜血的猩红色来作他们国家的代表色才比较合适。

　　好了，说了这么多，有人爱听，有人不爱听，这很正常。色彩和对色彩的应用和观点，自古以来就是重要的、有争论的文化现象。作者郑重推荐你扫描下面的二维码（择一即可）观摩二十多分钟的视频，见图 2.3.18，这是《中国国家地理》杂志社，官方文创品牌的主要设计师苏超先生的一个演讲：题目叫作"中国美色"，二十多分钟的演讲中介绍了颜色在中国几千年历史文化中扮演的角色，很多传统色的由来和变迁的故事……建议所有搞设计的和普通的中国人都来看一看，有益无害。

图 2.3.18　苏超："中国美色"视频

2.4　色相环奥秘

　　这一节，我们要讨论关于色相环和色彩的形成，在正式开始之前，先来看看色相环是什么？如图 2.4.1 所示，这是在"百度图片"中输入"色相环"作为关键词搜索的结果：找出来无数环状的东西，它们花花绿绿，形状也不完全一样，几乎找不到两个完全相同的，它们只有一个共同点，就是都自称为色相环，不然百度图片也搜索不到它们。

图 2.4.1　各种色相环

1. 形形色色的色相环与色相

我们可以大致看一下，这些自称为色相环的图都有什么共同点和不同点。在作者看来，第一个共同点就是：这些图的色块有多有少，但是上面的颜色分布都很有规律，就像彩虹的颜色一样。还有一个共同点就是：这些图上，无论色块多少，总是有一半属于暖色调，另外一半是冷色调。再找找它们的不同点，最明显的就是色块，也就是颜色的数量有多有少，少的只有三种颜色，多的可以有 48 种甚至更多种颜色。

如果你对色彩理论有一定认识的话，仔细看看，这些同为色相环的图片，其实属于很多种不同的颜色体系，有传统的以红黄蓝为三原色的颜料体系，有以红绿蓝三色为原色的色光体系，有 CMYK 打印和印刷用的体系，还有更多其他不常见的色系，有些还是个人或企业自创的。

那么，问题来了：这些花花绿绿的色相环有什么用？要回答这个问题，先要复习一下"色相"是什么：首先要排除的是语文和小说里同音同形的形容词。"色相"是色彩的首要特征，是区别各种不同色彩的最准确的标准，我们平时说的"赤橙黄绿青蓝紫"就是七种不同的色相，换句话说，色相就是俗称的颜色。

那我们为什么不直接称呼它为颜色，而要称呼为色相呢？因为一种色彩除了颜色这种基本特征之外，还有饱和度和明度这两个要素，这方面的内容，在前面的章节里已经提到过，在本章节和后面的很多章节里还会反复提到。

这里再增加一点关于色相的概念：任何黑白灰以外的颜色都有色相的属性，色相是由原色、间色和复色构成的。研究结果表明，人类的眼睛可以分辨 1000 万种以上的色彩，这些色彩是由不同的色相跟不同的饱和度和明度三者混合后的结果。

明白了色相是什么之后，我们就可以讨论色相环有什么用的问题了：简单点说，色相环是我们研究和应用色彩的工具。色相环所包含的色彩原理和如何运用它的技巧对于 SketchUp 用户非常重要（除非你满足于创建白模），所以值得用一节的篇幅来讨论。

2. 伊顿 12 色相环

最早的色相环是图 2.4.2 这样的，叫作"伊顿 12 色相环"，它是由近代瑞士色彩学大师约翰内斯 - 伊顿设计的，由颜料三原色混合叠加而成。请看中间的三角形里有红黄蓝三种颜色，它们是颜料三原色，也叫作一次色。

在它的外侧还有 3 个三角形，里面的颜色是橙色、绿色和紫色。橙色的三角形跨过红和黄两种原色，说明它是由红黄两色混合后生成的新的颜色。同样的道理，绿色三角形的位置说明它是用黄色和蓝色混合而成的。红色和蓝色混合得到了紫色。橙色、绿色和紫色是由一次色混合而成的，所以叫作二次色，也叫作"间色"。

在环形的里面，现在有 6 个角，把 6 个角所对应的颜色移动到圆环的对应位置上。然后再把相邻的两种颜色相混合，得到了第三批颜色，红橙，黄橙，绿黄，蓝绿，蓝紫和红紫。

这些颜色叫作三次色，也称"复色"。

这个圆环有 12 个色块，所以叫作 12 色相环，是最基础的色相环。如果在现有的相邻两个色块之间再插入一个色块，并且把相邻的颜色再混合，填到新的色块里去，形成的就是 24 色相环了。用同样的办法可以得到更高阶、更复杂的色相环。现代的色相环大多已经省略掉中间的 6 个三角形，只留下一个环。

图 2.4.1 里看到的那些图片，它们都自称是色相环，但已经不止有一个环了，有四五圈的，有七八圈的，甚至还有十多圈的。这些复杂的色相环，除了包含有色相 H 这个要素之外，还包含了另一个色彩要素，饱和度 S 或者明度 B 二者中的一种。色相环发展到现代，已经不一定是个环的形状了，甚至像图 2.4.3、图 2.4.4 那样形成了一个圆面，这样就可以展示更多的色彩品种。

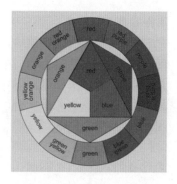

图 2.4.2 伊顿 12 色相环

图 2.4.3 现代色相环（1）

图 2.4.4 现代色相环（2）

3. SketchUp 材质面板上的"色轮"

SketchUp 材质面板上的色轮如图 2.4.4 所示，其实就是从色相环逐步发展起来的，色轮最外层的一圈，就是刚才所说的色相环，不过它所包含的颜色品种更多，多到包含了所有的颜色，相当于 SketchUp 材质面板上 HSB 色系的 H。色轮的"半径"相当于 SketchUp 材质面板上 HSB 色系的饱和度 S。色轮右边竖着的一条就相当于 SketchUp 材质面板上 HSB 色系的亮度 B。所以，SketchUp 材质面板上的色轮，跟 HSB 是同一种色系的不同形式。

下面举例说明"色轮"的用法要领，先看看如何调整一种色相的"饱和度"，现在我们选定了一种基本颜色，譬如红色，由外往里移动选择用的小方块，可以看到从大红到粉红再到白，这个过程中展示的其实就是色彩三要素里的饱和度 S 从 100% ~ 0 的过程。

图 2.4.5 中，在色轮上选择了一种红色，因选择点在圆周上，所以饱和度最高。

图 2.4.6 中，选择点移动到半径方向的中点，色块变成了粉红色。

图 2.4.7 中，选择点移动到圆心，此时饱和度为 0，色块变成白色。

下面再看看如何调节同一个色相的"亮度"（明度），色彩三要素中的明度也就是亮度，是用右侧的竖条来控制调节的，上面是 100%，最下面是 0，明度为 100 时，可以理解为得到了最高的光照亮度，所以色彩最鲜艳，往下调整到明度为 0 的时候，相当于失去了光照，只能看到一片漆黑。

图 2.4.8 中，我们选择了一种绿色，右侧的"亮度"滑块在最上面，即亮度最高。

图 2.4.9 把亮度滑块移动到中间的位置，色块变成了近乎墨绿色。

图 2.4.10 把亮度滑块移动到最下面，相当于失去光照，一片漆黑。

图 2.4.5　调整饱和度（1）　　　　图 2.4.6　调整饱和度（2）　　　　图 2.4.7　调整饱和度（3）

图 2.4.8　调整亮度（1）　　　　图 2.4.9　调整亮度（2）　　　　图 2.4.10　调整亮度（3）

一个新的问题，为什么在 HSB 面板上，没有色相环，只有一个代表色相 H 的横条呢？其实，这个横条 H 就是色相环的圆周展开而成的，当拉动滑块时，可以看到显示的数据是从 0～359，显示的是角度，相当于当前颜色在色相环上的位置。HSL 面板也是一样的。

请务必记住，无论是色相环还是色相条，无论色相环如何旋转，如何颠来倒去，HSB 色系中的红色总是 0°，绿色总是在 120° 的位置上，蓝色一定是 240°。这是必须牢记的。

4. 为什么现成的色相环不能用

现在要提出一个比较严肃的问题：既然网络上有这么多的色相环可以下载，那么我们今后在需要的时候，直接从网络上下载一个可以吗？作者告诉你，既可以，又不可以。用来学习和举例讲解是可以的，就像这一节里就出现过很多色相环。要想在网上下载一个现成的，拿来实际应用，尤其是在 SketchUp 中应用，不行。为什么不行？至少有以下几个原因。

第一，网络上看到的这些色相环，很多是学生、学徒们的习作，而且是在还没有掌握色相基本原理的情况下的习作，根本不具备标准色彩的价值。你可以去"百度图片"上仔细核对，搜索到的大量色相环，同一个色相，譬如红色，每一个的表现都不同，蓝色、黄色、绿色也一样，你说以谁为准？

第二，今后，我们是要在 SketchUp 实战中运用色相环来选配颜色的（下一节就要讲到）。要用材质面板的吸管工具来获取选择好的颜色，如果你随便下载一张色相环图片导入到 SketchUp 窗口里，想要选择其上的一种颜色，吸管工具获取的是这幅图片而不是图片上的某种颜色。即便用"匹配工具"也很难精准汲取满意的颜色。

所以，除非你有权威机构，譬如潘通提供的这种工具，否则只能自己动手来做一个。

5. 色相环原理

在下面的篇幅中，我们要用制作色相环的方法来加深对色彩的理解，只要做过这样的练习，今后工作中再遇到关于调制颜色这样的事情就会胸有成竹了。

图 2.4.11 里制作了一种特别的色环图，没有使用传统的圆环形，而是用了三角形，这么做的目的，是为了更好地理解色相环上各种颜色的关系，跟圆环形是一样的。

图 2.4.11 中⑤的 12 个角，可以看成是 4 个等边三角形，红、绿、蓝 3 种颜色形成了第一个三角形，如图 2.4.11 中①所示，把这 3 种颜色的英文词头连起来，就是最常见的 RGB 色系中的三原色，先前已经不止一次提到过。

请看跟第一个三角形相反的一个倒三角，如图 2.4.11 中②所示，这是由青、品红、黄 3 种颜色构成的，如果我们把红、绿、蓝作为这个色环图的原色，那么青、品红、黄三色就是相邻两种颜色相加后产生的新颜色，简称间色，也称二次色。

请注意这 3 种二次色的英文词头是 C、M、Y，是不是很眼熟？对的，这就是另一个重要色系 CMYK 的三原色。CMYK 是打印和印刷专用的色系，因为现在看到的 CMY 这三种颜色调配不出黑色，所以要在 CMY 之外再加上一个 K，就是黑色，而 K 取的是 Black 最后一个字母，之所以不取首字母，是为了避免与蓝色（Blue）混淆。

小结一下：第一个三角形是 RGB 三原色（见图 2.4.11 ①）。第二个倒着的三角形是 RGB 三原色的间色（二次色），它又是 CMYK 色系的原色。CMYK 是一种重要的色系，尤其对于设计文件需要打印和印刷时是必须的。用这里的六角形（见图 2.4.11 ③）相邻两个角的颜色相加，又可以调配出新的颜色，叫作三次色，也叫复色，它们是：橙、青绿、紫、黄绿、天蓝、玫瑰 6 种颜色，如图 2.4.11 中的④、⑤所示。

6. 自制色相环

上面的介绍说明了色相环的基本原理，现在我们就来动手制作一个这样的色环图，在制作的过程中请注意每种颜色的确定和微调的技巧，这是我们需要掌握的重点。

第一步，画出一个等边三角形，注意要在它的中心做个记号，当作下一步的旋转中心。

接着用旋转工具做旋转复制，角度为 30°，复制另外 3 份，清理废线废面后如图 2.4.13 所示。

现在我们有了一个 12 只角的怪物，要在上面填充 12 种不同的颜色，正如你所看到的，我们已经对第一个三角形的 3 个角填入红绿蓝 3 种原色（见图 2.4.13），如何获得准确的颜色是关键。

前面已经讲过并且提醒要牢记的是：HSB（和 HSL）色系中的 H，红色总是在色相环上的 0°，绿色总是在 120°的位置上，蓝色一定是 240°（此例中 0°设在正上方）。

现在请回去看图 2.4.12 ①，首先"拾色器"要指定用 HSB；饱和度 S 和明度 B 在制作这个色相环的全过程中，要一直保持像现在这样，两个 100%，如图 2.4.12 中③、④所示。什么时候对饱和度 S 和明度 B 这两个滑块进行调节操作，留在下一节讨论。

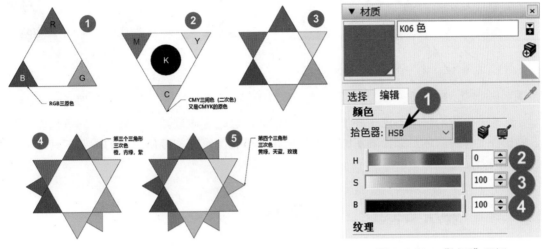

图 2.4.11　色环图　　　　　　　　　图 2.4.12　"材质"面板

在 HSB 面板上把 H（色相）拉到 0，一定是标准的红色；并赋给图 2.4.13 中上面的角。再在 H（色相）微调框中输入 120，一定是标准的绿色；并赋给图 2.4.13 右下的角。再在 H（色相）微调框中输入 240，一定是标准的蓝色；并赋给图 2.4.13 左下的角。现在我们就有了"红绿蓝"三原色，3 种颜色的英文名首字母就是我们熟悉的 RGB。

接着我们进行下一步，要用红绿蓝三原色混合出新的颜色（间色），混合的方法很简单，根本不需要记住或猜测混合后的是什么颜色，只要做简单的数学运算就可以求得，如图 2.4.14 所示。

譬如第一个三角形红，在色相环上占有的是 0°，第二个绿色，在色相环上的角度是 120°，把它们二者混合，一定是二者之"和"的一半，60°（黄色）。

第二种间色，绿色在色相环上是 120°，蓝色是 240°，第二种间色一定是 180°（青色）。第三种间色在 0°（也是 360°）与 240°之间，一定是 300°（品红）。三种间色"黄、青、品红"的英文名称首字母是 CMY 再加上"黑 K"，就是另一种重要的色系 CMYK（印刷和打印用）。

最后一步，要用同样的方法（把相邻色相的角度相加后除以二）填满另外六个角。我想你一定知道它们是 30°，90°，150°，210°，270°和 330°（见图 2.4.15）。

如果你已经按照上面的方法完成了这个最简单的 12 色相环，最后不要忘记检验一下：用材质面板的吸管工具每汲取一种颜色，看一下它们在 HSB 面板上的读数，从红色的 0°开始，每隔 30° 一种新的颜色，共 12 种，所有的 S（饱和度）、B（明度）都是 100%。你还可以用上面介绍的计算方法做 24 色、36 色、48 色的色相环。

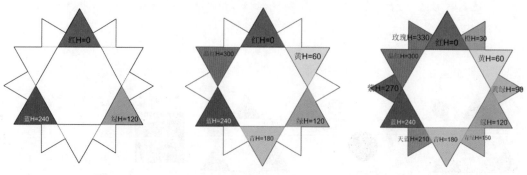

图 2.4.13　制作色相环（1）　　图 2.4.14　制作色相环（2）　　图 2.4.15　制作色相环（3）

这一节，我们讨论了色相环里的一些奥妙和门道，还通过做一个最简单的色相环，明确了色相环上每种颜色是如何确定的原则。色相环是我们研究和应用色彩的重要工具，下一节我们还要研究它。

2.5　实用 SketchUp 色轮

上一节，我们讨论了色相环的来源和里面所包含的门道，知道了如何确定色相环上每一种颜色的方法，还亲手做了一个最简单的色相环。

上一次做的色相环（见图 2.5.1 中心）有 12 种不同的颜色，其中在 0°、120° 和 240° 上的红绿蓝三种是原色，这三种颜色是其余所有颜色的老祖宗。其余的颜色都是红绿蓝三原色的子子孙孙，其中青色、品红和黄色是第二代，称为间色，其余的是第三代，也叫三次色或复色。这一节还要讲到第四代，或者今后你还可能遇到的第五代、第六代的曾孙、玄孙、第 n 代孙……全部称为复色。

前面讲到，我们在 SketchUp 里做色彩研究和色彩设计的实际应用中，根本无法从网络上下载一个现成的色相环或色轮来用，所以，要么能找到称心并且权威的色彩工具，要么自己动手做一个。我个人感觉即使有现成的，也不如自己做得更好用、更放心；再说在自制的过程中，还能加深对色彩和应用方面的理解。如果你认同作者的观点，可以继续看下去，这一节我们要做如图 2.5.1 这样一个有实用价值的色轮，在后面讨论色彩设计和色彩应用的时候要用到它，更重要的是它作为你的资产，今后你实战色彩设计的时候，它将是你的重要工具。

作者已经在本节附件里为你准备好如图 2.5.2 所示的"毛坯"，下面的篇幅里要把它做成图 2.5.1 那样的实用色轮。如果你很忙，如果你没有兴趣深入了解这个色轮的来龙去脉，下面的篇幅你可以跳过去不看，并且不会影响你后面的学习，作者会把图 2.5.1 的色轮成品保存在附件里，你同样可以研究和使用它。

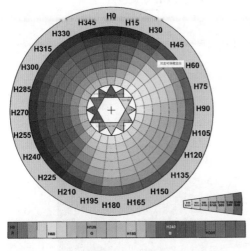

图 2.5.1　色轮　　　　　　　　　　　　图 2.5.2　色轮"毛坯"

现在我们来看图 2.5.3，这是 SketchUp 的材质面板中的"颜色"，里面有 106 种不同的颜色。每种颜色都有一个编号，编号以一个字母开头，后面拖一个数字。

字母以 A、B、C 的顺序一直到 K，一共 12 个字母，每个字母一组。每组里面有 8 种不同的颜色。此外还有字母 L 打头的，编号有点怪，从 L0 到 L6，然后是 L11 到 L16。还有一组 M 开头的，从 M00 到 M09，从白色到黑色，一共有 10 种颜色。粗看，这些色块没有什么规律，选用起来也不怎么方便，但是，只要动点脑筋就能发现它的规律，并且可以利用。请看，只需把材质面板调整得宽一些，像图 2.5.3 一样，宽到可以正好每一行可以放下 8 个色块。

现在你看出点规律了吗？为了方便在后续的讨论中发现规律和问题，已经把材质面板上所有的颜色复制出来，形成了一个色彩的矩阵，见图 2.5.4。

请注意下面列出 SketchUp 材质面板的规律和缺陷。

第一，图 2.5.4 中每组编号 05 的都是纯色。即编号 05 的这一列，每一种色彩，在 HSB 色系中，饱和度 S 和明度 B 都是 100%，所谓纯色就是 S 和 B 没有打过折扣的颜色。

第二，以 5 号为基础，编号每减 1，饱和度 S 递减 20%，从 04 到 01，饱和度 S 分别为 80%、60%、40%、20%。

第三，以 5 号为基础，编号每加 1，明度 B 减 20%，从 06 到 08，分别是 80%、60%、40%。

下面是 SketchUp 材质面板上"颜色"部分的缺陷：请看图 2.5.4 从 A 到 E 的五组，色彩的过渡变化比较自然，从 G 组开始往后，色彩过渡就比较生硬，甚至有跳跃式的过渡，譬如从 H 到 I，明显有一个跳跃。

用吸管工具分别获取这些色块的色彩，然后在材质面板的 HSB 色系中查看详细数据，ABCDE 这五组，相邻两组之间相差 15°，所以看起来它们之间的过渡就比较平滑。

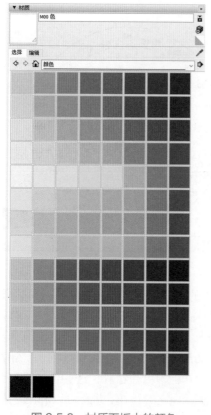

图 2.5.3　材质面板中的颜色

SketchUp 默认色彩							
01	02	03	04	05 纯色	06	07	08
S20 B100	S40 B100	S60 B100	S80 B100	S100 B100	S100 B80	S100 B60	S100 B40
A				H0			
B				H15			
C				H30			
D				H45			
E				H60			
F				H90			
G				H120			
H				H180			
I				H240			
J				H270			
K				H300			
L				H330			
M							

图 2.5.4　色彩矩阵

看 F G；G H 之间相隔 30°；再看 H I 之间，一下子跳跃了 60°。I J K L 之间的相隔又变成了 30 度。可见 SketchUp 材质面板提供的默认颜色至少有色谱不连续、不规范的问题。

小结一下：设置一些常用颜色作为默认的色块，当然是为了方便用户，其他很多软件也是这样。但是 SketchUp 里的这些，并没有按色彩学的基本规律来做，前面几组相隔 15°，最下面四组相隔 30°，中间有相隔 30° 的，还有两处相隔 60°；在色谱上的不连续、不规范反而给用户带来了困扰和不便。SketchUp 为什么会出现这样的情况，有点费解。现在还不清楚 SketchUp 对默认的色彩做出这样的安排是出于什么特别的想法，抑或工作失误造成的低级错误。我看失误的可能比较大——因为 SketchUp 里类似的低级错误还有很多，特别是中文版。综上所述：SketchUp 材质面板中的颜色部分是不完整并且有先天缺陷的，这一点要引起每一位 SketchUp 用户在选用默认颜色的时候要注意。

前面我们用了一定的篇幅剖析了 SketchUp 自带的默认颜色，发现了它的一点规律，也找出了一些毛病，后面的篇幅，我们就要利用这些规律，避免和克服它的缺陷，制作我们需要的、实用的色轮文件（可代替 SketchUp 默认的颜色）。

图 2.5.5 展示的是作者根据教学需要和实用原则设计制作的色轮。如何用它来帮助我们完成色彩设计方面的内容将放在下一节介绍，现在先介绍这个色轮的大致特点。

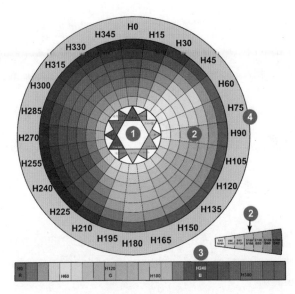

图 2.5.5　色轮

图 2.5.5 中①所示的十二角形，就是上一节所做的基本色轮。把它放在中间，有两个目的。第一是为了教学所需，可以给初接触色彩理论，并且已经了解过上一节内容的学员提供一个连续的概念。另一个目的就是在制作色轮的过程中有一个基本参考，不容易出错。

色轮有 24 种纯色和它们的延展色，每种色彩都占有一个扇形空间，每个扇形有 7 个小色块，最中间的小色块都是纯色，如图 2.5.5 中②所指，就是饱和度 S 和明度 B 都是 100% 的颜色。

中间往外侧的 3 个色块，饱和度 S 不变，明度 B 按 20% 递减。中间往内侧的 3 个色块，明度 B 不变，饱和度按 20% 递减。请注意这个规律，等一会制作色轮的时候会反复用到。

图 2.5.5 ③是 24 种纯色，是把图 2.5.5 中②所在的一圈"纯色"展开后的图形。正如你已经知道的红绿蓝，也就是 RGB 分别是 0°、120° 和 240°。二次色（间色）青、品红、黄（CMY），分别在三原色之间是 60°、180° 和 300°。

为了制作色轮方便和今后的应用，色轮的最外圈还附加了每个扇区在色轮上的角度，也就是它的色相名称，见图 2.5.5 ④。

下面开始动手完成这个色轮（本节附件里有这个色轮的毛坯）。

第一步，通过前面我们对 SketchUp 默认颜色的检测知道，材质面板上有一些现成的颜色是可以利用的。譬如红绿蓝三原色和青、品红、黄等。

图 2.5.6 所示是已经把红绿蓝（RGB）三原色填到了对应的扇形区块里。

图 2.5.7 是把青、品红和黄（CMY）三种间色填到了对应的扇形区块里。

图 2.5.8 所示是把 SketchUp 提供的 12 种颜色全部填入后，其缺陷一目了然。

下面要检查各色块是否准确，操作步骤与窍门如下。

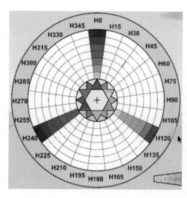
图 2.5.6　色轮制作（1）

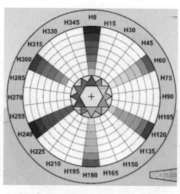
图 2.5.7　色轮制作（2）

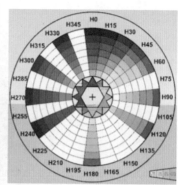
图 2.5.8　色轮制作（3）

　　把材质面板调到显示 HSB 模式待用，下面要提取各色块的颜色检查 HSB 读数，有个快捷的方式，按快捷键字母 B，光标变成油漆桶，再按下快捷键 Alt，光标变成吸管工具，单击一个色块，查看 HSB 数值。

　　松开 Alt 键，吸管变回油漆桶，可以赋色，后面所有操作均用此法，不再重复说明。

　　如检查完没有错，就可以接着对其余的扇区填色了，因为 SketchUp 材质面板上的颜色已经用完，剩下的颜色需要用 HSB 面板调配出来填入图 2.5.8 留白的扇区里，注意下面的操作。

　　先完成 H75 的这一组，因为 SketchUp 材质面板的缺陷，下面的操作需要用一点技巧：对 H75 这一组填入临时材质，深浅不一的灰色。为什么不直接填入准确的颜色，还要填入临时的灰色，这是为了避免 SketchUp 的一个"特点"，不知是缺点还是优点，其中的细节，没法简单解释。就算这个办法有点笨，也是作者花了半天时间摸索出来的，不用我这个办法，你的色轮未必做得出来。

　　现在吸取中间一格的临时色（应该赋给纯色的那一格）在 HSB 面板上，输入 H 的值 75，把 S 和 B 两个滑块拉到 100%，现在就有了这一组的纯色。

　　接下来要对纯色的右边 3 格赋色：保持色相 H（75）的值不变，饱和度 S 的值保持 100%，分别把 3 个色块的明度 B 调整到 80%、60% 和 40%。

　　接着对纯色的左边赋色，仍然保持色相 H（75）的值不变，明度 B 保持 100%，分别把 3 个色块的饱和度 S 调整到 80%、60% 和 40%。

　　其他的色块如法炮制，经过大概 15 分钟的操作，一个有实用价值的色轮已经初步完成。

　　当你亲手完成这个色轮后，你就对"颜色"这个"很麻烦、很复杂、很不好玩"的东西加深了了解。最后的扫尾工作是针对看着不顺眼的地方，譬如色彩没有平滑过渡处再检测一下 HSB 值。

　　这个色轮虽然包含了"色相 H、饱和度 S、明度 B"三者，但色相只有 24 档，S 和 B 的变化各占 3 格，还不够细腻，你可按上述方法做一个有更多色块的更加细腻的色轮。

　　2.7 节要向你介绍这个色轮的用途和用法。

2.6 实用色彩设计（一）

这一节是色彩专题 8 个小节中比较重要的一个，在此之前的 5 个小节为该小节的讨论奠定了基础。在这一节的开头，我们要玩个游戏，是一个关于色彩方面的测试。在本节附件里有一个跟图 2.6.1 相同的图片，可以用它来测试我们对色彩细微变化的敏感度。

Derval Color Test™

© DervalResearch – www.derval-research.com

图 2.6.1 德瓦尔色彩测试

现在请你打开附件里的图片，数出屏幕上有多少种不同颜色的条纹，并记下你所看到不同颜色条纹的数量作为测试的结果；至于这个结果意味着什么，会在本节的最后揭晓。

如果你曾经接受过色彩学方面的专业训练，并且还记得当年所学的大多数内容，可以跳过这一节的大部分内容不予理会。对于没有接受过色彩学专业训练，或者曾经接受过，现在已经没有多少印象的读者，请注意下面要介绍的一些色彩研究和应用方面必须重视的概念，将尽可能言简意赅，免得令人生厌。

1. 色彩学是什么

色彩学是光学的一个分支。色彩学是研究"表色体系"和"定量色彩"调和理论的学科，是重要的基础科学之一。色彩学是研究色彩的产生、接受及其应用规律的科学。色彩学是美术理论首要的基本课题。以光学为基础，色彩学涉及生理学、心理学、美学与艺术理论等很多学科。

2. 色彩学重要吗？研究些什么

色彩学当然重要，对各行业的设计师尤其重要。

色彩学大体可分为对光学、眼睛、个体感受和应用这 4 个部分的研究。

光学部分可以去找物理学课本复习。眼睛部分，刚才已经做过测试，很快就告诉你结果。

所谓个体感受，就是不同的人在不同的条件下对相同色彩的不同感受。譬如冷暖感、胀缩感、距离感、重量感、兴奋感等。还有个人对不同色彩、不同色调的好恶等。

所谓色彩的应用就太丰富了，可以说色彩已经渗透人类生活的各个方面，因此到处都存在着色彩应用的问题。在现代设计领域，色彩的地位日益突出，色彩已经成为现代设计领域主要的视觉艺术语言，是各行业设计工作者必须面对的课题。

3. 几个色彩设计术语

下面介绍一些色彩研究和应用中常见的术语和它们的概念，有些术语在不同的文献中有不同的称呼，用得比较乱，请注意一下。

我们正在讨论的色彩对比大致可以分成五个方面，即色相对比，饱和度对比，明度对比，还有冷暖对比和面积形状及位置的对比。

其中色相对比的内容最为丰富，还可以大致分成同色相对比、同类色对比、邻近色对比、对比色对比和补色对比。后面的篇幅中要介绍这些对比（配色）。

4. 色相对比

色相对比也称色彩对比，是把色相环或色轮上任何两种或多种颜色放在一起，比较色相间的差异，获得客观或主观的感受，这个过程称为色相对比。其实这种对比普遍存在于生活中，譬如服饰的搭配，墙体、屋面、门窗颜色的搭配，墙体、窗帘、家具的搭配，甚至一件家具、一件衣服上不同部分颜色的对比。色相对比已经成为各行业设计师们必须掌握的技能，提高色彩对比方面的素养水平，既是设计师们钻研色彩艺术的动力，也是压力。

请看图 2.6.2，通常我们把色相环上跨度 15° 以内的颜色称为同类色，在 24 色轮中，15° 最多只能跨两种颜色，图 2.6.3 ①就是"同类色对比"。在 24 色轮中相隔 45° 的颜色称为邻近色，图 2.6.3 ②的红色和黄色相隔 45°。在 24 色轮中相隔 120° 到 150° 范围的颜色叫作对比色，图 2.6.3 ③就是一个实例。相隔 180° 的两种颜色叫作补色，图 2.6.3 ④就是一个例子。

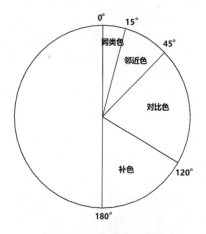

图 2.6.2 色角度与术语

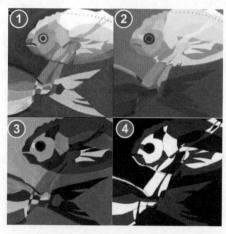

图 2.6.3 几种色彩对比

5. 同色相配色

这是一种整个画面只使用单一色调的配色方法，在自然界中随处可见。同一个色相，可以用改变饱和度和明度的方式获得丰富的变化。如图2.6.4、图2.6.5所示。

图2.6.4 同色相配色（1）

图2.6.5 同色相配色（2）

6. 同类色配色

色彩在色环上处于相邻15°时，属于同类色对比。由于这个角度的对比色仍然属于某种单一的或相同的基础色，故称为色相的同类色对比，如图2.6.6、图2.6.7所示。

图2.6.6 同类色配色（1）

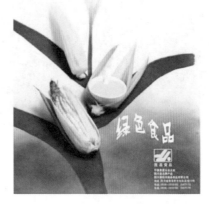

图2.6.7 同类色配色（2）

7. 邻近色配色

邻近色的对比也称为近似色或类似色的对比，是指两色的相隔距离在色相环上所处角度为45°时的对比，见图2.6.8和图2.6.9。

图 2.6.8　邻近色配色（1）

图 2.6.9　邻近色配色（2）

8. 对比色配色

　　对比色是指色轮相隔 120°～150°的色彩对比。它们的对比关系相较于补色的对比略显柔和，同时又不失色彩的明快和亮丽。对比色组合具有一种很强烈的冲突感并能产生一种色彩移动的感觉。比如在大自然中经常看到橙色的果实、紫色的花与绿色的叶，它们的色彩搭配都具有既明快又自然的视觉效果，见图 2.6.10 和图 2.6.11。

图 2.6.10　对比色配色（1）

图 2.6.11　对比色配色（2）

9. 补色对比

　　补色对比是指色轮上处于 150°～180°之间两种颜色的对比。图 2.6.12 中的红绿面积大致相当，饱和度和明度都近乎 100%，近乎精神分裂；图 2.6.13 中的红绿没有集中，面积也不同，以红为主，绿为辅。饱和度和明度都做了一定的变化。还搭配点缀了星星点点的黄色，效果就不同了。

　　图 2.6.14 和图 2.6.15 所示为大自然设计的红绿配，就比设计师手里的红绿配好看多了。

图 2.6.12 补色配色（1）

图 2.6.13 补色配色（2）

图 2.6.14 大自然中的补色（1）

图 2.6.15 大自然中的补色（2）

10. 明度对比

前面看到的色彩搭配，大多是在色相上做文章，图 2.6.16 和图 2.6.17 用了相同的色相，改变了明度，形成一种全新的感觉。这种手法是色彩设计常用的表达方式。不同的明度（亮度）搭配可以获得不同的色彩效果，两个九宫格各列举了九种不同的色彩搭配方案。

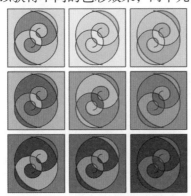

图 2.6.16 明度对比配色（1）

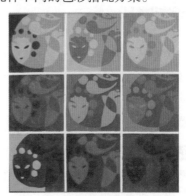

图 2.6.17 明度对比配色（2）

11. 饱和度对比

色彩的饱和度，也可以称为纯度，合理运用可以制作出数不胜数的效果。图 2.6.18 就是不同饱和度产生的不同效果，图 2.6.19 是在同一幅图里有不同饱和度的色彩配合。图 2.6.20 是在 Photoshop 里对同一幅图片做不同饱和度的调整对比。

图 2.6.18 饱和度对比配色

图 2.6.19 多种色彩配合

图 2.6.20 不同饱和度对比配色

12. 冷暖对比

色彩的冷暖不是指物理上的实际温度，而是视觉和心理上的一种感觉。

冷暖的感受主要体现在色相的特征上，如红色和黄色的系列为暖色，是源于对阳光与火的色彩联想，而对水和冰的联想使人们将蓝色的系列列为冷色。图 2.6.21 和图 2.6.22 所示就是两个例子。

13. 面积、形状和位置对比

这是第五种对比形式。色彩的面积、形状和位置，大多是同时出现的，因此，色彩的面积、形状和位置在色彩对比中，都是具有较大影响的因素，如图 2.6.23 所示，在面积对比中，当两种颜色面积相等时，色彩对比强烈；随着一方的面积增大，另一方的力量就相应削弱，整体的色彩对比也就随之减弱；当一方面积扩大到足以控制整个画面色调时，另一方的色彩就成为这一色调的点缀，如图 2.6.24 就是一个例子。前面的图 2.6.12 和图 2.6.13 所示就是很好的例子。

图 2.6.21　冷暖对比（1）

图 2.6.22　冷暖对比（2）

图 2.6.23　面积、位置和形状对比

图 2.6.24　冷暖对比（3）

最后，我们来归纳一下。

- 两种颜色在色相环中的位置，影响它们之间的对比关系。
- 色彩的认识度主要取决于色彩与周围色彩的明度关系。
- 降低颜色的饱和度，会同时改变颜色的相貌与品格。
- 色彩的冷暖调子是视觉和心理上的一种感觉。
- 色彩面积比例能够有效地起到色调转换的作用。

现在我们回到开头的色彩测试，这个测试来源于 www.derval-research.com，是知名的德瓦尔研究机构的专业测试项目，叫作德瓦尔色彩测试，是黛安娜·德瓦尔教授主持的大型调查项目。到目前为止，全世界有超过 1000 万人参加了德瓦尔色彩测试。它展示了我们对颜色的看法是多么的不同。

好了，我现在把这个网站上关于测试结果解读的内容忠实地翻译出来，如果不巧正好讲了引起你不快的结果，千万别生气。因为这不是我说的，是国际知名的黛安娜·德瓦尔教授说的。

我们看到的颜色差别取决于我们眼睛中视锥的数量和分布（视锥＝颜色感受器）。你可以检查一下这道彩虹（指图 2.6.1 的测试用图），你数出了多少颜色的细微差别？

如果你看到少于 20 个颜色的细微差别：你就像狗一样是二色观察者，这意味着你只有两种视锥。你可能喜欢穿黑色、米色和蓝色。25% 的人属于这种二色的虫。

如果你看到 20 ~ 32 色之间的细微差别：你是三色的，你有 3 种视锥（在紫色 / 蓝色、绿色和红色区域）。你喜欢不同的颜色，因为你可以欣赏它们。50% 的人是三色虫。

如果你看到了 33 ~ 39 种颜色：你像蜜蜂一样是四色的，有 4 种视锥（在紫色 / 蓝色、绿色、红色、黄色区域）。你会被黄色激怒，所以这种颜色在你的衣柜里是找不到的。有 25% 的人是四色虫。

假如你看到了超过 39 个颜色的细微差别：哈哈，那就有假了！测试中只有 39 种不同的颜色，怎么可能超过它？事实上，你是主观上高估了颜色数量，这就是为什么你会数出超过 39 种颜色。拥有第四种圆锥体的人通常不会被蓝色 / 黑色或白色 / 金色的条纹所欺骗，无论背景是什么。

德瓦尔教授说有四分之一的人像狗一样，只有两种视锥，假如有你，生气了没有？

作者建议你去大医院的眼科彻底检查，如果检查结果跟这次测试一样，那看来你就不太适合做跟色彩有关的工作。

想知道作者自己的测试结果吗？从第一次到第 n 次测试，结果都在 38 ~ 40 之间，非常完美的结果，尤其是对七十多岁的老头，有这样的结果我很高兴。因为我有 4 种色锥体，怪不得我会在还没有柜台高的时候就发现颜色这个东西"很复杂、很麻烦、很不好玩"。

我把这个测试工具保存在这一节的附件里，上面有德瓦尔研究机构的网址。你可以亲自去拜访黛安娜·德瓦尔教授和她的团队。

注：本节插图大多来源于互联网公开图片。

2.7　实用色彩设计（二）

这一节要向你介绍一些容易掌握应用的实用色彩设计工具和实用方法。掌握好这些工具和使用其方法，你就可以根据自己的设计目的，快速地获得一系列配色方案供你比较和挑选。

1.　色彩研究和应用中的五种配色方法和工具

色相（H）对比，包含的内容较多，包括：同色相对比、同类色对比、邻近色对比、对比色对比和补色对比。还有饱和度（S）对比、明度（B）对比、冷暖对比。其他对比包括面积对比、形状对比和位置对比。

请看图 2.7.1 左图，这是在 2.5 节制作的实用色轮，复习一下几个要点。

- 圆周上分布了 24 种色相，每种色相包含了 7 个小色块。
- 正中间的色块有 100% 的饱和度和 100% 的明度，是"纯色"。
- 向外侧的 3 个色块，明度递减 20%。向内侧的另 3 个色块，饱和度递减 20%。

用这个色轮可以选择不同的色相、饱和度、明度，对色彩进行调配对比，获取满意的搭配。这个色轮虽然包含了色相 H、饱和度 S、明度 B 三者，功能较强，但色相间隔 15°，只有 24 档，S 和 B 的变化也只各占 3 格，还不够细腻，但用于配色演示已经够用了。

请看图 2.7.1 右图，这幅图上的内容基本覆盖了前述 5 种对比中的前 4 种，图 2.7.1 ① 所示的"同色相"就是同一种颜色，改变饱和度和明度以获得若干不同色彩。

- 若 15° 跨过多个色相叫作同类色（见图 2.7.1 ②）。
- 相隔 45° 的色彩称为邻近色（见图 2.7.1 ③）。
- 色轮上相隔 120°～150° 的色彩叫作对比色（见图 2.7.1 ④）。
- 相隔 180° 的一对颜色叫作补色（见图 2.7.1 ⑤）。

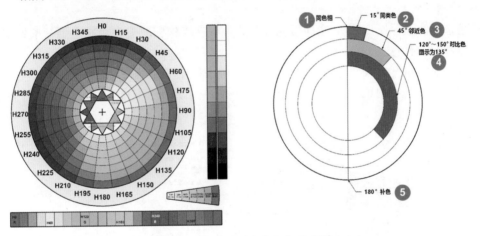

图 2.7.1　色彩设计工具（左）和色彩术语（右）

正如上一节所讨论过的，不同的色彩对比可获得不同的色彩效果。下面将要用上一节学习过的配色原则进行不同的搭配操作。但是，教学实践中发现，就算已经学习过色彩搭配原则的学员，大多数人面对这 168 种不同的颜色都会感到无从下手，就算弄出来一些搭配，也是非常勉强。下面我们介绍几种利用这个色轮做色彩搭配设计的办法。

2. 同色相和同类色选配法

同色相和同类色选配法（见图 2.7.2）是一种整个设计只使用单一色相的配色方法，在自然界中随处可见。同一个色相，可以用改变饱和度和明度的方式获得丰富的变化。把扇形旋转到横跨两种颜色，就可以做"同类色"选配了。

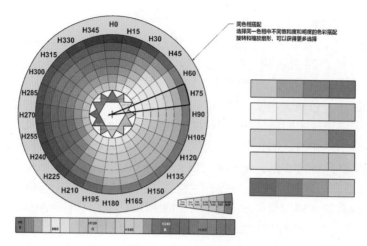

图 2.7.2　同色相搭配

3. 补色选配法

　　补色选配法（见图 2.7.3）这种搭配方式非常容易操作，只要在色轮上画一条直线就可以确定主色和它的补色。

　　旋转直线的角度，改变直线的长度，可得到更多的搭配方案。

　　选定一种主色，对面 180° 位置上的就是它的补色，用吸管工具把它们俩放在一起做搭配比对。

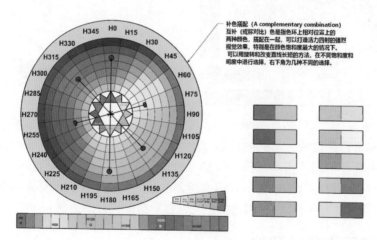

图 2.7.3　补色搭配

4. 邻近色选配法

　　前面介绍过，色轮上 45° 以内的颜色都可以看成是邻近色，在这个 24 色的色轮上，45° 内，最多可能跨4种颜色，扇区内的颜色都可以选择，你可以选择全部4种，也可以选择其中的一部分，全看我们的需要和对色彩的理解（见图2.7.4）。

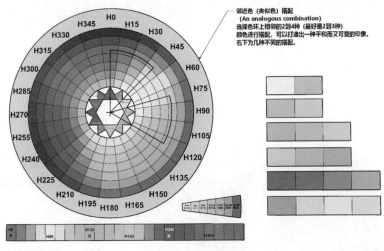

图 2.7.4　邻近色搭配

5. 正三角形选配法

这种方法就是在色盘上画一个等边三角形，旋转这个三角形，它的3个角所在的3种颜色就是我们所要的一组色彩，把它们放在一起就可以进行比对挑选了（见图2.7.5）。选择一种为主色，其余两种配合。旋转三角形并放大或缩小，可获得更多组色彩。如果你有经验，也可以偏离三角形的顶点，在同一个色相扇区内选择。

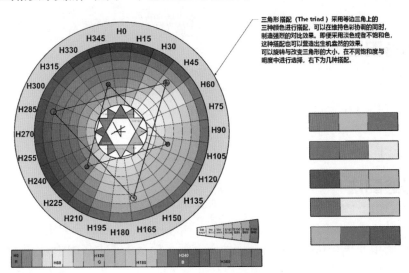

图 2.7.5　三角形搭配

6. 分裂补色选配法和不等边三角形选配法

这也是一种三角形选配颜色的方法，是在补色搭配的基础上发展而来的。纯粹的补色搭配由于对比过分强烈，效果不一定好，这种选配方式是靠一个等腰三角形，在补色的两侧扩大选择范围，避免过分强烈的对比，作出一些平衡，让选出的颜色组表现得柔和一些，以锐角顶点作为主色，如图 2.7.6 所示。

同样，也可以旋转、放大或缩小三角形，获得更多的选择。如果你有经验，也可以改变三角形的边长，或偏离三角形的顶点，在同一个色相扇区内选择。

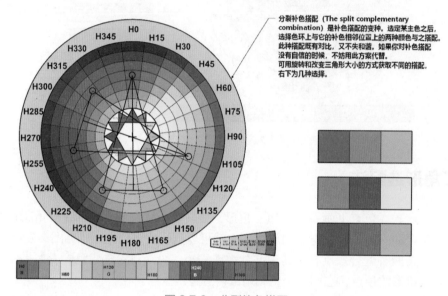

图 2.7.6　分裂补色搭配

7. 长方形选配法

具体的操作是：选一个主色，在补色之间画条直线，有了两个端点。再从主色和补色的点各按顺时针或逆时针方向，跳过 2 ～ 3 个色相，得到第四、第五两点。连接四点形成一个长方形，如图 2.7.7 所示。现在就可以开始把你喜欢的颜色选出来进行比对了。角点所在处就是选中的颜色。同样地，旋转和缩放这个长方形，会有更丰富的收获。

8. 正方形选配法

这是以两对补色形成的色彩组，是一种令人耳目一新的色彩组合方法。

具体的做法很简单，在色轮外部画一个正方形，标示出正方形的中心点，删除面以后创建群组移动到色轮上，旋转、缩放，角点所在处就是选中的颜色，如图 2.7.8 所示。

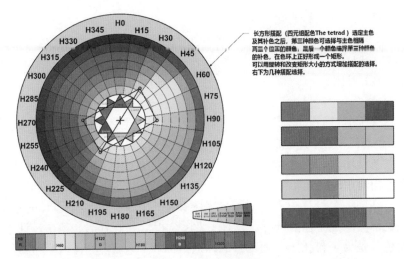

图 2.7.7　长方形搭配

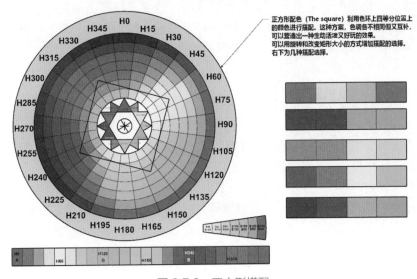

图 2.7.8　正方形搭配

9. 正五角形选配法、正六角形选配法

除了上面介绍的颜色选配方法外，还有五角形和六角形的选配方法，用在需要更多颜色配合的情况下，也是两种常用的颜色选配方法，操作方法如上述正方形选配法。

10. 部分颜色搭配原则

如果你能熟练掌握上面介绍的色彩选配方法，再拥有一个分度更加细腻的色轮，你将能非常方便地在设计中进行色彩选配，完成：

- 色相（H）对比（包括同色相对比、同类色对比、邻近色对比、对比色对比和补色对比）；
- 饱和度（S）对比；
- 明度（B）对比；
- 冷暖对比。

剩下的就只有所谓"面积、形状和位置"对比了，也就是主色、辅助色与点缀色之间的关系：主色、辅助色与点缀色，是色彩设计的另一个重要方面。一个设计项目，无论是建筑设计、景观设计还是室内设计，都会包含多种颜色，不同的颜色在设计中所起的作用是不同的，主色、辅助色与点缀色相辅相成、互相配合。

- 主色，在同一个设计中占有面积最多的颜色，它决定了整个设计的基调。辅助色与点缀色都要围绕主色去选择。只有三者配合得恰到好处时，整个设计才会和谐完整。
- 辅助色，是为了衬托主色而配置的，通常面积不会超过主色的三分之一，并且应该比主色略浅，讲究"调和"，否则就喧宾夺主，主次不分了。
- 点缀色，是为配合主色和辅助色而设置的，通常面积不会超过主色的一成，但是其面积虽然不大，作用却不小，常起到一个"画龙点睛"的作用，可选用较强的对比色。

本节附件里有个 skp 文件，包含了上面所有的图形，可用于练习。

2.8 实用色彩设计（三）

这一节不安排新的内容，只想向读者推荐几本跟色彩有关的书，还要送给读者一大堆好东西，都是你工作中可以随时查阅、随时使用的宝贝。

有一本书，书名叫作《色彩构成》，市面上同样名称的书不下 50 种。这里说的是上海人民美术出版社的"高等院校设计专业系列教材"中的一本，是大学里很多专业基础课的教材。

下面是中央工艺美术学院副院长、清华大学美术学院教授李绵璐先生为这本教材所作的序言，序言的第一段就开门见山地说：

平面构成、立体构成、色彩构成，简称三大构成。再简称"构成"。从学校教育视角，它是艺术专业（学科）主要的必修基础课程，是建筑、雕塑、绘画专业的准修课程。它是知识与技法相结合而且具有人文性质的课程，是艺术设计理论与实践学习、启发和培养创新能力的起步。它是方法论范畴的以理性为主导的艺术设计思维训练的主要途径……

是的，平面、立体和色彩三大构成，一向是建筑、环艺、室内等专业的基础。请回忆一下，我们从"趣话色彩"的第 2.1 节开始算，这是色彩课题的第八节，如果你顺序地看完了这几节的内容和配套视频，我想你一定会注意到，看完这些视频用了不到 3 个小时，这 3 个小时里你经历了什么呢？

告诉你：你经历的是三大构成中，关于色彩构成实用性最强的大部分。另外的小部分就在这个小节的附件里。除了这本《色彩构成》，下面再简单介绍一下其他内容。

如果你对于色彩理论有兴趣，再介绍一些参考读物：有一本书叫作《每天懂一点色彩心理学》，作者是日本的原田玲仁，郭勇翻译。连同序章，一共有十章，313页，跟很多日本书一样，这本书也像漫画，图文并茂。如果你也像我一样讨厌这种有点幼稚、啰哩啰唆的漫画书，附件里为你摘录了一个没有漫画，没有废话的文字版，三百多页压缩成二十多页的文本，非常有趣，推荐给你。顺便说一下，日本学术界对色彩的研究，起步早、有深度、有成果。

关于色彩心理，我还为你收集了一篇文章，名字起得很大，叫作"装修色彩心理学"，这篇只有19页却自称为"心理学"的文章，看起来是一位有经验的室内设计师写的，流传在网络上，具体的作者已经无从查考。这里面有不少经验之谈，值得室内设计行业的朋友阅读。

介绍完了几本书，再介绍一下要送给你的一大堆好东西。首先是图2.8.1所示的色环和色轮，有些已经在前面的内容中出现过了，有些还没有介绍过，等一会你看过一种叫作取色器的工具，你就知道它们的用途和用法了。

图2.8.1 学习与实用的色轮

送给你的第二个宝贝是适用于Windows和Mac系统的潘通电子色卡。潘通公司的电子色卡是全世界色彩的权威标准。当然，想要让这套色卡显示准确的颜色，能在你的工作中发挥作用，先决条件就是你的显示器经过了严格的色彩校正，这部分的内容已经在2.2节介绍过了。

电子色卡的安装过程很简单。安装完成后，双击桌面上的图标就可以开始使用。这套电子色卡有30天的使用限制，不过无所谓，到时候彻底卸载后重新安装一下又可以接着用了。如果你有潘通的实体色卡，可以用其上的注册码注册无时间限制的用户。

图2.8.2所示就是潘通电子色卡的工作界面。

图2.8.2①提示：当前显示器需要进行色彩管理。您的显示器校准已过期。您在屏幕上看到的色彩可能不准确。并给出一个链接https://www.xrite.com，向你推荐潘通的"显示器校色器"。

图2.8.2②提示我们，色卡已经过期，需要更新，并给出更新的链接。图2.8.3给出了过期色卡与可用的更新。

图2.8.2③所指的红色三角形，提示已经超出当前显示器色域可准确重现的范围，在某些区段，有红色警告标志的色块甚至占了一半或更多，如果你的显示器是设计专用的高档显示器，也看到大量这样的警告标志，就要进行严格的色彩校正了。潘通色卡起到了一个警示的作用。

单击图2.8.2中的任一色块，这个色块上的色彩参数就会弹出来，如图2.8.2⑨⑩⑪所示。

图2.8.2 ⑨显示的是潘通的标准色号；图2.8.2 ⑩为RGB和HTML的十六进制色彩参数，这个参数主要用来做网页用；图2.8.2⑪是潘通的色彩配方，可以供使用潘通油墨的人员参考。

在图2.8.2 ④处输入已知的颜色编号，回车后即可查看该色彩的参数。图2.8.2 ⑤处有几十种常见显示器的色彩配置文件可供选择。单击图2.8.2 ⑥可保存参数。

单击图2.8.2 ⑦左侧，弹出该显示器的型号，若软件里没有该显示器的配置文件，则给出下载链接，单击图2.8.2 ⑦自动检测先前"校色"用的校色设备。

单击图2.8.2 ⑧左侧齿轮图标，有三个可选的设置，单击图2.8.2 ⑧右侧的按钮，显示你已购的色卡型号。

如果你的显示器是设计专用的高档显示器，请先完成显示器的"校色"，然后再用该工具。

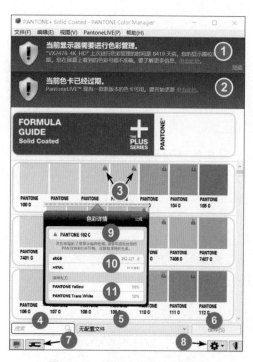

图2.8.2 潘通电子色卡主界面

图2.8.3 潘通电子色卡更新界面

接着要送给你的是一组中国传统色彩，这一组色彩最早见诸台湾省的专业网站免费的共享，原始作者已无法追踪，他共享的原件是一个PDF文件，东西虽好，但是用起来非常不方便，本书作者花了整整一天才把它改造成现在这样，一目了然，用起来就方便多了。

全套颜色从000～135号，一共有136种，本书作者将它们命名为"国色136"（见图2.8.4）。相信中国大陆的设计师，不见得全都知道这些中国颜色的传统名称。其实这些传统颜色和它们的传统名称，有着非常优美的文化底蕴，有些颜色名称的后面还有动人的历史故事。这组传统色彩是我们民族文化的一部分，好好保存它们，好好利用它们吧。

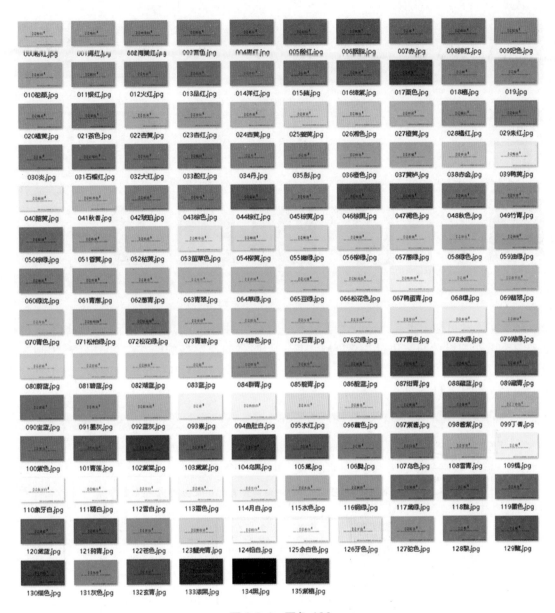

图 2.8.4　国色 136

接着要送给你的几样东西一定会让你非常高兴。先送给你 188 个经典配色方案，图 2.8.5 是其中一部分截图，里面每一幅图就是一个经典的配色方案。作者对其的印象是"不俗气"，多数比较高雅华丽，几乎找不出大红配大绿那样俗气的强烈补色对比。另一个印象是，几乎不用三原色和高饱和度、高明度的纯色。这些图像来源于一个国外知名专业设计网站的免费共享，很多图像上有这个网站的网址，我在那里就收集了这么多，应该还有很多，你有兴趣可以登录这个网站，去收集充实你的配色宝库。

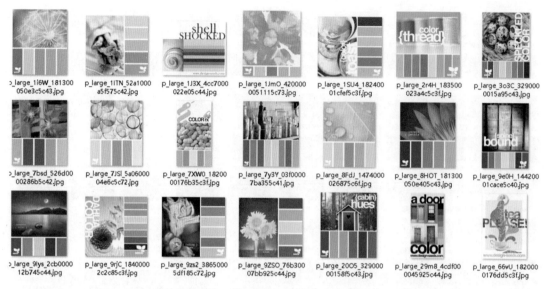

图 2.8.5　经典配色 188（部分截图）

接下来读者可能会更高兴，我要送给你一个实用的配色工具《实用配色》，基本素材也是来源于国外的设计网站免费共享资料，是一个网名叫作菜鸟的朋友在 2002 年整理制作的 CHM 文件，我已经保存和实际应用了十多年，受益匪浅。今天将它介绍给读者，该工具分成四个部分，如图 2.8.6 所示。

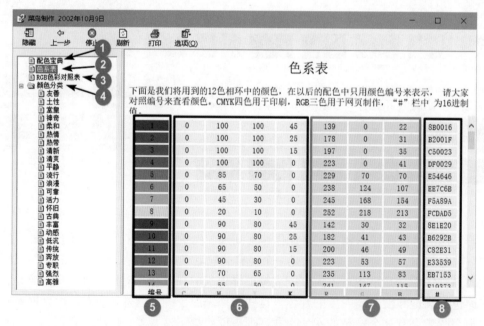

图 2.8.6　配色方案界面

第一部分叫作配色宝典（见图 2.8.6 ①），大致讲了 10 种不同的配色方案。仔细看一下，这里面除了无色设计、中性设计、原色设计之外，基本上都可以用上一节所说的七种方法来实现。还附上了一些小图和简单说明，尽管这些小图表达得不十分准确，但是有了它们，各种设计手法和思路就更明晰了。

第二部分（见图 2.8.6 ②）是一个色系表，这个表格来源于 12 色相环，每个扇区有 8 种不同的色彩，总数就是 96，再加上黑白灰 10 种，一共是 106 种不同的色彩。这个表格上的色彩原来主要是用于网站设计，所以这些颜色足够了。进行建筑设计、景观环艺、室内装修设计时，如果需要增加色彩，只要用本书 2.5 节制作色轮的办法，在两种不同色相之间插入新的色相，在同一色相的基础上调整饱和度和明度，就可以获得更多的颜色。

请注意，这里每一种颜色，有四种不同的色系数据。图 2.8.6 中⑥处，这 4 列分别是 CMYK 的值，也就是品红、黄、青和黑色的值，主要用于印刷行业。

再往右的三列（见图 2.8.6 ⑦）分别是 RGB，也就是红、绿、蓝的值，主要用于屏幕显示和影视。

最右边的一列（见图 2.8.6 ⑧）是用十六进制表示的哈希值，真正用的时候要在前面加上一个代表哈希值的 "#" 号以示区别。这一组数据主要用于以 HTML 语言制作网页。

请注意，图 2.8.6 ⑤中每种颜色的色块上还有一个编号，这些编号会出现在第四部分的配色方案里。

第三部分（见图 2.8.6 ③）是一个 RGB 色彩对照表，主要用于网页设计的时候，知道了要用什么颜色，到这里来查十六进制的数值，对于我们不太重要，就不多介绍了。

第四部分（见图 2.8.6 ④）的 "颜色分类" 才是最精华的部分，其实标题 "颜色分类" 四个字用得并不准确，应该是 "配色方案"。这里面有 24 种不同的风格，每种风格里又有几十组不同的配色方案，套用一句广告词——总有一款适合你。每一种配色风格都有一个好记的名字，还有一段简单的说明，虽然文字不多，但已经把色彩构成中的主要因素归纳总结得非常好。

现在可以回来讲图 2.8.6 ⑤的色块编号了，这里的编号会出现在第四部分的配色方案里，在配色方案的每个色块上，也有一个编号，但是没有具体的色彩数据，这时候就要记下编号，回到第二部分（见图 2.8.6 ②）的色系表上去查对应编号的色彩数据。希望这个实用配色工具能够为你的设计工作，在减小劳动强度的基础上增光增色。

另外还要送给你的另一个 CHM 文件是 "色彩辞典"，这里主要提供各种色彩体系，各种色彩的英文标准名称，如果你设计的工程要跟国外客户合作打交道（随着我国的开放政策和一带一路政策的实施，这种机会越来越多），这时候就要用到它了，双方或者多方，如果对同一种颜色没有一个通用的标准和称呼，早晚要出麻烦，弄不好还会造成损失。所以，还是留着它，以备不时之需。

最后还要送你一个工具，叫作 "屏幕取色器"，它虽然是一个小小的免费应用程序，但是可以解决大问题。请看图 2.8.7 背景是一幅已经打开的图像，如果我们想要用图像上的某一种颜色，也就是屏幕上的任一颜色，想要知道它的精确色彩数据，就要用到这种工具了。

我现在打开了取色器，单击图 2.8.7①"从屏幕中选取"按钮，就可以开始从屏幕上选取颜色了。现在鼠标光标变成了两个小方块，如图 2.8.7③、④所示，注意左上角还有个瞄准目标用的小小的十字（见图 2.8.7②），两个小方块中右边（见图 2.8.7④）是一个放大镜，放大的是十字瞄准光标处的一小部分图像，中间还有个小方格，它的大小正好是一个像素；左边的大方格（见图 2.8.7③）里就是这个像素的颜色；下面（见图 2.8.7⑤）立刻显示这个像素的 RGB、HLS、HSV、CMYK 四种色系的详细数据。这个工具可以测量出任意一幅图像上或屏幕上任意一个像素的精准色彩数据。

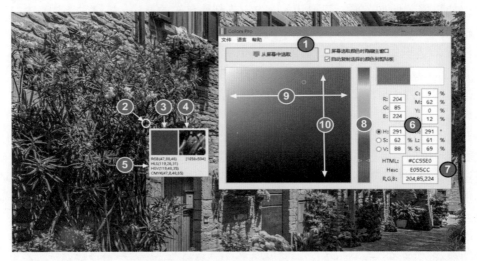

图 2.8.7　屏幕取色器

我们还可以用它来测量一下 2.5 节自己做的色轮，看看它测量得准不准。如果当时你很认真，那么一定知道，红、绿、蓝 3 种纯色，它们的色相 H 分别是 0°、120° 和 240°，饱和度 S 和明度 B 都是 100，现在你可以用这个工具去测量一下，请注意数据部分（见图 2.8.7⑥）的 HSV，它其实就是 HSB，这个工具除了可以测量屏幕上每一个像素的数据外，还是一个全功能的选色器，图 2.8.7⑧竖着的一条就是展开的色相环，显示色相 H，从上到下是 0°～355°。

在图 2.8.7⑨处左右移动小圈圈游标，饱和度从 100%～0。

在图 2.8.7⑩处上下移动游标，明度 B，也就是上面是 V 的值，从 100%～0。

这个工具里还有一个很好的功能，你可以在文件菜单的设置里把当前颜色的色系和值指定保存在剪贴板上，这样你在使用它的时候，就不用记下这些数据了，非常方便。

好了，该送出的大礼包全送出了，因为知识产权的限制，不能直接提供其中的电子书，不过你很容易搜索得到，希望读者在学习和工作中能用得上、用得好。

本章 8 个小节所介绍的是 SketchUp 用户在色彩运用方面必须掌握的基础知识，只有多观摩，多揣摩大师们的作品，并在建模和设计实践中反复练习，才能把"很麻烦、很复杂、很不好玩"的"颜色"驾驭到得心应手。

第 3 章

基础贴图

    对于 SketchUp 的模型表面，可以赋给它们五彩缤纷的"色彩"，除此之外，还可以赋于"图像"，叫作"贴图"。

    SketchUp 材质系统自带的贴图方式有两种：一是 SketchUp 默认的"投影贴图"，另一种是取消"投影贴图"勾选后的"非投影贴图"；后者的称呼比较混乱，至少有四五种不同的叫法；无论它们的称呼有多少种，其实质都是 SketchUp 的"基础贴图"，都是每一位 SketchUp 用户必须掌握的"应知应会"性质的技能。

    不要以为贴图也像对模型"上颜色"一样，用油漆桶工具一倒就算完成。要想真正做好贴图，所花费的心思与时间有时候比建模还多；不过多费点心思做好贴图后，效益也是明显的，至少你的模型不会再被别人小看成是"业余水平"。

扫码下载本章教学视频及附件

3.1 材质面板

在此之前的八个小节（即第 2 章），我们比较深入地讨论了色彩这个重要话题，还介绍了如何在 SketchUp 环境条件下进行色彩设计的方法，还提供了一些色彩设计用的资料和工具。你或许会注意到，前面八个小节，还一直在材质面板下拉菜单的"颜色"这一亩三分地里转悠。

从本节开始，我们要离开"颜色"话题了，在正式转移阵地之前，作者回头看了一眼，发现材质面板的"颜色"还有个兄弟，差一点把它忘了——"指定色彩"，这 4 个字有点费解，专门去查看了英文版的 SketchUp，英文是 Colors-named，也就是有名称的颜色；这个"名称"当然不是 SketchUp 随便起的名字，而是国际颜色标准通用名称（印刷业中称为"专色"），对照了一下，中文版里的名称是按英文字面逐字翻译过来的，所以 SketchUp 中文版里显示的汉字颜色名称既不符合国际标准，又不符合中国国家标准或相关行业标准。这里特别提出来，请注意一下。

另外还有一个重要的提示：SketchUp 材质面板"指定色彩"里的 137 种颜色，既然是有标准名称与标准色值的，即便名称翻译得不伦不类，它的色值还是有原则性的，所以你要用的时候，请注意两件事：一是只能直接用，一定不要再去做色相、饱和度、明度方面的任何编辑调整，哪怕只做了一点点改变，这种标准颜色就不再标准了。二是必要时用吸管工具检测其"色值"，记下来，以便必要的时候换算成其他色系的值。

在这个系列教程的《SketchUp 要点精讲》一书的 7.1 节里曾经介绍过材质面板，本节要进一步讨论《SketchUp 要点精讲》7.1 节里还没有涉及过的内容，为承前启后，也为了避免没有看过《SketchUp 要点精讲》的用户对材质面板不了解，下面给出部分复习内容。

1. 材质工具与材质面板（见图 3.1.1）

在 SketchUp 的工作界面中单击小油漆桶工具或按快捷键字母 B 就可调用材质工具；但是油漆桶只是个工具图标而已，它并不能单独完成任务，它必须跟默认面板上的"材质管理器"（见图 3.1.1）配合起来才能正常工作。

"材质面板"是一个非常重要的管理器，使用它，可以浏览和调用电脑内所有的 SketchUp 材质，也可调用电脑外的材质库，还可以在这里对选定的材质进行编辑修改，甚至可以在这里创建新的材质，这是一个内容丰富、功能强大的重要工具。

2. 当前材质（见图 3.1.1 ①）

在"材质管理器"的顶部，有一个预览窗口，这里所显示的是"当前材质"（见图 3.1.1 ①）；旁边的文本框里是当前材质的名称；只要单击一下"当前材质"，光标就变成了小油漆桶，油漆桶里装的就是当前材质；接着就可以对几何体赋材质了。

3. 辅助选择面板（见图 3.1.1 ②）

在材质面板右上角还有三个小按钮，单击最上面的按钮，会在下面弹出一个附带的辅助选择面板（见图 3.1.1 ②），这样，就可以同时进行材质的"选择"和"编辑"，而不用在两个标签之间进行频繁切换了。再次单击这个按钮，附带的选择面板即可收回。

4. 创建材质（见图 3.1.1 ②③）

单击右上角第二个按钮，会弹出一个"创建材质"面板（见图 3.1.1 ③），在这里，我们可以创建一个材质，或者对原有的材质进行编辑改造后形成新的材质。这部分内容将在后续的实例部分介绍。

5. 默认材质（见图 3.1.1 ④）

右上角第三个按钮非常重要，但经常被忽视，单击这个按钮，可以把 SketchUp 的正反面颜色作为当前材质，无论目标对象现在是什么颜色，什么材质，只要在单击这个按钮后，再去目标对象上单击一下，它就恢复成最初的默认正反面颜色了。

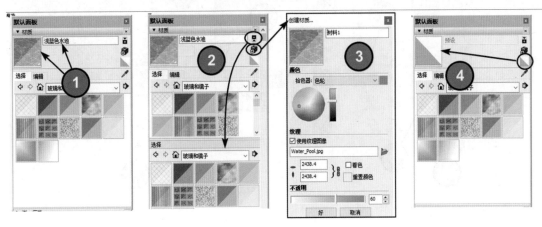

图 3.1.1　材质面板

6. 材质选择（见图 3.1.2 ①②③④）

"选择"和"编辑"这两个选项卡是材质管理器中最重要的部分；按下图 3.1.2 ①所指的"选择"标签，再单击图 3.1.2 ②向下的箭头就可以浏览 SketchUp 自带的材质库，以及材质库的子目录，选择某个子目录，在下面的浏览器里就显示了这个目录里的所有材质。单击图 3.1.2 ③中向左右的两个箭头，可在已经浏览过的页面间进行切换，方便寻找合适的材质。单击图 3.1.2 ④所指的小房子图标，相当于选择"在模型中"的选项，显示当前模型中正在使用的和曾经使用过的所有材质。

7. 吸管工具（见图 3.1.2 ⑤）

图 3.1.2 ⑤所指处有个小吸管的图标，可以用来提取模型中已有的材质，调用它后在已有材质上单击，就可以把这种材质吸收为当前材质。请注意，该工具虽与某些平面软件形状相同，但是它获取的不仅仅是"像素颜色"，还包括贴图的材质，大多数时候，获取的是作为材质使用的整幅图片。

重要！这个小吸管还有个快捷键是 Alt，当光标是油漆桶的时候，只要按下 Alt 键，油漆桶就变成了小吸管，松开 Alt 键，光标又恢复成油漆桶，需要频繁拾取模型中颜色的操作非常方便。

8. 材质浏览区的右键操作（见图 3.1.2 ⑥）

鼠标右键在任何一个材质缩略图上单击，可以看到还有几个可以选择的操作，见图 3.1.2 ⑥。

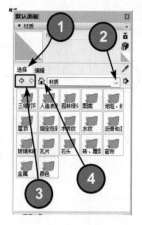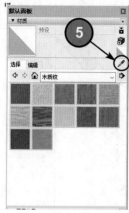

图 3.1.2　材质浏览区

第一个选项是"删除"，选择它以后，就从模型中删除这种材质，并且用默认材质替换。

第二个选项是"另存为"，选择它以后，可以把这个材质文件保存到指定的地方去，通常是自己的材质库。

第三个选项是"输出纹理图像"，选择它以后，可以把 SketchUp 的材质文件，通常是 skm 格式的，更换成图片格式后保存在指定位置，图片的格式可在 jpg、png、tif、bmp 之间选择。

第四个选项是"编辑纹理图像"，选择后可以把当前纹理图片发送到外部软件进行编辑，这方面的内容，下面还要专门介绍。

第五个选项"面积"非常有用，选择它可以统计出模型中所有使用这种材质的总面积，这个功能可以直接得到像瓷砖、地板、墙布、粉刷总量等的面积数据，想得到准确的数据，前提是你必须认真赋材质。

单击最后一个选项，可以一次选中模型中所有使用这种材质的表面，用来批量更换材质，非常方便。

9. 编辑材质（见图 3.1.3①）

现在再来看"编辑"选项卡里的内容：图 3.1.3①所指的"编辑"选项卡的"拾色器"下拉列表框里包含了一些对当前材质进行编辑的手段，在这里可以用色轮、HLS、HSB、RGB四种不同的模式对当前材质作出调整，非常方便。至于什么是 HSL、HSB、RGB，它们各有什么优点缺点、如何应用，请查阅上一章的相关内容。

10. 调整材质的大小（见图 3.1.3②③）

图 3.1.3②两个文本框里的数字是当前材质在模型中的大小，上面是水平方向，下面是垂直方向的大小，在这两个文本框里输入新的数值，可以改变纹理图片在模型中的大小。请注意图 3.1.3③处有一个链条形状的标志，它有两种不同的状态：连接和断开；在连接状态调整大小的时候，纹理的垂直水平方向的比例不变。当链条断开的时候，可以单独对纹理的垂直或水平方向做调整。

11. 调整材质的透明度（见图 3.1.3④）

最下面的滑条用来调整透明度，请注意："不透明"滑块调整到最右边才是最不透明（见图 3.1.3④），不要被"不透明"三个字所在的位置迷惑了。

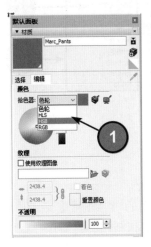
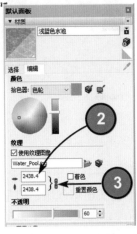
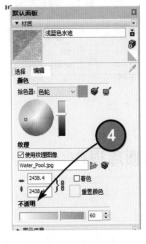

图 3.1.3　材质编辑

12. 恢复到初始材质

任何原因调整得不满意，可以单击图 3.1.4 ①所指的色块，恢复到原始材质（正反面）。

13. 颜色匹配

单击图 3.1.4 ②所指的吸管，可以把当前材质与模型中的某种颜色匹配。 单击图 3.1.4 ③所指的吸管，还可以把当前材质与屏幕上看得见的任意颜色匹配。

14. 调用外部图像 / 调用外部软件编辑材质

单击图 3.1.4 ④左侧的按钮，可以调用外部图像用来作为新的材质；如果你觉得 SketchUp 自带的材质编辑器提供的功能不够，还可以单击图 3.1.4 ④位置的图标，调用外部的专业工具对材质图片进行编辑，需要打开什么外部软件，必须提前在【窗口菜单 / 系统设置 / 应用程序】里面设置好。如果你没有指定过外部的图像编辑工具，SketchUp 将打开 Windows 默认的图片浏览器。

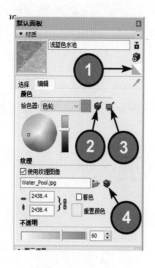
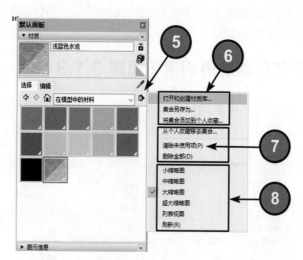

图 3.1.4　材质编辑

15. 材质库操作

请注意图 3.1.4 ⑤所示这个向右的箭头虽不起眼，但里面的内容非常重要，时常被忽视。

在这里，你可以打开自己的材质库；你可以把自己收集和制作的材质保存在优盘或移动硬盘里，想要用的时候，单击这里就能打开材质库（见图 3.1.4 ⑥）。选择"将集合添加到个人收藏" 就可以在弹出的对话框中把保存位置指向你的材质库，以便把当前模型中的所有材质集中起来保存了。

这里要重复说一下，图 3.1.4 ⑥所框出的三项，SketchUp 会直接打开你在"系统设置" / "文件"里指定的位置。

16. 删除不用的材质

SketchUp 会把建模过程中曾经用过，现在已经删除不用的材质，全部保存在模型文件中，方便你以后再使用，但是这样也增加了模型的体积，减缓了模型运行的速度，所以，请经常选择图 3.1.4 ⑦所指的选项，清理一下，把当前不再使用的材质从模型文件中删除掉。要清理不再使用的材质也可以在"窗口"菜单中选择"模型信息"命令，在弹出的对话框左侧列表框中选择"统计信息"选项，在右侧单击"清除未使用项"按钮。如图 3.1.4 ⑧所示的 6 项，都跟材质面板的界面有关，试一下就知道。不再赘述。

17. 注意材质面板里的"一个半"错误

材质面板的下拉列表中，一共有 17 个选项，除了已经详细研究过的"颜色"和"指定色彩"两项，还有十五种不同的材质。其中有一个半错误。

请看图 3.1.5 中有个"瓦片"的选项，预览图里一片瓦都没有。英文版里是"Tile"就是"瓷砖"的意思，不知道怎么翻译成了"瓦片"，这算一处错。

图 3.1.6 里的"石头"，英文版用的是 Stone，此处直接译成"石头"就不对了，因为在中文里，"石头"与"石材"是有根本区别的，中文里对经过加工备用的叫作"石材"，不再称为"石头"，经纬分明，这是中华文化的博大精深之处，把"石材"直译成"石头"，算它半个错。

图 3.1.5　材质面板上的错 (1)

图 3.1.6　材质面板上的错 (2)

18. 默认材质的尺寸

为了顺利展开后面的讨论，在图 3.1.7 中做了个方块阵，每个小方块 1m 长，1m 宽。

然后挑选一些材质赋给这些 1m² 大的小块，如图 3.1.7 左所示。然后更换到编辑标签（见

图 3.1.7 右），用快捷键 B / Alt 调用吸管工具，分别选取这些材质，就能看到这些材质的详细数据，请注意图 3.1.7 ①方框部位，这里显示的是当前材质的尺寸。

你会看到一系列大大小小、乱七八糟的尺寸，不要奇怪，因为 SketchUp 是美国公司开发的，而美国是世界上仅剩的三个还在使用英制的国家（还有缅甸和利比里亚），这些尺寸是英制转换成公制后的结果。

在"窗口"菜单中选择"模型信息"命令，在弹出的对话框左侧列表框中选择"单位"选项，在右侧把毫米改成英寸，就能看到英制的真面目（见图 3.1.8）。

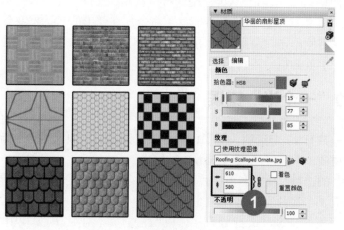

图 3.1.7 材质尺寸调整 (1)

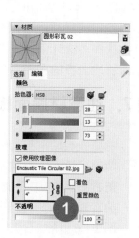

图 3.1.8 材质尺寸调整 (2)

19. 修改默认材质的尺寸

问题来了：既然这些材质都是以英寸为单位标准的，我们还能用吗？

回答是：有些能用，很多不能直接使用。具体讲：像草地、卵石、水波纹、沥青和水泥这类没有严格尺寸界限的，还是可以随便用的。像瓦片、木地板、砖头、石材、窗帘、金属型材等有具体尺寸界限的材质就不能直接用了。

为什么不能直接使用这些材质？因为中国的瓷砖和其他的建筑材料要执行中国的尺寸系列标准，譬如地砖有 200mm×200mm，300mm×300mm，400mm×400mm，600mm×600mm，800mm×800mm，900mm×900mm 等，内墙和外墙砖的尺寸系列更为丰富多样。但有个特点，就是尺寸系列中的每个尺寸，用的都是整数的毫米，不会有零头，若是英制换算成公制就会有零头，可能会带来麻烦。

20. 削足适履改尺寸（设置为自定纹理）

举个例子来说明：图 3.1.9 中用了一种英制 2′（2 英尺）的瓷砖，公制尺寸是 610mm×610mm（见图 3.1.9 ①），这个尺寸的材质直接用于设计，误差积累后显然会有问题。

"削足适履"的办法如下，第一步：在图 3.1.10 ①处输入最接近的公制系列尺寸，譬如"600mm×600mm"；第二步，右击该材质，在弹出的快捷菜单中选择"设置为自定纹理"命令。

必要的时候还可以右击该自定材质的缩略图，选择"另存为"，留作今后用。

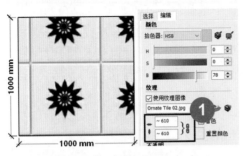

图 3.1.9 材质尺寸调整（1）

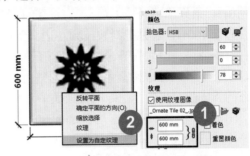

图 3.1.10 材质尺寸调整（2）

21. 创建新的材质

一个新的问题：默认材质就那么几个，是不够用的，我们如何创建自己的材质呢？随便拉一幅图片到工作窗口里，如图 3.1.11 ①所示，现在图片大小跟材质没有对应关系。

在右键菜单里选择"炸开"，为什么要炸开？因为不管是从外部拉进来的，还是从"文件"菜单里导入进来的图片，看起来像是个群组，其实不是，必须要炸开后才能进行后续的加工，这是造成很多初学者困惑的，这个操作在系列教程的其他部分也曾经提到过，请你一定记住：所有从外部弄进来的图片都要炸开，大多数情况下，炸开后还要重新创建群组，这个注意点，今后就不再重复了。下面用该图片创建新材质。

第一步，用吸管工具获取图片材质。

第二步，单击材质面板右上角创建材质的按钮（见图 3.1.11 ④），该工具专门创建新材质。

第三步，在图 3.1.12 ①处输入新材质的名称，在图 3.1.11 ②处输入新材质的尺寸；譬如输入 600mm×600mm，输入尺寸并单击"好"按钮后，"创建材质"面板关闭，但图片没有变化；注意此时在"材质面板 / 在模型中"将出现一个新的缩略图，单击它看名称就知道是刚刚创建的新材质。

22. 调整新材质的颜色

图 3.1.12 所示"创建材质"的小面板还有另外一些用法，譬如我们可以在图 3.1.12 ③处对新材质进行颜色的调整。现在以另一个角度复习一下已经学过的要点。

SketchUp 材质面板上有 HLS、HSB、RGB 三种不同色彩体系，连同色轮，就有四种不同的调色方法；色轮其实是 HSB 的不同形式。

要调配出满意的色彩，千万不要乱来一通，一定要在掌握一点色彩基础的条件下操作，动手要讲究有章法。根据教学实践经验，最好用这三种色彩体系中的 HSB，容易理解与操作。

譬如想把某种材质的颜色调得暗一些，千万不要急着动手拉滑块，请先把 HSB 这三组数据记下来，以便万一弄到不可收拾的时候还能恢复到原状，给自己留条后路很重要。

如果用吸管工具汲取的是"图片"，HSB 三组数据显示的就是当前材质的平均值；尤其是色相 H，最好不要轻易去动它，一动了 H，对象的整个基础色调就改变了。S 是色彩的饱和度，最右边是 100%，越是把滑块拉到右边，颜色就越鲜艳，越向左就越偏向白色。B 是明度，越往右对象越亮，滑块拉到最左边相当于失去了光照，漆黑一团。只有调整 S 和 B 都不能满意的时候，才可以考虑调整色相 H，调整色相 H 的时候，一定不要用拉滑块的方法，除非你想把红的弄成蓝的绿的，把绿的变成黄的青的，请用上下箭头按钮，慢慢地调整。

HLS，应该是 HSL，这是 SketchUp 的又一个小毛病。这上面的 H 和 S 跟刚才的是一样的，不一样的只有最下面的 L，亮度，其实调整的是白色的多少，不推荐使用。

用 RGB 来调整对象的颜色，需要熟练的配色经验，最不容易操作，不推荐初学者用。

至于色轮，就是 HSB，圆周一圈是色相 H，半径方向是饱和度 S，右边一竖条是明度 B。它比 HSB 稍微直观一些，但更难做精细的操作，最好也不要用。作者推荐你用 HSB 调整颜色，容易理解也最容易调整，也最通用。

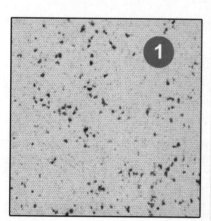

图 3.1.11　材质颜色调整 (1)

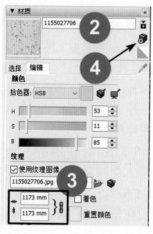

图 3.1.12　材质颜色调整 (2)

图 3.1.12 ⑤所指的"重置颜色"的小方块上，展现的是当前材质的平均色；如果还选中了上面的"着色"复选框，当前材质将用平均色覆盖，原先的特别深与浅的颜色细节将丢失。

23. 用"创建材质"面板把外部图片直接做成材质

单击图 3.1.12 ⑥文件夹图标，找到你想做成材质的图片，按上面的介绍输入新材质的名称，输入新材质的尺寸，调整颜色和透明度后，一个新的材质就创建完成。

如果想要保存起来留作后用，可以用鼠标右击这个新材质的缩略图，指定保存的名称和位置（通常是自己的材质库）。

3.2 贴图概念

这一节要进一步讨论 SketchUp 的贴图功能，在这个系列教材的《SketchUp 要点精讲》《SketchUp 建模思路与技巧》等部分都有很多贴图的案例，这一节要先简单复习以往出现过的概念与方法，接着再稍微深入讨论一些以往还没有涉及过的内容。

1. 两种不同的贴图形式

一种是普通的贴图，这种方式的贴图，在用户中的称呼比较混乱，也有称为"材质贴图"或"像素贴图""坐标贴图"的，它的特点就是把一幅图片包裹在对象上，就像是图 3.2.1 ①罐头上的标签和另外三只罐头表面的铁皮。同样的办法也可以包围贴合在其他形状的几何体上，所以也有人称它为"包裹贴图"，下面就用"包裹贴图"的称呼。

SketchUp 还有另外一种贴图方式，这种贴图方式的称呼比较统一，大家都称其为"投影贴图"，就像把图片做成幻灯片，投射到对象上。这些罐头的顶部和底部就是这种贴图。

这两种不同的贴图方式，适用的对象不同，结果也是完全不同的。是 SketchUp 的一个重要功能，也是 SketchUp 用户必须掌握的基本技巧。

图 3.2.1 贴图成品

2. 两种贴图方式的操作要领

图 3.2.2 是圆柱体、立方体和竖立在它们前面的一图片，圆柱体的高度跟图片高度相同，圆柱体周长跟图片长度相等。

用吸管工具汲取图片材质后，吸管变成油漆桶，移动到圆柱体和立方体单击完成贴图。

图 3.2.3 是贴图操作后，无论圆柱还是立方体，正面的贴图都正常。

但是再看图 3.2.4、图 3.2.5、图 3.2.6 对象的侧面，有些贴图准确，有些则一塌糊涂。

图 3.2.4 的图片准确地包裹在圆柱体上，接头处无缝连接，这是正确的"包裹贴图"，操作要领是：贴图操作前，右击图片（不要同时选中边线），在"纹理"的二级菜单里取消"投影"如图 3.2.7 ①所示，这样设置后再做贴图，就一定可以把图片包裹在圆柱体上。

图 3.2.2　贴图准备

至于图片能不能准确无缝对接，取决于图片长度是否与圆柱体的周长相等。

图 3.2.5 和图 3.2.6 两个贴图正面看还行，侧面错误，其实这是正常的：因为操作前没有取消默认的"投影"（见图 3.2.8 和图 3.2.9），想要纠正，只要按图 3.2.7 ①操作就可以。

图 3.2.3　两种贴图方式

图 3.2.4　包裹贴图的特征　　图 3.2.5　投影贴图特征（1）　　图 3.2.6　投影贴图特征（2）

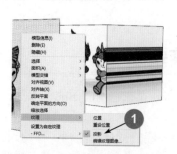
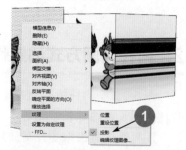

图 3.2.7　包裹贴图的设置　　图 3.2.8　投影贴图设置（1）　　图 3.2.9　投影贴图设置（2）

图 3.2.10 就是按照图 3.2.7 ①所示，取消了默认的"投影"的勾选，重新贴图后的结果，

图片已经"包裹"在立方体上。

如果立方体的周长与图片的长度相等，贴图后也可以像图 3.2.4 那样无缝对接。

3. 调整贴图在模型上的位置

这是一个常用的技巧：现在想在贴图后把红色的福娃贴在相邻两个面的交界处，相邻每个面上各一半，先在立方体的一个角上引条辅助线出来，如图 3.2.11 ①所示。再把红色福娃移动到辅助线上，目测一边一半，若需精确移动可画线对齐。如图 3.2.7 ①所示，取消 SketchUp 默认的"投影"贴图方式，按快捷键 B，调用材质工具，光标变成油漆桶，按住快捷键 Alt，油漆桶变成吸管，汲取材质，分别赋给立方体的相邻面，红色的福娃正好一边一半，如图 3.2.12 ②所示。

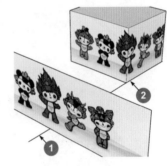

图 3.2.10　包裹贴图　　　　图 3.2.11　包裹贴图的位置（1）　图 3.2.12　包裹贴图的位置（2）

4. 操作要领归纳并强调

上面这些演示说明了想把图片包裹在对象上，不管对象是什么形状，都不能用"投影"的方式贴图，每次贴图前，检查一下当前的贴图方式是个好习惯（SketchUp 默认是"投影"）。

重要！很多学员（大约有六成）在做贴图的时候，抱怨在右键菜单里找不到"纹理"这个选项，原因全都一样：右键点选图片平面的时候，同时选中了边线，发生这种情况的原因大概是：右击图片平面前已经双击选中了图片的边线；右击图片平面前已经框选或叉选了图片，同时选中了图片的边线；图片还没有炸开。

5. 投影贴图操作要领

图 3.2.13 准备了 4 种不同的几何体，分别是四棱锥、圆锥体、半球体和圆弧凸台；还准备了 4 幅图片，分别准备在 4 个几何体上做贴图用的。

投影贴图就像是把图片做成幻灯片，再投射在对象上的贴图方式（重要概念），所以首先必须有幻灯片，现在我们开始来获得幻灯片。这些几何体的底部平面就是最好的幻灯片，把它们复制到几何体的正上方，如图 3.2.14 所示。接着对幻灯片赋予不同的材质图片，如图 3.2.15 所示。分别调整贴图的大小和位置，图 3.2.16 所示已经全部调整好。

重要！图片上右键快捷菜单中"纹理"→"位置"→"用红色图钉确定基点"→"用绿色图钉调整图片大小和方向"。

右击图片，检查是否勾选"投影"，分别用吸管获取贴图材质，赋给下面的对象。如图 3.2.17 所示。

现在可以来看看结果了，移开所有的幻灯片，把视图调整到顶视方式，如图 3.2.18 所示。可以看到，即便对象是不同形状，对象上的贴图结果跟幻灯片是完全一样的，这就是投影贴图的妙处。你看到的所有素材都可以在附件里找到，可以用来做练习。

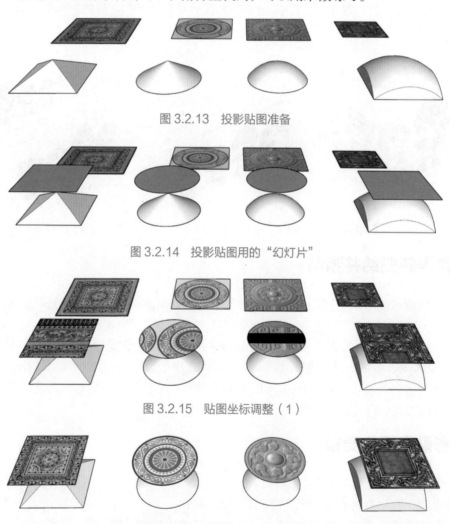

图 3.2.13　投影贴图准备

图 3.2.14　投影贴图用的"幻灯片"

图 3.2.15　贴图坐标调整（1）

图 3.2.16　贴图坐标调整（2）

图 3.2.17 投影贴图

图 3.2.18 投影贴图成品

6. 前面介绍了两种不同的贴图方式，现在开始做蜜罐子

图 3.2.19 是准备好的四幅图片。做马口铁的罐子，要准备三张图片，分别是罐体，上盖和底；另外，最左边还有一幅是用来包裹在马口铁罐子上的标签。

图 3.2.19 贴图用的素材

现在开工。

下面边建模边明确几个主要的尺寸，供你做练习的时候参考：画个圆，半径为 50mm，直径就是 100mm，周长就是 314mm，再拉出高度 150mm 获得一个圆柱体，如图 3.2.20 所示。

下面用缩放工具分别调整罐体图片的高度和宽度。

用卷尺工具以图片的左边缘（见图 3.2.21 ①）为基准，向右 314mm 作辅助线，用卷尺工具以图片的下边缘（见图 3.2.21 ②）为基准，向上 150mm 作辅助线，用缩放工具把图片高度调整到与 150mm 辅助线对齐（跟柱体的高度一样）（见图 3.2.21），用缩放工具把图片宽度调整到与 314mm 辅助线对齐（跟罐体圆周长 314 mm 相同）。

图片的尺寸调整到适应圆柱体后，就可以进行贴图操作了。

第一步并不是用吸管获取材质，而是取消 SketchUp 默认的"投影"即右击图片（不要同时选中边线），取消"纹理"里的"投影"勾选。现在可以按快捷键 B，调用材质工具，再按快捷键 Alt 把材质工具暂时变成吸管，汲取图 3.2.21 的材质，松开鼠标左键后，吸管变回油漆桶，对圆柱体赋材质，结果如图 3.2.21 ③所示。

图 3.2.20　贴图前

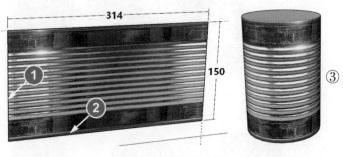

图 3.2.21　贴图准备

7．罐子的细节

如果马马虎虎的话，现在就可以做顶部和底部的贴图了，如果想要把罐头做得更逼真，有些细节不能偷懒，譬如在罐子的顶部底部都有一条凸出的边，现在把它们做出来。

（1）用推拉工具把顶部的面向下推 5mm 左右，如图 3.2.22 ①所示。

（2）用偏移工具向外偏移 1mm，如图 3.2.23 ①所示。

（3）再向上拉出 5mm，恢复罐体原有高度，如图 3.2.24 ①所示。

图 3.2.22　凸边（1）

图 3.2.23　凸边（2）

图 3.2.24　凸边（3）

（4）补线成面，删除内圈废线，再向内部偏移 2mm，如图 3.2.25 ①所示。

（5）向下推进去 4mm，做出罐头端部的凹陷，如图 3.2.26 ①所示。

（6）在底部做同样的操作，完成后如图 3.2.27 ①②所示。

（7）对刚生成的部位赋材质后，如图 3.2.28 所示。

8．接着对顶部和底部做投影贴图

复制图 3.2.29 ①的圆环到上面，删除内圈后补线成面，形成投影用的幻灯片（见图 3.2.29 ②）。对幻灯片赋材质，调整位置和大小，完成后如图 3.2.30 所示。在右键菜单里确定为投影贴图方式，对顶盖赋材质后，如图 3.2.31 所示。

图 3.2.25　凸边（4）　　　图 3.2.26　凸边（5）　　　图 3.2.27　凸边（6）　　　图 3.2.28　凸边（7）

图 3.2.29　顶部贴图（1）　　　　图 3.2.30　顶部贴图（2）　　　　图 3.2.31　顶部贴图（3）

在底部重复顶部做过的操作。

复制边缘的圆环，生成贴图用的幻灯片，如图 3.2.32 所示。对幻灯片赋给底部的材质并调整大小与位置，如图 3.2.33 所示。对底部做贴图，完成后如图 3.2.34 所示。

图 3.2.32　底部贴图（1）　　　　图 3.2.33　底部贴图（2）　　　　图 3.2.34　底部贴图（3）

9. 把百花蜜的标签包裹在罐子上（见图 3.2.35）

（1）用卷尺工具以图片的左边缘（见图 3.2.36 ①）为基准，向右 314mm 作辅助线。

（2）用卷尺工具以图片的下边缘（见图 3.2.36 ②）为基准，向上 140mm 作辅助线。

图 3.2.35　阶段成品　　　　　　　　　　　图 3.2.36　调整标签尺寸

（3）用缩放工具把图片高度调整到与 140mm 辅助线对齐（与扣除凸缘后的罐体一样高）。

（4）用缩放工具把图片宽度调整与 314mm 辅助线对齐（跟罐体圆周长 314 mm 相同）。

（5）从罐子的要贴图的位置引出一条辅助线，用来定位图片的高度，如图 3.2.37 ①所示。从下部凸缘引出一小段辅助线，目的是为了使图片跟圆柱体定位在同一个高度上。

（6）用移动工具抓取图片下部的中心，移动到辅助线的端部对齐，如图 3.2.37 ②所示。

（7）炸开图片，右击它后，查看贴图方式为非投影贴图。

（8）用吸管工具获取贴图后赋给罐体。现在，蜜罐子就完成了（见图 3.2.38）。

　　图 3.2.39 是全部完成后的成品展示。通过这个实例，我们复习并且比较了 SketchUp 两种不同的贴图方式和适用的对象，还有它们的操作要领。请用附件里提供的素材多做练习。

图 3.2.37　用辅助线确定贴图位置　　　　　　图 3.2.38　完成贴图

图 3.2.39　贴图成品

10. 材质与贴图有什么区别

这个问题可以从几个不同角度来回答。

首先，从语文的角度看，"材质"是名词，"贴图"在大多数场合被当作动词用；词性的不同确定了它们之间的属性与区别。英语里，材质是 material，贴图是 chartlet 或者简称 maps，无论汉语、英语中，它们二者都有不同的表述和含义，所以，材质和贴图是有区别的。

第二，从 SketchUp 应用的角度来看，"材质"是一个或一些 skm 格式的文件，是可以在不同模型中重复使用的，是可以在同一平面，两个或四个方向上无限次连续平铺的通用素材；如图 3.2.40 ①②所示，两个平面已经分别赋给了地砖和墙砖的材质，特征是由很多小块的图案，在同一个平面，上下左右连续平铺，形成一个完整的表面。图 3.2.40 ③④所示是两幅木门的图片，炸开其中的一幅（见图 3.2.40 ④）做贴图操作，把它贴在一扇木门的表面，这就是贴图的特征，把外部引进的图片，用一定的技巧"贴"到模型上，成为模型的外表面，这幅图片很少或不在其他模型间通用。贴图跟材质最根本的区别是，贴图通常不会在同一平面上做连续平铺的操作。

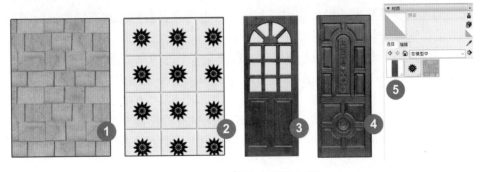

图 3.2.40　贴图与材质的区别

第三，外部图片引进到 SketchUp 以后，只要一炸开，立即会出现在 SketchUp 的材质面板上，如图 3.2.40 ⑤所示，这幅图片已经成了 SketchUp 的材质，这是困扰很多人的现象；其实，在还没有把它制作和保存为通用的 skm 文件之前，它仍然是用来贴图的图片，材质面板上的不过是贴图操作的过程而已。

11. 还有很多人会问到一批关于贴图的其他问题

归纳一下，大概有这样几个问题。

什么是 SketchUp 的"像素贴图"？

什么是 SketchUp 的"包裹贴图"？

什么是 SketchUp 的"投影贴图"和"非投影贴图"？

什么是 UV 贴图？

什么是凹凸贴图？

什么是无缝贴图？

（1）先回答什么是 SketchUp 的像素贴图。什么是 SketchUp 的包裹贴图。

在 SketchUp 诞生上市的时候，已经有很多老牌的应用软件占领了市场，每一种软件对于类似的功能可能有不同的名称和术语，尤其是翻译成中文以后，同样或类似功能的名称术语更可能有天壤之别，所以在后来者 SketchUp 的应用领域，从其他软件引入、借用不同的名称和术语，并且表述比较混乱，就很正常了。

其实，在 SketchUp 早期的 4.0 时代，贴图还曾被 SketchUp 官方命名为坐标贴图；因为用这种贴图方式还可以把图片包裹在对象上，所以后来玩家中就出现了"包裹贴图"的说法。

小结一下：像素贴图、包裹贴图、坐标贴图这些术语大多是从其他软件移植借用的，其实在 SketchUp 里说的都是同一种功能、同样的操作。SketchUp 早期的坐标贴图的说法更符合 SketchUp 的操作实际。而"包裹贴图"则表达得更为形象，容易被理解与接受；最最合理的称呼是"非投影贴图"以区别于"投影贴图"。

（2）接着回答什么是 SketchUp 的投影贴图。

在 SketchUp 的应用领域，投影贴图这个术语所讲的操作与结果，跟上面所说的坐标贴图是有本质区别的。投影贴图就像把一张幻灯片用幻灯机投影到对象上一样。如果你希望在模型上投影一幅照片，接受照片的模型可以是平面，也可以是各种不规则的曲面，用坐标贴图是无法完成的，这时候就可以考虑用投影贴图了。

这里先简单说一下 UV 贴图的基本概念，后面会有专门的章节进行深入讨论。

前面所说的坐标贴图和投影贴图都是利用 SketchUp 自身功能来实现的，虽然用这些简单的方法就可以完成大多数贴图任务，但是像在球体、凹凸不平的曲面等特殊对象上做贴图，SketchUp 自身的功能就显得不够了，为了提高 SketchUp 的贴图功能，出现了很多专门针对 SketchUp 在曲面上贴图的扩展程序（插件）和方法，这些插件的名称，很多都有 UV 两个字母，那么，为什么贴图插件的名称都有 UV 二字呢？那还要从 UV 坐标讲起。

所谓 UV 坐标，它的全称应该是 UVW 坐标，这是为了区别于 XYZ 坐标系的另一个专门用来处理贴图的坐标系。UV 坐标就是贴图上每个像素映射到模型表面的依据。

U 和 V 的值，一般都是 0 到 1 之间的小数；U 等于水平方向第 U 个像素除以图片的宽度；V 等于垂直方向的第 V 个像素除以图片的高度；W 的方向垂直于显示器的平面，需要对该贴图的方向翻转的时候才有用；因为 W 坐标不常用，所以大家就省略掉 W，简称为 UV 了。

请看图 3.2.41 的例子，需要贴图的模型本身是曲面，有自己的 UV 值（见图 3.2.41 ③）用来定义曲面每一个点在 3D 空间中的位置。做贴图的图片是二维的平面（见图 3.2.41 ①），也有自己的 UV 坐标系，图片的 UV 坐标和 3D 曲面的 UV 坐标要一一对应，势必就要对图片上的每个像素有一个扩张、收缩、重新排列的计算过程，这个过程就是 UV 贴图的过程。

世界地图和地球仪上的经纬线就可以看作是 UV 坐标。把一幅世界地图贴到地球仪上的过程就是 UV 贴图。SketchUp 本身没有做 UV 贴图的功能，需要借助于额外的插件来完成，这个话题在后面会有几个小节做详细讨论。

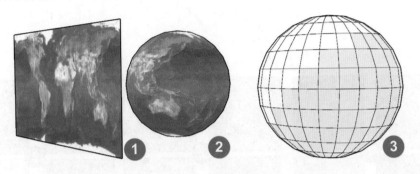

图 3.2.41　UV 贴图

（3）接着再介绍一下关于凹凸贴图的话题。

凹凸贴图英文叫作 bump mapping，也可以翻译成凹凸处理、凹凸映射。

通俗点讲，凹凸贴图是一种"视觉造假"的技术，是用来欺骗人们眼睛的技术。请看图 3.2.42～图 3.2.44 这几幅图片，看到凹凸的视觉效果了吗？这就是用凹凸技术产生的成果。

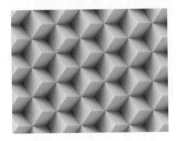　　

图 3.2.42　凹凸材质（1）　　　图 3.2.43　凹凸材质（2）　　　图 3.2.44　凹凸材质（3）

稍微专业点讲，这是一种在场景中模拟粗糙表面的技术，其原理是通过改变光照方程的法线，而不是表面的几何法线来模拟凹凸不平的视觉特征，如褶皱、波浪等。凹凸贴图的实现方法主要有偏移向量凹凸纹理和改变高度场等。

譬如将带有深度变化的凹凸材质贴图赋予 3D 物体，经过光线渲染处理后，这个物体的表面就会呈现出凹凸不平的感觉，而无须改变物体的几何结构或增加额外的线面。使用凹凸贴图产生的凹凸效果只是视觉感受，不是真正的、物理意义上的起伏效果。

归纳一下：凹凸贴图是在计算机图形学的三维环境中，通过专门的算法，产生表面凹凸不平的视觉效果，不是真的产生了凹凸不平。SketchUp 本身没有产生凹凸贴图的功能，需要外部的渲染工具来实现，这已经超出了本系列教程讨论的范围，后面的章节中也不会展开讨论，对此有兴趣的朋友可以找一点渲染方面的资料看看。

（4）最后再回应一下什么是无缝材质和无缝贴图的问题。

材质在对象上展开平铺后，看不出拼缝的就叫作无缝材质，对应的操作叫作无缝贴图。请看图 3.2.45，12 幅图片分成了 3 组：

- 图 3.2.45 ①中的 4 幅图，材质的原始尺寸并不大，但可以平铺出无限大的面，还看不出材质平铺后的拼缝，可以算作比较完美的无缝材质。
- 图 3.2.45 ②中的 4 幅图，材质平铺的接缝非常明显，就不能算作良好的无缝材质了。
- 图 3.2.45 ③中的 4 幅图，虽然也可以勉强算作无缝材质，但还是隐隐约约看得出拼缝，这些是品质不好的无缝材质。

图 3.2.45　无缝材质

关于贴图方面的常见问题，大致就讨论这些了。在本节附件里保存了上面提到的所有素材，如果还有不明白的，可打开这些附件配合学习；在后面的章节中还会有更具体的介绍和讨论。

3.3　基础贴图之一（坐标与投影贴图 迪士尼角色）

上一节提到了一些在 SketchUp 里做贴图的方法，这一节所要讨论和演示的内容有点类似，但有很多深化的内容。上一节里讲过，SketchUp 里的贴图主要有两种不同的基本形式，第一种比较正规的名字是"坐标贴图"，它还有很多绰号，譬如"材质贴图""像素贴图""包裹贴图"；还有一种是"投影贴图"。这一节的开头，我们来复习一下上一节的内容，然后变换一些贴图的条件，看看会产生什么问题，又如何来解决这些问题。

1.　理想状态下的贴图操作要领

上一节演示的是理想条件下的贴图，请看图 3.3.1，操作要领如下。

做坐标贴图（包裹贴图）之前要检查一下当前的贴图状态，以鼠标右击图片平面，看一下"纹理"里面的投影选项前面有没有勾选，如果没有勾选，就是坐标贴图的状态，否则就是做投影贴图了。以快捷键 B 调出油漆桶，按下 Alt 切换成吸管，汲取图片材质赋给对象们。用同样的方法可以对矩形对象、多边形对象、圆柱体对象做贴图，如图 3.3.1 所示。

为什么说这些都是理想条件下的贴图呢？因为这些图片与对象的尺寸和位置都是预先调整好了的，并且对贴图后的效果也没有太严格的要求。这种理想情况是为了方便讨论和学习、方便理解的考虑而设置的，在实战中几乎不会有这么理想的条件。

图 3.3.1　理想并无要求的贴图

2. 改变贴图条件后的操作要领

下面我们就要来改变一些贴图的条件，第一个改变是把图 3.3.2 里的图片稍微往上移动，重新贴图，看看图 3.3.2 的贴图效果，显然这样的结果不是我们想要的。

图 3.3.2　移动贴图位置的影响

1）调整平面上的贴图位置

如何解决？矩形和多边形的对象是平面的，可以通过改变贴图坐标来解决，请看图 3.3.3。

右击要调整贴图的平面，再点选"纹理 / 位置"，用左键移动图片到准确位置，若还要调整图片大小与角度，可移动绿色的图钉。注意右击图片时，一定不要同时选中边线，否则右键菜单里找不到"纹理"。

2）调整曲面上的贴图位置

我们不能用上面的办法直接调整圆柱体或其他曲面上的贴图坐标，所以只能用移动图片或者圆柱体相对位置的方法来解决，图 3.3.4 和图 3.3.5 所示是第一种方法。如图 3.3.4 用推拉工具把圆柱体底部推到与图片下沿对齐，图 3.3.5 用推拉工具把圆柱体顶部拉到与图片上沿对齐。

图 3.3.3　调整贴图坐标　　　　图 3.3.4　圆柱体贴图调整　　　　图 3.3.5　圆柱体贴图

如圆柱体对象和图片都不方便移动缩放怎么办？只能创建一个临时辅助面（幻灯片）来配合，重新贴图。

3. 精确定位贴图

1）在平面对象上精确定位贴图

如果图片在平面对象上有严格的位置要求，譬如想要把原图中的大黄狗放在某个精确的位置，在移动图片之前，可以借助于辅助线来帮助图片移动时的定位。

2）在圆周或曲面对象上精确贴图

图片想要在曲面或圆柱体上做精确定位就没有这么简单了，在条件允许的情况下，可以用旋转，缩放，移动图片等方法来处理，但是在大多数建模条件下是不允许这样做的。

3）介绍一种"逐格贴图"的方法（以圆柱体为例）

鼠标在目标对象上连续单击三次做全选。然后在柔化面板上取消柔化暴露所有边线；现在看到的很多小方格，每个方格都是一个平面，如图 3.3.6 ①所示，它们相互间的关系就像刚才演示过的六角形的平面一样。知道了这点，就有办法对付这些乱七八糟的贴图了。

挑一个正对着我们的小方格，用前面介绍过的方法"右键／纹理／位置"把贴图坐标调整到需要的正确位置，然后敲字母 B 调用油漆桶，按一次 Alt 键变成吸管，用吸管工具吸取第一个小方格的材质，吸管变成油漆桶，对相邻的小方格赋材质，你会看到第一第二两个相邻小方格里的图片已经正常对接了。

再按一次 Alt 键，返回到吸管，吸取第二小格的材质，赋给第三个小格。再按一次 Alt 键，返回到吸管，吸取第三小格的材质，赋给第四个小格；如此重复操作，一直到所有的小方格里都获得准确的贴图。最后，全选，做一次柔化，如图 3.3.6 ②所示。

"逐格贴图"是一种非常有用的贴图技巧，当今后遇到不能用常规方法贴图的时候，可以用来救急。

图 3.3.6　逐格贴图示意

4）关于环形包裹的接头

环形包裹贴图接头的地方，如何做到长度刚刚好，不缺少也不重叠？关键在于要预先把贴图的条件调整好，才得到预期的结果。

假设要把导入的图片"包裹"在一个直径为 1m 的圆柱体上，导入图片后炸开，重新创建群组，双击进入群组，用小皮尺工具调整图片的长度到 3140mm。

为什么要把图片长度调整到 3140mm？因为直径乘以 3.14 等于周长，把图片长度调整到 3140mm 后，后续画圆就很方便。只要画一个直径为 1m 或半径为 500mm 的圆，周长就是 3140mm，很容易操作。

现在把圆形的平面拉出来，拉到跟图片相同的高度。接着再做贴图，图片首尾相接的地方不多不少正正好。

问题来了：如果我们建模的对象，圆柱体的直径不是 1m 怎么办？可以先用上述的"1m 贴图法"完成后用缩放工具整体调整其整体尺寸，不会影响贴图的完整性。譬如我们要做的对象的直径是 2m，只要把它放大两倍。如果我们想要一个贴好图的，直径 2.8m 的圆柱体，只要把它放大到 2.8 倍就可以了。

又提出一个新的问题：我想要在一个圆柱体上有双份、三份的迪士尼角色要怎么做？很简单，只要把圆柱体的直径，从 1m 扩大到 2m 和 3m，然后按常规贴图，图片会自动完成首尾相接。

4."包裹"贴图要领归纳

现在把前面介绍的贴图技巧归纳一下。

想要在圆柱体上得到不缺少不重叠的理想贴图：图片长度要等于圆柱体底面的周长，或者反过来。对象尺寸不能动时，改变图片的长度到等于圆柱体底面的周长。图片尺寸不能动时，改变对象的直径，使周长等于图片的长度。两者都不能动时，先改变对象直径到一个合适的尺寸，完成贴图后再做整体缩放，最终获得想要的尺寸。

5. 对椭圆柱体做"包裹"贴图的要领

如果贴图的目标对象不是正圆形，是椭圆形怎么办？也能用上面介绍的方法贴图吗？

试验的结果证明，用上述同样的方法不能对椭圆形的目标对象做贴图。譬如我们想要在一个椭圆形的柱体上贴图，要求有双份的迪士尼角色。也就是要一幅图片在椭圆形的柱体表面首尾相接重复两次。

操作方法如下。

（1）图片长度仍然调整到 3140mm。

（2）画一个直径为 2m 的圆，现在圆周长是 6283mm，等于图片的两倍，正好可以放得下双份的迪士尼角色图片。复制一个到旁边，等一会要用来做对照。

（3）接着用缩放工具把一个圆形变成我们想要的椭圆；全选后用图元信息对话框配合，用缩放工具慢慢放大这个椭圆形，直到非常接近我们所需要的 6283mm。

（4）拉出柱体做贴图操作，正像之前已经证明过的，用这样的贴图方式是不行的。现在又要祭出"逐格贴图"的法宝了，用吸管工具吸取第一个小方格的材质，赋给第二个小方格。吸取第二小格的材质，赋给第三个小格，吸取第三小格的材质，赋给第四个小格，就这样重复操作，一直到所有的小方格里都获得准确的贴图。

（5）最后全选，做一次柔化。

现在检查一下，椭圆形柱体左右两端的图像还是有点压缩，想要完全消除这种现象，将在后面介绍 UV 贴图插件的时候做讨论。

上面提到的模型和图片素材保存在附件里，请亲自体验一下。

3.4 基础贴图之二（坐标与投影贴图 盒子和罐头）

这一节的部分内容曾经在之前出现过，但是这一次重新出现增加了很多扩展和深化的内容，还有，不要看到视频的名称"盒子和罐头"就以为作者要让你改行去当包装设计师，用盒子和罐头这种生活中常见的对象当作上课演示的道具，容易理解容易记忆，要看到其中蕴含着各行各业设计师都用得着的思路与技巧，如果能够见此及彼、举一反三，在实战中把这些零星的思路与技巧组合起来，照样可以用在上亿投资的工程上，你会无往不胜。

1. 例一，对纸盒贴图

图 3.4.1 有两个已经完成贴图的纸盒子，还有一个大一点的纸箱。有两种不同的方法可以把导入的图片做成这些纸盒和纸箱。

1）贴图的方法

第一步要做出纸箱纸盒的立方体，如果有尺寸就很简单。如果没有具体尺寸，可根据常识，把导入的图片缩放到一个大致的尺寸，全部完成后还可以整体缩放到实际尺寸。

在 SketchUp 里测量对象尺寸的时候，时常会碰到一种尴尬的情况——很难测量到准确的尺寸，即使用矩形工具描绘也不能正常操作，很多 SketchUp 用户都碰到过这种问题，这是因为 SketchUp 本来就不是用来做这种小东西的，出现这种现象很正常。遇到这种情况的时候，有两种办法可解决：可以先把对象放大十倍，操作完成后再缩小到 0.1 倍。或者在"窗口"菜单中选择"模型信息"命令，在弹出的对话框左侧的列表框中选择"单位"选项，在右侧设置"显示精度"后，提高显示精度。

接着做坐标贴图，请注意贴图操作中的几个要点：

- 右击图片，一定不要同时选中边线（初学者贴图失败原因之一）。
- 做坐标贴图前，要检查右键快捷菜单中"纹理"→"投影"选项没有被勾选（初学者失败原因之二）。
- 调整贴图坐标时，用红色的图钉确定贴图的坐标基点（见图 3.4.2 ①），默认是在对象的左下角，后续的操作全部要以这个基点为准，这样调整起来就不会盲目瞎搞了。
- 接着就要用绿色的图钉改变贴图的大小和角度（见图 3.4.2 ②），确定贴图的左下角。
- 最后用蓝色的图钉确定贴图的左上角（见图 3.4.2 ③），用黄色的图钉确定贴图的右上角（见图 3.4.2 ④），这两个图钉还可以用来校正歪斜不正的图片，这部分在后面还要详细讨论。

图 3.4.1　成品

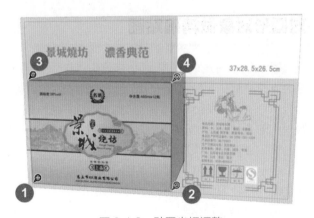

图 3.4.2　贴图坐标调整

贴图时对 4 个图钉有两种操作方式：直接移动图钉，或者单击图钉，图钉吸附在光标上，然后移动图钉到位。

上面复习的贴图方式是使用 SketchUp 建模的重要基础，一定要熟练掌握。需要指出，尽管贴图技巧非常重要，但是，就眼前的这几个对象来说，刚才演示的方法并不是最简单的，下面介绍更简单的办法。

2）以图代模的方法

其实，可以用图片作为对象的表皮，直接拼起来就可以了。这种建模的方法，可称为"以图代模"，又快又好，以图代模有各种各样的用法，熟练掌握、灵活应用，可以大大降低建模的难度，减少建模所需的时间，"以图代模"的内容非常丰富，在后面的很多实例中还会反复用到，而眼前的这几个纸盒纸箱实例算是最简单的。

以图代模的方法操作如下。

（1）导入图片，炸开，重新群组。

（2）进入群组，用小皮尺调整尺寸。

（3）在群组外用矩形工具画出各平面的轮廓，如图 3.4.3 所示。

（4）再次炸开图片后图片被分成三块，各自成组，如图 3.4.4 所示。

（5）用移动工具，移动复制；用旋转工具、镜像等组合成纸箱（见图 3.4.5）。

图 3.4.3　以图代模一　　　图 3.4.4　以图代模二　　　图 3.4.5　以图代模三

2. 对圆形对象做精确贴图

请看图 3.4.7 ①的瓶子，新疆吐鲁番生产的紫桑葚酱，瓶装的，形状比先前介绍的罐头复杂，建模也要比罐头稍微复杂一点，贴图也要多些手脚。

先提示一下这个瓶子的建模部分，画这个放样截面有点复杂，里面有一些小细节比较麻烦，如果你的素描写生基础比较好，只要细心一点，也不是很难。如果直接画这样小尺寸的细节有困难，可以先放大 10 倍，完成后再缩小到 0.1 倍。

有了瓶子，如果现在直接做贴图，无论用坐标贴图还是投影贴图，结果都会像图 3.4.7 ②那样有乱纹。

为了避免出现这种情况，需要对贴图的范围作出限制，也就是要在瓶体上做出两个圆环，只允许把图片贴到这两个圆环之间。

具体的操作是这样的。

（1）图 3.4.6 是罐头瓶的放样截面和放样完成后的形状；把放样残留的圆面（见图 3.4.8 ①）放大一点，向下拉成圆柱，等于图片的高，如图 3.4.8 ②③所示。

（2）创建群组后向上移动到位（见图 3.4.8 ④）。

（3）炸开后全选，做模型交错，删除废线面后如图 3.4.8⑤留下两个圈，得到贴图范围。

（4）再用"包裹贴图"的方法做贴图，完成后如图 3.4.7①所示。

如果贴图后仍然有乱纹的情况，可以用以下办法来解决。就是上一节介绍的"逐格贴图"的办法，还记得吗？鼠标在对象上连续单击三次，选择全部，取消柔化，然后对其中的一个小格做贴图坐标调整，汲取这个小格的材质赋给相邻的小格，重复上述操作到所有小格都被填满。

最后的这个红烧酱油（见图 3.4.9），跟刚才的操作是一样的，要在瓶体上画出两个圆环，两个圆环之间的距离等于贴图的高度，把图片贴在这两个圆环之间就对了（成品见图 3.4.10）。

图 3.4.6　模型准备　　　　　　图 3.4.7　贴图乱纹　　　　　图 3.4.8　指定贴图区域（1）

图 3.4.9　指定贴图区域（2）　　　　　　图 3.4.10　贴图成品

3.5　基础贴图之三（坐标贴图　木制品）

在 SketchUp（中国）授权培训中心组织编写的通用教程《SketchUp 建模思路与技巧》一书中，有一些朋友们公认的，在贴图方面比较经典的实例，这一节做一个简单回顾，以方便还没有读过这本书的用户。虽然这些例子都是以木制品为道具，但演示的贴图技巧同样适合其他所有行业的建模应用。

1. 八角窗

对于本节要讨论的"贴图纹理调整"这个话题，图 3.5.1 所示的八角形花窗一个比较好的标本。花窗是中国传统窗户的一种装饰美化形式，既具备实用功能又有装饰效用，在中国传统建筑中占据着重要的地位，在现代建筑中也依然有广泛的应用。需要说明，这个实例并不是要研究如何来创建花窗模型；在这个实例中，我们要来讨论很多学员在创建类似模型时都会犯的一些"材质贴图方面"的错误。

譬如很多人在创建了八角形窗框后，全选并且赋给了一种木纹，结果如图 3.5.2 所示，这样做，快倒是快，但至少有四大缺陷，即便不懂 SketchUp 建模的人看起来都显得非常不专业，这四大缺陷（打开附件里的模型看得更清楚）如下。

- 木纹大小与模型尺寸不匹配，太粗糙。
- 木纹的方向全部是垂直的，与常识不符，当然更不符合专业要求。
- 出现了贴图素材上的缺陷，如图 3.5.2 ①处的深色竖纹。
- 出现了贴图素材上的"接缝"，如图 3.5.2 ②处的深浅不一。

之所以在模型中会产生这种常见的缺陷，原因大概有两个：这个模型是还没有掌握贴图技巧的初学者所作，可以谅解。这个模型的作者虽然懂得贴图技巧但怕麻烦，作品显得业余点也无所谓，偷懒第一。

如果你是上述第二种人，下面的内容就不用再看了，早晚你要被认真负责的人所淘汰。

下面的讨论仅适用于前一种人，希望你掌握了下面要介绍的技巧并认真应用后，去淘汰偷懒的第二种人。

图 3.5.1　贴图成品

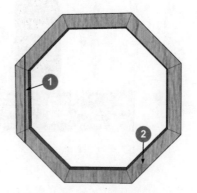

图 3.5.2　马虎的贴图

在正式讨论贴图纹理调整之前，先说一下创建图 3.5.2 类似对象的要点和技巧。

这种类型的对象，无论是木质，石质，金属，凡是要做贴图的，每一个贴图单元都要以线条分隔开，八角形就要分成八个部分各自做贴图，一定不能像图 3.5.3 那样连成一个整体。

最常见的做法，也是正确的做法如下。

（1）画一个八角形，向内偏移出另一个同心的八角形。

（2）用短线段区隔出八个小梯形，如图 3.5.4 所示。

（3）分别拉出体量，如图 3.5.5 所示。

（4）分别赋材质并调整贴图的大小与方向，如图 3.5.6 所示。

还有一种偷懒的做法如下。

（1）完成图 3.5.4 步骤后，留下中心线和一个梯形，并拉出体量，如图 3.5.7 所示。

（2）对这个梯形赋材质，如图 3.5.7 所示。

（3）做旋转复制后如图 3.5.8 所示。

这种做法虽然省事，但每一个单元的贴图都是一样的，效果并不好（请查看模型）。

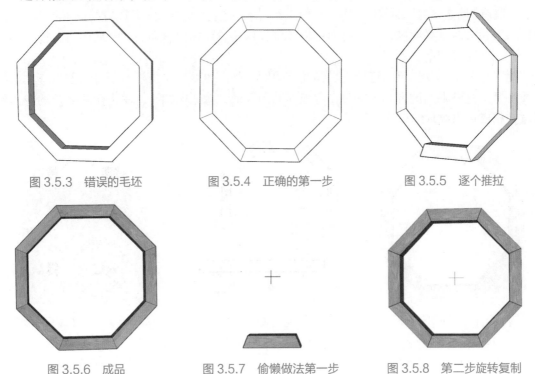

图 3.5.3　错误的毛坯　　　　　图 3.5.4　正确的第一步　　　　　图 3.5.5　逐个推拉

图 3.5.6　成品　　　　　图 3.5.7　偷懒做法第一步　　　　　图 3.5.8　第二步旋转复制

下面我们从图 3.5.9 所示的情况开始，介绍正确的贴图方法，请注意过程中的"调整贴图大小""调整贴图方向""避开贴图缺陷"三个要点。图 3.5.9 就像是图 3.5.2 一样，随便赋了个木纹材质，算不得正规的"贴图"。

下面介绍最基础的正规贴图，至少要完成贴图大小、方向、避开缺陷这三方面的调整。现在要说的方法在本书前面的章节里曾经提到过，因为重要，所以再简单复习一下，后面还有几个小节提到同样操作的时候将省略，不再重复：鼠标右键在要调整的面上单击，一定不要同时选中边线，否则看不到"纹理"选项。在二级菜单选择"位置"，见图 3.5.10 黑框内，进入纹理编辑状态。

如上面的操作准确，你会看到图 3.5.11 所示的情况，将会新出现红绿蓝黄四个图钉，这四个图钉分别在材质原始图片的四个角上，它们定义了图片的边界。

红色图钉会出现在图片的左下角，我们要用它来确定贴图的基准点。

绿色图钉会出现在图片的右下角，它有调整贴图尺寸和角度的双功能，非常重要。

● 单击它并移动它，靠近红色图钉将缩小贴图尺寸。

● 单击并移动它，离开红色图钉将放大贴图尺寸。

● 单击它后还会出现一个量角器，沿圆周方向移动图钉可调整贴图的角度。

蓝色图钉用于平行四边形变形，黄色图钉用于梯形变形，也有调节图片尺寸形状的功能，大多数情况下不会用到它们，但在本节的最后安排了一次应用。

所有图钉默认是互相锁定的，各有各的用途，比较容易操作；但是你也可以用右击任何图钉，取消"固定图钉"的勾选。进入一种叫作"释放图钉"的模式，各图钉的分工不再像"固定图钉"模式时那样明确，可以将图钉拖曳到任何位置以扭曲材质，"释放图钉"模式不容易操作，请谨慎使用。

除了用单击移动红色图钉的方法移动整幅图片外，也可以单击没有图钉的位置移动整幅材质图片。这种贴图的方式通常叫作"坐标贴图"或"像素贴图"。单击图片之外的空白处或敲空格键退出纹理编辑状态。

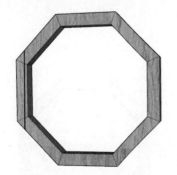
图 3.5.9 贴图第一步

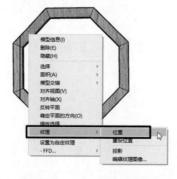
图 3.5.10 调整纹理位置一

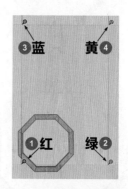
图 3.5.11 调整纹理位置二

你现在看到的图 3.5.11 所示的材质贴图相对于当前的模型，太大了，以至于看不清木纹。有两种办法可以作出调整：可以在材质面板的"编辑"标签里，分别修改材质的水平与垂直方向的大小。这种方法虽然简单，但是难以做精确的调整，通常仅作为"粗调"的手段。

另一种方法可以作出精确调整。

（1）先单击移动红色图钉，确定材质图片的基准点，如图 3.5.12 ①所示。

（2）再单击移动绿色图钉，水平靠近红色图钉，缩小材质贴图的尺寸，如图 3.5.12 ②所示。

（3）调整材质贴图尺寸时，要注意图 3.5.12 ③④的两个图钉所在的图片边界，要能最大限度地表现材质而不包括"接缝"。

按以上操作完成后的结果见图 3.5.13 ①所指处。

请注意现在的所有八个面上，木纹的方向都是竖直的，常识告诉我们这是错的（只有木纹平行于木条时才有最高的抗剪切力）。下面我们要把木纹调整到平行于木条：同前，先单击移动红色图钉，确定材质图片的基准点，如图 3.5.14 ①所示。

再单击绿色图钉（见图 3.5.14 ②），旋转图片，令木纹跟木条平行，如图 3.5.14 所示。

仍单击移动绿色图钉，靠近红色图钉，缩小材质贴图的尺寸，如图 3.5.14 ②所示。

调整材质贴图尺寸，注意图 3.5.14 ③④的图片边界，最大限度地表现材质。

按以上操作完成后的结果见图 3.5.15 ①所指处。

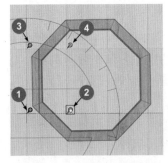
图 3.5.12　调整纹理位置三

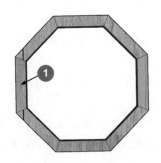
图 3.5.13　调整纹理位置四

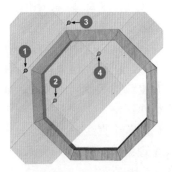
图 3.5.14　调整纹理位置五

继续对图 3.5.16 ③④两处做同样的旋转和缩小木纹的操作，然后把图 3.5.16 ①②③④的材质复制给图 3.5.16 ⑤⑥⑦⑧，快捷方法如下。

（1）按快捷键 B 调用材质工具，光标变成油漆桶。

（2）接着按快捷键 Alt 键，油漆桶变成吸管。

（3）吸取图 3.5.16 ①的材质，松开左键，吸管变回油漆桶。

（4）把当前材质赋给对面的图 3.5.16 ⑤。

（5）重复以上步骤，②→⑥，③→⑦，④→⑧。

（6）完成后如图 3.5.17 所示，所有正面的材质贴图调整完毕。

（7）最后，用同样的方法，吸取一个正面材质，赋给同一木条的另外三面。

如发现任何一个面上的木纹有缺陷，可在进入纹理编辑状态后，直接单击图片移动到满意的位置。当所有的面都获得了正确的材质后，你的模型就更符合实际，更逼真，看起来就更专业了（见图 3.5.17）。

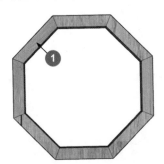
图 3.5.15　对面的纹理相同

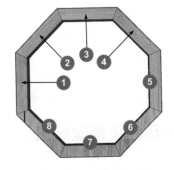
图 3.5.16　对角线复制

图 3.5.17　合格的成品

本节附件里有这个实例的白模和材质图片，请试着完成赋材质。如果您也能做到像图 3.5.17 那样，就算是掌握了 SketchUp 最基本的贴图技巧。

2. 要对图 3.5.18 的方桌做贴图

全选模型，赋给一个木纹材质，用上面介绍的方法调整贴图的尺寸和方向，吸取纹理，赋给图 3.5.18 ②③④，用上面介绍的方法调整贴图的尺寸和方向，吸取图 3.5.18 ⑤的纹理，赋给图 3.5.18 ⑥⑦⑧。

如遇到某些部位的纹理有缺陷，可在右键快捷菜单中选择"纹理"→"位置"命令直接单击纹理图片，稍微移动避开缺陷。对方桌的其余部分做同样的操作，调整纹理的大小与方向并复制给其他同向的面。如果方桌的桌面像图 3.5.18 那样，是一整块纹理，不符合实际，要稍作调整。

用若干直线把桌面平分成几个不同的区域，如图 3.5.19 所示。右键分别单击每个区域进入纹理编辑，移动纹理图片，让相邻区域的纹理不再连续，模拟几块不同的面板。完成后如图 3.5.19 所示。

图 3.5.18　纹理的方向

图 3.5.19　符合常识的纹理

3. 图 3.5.20 的书柜（局部）贴图问题

有这种贴图问题的模型有很多，如图 3.5.20 ①②所指的木板的侧面，很多人赋材质的时候都会疏忽这种细节，须知很多被疏忽的细节合在一起的结果就是降低模型的品质，对于室内设计，需要近距离观察的模型更需要加倍注意细节。

遇到像木板侧面这种细节，只要吸取图 3.5.20 ③处的纹样赋给图 3.5.20 ①②即可。举手之劳就可获得不留缺陷的贴图（见图 3.5.21），何乐而不为。

4. 对图 3.5.22 的双人床和床头柜做贴图

图 3.5.22 已经完成了粗略的材质，看到的纹理显然太粗了，还有，双人床的四块主要的

板和床头柜的三个抽屉面板表面都不是平面，是圆弧，所以无法用上面介绍的"坐标"的方法，要改用"投影"的方法做贴图。

图 3.5.20　容易疏忽的细节

图 3.5.21　合格的细节

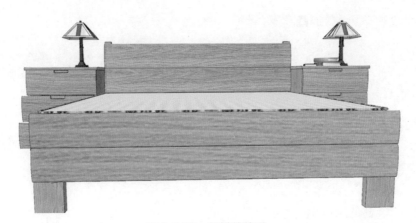

图 3.5.22　粗糙的纹理

　　之前的章节曾经提到过，所谓"投影"贴图，就像把材质图片当成"幻灯片"投射到需要贴图的目标物上，所以需要提前制作一个幻灯片，就像图 3.5.23 ①那样。

图 3.5.23　投影贴图准备

贴图将用两个步骤来完成：首先要把材质图片赋给图 3.5.23 ①的幻灯片，并且在上面调整好纹理的大小和角度等，并且指定用于"投影"；然后用吸管工具吸取这个投影性质的材质赋给图 3.5.23 ②的对象，得到的结果就像把幻灯片上的图像投射到弧形表面上了。

下面再一次演示如何调整贴图坐标：把图片赋给"幻灯片"，单击红色图钉，移动到幻灯片的左下角附近，如图 3.5.24 ①所示，单击绿色图钉，移动到幻灯片的右下角附近，如图 3.5.24 ②所示，注意现在幻灯片上的纹理仍然很粗，接着可以移动蓝色的图钉到图 3.5.25 ③的位置，再把绿色的图钉移动到图 3.5.25 ④的位置，可以见到图片被压缩，纹理变得细腻。

接着要把幻灯片上已经调整好的图形设置为"投影"，方法是：右击幻灯片，在弹出的快捷菜单中选择"纹理"→"投影"命令。

最后一步，吸取幻灯片上的材质赋给圆弧形的表面，完成投影贴图。

图 3.5.26 双人床的四块圆弧形面板已经完成投影贴图，可以跟图 3.5.22 对照一下，是不是有了很大的改变。

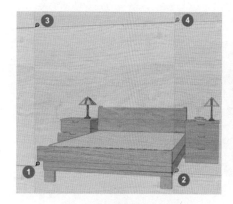

图 3.5.24　贴图坐标调整

图 3.5.25　纵向压缩纹理

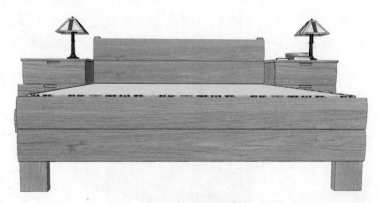

图 3.5.26　细腻的纹理

最后，总结一下：大量事实证明，如果在掌握建模技巧的同时，还能很好地掌握材质贴图方面的技巧，在大多数应用领域和场合，仅仅用 SketchUp 一个工具就足以表达你的创意和设计意图了。这些实例中所提到的材质技巧，只涉及了贴图大小和方向的调整，是 SketchUp 材质贴图方面最简单，最基础的部分，在以后的实例中，我们还要更多地用到材质和贴图。

真正想做好贴图所需要的工夫，可能会超过创建这个模型所需要的时间。

附件里给你留下一套白模和贴图所需的材质，请用它来做练习。

3.6 基础贴图四（分区贴图 盘碗）

大家学习辛苦了，满心想要做点好吃的犒劳犒劳大家，可惜还没有餐具，所以只能从餐具做起，这一节就要做盘子和碗，下一节再做好吃的装到里面。桌子上的盘和碗是这一节要完成的任务。创建盘子和碗这类对象有两部分内容：建模与贴图；创建碗盘类的模型属于最基础的 SketchUp 技能，只要用最简单的旋转放样便可完成，这一节的重点仍然是贴图，具体讲是"分区投影贴图"。本节成品如图 3.6.1 所示。

关于贴图的话题已经出现过很多次，每次都有不同的内容，当然是越来越深化，难度越来越高，希望跳跃式学习的空降兵们，最好还是按编号顺序学习，打好基础，实战时才不会遇到困难。

图 3.6.1　本节成品

1. 分区贴图之一

同样是贴图，这次有点不一样，下面介绍一下这一节要做得有点什么不一样。

请注意图 3.6.2 ①和图 3.6.2 ②是同一个盘子的正反两面，图 3.6.2 ①是盘子的正面，只需用图 3.6.2 ④的图片做投影贴图，属于标准的做法，已经说很多次了，不再重复。

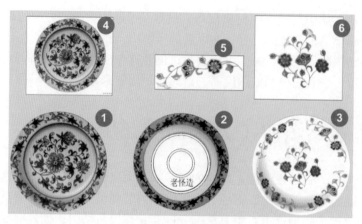

图 3.6.2　本节素材

而图 3.6.2 ②的盘子反面，只用了图 3.6.2 ④图片边缘的一圈，这就是区别。

图 3.6.2 ③盘子上的纹样分别是由图 3.6.2 ⑤⑥贡献的，如果不想点办法，中间的那朵大花和四周的四朵小花不会这么听话待在现在的位置上，不信你去试试。

图 3.6.3 的青花盘底面的一圈花纹跟正面的一圈是一样的，底部中间的大部分区域都没有贴图，显然跟正面的贴图做法是不同的，现在就为你揭晓。

做这样的贴图，要从贴图素材与模型对象两方面着手做准备工作，先介绍素材方面，请看图 3.6.4 右侧，相当于把图 3.6.4 左侧的中间部分抠掉，这个工作不必调用外部软件，可以在 SketchUp 里直接完成。

导入图片，炸开，重新群组。

在群组外画圆，用缩放工具和移动工具调整圆的大小与位置，直到满意。在群组外画圆是为了调整圆的大小与位置时更容易操作。

再次炸开图片，圆形与图片合一，删除中间的部分后从右键快捷菜单中选择"设置为自定纹理"命令。

图 3.6.3　贴图成品正反面

图 3.6.4　贴图素材准备

下面再介绍如何对模型做分割和投影贴图。

（1）如图 3.6.5 所示创建辅助线，量得盘子正面边缘的花纹宽 28mm。

（2）如图 3.6.6 所示画辅助线和圆，半径等于图 3.6.6 ①所指辅助线，留下 28mm 边缘贴图。

（3）向上拉出圆柱体（见图 3.6.7）做模型交错，删除废线面后，得到如图 3.6.8 ①所示的分割线。

（4）放大底部的辅助圆面，向上拉到如图 3.6.9 所示的盘子边缘。

（5）再次做模型交错，得到图 3.6.10 ①所指的分割线。

（6）按辅助线重新画一个辅助圆，赋给图 3.6.4 的材质后如图 3.6.11 所示。

（7）从右键快捷菜单中选择"纹理"→"位置"移动红、绿图钉，调整好贴图坐标后，如图 3.6.12 所示。

（8）从右键快捷菜单中选择"纹理"→"投影"完成贴图后，如图 3.6.13 所示。

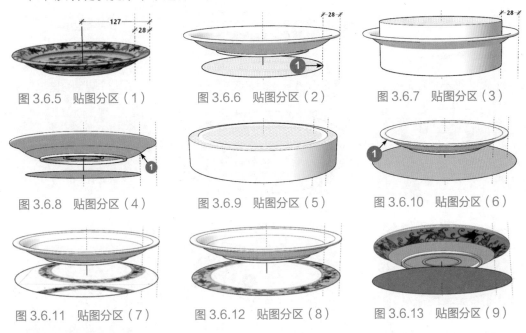

图 3.6.5　贴图分区（1）　　图 3.6.6　贴图分区（2）　　图 3.6.7　贴图分区（3）

图 3.6.8　贴图分区（4）　　图 3.6.9　贴图分区（5）　　图 3.6.10　贴图分区（6）

图 3.6.11　贴图分区（7）　　图 3.6.12　贴图分区（8）　　图 3.6.13　贴图分区（9）

2. 分区贴图之二

如果上面介绍的"分区贴图"的"分区"还不够明确的话，本例就更清楚了。

我们回头去看一下图 3.6.2 ③⑤⑥，那是第二个青花盘和它的原始图片，跟传统的投影贴图不一样，边缘和四周分别用了两幅图片，而且边缘的原始图片只是整个贴图的一小部分。

还有图 3.6.1 右边一大一小两只碗，碗的里外沿口都有同样的图案，所有的图案全部都是用图 3.6.2 ③的图片，贴图完成后的成品很漂亮，真实感也比较强。具体的操作将放在后面为你演示。

现在我们开始进入这一节的演示环节。

贴图为什么要分区？如果不分区的话，贴图就会像图 3.6.14 那样铺满整个模型。

第一步要规划好贴图的尺寸，像图 3.6.15 那样用辅助线标示出来。在底部按规划好的位置画出辅助圆，如图 3.6.16 所示。把辅助圆向上拉出（见图 3.6.17），模型交错，清理废线面后如图 3.6.18 所示。继续画辅助圆（外圆要超过盘子外径）并且等分成四分之一的圆环，如图 3.6.19 所示。向上拉出两个四分之一的圆环（见图 3.6.20）做模型交错，清理废线面后留下如图 3.6.21 ①所示的圆面和图 3.6.21 ②所示的四分之一圆环，它们是做投影贴图用的"幻灯片"。

接着往两个"幻灯片"上赋材质，然后从右键快捷菜单中选择"纹理"→"位置"选项移动红、绿图钉，调整好贴图坐标后，如图 3.6.22 所示。

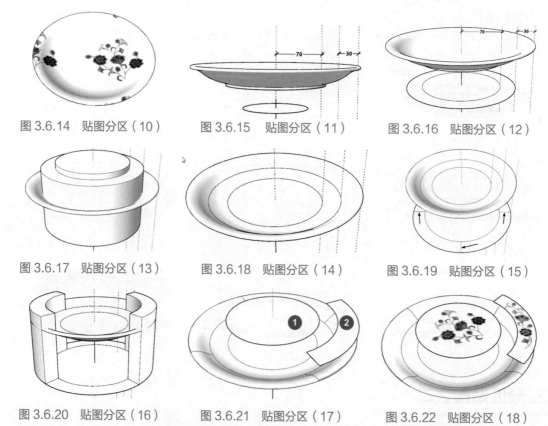

图 3.6.14　贴图分区（10）　　图 3.6.15　贴图分区（11）　　图 3.6.16　贴图分区（12）

图 3.6.17　贴图分区（13）　　图 3.6.18　贴图分区（14）　　图 3.6.19　贴图分区（15）

图 3.6.20　贴图分区（16）　　图 3.6.21　贴图分区（17）　　图 3.6.22　贴图分区（18）

旋转复制图 3.6.22 的四分之一圆环后如图 3.6.23 所示。通过右击幻灯片，从弹出的快捷菜单中选择"纹理"→"投影"选项，完成贴图后如图 3.6.24 所示。全选后做"柔化"，部分不能柔化的线条可用"橡皮擦 +Ctrl"做局部柔化，完成贴图后的成品如图 3.6.25 所示。

图 3.6.23　分区贴图（1）　　图 3.6.24　分区贴图（2）　　图 3.6.25　分区贴图（3）

3. 分区贴图之三

本节的第三个例子如图 3.6.31 是完成后的成品，下面简单介绍制作过程。

（1）图 3.6.26 是利用中心线画圆，向上拉出形成的两个面，用来分割出贴图范围。

（2）全选后做模型交错，删除废线面后（见图 3.6.27），已在内外壁分割出贴图范围。

（3）在贴图范围下沿引出一段辅助线（见图 3.6.28①），移动准备好的素材图样对齐（该贴图用的图样是"图 3.6.2⑤"的片段，在 SketchUp 里加工导出图片后返回 SketchUp 形成的）。

（4）在图片上执行右击，在弹出的快捷菜单中选择"纹理"选择取消选中"投影"选项。

（5）按快捷键 B，调用油漆桶，从快捷键 Alt，切换成吸管，汲取材质赋给碗的内外壁后，如图 3.6.29 所示。注意它们不是圆柱体，所以跟以前介绍过的"包裹贴图"不同，贴图是乱纹。

（6）图 3.6.30 的贴图通过 UV 调整后表现正常，碗壁内侧因为周长较短，图形有点压缩。

全选后柔化，成品的结果如图 3.6.31 所示。关于"UV 调整"方面的内容，后面还会专门讨论。本节的附件里为你准备好了做练习的素材，请动手操作一下。

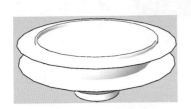

图 3.6.26　分区准备（1）

图 3.6.27　分区准备（2）

图 3.6.28　分区贴图（1）

图 3.6.29　分区贴图（2）

图 3.6.30　贴图后

图 3.6.31　柔化后

3.7　基础贴图五（投影贴图 家常饭菜）

民以食为天，全世界数中国人最有吃福，色香味形，缺一不可，这一节，我们要在上次做好的餐具里创建一些美食。色香味形里，只能尽量兼顾色与形，至于香和味两样，只能麻烦你发挥想象力了。

先介绍一下要请你享用的美食如图 3.7.1 所示两个荤菜，一个是梅干菜扣肉，江浙一带的家常菜，还有一碗川菜，毛血旺，好大一碗，还有个素菜，拌萝卜丝，健康食品，一小碗大米饭，有点锅巴。最后还有一盘子广式月饼，莲蓉蛋黄的。至于这双筷子，看起来简单，其实也有窍门，在系列教程《SketchUp 建模思路与技巧》5.6 节介绍过做法，至于那个调羹（汤勺）不大容易做，将在今后的《SketchUp 曲面建模精讲》里再介绍。

图 3.7.1　本节成品

现在把桌子撤了，方便干活。我们先从梅干菜扣肉开始。

图 3.7.2 所示是上一节做的盘子和从网上找来的一幅梅干菜扣肉的图片，利用建模时留下的中心线（或中心点）画圆，并向上拉出一段距离，如图 3.7.3 所示。

图 3.7.2　贴图准备（1）　　　　　　　　　　　　　图 3.7.3　贴图准备（2）

删除圆柱体垂直部分后（见图 3.7.4 ①）是用来贴图的幻灯片，图 3.7.4 ②是贴图的目标。先隐藏掉圆面①，用手绘线工具在②上勾画出一个新的平面，如图 3.7.5 所示。

用移动工具，按住 Alt 键做"折叠"拉出一个"凸台"，如图 3.7.6 所示。关于"折叠"请查阅《SketchUp 要点精讲》5.3 节和《SketchUp 建模思路与技巧》5.6 节。

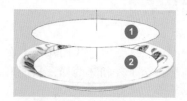 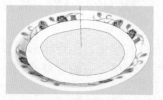 

图 3.7.4　折叠操作（1）　　　　图 3.7.5　折叠操作（2）　　　　图 3.7.6　折叠操作（3）

再次用手绘线工具在顶部上勾画出一个新的平面，如图 3.7.7 所示。再次用移动工具，按住 Alt 键做"折叠"拉出一个新的"凸台",如图 3.7.8 所示。

图 3.7.9 是完成了第三段"凸台"后的情形。

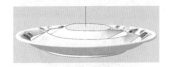

图 3.7.7 折叠操作（4）　　　　图 3.7.8 折叠操作（5）　　　　图 3.7.9 折叠操作（6）

图 3.7.10 是经过"柔化"后,如有少量线条不能柔化,可用"橡皮擦 +Ctrl"做局部柔化,图 3.7.11 是恢复显示作为"幻灯片"的圆面。图 3.7.12 是把图片材质赋给幻灯片后。

通过右击"幻灯片",在弹出的快捷菜单中选择"纹理"→"位置"选项用红绿两个图钉配合调整贴图坐标(见图 3.7.13)。执行右击"幻灯片",在弹出的快捷菜单中选择"纹理"→"投影"选项,用快捷键 B 调出油漆桶,用 Alt 键切换到吸管,汲取幻灯片材质,赋给目标对象(见图 3.7.14)。成品如图 3.7.15 所示。

图 3.7.10 投影贴图（1）　　图 3.7.11 投影贴图（2）　　图 3.7.12 投影贴图（3）

图 3.7.13 投影贴图（4）　　图 3.7.14 投影贴图（5）　　图 3.7.15 投影贴图（6）

接着做一盘凉拌萝卜丝,只要用梅干菜扣肉稍微改造一下,贴上新的图片就成,很简单。

（1）利用建模留下的中心线画个圆当幻灯片,半径对齐梅干菜扣肉的边缘,如图 3.7.16 所示。

（2）对"幻灯片"赋材质后,调整贴图坐标后如图 3.7.17 所示。

（3）执行右击"幻灯片",在弹出的快捷菜单中选择"纹理"→"投影"选项。

（4）用快捷键 B 调出油漆桶,用 Alt 切换到吸管,汲取材质,赋给目标对象。成品如图 3.7.18 所示。

现在做毛血旺,操作方法跟梅干菜扣肉基本是一样的。

（1）画个圆当幻灯片,半径对齐碗的内壁（见图 3.7.19）,向下拉出一个圆柱体,如图 3.7.20 所示。

（2）删除圆柱面后得到上下两个圆面（见图 3.7.21），暂时隐藏掉作为"幻灯片"的圆面。

图 3.7.16　改造（1）

图 3.7.17　改造（2）

图 3.7.18　改造（3）

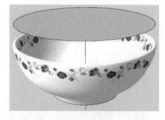

图 3.7.19　折叠操作（1）

图 3.7.20　折叠操作（2）

图 3.7.21　折叠操作（3）

（3）用手绘线工具画圈，移动工具 +Ctrl 做折叠，做出凸台。

（4）重复两三次后，如图 3.7.22 所示，柔化后如图 3.7.23 所示。

（5）恢复显示圆面（见图 3.7.24），对圆面赋毛血旺材质，如图 3.7.25 所示。

（6）从右击"幻灯片"，在弹出的快捷菜单中选择"纹理"→"位置"选项，用红绿两个图钉配合调整贴图坐标（见图 3.7.26）。

（7）从右击"幻灯片"，在弹出的快捷菜单中选择"纹理"→"投影"选项，把幻灯片材质赋给目标对象（见图 3.7.27）。

图 3.7.22　折叠操作（4）

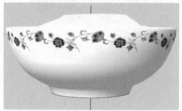

图 3.7.23　折叠操作（5）

图 3.7.24　折叠操作（6）

图 3.7.25　投影贴图（1）

图 3.7.26　投影贴图（2）

图 3.7.27　投影贴图（3）

大米饭，可以用毛血旺来改造，也很简单。

（1）用建模留下的中心线画个圆当幻灯片，半径对齐碗口内侧边缘，如图 3.7.28 所示。

（2）对"幻灯片"赋材质后，调整贴图坐标后，如图 3.7.29 所示。

（3）右击"幻灯片"，在弹出的快捷菜单中选择"纹理"→"投影"选项。

（4）用快捷键 B 调出油漆桶，用 Alt 切换到吸管，汲取材质赋给目标对象。成品如图 3.7.30 所示。

图 3.7.28　改造（1）　　　　图 3.7.29　改造（2）　　　　图 3.7.30　改造（3）

中国人的菜碗广而浅，饭碗窄而深，用缩放工具即可搞定。

最后做月饼的任务（见图 3.7.31）要交给你，作为本节的练习，几个要点提示如下：

● 整块的月饼——用圆弧工具画出轮廓，清理掉四周废线面。

● 直接拉出厚度就是月饼，不过不好看，想要好看还不太容易。

● 用模型交错当作刀切开月饼，然后做坐标贴图生成蛋黄馅料。

● 如果月饼被你咬出了牙齿痕，那就要做投影贴图了。

● 要一口咬下半边，贴图后才能看到咸蛋黄（相信你一口咬不了那么大）。

图 3.7.31　练习用样品与素材

3.8　基础贴图六（贴图的尴尬 罐和瓜）

在之前的几个小节，讲到的都是 SketchUp 里最基础的两种贴图方式：坐标贴图和投影贴图，尽管有时候称呼不同，实质是相同的。以前有很多学员以为这两种贴图方式是万能的，他们错了。这里就有一堆例子，即不能用坐标贴图，即使用投影贴图也有问题。

这里有 5 个瓶瓶罐罐，全是古董，就数这个瓜算是新鲜一点，摘下来也快要 3 个月了，

图 3.8.1 所示是从正面看，这些瓶瓶罐罐和这只瓜，形状和贴图都很正常。

图 3.8.1　贴图后的正面

图 3.8.2 所示是绕到反面去看，也都正常。

图 3.8.2　贴图后的反面

但是老怪我要自揭家丑，我家的这些古董宝贝，从正面、反面看都是一朵花，但是千万不能从侧面看，从侧面看，每一个都是一大块疤，实在见不得人。图 3.8.3 所示就是不敢示人的侧面。

图 3.8.3　贴图后的侧面缺陷

这是什么原因造成的呢？如果你认真看过前面几节中有关投影贴图的内容，并且自己动手练习过，一看就知道，根据图 3.8.4 地面摆放的原始图片，桌子上这些对象，在不改变原始图片的条件下，投影形式是唯一可行的贴图方法。

图 3.8.4　成品和原始素材

造成侧面一块疤的原因很简单，我们在 3.2 节就介绍过投影贴图的特点："就像是把图片当作幻灯片一样平行投射到贴图对象上"。图 3.8.5 和图 3.8.6 显示的就是投影贴图后的侧面，所以图 3.8.3 侧面的这些大疮疤也是无法避免的——即便用后面还要学习的其他贴图工具和方法。

图 3.8.5　投影贴图的局限（1）

图 3.8.6　投影贴图的局限（2）

既然投影贴图是唯一可选的贴图方式，下面简单提示一下创建类似模型和贴图的要领。

如图 3.8.7 描下花瓶的半边轮廓，清理干净后如图 3.8.8 所示，旋转放样后如图 3.8.9 所示。注意沿花瓶中心线，在上下各画一条辅助线，如图 3.8.10 箭头所指。

做"投影贴图"后（见图 3.8.11），两侧面有无法避免的缺陷。

这就尴尬了，如果对我家的宝贝规定只能远看不能细瞧，大多数人在价值连城的宝贝面前还能接受。如果再规定只能从正面和反面看，不允许从两个侧面看，这样的规定就不合理了，是不是？

那么有没有办法能消除这样的尴尬呢？

曾经有个喜欢抬杠的同学说，只要把这些瓶瓶罐罐的图片到 PS 里做一点复制、拼接、修补加工，就可以做完美的 UV 贴图了。他说得不错，他说的方法在后面的章节还要详细讨论，可现在的前提是要用原始的图片，不做处理，也不做 UV。再说，用 UV 贴图的方法，只对这些规则的瓶瓶罐罐有效，对于"南瓜"就无能为力了。

图 3.8.7　建模 (1) 图 3.8.8　建模 (2) 图 3.8.9　建模 (3)　　　图 3.8.10　贴图准备　　图 3.8.11　成品

不信我们来仔细看看图 3.8.12 这只瓜，原始图片和贴图后的 4 个方向截图，它既不是圆柱形也不是球形，也没有什么规律可循，不重新制作材质也无法用 UV 的方式来贴图。说实话，我研究了好久，除了投影贴图最简单实用之外，还真的没有其他比投影贴图更加多快好省的方法。

至于如何避免被人看到侧面的缺陷，其实也很简单。

 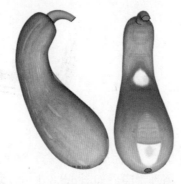 

图 3.8.12　成品与缺陷

如果你看过本系列教材的《SketchUp 建模思路与技巧》4.3 节并且做过练习的话，下面所介绍的方法就不是什么新鲜的东西，不过把对象从人物、植物换成了瓶瓶罐罐和南瓜而已。

先提示一下：SketchUp 有一种方法可以把制作的组件永远面向我们，譬如常见的树木组件，人物组件，它们是一幅 2D 的图片，却可以永远面对着我们，下面要做的事情也是用同样的原理，让这些古董与南瓜把显示正常的一面永远面对我们。下面开始操作。

（1）先单击视图工具栏上的"前视图"按钮，再临时勾选相机菜单的平行投影，这样做的目的是为了把最好的一面调整得更清楚些。

（2）接着要用旋转工具把对象调整到贴图最清晰的部分在正中，正对我们的眼睛，对象两侧的贴图要尽可能看不到瑕疵。

（3）选中它，再右击它，炸开，接着全选后在右键快捷菜单中选择"创建组件"选项。

（4）在弹出的对话框（图 3.8.13 ①）里勾选"总是朝向相机"；这一点非常重要。在默认状态下，下面的"阴影朝向太阳"也自动被选中。

（5）上面还有个长条按钮：设置组件轴，单击它以后，鼠标的黑色小箭头变成了红绿蓝三轴的工具，我们要用这个工具重新定义组件的基准点，也就是旋转中心。

（6）图 3.8.14 ①是创建组件的默认坐标轴位置，图 3.8.14 ②是我们想要的坐标轴位置。

（7）注意，下面的操作要单击三次鼠标左键：工具第一次单击花瓶的中心，希望你还保留着建模时的中心线，尽可单击在中心线上。

（8）然后沿红轴移动鼠标，看到"在红色轴线上"的提示后，再次单击鼠标左键确认。

（9）接着往绿轴方向移动鼠标，看到"在绿色轴线上"的提示，第三次单击鼠标确认，这样，组件的旋转轴就建立了（如果你早早删除了中心线，现在就该后悔了）。

（10）当然，如果有需要，你也可以把图 3.8.13 的列表框填满，不过这已经超出了这一节要讨论的范围，可以查阅本系列教程的其他部分的相关章节。单击"创建"按钮，任务完成。

（11）现在我们再旋转视图，对象就会永远把最好的一面奉献给我们，如图 3.8.15 所示，你再也看不到它侧面那些见不得人的大疮疤了。

本节附件里还为你留下几个古董花瓶，等你来动手试试。

顺便说一下，如何用一幅图片来创建南瓜模型的技巧将在《SketchUp 曲面建模精讲》一书中介绍，敬请期待。

图 3.8.13 创建组件朝向相机   图 3.8.14 设置组件轴   图 3.8.15 成品

3.9 基础贴图七（透明贴图 地球仪走马灯）

在本节的附件里，一共为你留下了三个小模型，都可以把它们做成旋转动画。

图 3.9.1 所示的龅牙兔，内外两圈，可以做成同方向旋转也可以反方向旋转的动画。

图 3.9.2 的迪士尼角色贴图跟龇牙图一样，也可以做成同向或反向旋转的动画。

图 3.9.3 的地球，凡是海洋的部分都是透明的，除了噱头外，当然也有突出主题的效果。

图 3.9.1　透明贴图（1）

图 3.9.2　透明贴图（2）

图 3.9.3　透明贴图（3）

创建附件里 3 个模型的共同手法就是透明贴图，这正是本小节要向你介绍的内容。

所谓透明贴图，关键是一幅保留有透明通道的 PNG 格式的图片，有些资料里对透明通道的称呼，也会称为阿尔法通道。下面向你展示"保留有透明通道的 PNG 格式的图片"与其他图片的区别。

图 3.9.4 里有三组图片，每组有三幅，这是 Windows 的资源管理器里的截图，它们三者的缩略图是一样的，看不出有什么区别。改成显示"详细信息"后可以看到它们各自的文件格式和其他属性。

请注意图 3.9.5 的详细信息里，每一组有两幅是 PNG 格式的，有一幅是 JPG 格式的。如果我们现在用常规的看图工具分别打开，是看不出什么区别的，但是如果用专门的图片处理工具，譬如 Photoshop 来打开它们，就可以看到明显的区别（见图 3.9.6）。

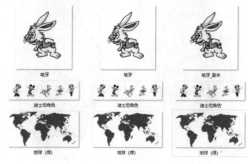
图 3.9.4　素材格式（1）

名称 ^	日期	类型	大小
龇牙	2020-12-29 8:17	JPG 文件	20 KB
龇牙	2020-12-29 8:16	PNG 文件	108 KB
龇牙'	2020-12-29 8:18	PNG 文件	95 KB
迪士尼角色	2018-11-10 10:38	JPG 文件	110 KB
迪士尼角色	2018-10-29 10:37	PNG 文件	533 KB
迪士尼角色'	2018-11-10 10:40	PNG 文件	482 KB
地球（绿）	2018-11-10 10:21	JPG 文件	426 KB
地球（绿）	2018-11-10 10:14	PNG 文件	107 KB
地球（绿）'	2018-11-10 10:34	PNG 文件	100 KB

图 3.9.5　素材格式（2）

图 3.9.6 ①是 JPG 格式的图片，有白色的底；图 3.9.6 ②和图 3.9.6 ③都是 PNG 格式的，但是表现完全不同；图 3.9.6 ②的 PNG 没有留下透明通道，所以看起来跟 JPG 格式的没什么区别，图 3.9.6 ③是保留了透明通道的 PNG 格式，最明显的区别是背景换成了灰色和白色的小方格。这种小方格背景，就是所谓的透明背景，差不多所有能处理位图的平面设计软件都用这种灰白的小方格代表透明背景，后面的章节中，我们还会经常见到。虽然图 3.9.6 ②③的两幅图都是 PNG 格式，但表现完全不同，说明并非所有 PNG 格式的图片都带有透明通道，

都有透明的背景。如何获得透明背景的 PNG 图片问题，在下一章会有详细的介绍。

图 3.9.6　素材格式（3）

　　下面再简单介绍一下所谓"透明贴图"的做法：其实有了"无背景色"的图片，贴图的操作跟前面介绍过的别无二致，下面列出贴图操作与注意事项；图 3.9.7 ①是准备好的贴图对象，一个没有底面，和顶面的圆柱体，图 3.9.7 ②是准备好的一幅 png 格式的图片，操作前执行鼠标右击 png 图片，在弹出的快捷菜单中选择"纹理"选项取消选中"投影"选项，以快捷键 B 调用油漆桶工具，以 Alt 切换成吸管，汲取材质赋给贴图对象后，如图 3.9.8 所示。

　　请注意：现在贴图对象的圆柱体上下两个边缘有一圈边线，如果这不是你所想要的，请按下述方法处理。

　　（1）从"视图"菜单中选择"边线类型"→"取消所有边线"选项，结果如图 3.9.9 和图 3.9.10 所示。

　　（2）如果不方便"取消所有边线"，可以用"橡皮擦 +Ctrl"对边线做局部柔化。

　　（3）想要在圆周上正好平均分布若干个龇牙兔，想要不重叠也没有缺口，那就要提前计算好，令圆周长等于 png 图片宽度的整倍数。

　　（4）如果发现贴图后的图片不在期望的位置，譬如偏上或偏下，可以向反方向稍微移动图片后重新贴图，即可解决。

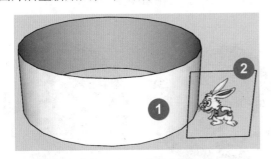

图 3.9.7　贴图准备

图 3.9.8　贴图（未柔化）

图 3.9.9　贴图（柔化）之一

图 3.9.10　贴图（柔化）之二

接着来看看图 3.9.11 的情况：上面对龅牙兔的操作和注意事项全部适用。贴图操作完成后的结果见图 3.9.12，没有更多需要补充的。

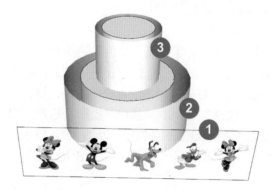

图 3.9.11　透明贴图（1）

图 3.9.12　透明贴图（2）

最后一个要演示的是这种电视新闻节目上常能看到的特别的地球，海洋的部分是透明或半透明的，如图 3.9.13 所示。跟前两个例子不同。这个对象是球形的，根据以前我们学习过的知识，在球形对象上贴图需要用 UV 贴图工具来配合完成，这部分操作将在后面有专门的章节加以讨论，先放下不表，这一节先解决一个很多人都遇到过的问题。

图 3.9.14 和图 3.9.15 都是刚刚完成了贴图和 UV 坐标调整后的情况：仔细看看，欧亚大陆，澳洲非洲南北美洲，贴图都很正常。麻烦的是在七大洲之外，还出现了很多乱七八糟的色块，知道是什么原因造成的吗？

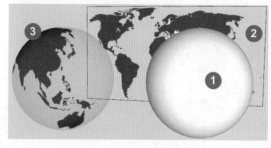

图 3.9.13　透明贴图（3）

图 3.9.14　贴图缺陷（1）

图 3.9.15　贴图缺陷（2）

告诉你吧，现在看到正常的七大洲是在球体的外表面上，乱七八糟的色块是在球体的内表面，而手头现有的 UV 工具只能对球体的外表面做 UV，对球体的内表面无效，所以就出现了这种奇怪的现象。

如果球体不是透明的，就算内表面乱七八糟也不会有什么问题，而现在球体的大部分变成了透明的，问题就突出了。

那么有没有办法解决这个问题呢？既然已经知道问题出在球体的内表面，让我们来试着解决它。

请注意，图 3.9.16 箭头所指处开了个小洞，好钻进去解决问题。图 3.9.17 是有问题的贴图。通过小洞（不用真的钻进去）对球体的内表面赋一种颜色，我选代表海洋的蓝色（见图 3.9.18）。然后再调整这种蓝色的透明度，图 3.9.19 是把内侧调成 100% 透明度，地球上除了陆地的海洋部分全透明，大多数情况下这未必是我们想要的。

图 3.9.20 中的透明度稍微保留了一点，所以海洋部分也依稀可见，如图 3.9.21 所示，在地球的背面放置了一个道具组件，反衬透明的部分。

图 3.9.16　解决贴图缺陷（1）

图 3.9.17　解决贴图缺陷（2）

图 3.9.18　解决贴图缺陷后

图 3.9.19　全透明

图 3.9.20　部分透明

图 3.9.21　成品

如果你怕南极洲的洞洞会漏掉海水，就用"补线成面"大法去修补一下。

其他软件，如 3ds Max、Maya 等都有双面材质的功能，SketchUp 也有类似功能的插件，但这一节和本书的大部分内容都是偏重于讨论原理，非但要让学员们"知其然"还要尽可能让学员们"知其所以然"，这些技能让学员们在实战中处理各种奇怪的情况时会更加得心应手。

第4章

简明图像处理

　　不是平面设计师和不想、不能成为专业平面设计师的 SketchUp 用户，却难以避免偶尔要处理平面图像，这是客观存在并需要认真面对的现实。

　　SketchUp 的用户有 90% 以上集中在建筑、规划、景观、室内、舞台、木业、机械等几个行业，各有需要学习的大量行业知识和技能，偶尔要做一下平面图像处理，通常只是抠个图，换个底，在效果图上贴点植物、汽车、人物做参照，调整一下大小，位置，色调，阴影；最多加工一些贴图材质，大多只触及平面图像的初级处理。

　　本章将介绍 3 种最适合非平面设计专业的人员处理平面图像使用，功能强大却简单轻巧的图像处理工具。还要讨论 SketchUp 用户最常用的"抠图""修图""合成""调色"等平面图像处理技能；所有的这些以"无须专门学习""够用""简单（傻瓜）"为原则；可以满足绝大多数 SketchUp 用户对平面图像处理的需要。

扫码下载本章教学视频及附件

4.1 图像工具（iSee 图片专家）

考虑了很久，最后还是决定要专门用一节的篇幅向你介绍这个小软件。为什么要考虑很久才决定把它推荐给你的原因，到本节的最后来告诉你。这个软件体积不大，安装包只有10.1MB，功能却非常强大，它是国产的永久免费软件，也被称为"iSee 图片专家"，是一款功能全面的数字图像浏览和处理工具。本节附件里有这个软件的安装包。该软件的安装方面没有什么可介绍的，只要注意一下安装的位置即可。

安装好以后在桌面上会有两个图标，如图 4.1.1 所示。可见 iSee 由两部分组成，一个叫作 iSee 看图精灵，专门用来浏览图片，跟 Windows 自带的照片查看器差不多，但功能更多。iSee 的另一部分叫作 iSee 图片专家；有没有达到专家的水平，暂且放下不去细究，但是可以告诉你的是，作者本人用它已经有超过 12 年，越来越离不开它，在后面的章节实例中还要反复用到，所以必须先向你介绍一下。

先介绍一下 iSee 的"看图精灵"，它有 3 种不同的方式用它来打开图片。

（1）双击桌面上的"看图精灵"图标，在弹出窗口里导航到要打开的图片。

（2）以鼠标右击图片文件，如图 4.1.2 所示，在弹出的快捷菜单中选择"打开方式"→"看图精灵"命令，即可打开图片文件。

（3）以鼠标右击图片文件，在弹出的快捷菜单中选择"属性"命令，在弹出的属性对话框"常规"选项卡的"打开方式"选项组中单击"更改"按钮，然后在弹出的"打开方式"对话框中指定"看图精灵"。今后"看图精灵"即成为默认的看图工具。

图 4.1.1 iSee 图片专家

图 4.1.2 右键指定打开的软件

iSee 的看图精灵打开图片后，下面有个工具条（见图 4.1.3），除了放大、缩小、幻灯片播放、左右旋转、删除、保存等常用功能；特别要注意的是最右边的菜单栏（见图 4.1.3 ②）里有一个"编辑美化"的选项，快捷键是 Ctrl+E，可以快速调用 iSee 的"图片专家"对这幅图片进行编辑；单击最左边的油漆刷形状的图标（见图 4.1.3 ①）也是一样的。

图 4.1.3 iSee 的看图精灵工具条

图 4.1.4 所示是"iSee 图片专家"的图像编辑界面，根据原 iSee 官网介绍，至少有以下功能。

- 人像美容：让未经培训的用户自己做出影楼专业美工的效果。功能包括：祛除黑斑、磨皮祛豆 / 去皱、皮肤美白、眼睛变大、瘦脸塑身、染发、唇彩、腮红等。

- 照片修复：一键获取最佳光影和色彩效果，装在电脑上的数码暗房！图片专家功能包括：反转片、智能色彩调节、色调均化、补光、减光、去雾、锐化、色彩平衡、变形纠正等。

图 4.1.4 "iSee 图片专家"的图像编辑界面（横向压缩）

- 影楼效果：包括 Lomo、复古、反转负冲、经典影楼、怀旧、幽灵、暗色调、梦幻色彩渐变、逼真水滴等效果。

- 高级色彩调整：包括色调/饱和度的调整、自动色阶、白平衡点点通、曲线调节、色彩平衡、通道混合、Gamma 修正、阈值调节、均衡化、直方图等功能，支持 PS 滤镜。

- 相框娱乐：包括合成音乐相册、时尚写真合成、杂志封面、明星场景、亲子写真、节日贺卡、日历、简洁相框、多彩毛边、自由拼图、心情文字、饰品、非主流闪图、画笔、拍照录像、动画制作、闪闪字、动画涂鸦、网页模板等功能。

- 基础调整：包括调整大小、旋转、自动裁剪、任意裁剪（抠图、换背景）、扩边、添加文字（支持多彩艺术字）、透明水印、图片压缩、格式转换等功能。

- 全面的批量处理：不但可以简单设置常用批量处理，还能进行自由组合处理并记忆方案，功能包括批量转换、批量压缩、批量相框、批量文字、批量水印、批量更名、批量锐化、批量补光、批量色阶、批量去噪、批量黑白、批量亮度调节、批量白平衡、批量对比度等。

- 图片管理和浏览：缩略图浏览、网络搜图、本地搜图、收藏、排版、打印、幻灯片、屏保、截图工具（高速浏览，支持各数码相机厂家的 raw 格式原始图片）、EXIF 信息。看图时还可根据 exif 自动旋转图片，省却用户手动调节之烦琐。

相信你看过上面的介绍后，一定会觉得很多专业图像处理软件的功能也不过如此。确实，iSee 的功能非常丰富且强大，想要对它做一个完整的介绍，恐怕要写一本 200 页以上的书，用这一小节的有限篇幅，根本不可能完成。

因为项目太多，大多数项目的使用都是所见即所得的一键操作，不需要高深的专业知识，也不用记忆复杂的操作要领，完全没有必要一个个都演示一遍。在后面的章节中，我们还要结合应用实例进行实际操作。下面仅对 SketchUp 用户可能常用的几个功能做个简介：

- 图片的裁剪功能。这是最常用的功能之一，把当前的照片或图像手动或自动裁剪到标准的或专门用途的尺寸，特点是比其他软件更直观、更简便。
- 照片修复功能。这也是最常用的功能。
  - 基本修正：亮度对比度、旋转与翻转、剪裁与扩边、文字与水印、锐化与模糊等。
  - 智能修复：色彩、亮度、曝光、色阶、去雾、降噪、锐化、柔化、不平衡等。
  - 增强工具：伽玛调节、曲线调节、直方图等专业工具。
  - 变形校正功能，可以对图像做缩放和枕头型或腰鼓型的变形，也是非常重要的高级图像处理功能，具体的操作在后面制作 UV 贴图的时候会做演示和说明。
- 图片的批量处理。最吸引作者的，也是最常用的，是批量转换图片格式，批量改尺寸、批量旋转，批量加文字，批量加水印，批量加相框等。今后讲到批量制作材质的时候还要回来用这些批量处理的功能。
- 抠图去背景。通常是在 PS 里来完成的，iSee 也有这个功能，iSee 有两种不同的抠图方式，第一种是魔棒，比较快速和粗糙的方式，适用于反差比较大的图片。如果感觉用魔棒抠图得到的结果太粗糙，还可以用自由选取的方式，类似 PS 的多边形套索工具。
- 添加文字的功能，对于某些人很有用，当需要强调知识产权的时候，使用添加水印的功能，需要提前准备好至少一幅透明背景的 PNG 格式图片，可以是文字，也可以是图像，用这个功能设置到指定位置。
- 自动扩边。和上面的裁剪目的相似，都是把当前的照片或图像自动裁剪到标准的，适合冲印、打印或专门用途的尺寸，但是它不裁剪原始图片，只增加原始图片的边缘，以获得符合要求的尺寸比例。作者用得更多的是扩边功能，可以按我们指定的百分比或者像素的数量在原始图像的四周添加边缘，可以指定边缘的颜色或者图像，还可以添加阴影效果。
- 人像美容。人像美容菜单里有很多女孩子喜欢的功能，作者用了一上午的时间才找到两张比较适合的照片放在附件里给你做练习用，你要有兴趣，课后请自行试验。视频里的演示，一看就明白，就不说了。

- 图像特效菜单。连同二级菜单里有七八十种不同的特效，里面全是好东西，而且所见即所得，用起来相当简单方便。

- PS 滤镜菜单。需要导入 PS 滤镜后才能生效使用，略去不说。

- 幻灯片菜单。幻灯片菜单里的这些功能，都是为了把若干图片制作成电子相册服务的，也略去不提，有兴趣自己去探索。

请注意工作区的右边还有 7 个标签，也是七大功能的集合。前面所提到的和没有提到的大多数重要的、常用的功能，都可以在右边的这些标签里找到可预视的快捷方式，非常适合非专业人士和想偷懒的专业人士使用。

上面介绍了这么多，你感觉它自称为"图片专家"是货真价实还是名不副实？作者的看法是：这么个免费的小不点，拥有动不动就几百兆上 G 的大型软件的很多主要功能，并且改造成人人会用的傻瓜软件，在这一点上，自称为专家也许不算吹牛。

最后还要告诉你，为什么要考虑很久才决定专门为它做一节视频。

这个软件从 2008 年一面世，作者就开始使用，至今 12 年，软件发展到 2015 年，已经到了 3.9 版，应该说，无论技术和功能，还是可靠性方面都相当成熟了，毛病也许出在"永久免费"的承诺，开发商盈利方式不明确，后劲不足难以为继，2015 年以后就没有再更新过；还因为官网关闭，软件中一些需要官网支持的功能也因此不能再用，所以这个软件已经停止更新，不会再发展了……要不要把一个停止更新的软件推荐给大家，这是犹豫的原因。

但是，反复考虑后，还是决定要把它介绍给读者，理由是：虽然软件不再更新，小部分功能无法使用，但目前可用的大量功能还是正常的，在处理图片时方便快捷，很难找到类似的替代品。相信你在试用后会得出跟我一样的结论。好用的工具跟好人一样，总会有人惦记，希望有一天，能看到它的更新。

4.2　图像工具（图片工厂 Picosmos）

如果你嫌上一节介绍的"iSee 图片专家"已经停止更新，有点明日黄花的味道，那么这一节要为你介绍另一个软件："图片工厂"，它的英文名称是"Picosmos"，它风头正盛、方兴未艾。大多数人对这个软件还比较陌生，但是恐怕很多人对大名鼎鼎的"格式工厂"这个软件就比较熟悉了，其实它们都是上海格诗网络科技有限公司的产品。"图片工厂"是"格式工厂"的弟弟。根据该软件官网的定义：Picosmos（图片工厂）是一个覆盖图片全功能的软件，包含特效，浏览，编辑，排版，分割，合并和屏幕录像、截图等功能，只需安装它一个，就足够应付几乎所有的图像处理。

根据作者实际安装测试，它的包罗万象的强大功能和容易操作的特性，决定了这个软件对于非平面设计专业人员非常适用，譬如建筑设计师，园林景观设计师，室内环艺设计师，城乡规划设计师，舞台美术设计师，甚至木业，软装业，乃至更广泛的行业设计师们都可以用它作为常用工具，因此可简化工作流程，节约大量时间。还有另一个更值得向你推荐的重要理由——免费。

该软件的官网地址是：http://www.picosmos.net，你可以去浏览一下，顺便下载这个软件。安装它也没有什么可说的，注意一下安装的位置，必要时改动安装到 C 盘之外。安装完成后，桌面上新增两个图标，如图 4.2.1 所示。跟上一节介绍的 iSee 一样，"图片工厂"也是一套两个单独的软件：一个叫作"图片馆"，是用来看图的。另一个是"图片工厂"，是用来对图片进行编辑加工的。它们二者紧密相关，可以互相调用，所以两个软件可以当作一套来用。以下简单的图文介绍并不能完整表达该软件的全部，请结合视频。

先介绍一下看图工具"图片馆"。可以用四种不同的方式来打开图片。

（1）双击桌面上的"图片馆"图标，在弹出窗口里导航到要打开的图片。

（2）用鼠标右击图片文件，在弹出的快捷菜单中选择"打开方式"→ Picosmos Shows 命令，即可打开"图片馆"。

（3）用鼠标右击图片文件，在弹出的快捷菜单中选择"属性"命令，在弹出的属性对话框的"常规"选项卡的"打开方式"选项组中单击"更改"按钮，然后在弹出的"打开方式"对话框中指定"图片馆"。今后"图片馆"即成为默认的看图工具。

（4）如果想要直接进入图片编辑的话，以鼠标右击图片文件，在弹出的快捷菜单中选择"图片工厂"，然后选择子菜单中的 11 个功能之一：查看、编辑、特效、美容、擦除、抠图、排版、分割、拼接、调整大小、裁剪。

"图片馆"打开图片后，下面一排常用工具跟大多数看图工具差不多，如图 4.2.2 所示，单击最左边一个按钮，可以直接打开图片工厂的编辑功能，对当前的图片做编辑。"图片馆"还设计有一个很妙的操作：用鼠标右键在当前显示的图片上单击，可以直接进入十多种常用图像编辑功能之一，免去很多麻烦。

图 4.2.1　图标　　　　　　　　　　图 4.2.2　图片馆工具条

双击桌面上的"图片工厂"图标，会弹出如图 4.2.3 所示的图片工厂的第一个界面，这里列出了全部功能。除了版面设计、编辑器、拼接、图片馆、特效、美容、抠图、擦除、裁剪、分割等外，这里还有批处理、导入、动画制作、屏幕截图、屏幕录像、摄像头、墙纸库等很多重要的功能。非常明显，其中很多是 PS 等大多数老牌平面设计软件所没有的。

请注意"开始面板"右上角的"帮助"可打开软件厂商的简单教程页面（需联网）。

"图片工厂"的功能非常强大，但是操作几乎都是"所见即所得"的"一键式傻瓜操作"，大多数稍微有点电脑应用技能的人第一次接触即可上手，并不需要花大量时间去专门学习，不懂处还可查看帮助，所以没有必要讨论得太详细，下面仅按图 4.2.3 所示的功能做简单介绍。

（1）版面设计：是一种操作简单的排版设计工具，可以把多幅图片（或文本）以"傻瓜"

形式组织在同一个页面上。各行业设计师可以用来创建诸如"标书""设计说明""项目介绍""样本""小册子""网页""海报""投影用幻灯片"等。

图 4.2.3 图片工厂界面（1）

三种可选的设计方式简介如下。

● 模板拼图：可在 97 种默认模板中选择一种，再用准备好的图片去替代默认的色块。

● 场景拼图：可以在 87 种带相框背景的"场景"中选择一种填入自己的图片。

● 自由场景拼图：在 133 种预置的背景图片中选一种作为背景，加上图文，可自由发挥。

（2）图像编辑：图 4.2.4 所示的就是"编辑器"的截图，限于篇幅，截取的只是其中的一部分。编辑器图 4.2.4 左边的这些工具，跟 Photoshop 的工具没有什么两样；顶部工具栏上的工具，用起来比 Photoshop 还直接得多，后面的章节中还要多次回来。右边还可以快速调用很多滤镜和图库，全部是所见即所得的快捷智能处理模式，包括"光和影"滤镜，有 32 种，有"亮度、对比度、色调、饱和度、色阶、色平衡"……这部分是设计师们需要特别注意的功能，这些功能在 Photoshop 等软件里的操作很繁杂，绝大多数不太好的照片都可以在这里得到简单的修复而恢复其价值。

● "特技滤镜"34 种，含去雾、去噪、羽化、光晕、磨皮、油画、铅笔画等功能。

● "素材"栏提供各种素材几百种，请注意右侧向下的箭头里还藏着很多好东西。

● "相框"里面有 72 种不同的相框，每种都是参数化、可调节的，随便用。

这个图片编辑器里还有很多高级功能，一点也不比 Photoshop 差，还好用，因为篇幅的关系，留给读者自己去研究吧。

图 4.2.4　图片工厂界面（2）

（3）抠图：这是所有跟图像打交道的人很难绕过的坎，"图片工厂"还包含擦除和蒙版抠图，都是非常实用的功能。所谓抠图，就是把背景分离出去，只留下图片上的主题。擦除就是快速擦除图片上不想要的杂物，只保留重点。蒙版抠图是另外一种高级的抠图方法。

经过实用测试，这些功能都非常快速简便，后面的章节中还要做详细介绍。

（4）裁剪："裁剪"是所有图像处理软件必备的功能。收集来和准备好的图片很少有完全称心满意，大小正好的，几乎都需要经过裁剪，取出精彩的那一块，剪掉煞风景的部分，或者"削足适履"攫取部分图像，这是所有平面设计工具必备的功能。

"图片工厂"可以按标准的照片幅面剪裁，也可以按指定的"宽高比"裁剪出需要的部分，还可以用鼠标画矩形的方法做"自由裁切"。

（5）分割：把一幅图片分割成指定数量的小块，部分是用于做网页之需，也可生成特别的风格；这个功能对于 SketchUp 用户还有一个特别的效能，下面会告诉你："图片工厂"可以按"两行两列""三行三列""四行四列"分割图片，还可以按照指定的行和列分割图像。发送到"拼接"面板后还有更多可选项。SketchUp 处理图形的像素规模是有限制的，超过这个范围的高清晰图像将被自动降低清晰度以避免占用太多计算机资源；作为一种"通融的办法"我们在 SketchUp 里要用到高清晰度图像的时候（譬如模型的背景等）可以提前把一幅高清的大图切割成几个小图，再导入 SketchUp 后拼接，以避免被降低清晰度的风险，"图片工厂"的这个工具可以轻易帮我们完成图像切割的任务而不必动用 PS 等大型软件。

（6）美容：这一块，据说可以智能识别照片上的五官，智能化使用各种化妆工具，有磨皮、眼部放大、瘦脸、涂唇彩、修眉毛、掸腮红、擦眼影、粘睫毛，这些功能，女孩子们一定会喜欢，对于我们建筑、景观、室内行业的设计师就不太重要了。

（7）导入：因为图片工厂有动画制作、屏幕录像等传统平面设计软件没有的功能，所以除了可以导入各种格式的图片之外，还可以导入 3gp, 3g2, avi, mts, m2ts, mp4, mov 等格式的音视频文件，然后用动画制作工具，文字工具等编辑制作动画。

（8）批处理：这是一个符合多快好省原则的功能，可以对批量的图片进行美化，添加水印，优化，进行格式转换，更改画幅尺寸，整理，重新命名，调整颜色，自动色阶，自动对比度，彩色转换成黑白，自动换背景，旋转等十多种处理，可以大大简化操作，节约时间。SketchUp 用户可以用它来集中处理收集来的材质图片。

（9）动画制作：在这里可以采用外部导入的图片，本机录制的视频，本机截图，本机生成的其他图像文件作为素材，经过极为简单的操作，统一尺寸，设置帧间隔等参数后制作成类似于电子相册的 GIF 动画。这个功能有点简单，希望今后再增加多点编辑手段。

（10）屏幕录像：可以指定录制整个屏幕或部分区域，再保存成 AVI 文件。

（11）屏幕截图：快捷键是 Ctrl + F5，截图后还可以添加箭头，虚线，图标，甚至可以用来 OCR，获取文本。屏幕录像和屏幕截图这两个功能，这对于需要经常截图做图文教程和视频教程的人来讲，非常有用，是一个不错的工具。

在后面的篇幅里，我们还要多次返回到图片工厂，更深入地介绍，演示和利用它的某些功能，要让它为我们在 SketchUp 里的材质和贴图所用。

4.3　图像工具（PS 和 PI 简介）

Photoshop 简称 PS，平面位图设计工具的领先者，全世界至少有几百万人靠它谋生、养家糊口。功能强大伴随的当然是操作复杂，入门不容易、提高更困难。

有人在"百度知道"上发问：零基础学习 PS 大概要多长时间？有一个回答我感觉非常诚恳正面，基本符合事实，他是这样回答的：

自学的话一个礼拜能掌握基础；一个月略有小成，可以达到你所希望的要求。一年有所创新；3～5 年假装大师；10 年可称骨灰。真正的大师得要有一定的美术基础，摄影基础，最重要的是要有创意，这一点是最难的，需要有先天的悟性！还要对色彩敏感。学习 PS 的道路是漫长的，新版本的推出又会有新的功能出现，要不断地学习！祝你成功！

另一位回答者以身说法，他这么说：

本人情况：两三天学完工具，以为可以按教程依样画葫芦开始处理图了，诶，怎知道不是这里卡就是那儿卡的，虽然是依样画葫芦，可还是很难完成，折腾一两个星期才能完成一个葫芦那是正常的。

后来发现 Photoshop 的知识是海量的，工具中有选项，选项中有属性，属性中还有选项，套叠属性；菜单里又有菜单、命令中有命令、选项中有选项，选项中有属性……折腾到现在也有 5 年了吧，好像也仅仅懂点皮毛。当然最大阻碍——没有美术基础。

因为教学工作的关系，我见过无数 SketchUp 的用户使用 Photoshop 的时候，大多是用它做点最最起码的基础操作，截个图、抠个图，换个底，在效果图上贴点植物，用汽车、人物做参照，调整一下大小，位置，色调，最多对贴图用的图片或材质做点加工，仅此而已。用到 Photoshop 功能的 10% 都不到，却要花大量时间去学习使用这种规模庞大、操作繁杂的工具，投入产出非常不成比例。

SketchUp 的用户有 90% 以上集中在建筑、规划、景观、室内、舞台、木业、机械等几个行业，各有需要学习的大量行业知识和技能，偶尔用一下 Photoshop 的目的，大多只限于上述的初级应用，而 Photoshop 是用来做"平面图像创作"用的工具，相信很少有 SketchUp 用户想改行到平面设计成为 PS 专家大咖的。如果你同意或基本同意老怪以上的判断，请继续看下去；如果你正想着要成为平面设计师成为 PS 大咖，那你就不用再看后面的篇幅了。

言归正传，如果你也像作者一样强调"实用"而不在乎"名气"，真没有必要耗费大量时间精力去学习一种偶尔用一下并且有很多替代品的工具；前两节介绍过的"iSee 图片专家"和"图片工厂"就可以满足绝大多数 SketchUp 用户的大多数图像处理任务；如果还不够，这一节再介绍一个宝贝，它的名字叫 PhotoImpact，也有人把它翻译成"Photo 硬派"或直接说"硬派"，英文缩写是 PI。我用它已经超过 20 年，当年买一台进口扫描仪的时候，附送了这个软件的英文版 5.0，当时它对自己总结的特点如下。

①创新：双模操作界面！②快速：超强图像编辑！③润色：完美相片美化！④智能：HDR 图像合成！⑤酷炫：Java 互动网页！⑥丰富：2000 多种特效！

软件到手后，大概试了一下，功能跟 Photoshop 差不多，还增加了很多功能，非常容易上手，能简单调用几千个预设的特效，傻瓜式的操作照样能得到专业级别的效果；从此爱不释手，后来又有了简体和繁体的中文版，尽管我电脑里也有 PS，但 PI 一直是工作中的首选，用到现在仍舍不得丢掉。

这个软件最初是由台湾省的 Ulead（友立）公司开创并拥有，后来被赫赫有名的加拿大 Corel 公司收购，目前的最高版本是 X3 版。后来发现"中国计算机学会职业教育委员会"还组织编写了一本书《PhotoImpact 7 图形图像处理实训教程》，并确定为"全国职业院校技能型紧缺人材培训教材"（ISBN 7-5027-6127-6/TP.801），可见这个软件并非等闲之辈（见图 4.3.1）。

本节附件里有这个软件繁体版的用户手册和帮助文件，请浏览一下它的功能与用法，如果还想亲自尝试一下，请在百度用"PhotoImpact"搜索下载链接，如果看不惯繁体中文，可以下载英文版。

背景资料：

Corel 公司的网站是 https://www.corel.com/cn，相信你一定听说过它们的产品。

原 PhotoImpact 的台湾省站网页是 https://www.paintshoppro.com/tw/。

现在 PhotoImpact 已经升华成了"PaintShop Pro（PSP）最新版是 2021，有 30 天免费版可下载。

下面简单介绍一下 PhotoImpact X3。图 4.3.2 是它的欢迎界面，上面列出了这个软件的主要功能。

图 4.3.1 教材   图 4.3.2 PhotoImpact 界面

（1）第一大功能是"影像浏览管理"。

顾名思义就是管理电脑里的图像，用法跟 Windows 的资源管理器一样，但功能更强。可输入数码相机中的图像，可输出打印，可查看照片的 EXIF 资料……还能方便地调用保存在电脑中任何位置的图像，左右旋转，各种排序，批量转换……

（2）第二项是"快速修片"。

这是一种傻瓜式的图片编辑方式，包括以下项目：智慧型曲线、白平衡、减少杂点、单色、整体曝光、色彩浓度、焦距、美化皮肤、改善光线等，快速修片专业性比较强，想偷懒的还不如去用上一节讲的 iSee，更方便快捷还直观。

（3）第三项"全功能编辑"是 PhotoImpact 的精华所在，暂时先放下，等一会还要介绍。

（4）下面还有三四个功能不太重要，特别是 DVD 选单制作和网页设计；DVD 这个玩意，中国几乎淘汰了，欧美国家却还有人在用，不用去管它；至于网页设计的功能，跟大多数人都无关，也可以不用管它。但是，这两个功能里有很多好东西是可以移作他用的，当然不能放过。

回到"全功能编辑"（见图 4.3.3），从菜单开始介绍，常规的功能和不大吸引人的功能就不说了：繁体的"档案菜单"就是简体的"文件菜单"，这里面有几处特色的功能，"批次转换"和"影像批次转换"，都是批量处理的功能，跟上一节所讲的 iSee 的批量处理差不多。还可以直接从数码相机，扫描仪，优盘，移动硬盘直接获取图像文件。

"编辑"菜单里的缝合、描边、遮罩功能都是 PS 里的常用功能，但是这里比 PS 里的操作要容易得多。这些功能在后面的章节里要结合实例，操作演示和讲解，先放下不表。

"调整"和"相片"两个菜单里都是对图片进行加工的功能，两个菜单的第一项都是自动处理；所有 PS 拥有的和没有的功能，到了这里，几乎都是傻瓜式的、所见即所得的简单操作；软件可以把当前图像按预置的算法调整到最佳。也可以对大量图像进行批量的自动处理。其中的菜单项都可以望文生义，在 PS 里很复杂的操作，到了这里就变简单了，限于篇幅，这里就不展开讲了。

"特效"菜单里，至少有七八十种直接的特效，如果把它们组合起来运用，就无法算出到底能够弄出多少种特效了。有一些好玩的特效，譬如把一幅风景图调整成夜景，再在夜空中挂上月亮、流星或节日礼花，并且都是可调参数的（请看视频）。

"选取区"菜单和"物件"菜单里面有很多重要的功能，将在今后结合实例来讲解。

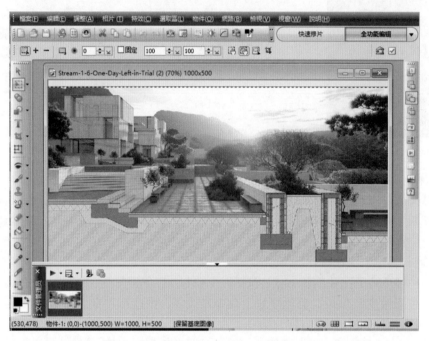

图 4.3.3　PhotoImpact 界面

"网路"菜单里有非常多的功能与特效，大多数是用于网页设计的，但是也有很多是通用的，在后面的具体应用中还要多次回来，譬如对图片加相框等，操作都比较简单。

"检视"和"视窗"两个菜单，以后结合实例再介绍。

最后一个菜单里有一个 PhotoImpact 说明，这是一个重要的文件，作者本人二十年前就是靠它进入这个软件应用的，你可以在这里快捷地查找到操作要领，请充分利用。

在这一节的附件里，还有一个 PDF 文件，是这个软件的官方电子出版物，里面的解释更为系统，详细和全面，通读弄懂这本电子书，然后再做做练习，你就离大咖不远了。

图 4.3.3 右边有一排按钮，叫作面板管理器，从上往下说明如下。

第一个是图层管理器，跟图层有关的重要面板，操作跟 PS 差不多，但更简易。

第二个是选区管理器，也很重要。

第三个是文件管理器，可以管理同时打开的若干个文件。

第四个是浏览管理器，跟 Windows 的资源管理器差不多，上面已经提到过。

第五个是显示或隐藏百宝箱，这里是懒汉们的宝库，里面有数不清的现成图片和现成的特效，全看你怎么去组合利用。

第六个是色彩面板，SketchUp 也有，我们已经很熟悉了。

第七个是快速指令区，这里记录着我们所有的操作，可以退回到先前的状态。这个也不多讲了。

下面还有三个按钮，分别是：工具设定面板，分布图面板，单击最下面的"智慧小帮手"可以快速获取简单的帮助。

图4.3.3左边还有一排常用工具，粗看是PS的精简版，细看大有区别。对于我们SketchUp用户来说，想要用的工具应有尽有。相对于工具的数量，更应看重常用功能的操作简便性。作者最常用的几个功能是：

- 选择工具，包含了PS的全部（部分选择命令分散在属性栏与其他工具里）。
- 路径绘图工具，虽然我不常用，但是重要。
- 文字工具，再配合属性栏，可以做出非常棒的艺术字。
- 裁剪工具和缩放工具就不用说了，都是常用的功能。
- 笔刷功能里有13种不同笔刷，比PS还丰富。
- 10种修容工具和14种移除红眼工具是照相馆的法宝。
- 5种色彩填充工具加上吸管，为你的创意增加缤纷色彩。
- 神奇橡皮擦工具几乎可以完成"一键抠图"。

这一节我们对PS和PI说了个大概，这些大型软件靠三五页图文是说不清楚的。

Photoshop（PS）功能虽然强大，但我们SketchUp用户所需不过其中的一点点，真正想要用好这一点点也不容易，与其花大力气去研究和学习如何用一个大型软件中的一点点，还不如用一种功能上能满足我们所需、容易学习或不需学习的，更加贴合我们工作、更靠谱的工具。

之前介绍的iSee"图片工厂"属于傻瓜型的图像处理工具，基本不用学习便可上手使用，可以满足我们SketchUp用户对图像处理百分之七八十以上的要求，剩下的可以考虑用这一节介绍的PhotoImpact（PI）来完成。在今后的实例中，我们还会多次用到它。

最后还要说明的是，PhotoImpact最高版本是X3版，不再更新，取而代之的是功能更强、更为专业的PaintShop Pro（PSP），你可以访问https://www.paintshoppro.com/tw/下载30天试用版（1.31GB的64位繁体版）。

不过我还是愿意留在小巧玲珑、够用好用的32位的PhotoImpact。

4.4 图像无损放大工具（PhotoZoom Pro 8.0）

在本书的1.2节，在介绍像素与分辨率的时候，曾经用过图4.4.1的照片，用看图软件经过几次放大后，图像边缘出现像马赛克似的小方格，如图4.4.2所示，每个小方格就是一个像素。这幅图片的像素数量是：水平方向460像素，垂直方向579像素，总的像素数量是二者相乘，大概是26.6万像素。

如果这幅图片用于打印或印刷，按300dpi（每英寸300像素）的最低要求，可以得到

1.53×1.99 英寸（约 39×51mm）的小图而保持原有的品质。问题来了：如果想要把这幅图片打印或印刷成 A4 幅面的大图，还要基本保持同样的品质，就仍需按 300dpi 的标准，则要求有 2480 像素 ×3508 像素（870 万像素）。如果在图像处理软件中简单地把这幅图放大，打印或印刷出来就会像图 4.4.2 一样满是马赛克，甚至还不如图 4.4.2。

这一节要介绍的是一款"无损图像放大软件"—— PhotoZoom Pro，它的用途就是可以接近无损地将照片放大，放大后不会让马赛克影响图片细节，质感柔和自然，见图 4.4.3。

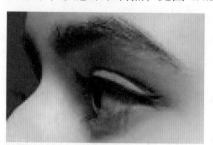

图 4.4.2　边缘锯齿（像素）

图 4.4.1　原图　　　　图 4.4.3　PhotoZoom 加工后

PhotoZoom Pro 有一个非常详尽的帮助文件，即使是刚接触它的新手，只要稍微浏览一下也可以顺利操作，下面介绍最简单的应用。

（1）单击图 4.4.4①所示的"打开"按钮，导航到要调整大小的图像，打开它（见图 4.4.4右侧）。

（2）在图 4.4.4③处填入新的尺寸，可以在像素、百分比或厘米／英寸中选择。

（3）在图 4.4.4④处选择一种调整大小的方法，如不选，即使用默认的 S-Spline Max。

（4）单击图 4.4.4⑦所示的"保存"按钮，输入文件名后等候运算流程结束。

默认的 S-Spline Max 算法，在大多数情况下可以产生满意的效果，其他调整方法将在后面介绍。若有许多图像需要调整大小，可单击图 4.4.4⑧使用批处理进行集中处理。

下面以一个实例进一步介绍对 PhotoZoom Pro 的应用：用图 4.4.5①的选择工具在图 4.4.4右图上勾画出需要放大的部分，如一只猫的眼睛，再单击图 4.4.5②的裁剪工具，结果如图 4.4.5③所示。图 4.4.5④显示当前图像仅 260×179（4.65 万像素），这么小的图几乎没有实用价值。

图 4.4.4　PhotoZoom 的操作界面（1）

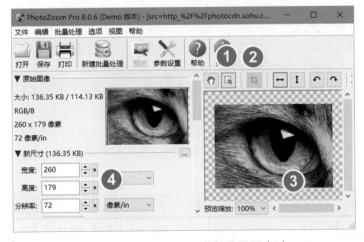

图 4.4.5　PhotoZoom 的操作界面（2）

　　接着操作，把图 4.4.6 ①处的单位调整为 mm（毫米），再在图 4.4.6 ②处把图片的宽度调整到 100mm，高度自动变成 68.85（mm），把图 4.4.6 ③处的分辨率从原 72（适合屏幕显示）调到 300（适合打印或印刷），因截图缩小了工作窗口，图 4.4.6 中只显示一部分，见图 4.4.6 ④白色方框。

经过本例调整后的"猫眼"图像保存在本节附件里，虽然扩大成了 1182×814（96 万像素），整整扩大了 20.6 倍，但是绝无"马赛克"的缺陷（还没有进行锐化）。

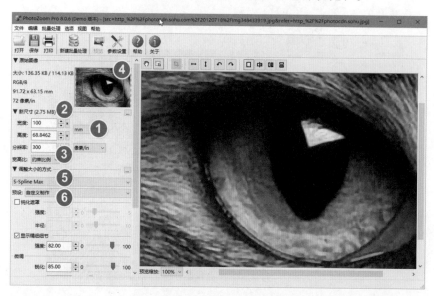

图 4.4.6　PhotoZoom 的操作界面（3）

进一步调整图像品质：图 4.4.6 所示的例子只用了 PhotoZoom Pro 的默认参数，却已经得到了非常了不起的结果，如果你还想"更上一层楼"，可以通过调整参数的方法得到更完美的结果。

参数设置：参数设置就是用户使用 PhotoZoom 时的一些基本的默认设置，这些数据的设置将会直接关系到处理后的照片的质量、大小等效果，所以在设置时需要根据用户的喜好和需求酌情设置，必要时还应针对不同的编辑对象进行修改。

参数设置可以在软件操作界面中的两个地方找到：如图 4.4.7 和图 4.4.8 所示。图 4.4.9 是单击图 4.4.7 和图 4.4.8 中的按钮后弹出的参数设置面板，顶部有四个标签"预设、图像格式、处理、检查更新"，其中"预设"标签选项一看就懂，不赘述，可根据需要勾选或单击图 4.4.9④全选。"图像格式"有 JPG、PNG、TIFF 三种可选，还有四种不同压缩方式并可调品质；"处理"标签下，一定要勾选"启用 GPU 加速"。

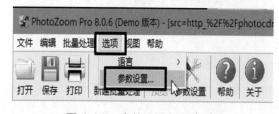
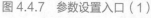

图 4.4.7　参数设置入口（1）

图 4.4.8　参数设置入口（2）

预设参数：　预设中设置的是软件在处理图像时的算法，经过一代又一代的升级，

PhotoZoom 的算法也在不断更新，而 PhotoZoom Pro 8.0 的亮点就在于它的算法—— S-Spline Max。这正是 PhotoZoom 的默认算法，换句话说就是：即使完全不做任何参数设置，所使用的就是 PhotoZoom 最新的 "S-Spline Max 算法"。

不过在图 4.4.10 ①② "预设" 的选项中，我们可以看到还有很多算法模式可供选择，你会发现，其他算法可启用预设项是远少于 S-Spline Max 的。S-Spline Max 可更大限度地追求画质优化，下面介绍其中的几个主要参数的用法。

图 4.4.9　PhotoZoom 的操作界面（4）

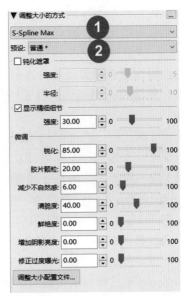

图 4.4.10　PhotoZoom 的操作界面（5）

锐化："锐化的程度"决定图像的总体清晰度。通常情况下，锐化程度设置越高，图像效果就越好，锐化程度的典型值为 75 ～ 100。但如果图像中含有杂色和 JPEG 不自然感，则属例外。

人工细节："人工细节"设置可在图像上添加颗粒，使其更加逼真自然，减少塑料的感觉。理想设置通常介于 10 ～ 25 之间。某些图像可能需要更高的设置，如包含众多细微之处的照片（例如，拍摄于森林中的立体空间照片）。有些特殊情况也可能需要 10 以下的设置值。

边缘增强："边缘增强"设置可提高图像边缘的锐化程度（高色彩对比度）。对于图形图像和文本，将"边缘增强"设为 75 或更高特别有用。而对于照片，尽可能采用较低设置（介于 0 ～ 50 之间，具体视照片情况而定），否则，放大后可能显得过于像"塑料"。少数照片可能在"边缘增强"设置高于 50 时会提升效果。

细节增强：与锐化边缘不同，"细节增强"设置可提高边缘的柔和度（低色彩对比度）。通过增加此设置值，图片在放大时就会突出呈现或精细或模糊的细节。通常情况下，"细节增强"理想的设置值介于 0 ～ 60 之间。如果设置过高，常会产生"塑料"效果，当然，其中也存在某些例外情况。

与 Photoshop 比较：对 Photoshop 比较熟悉的人可能会提出一个问题：Photoshop 也有类似的图像放大的功能，为什么还要用 PhotoZoom？下面仅从操作便利性和批处理两方面做比较。

操作的便利性比较：Photoshop 如果直接修改图片的宽高数据，在增加一定比例之后图片会模糊。想要让增大的图片保持清晰，就需要在"图像大小"窗口勾选"重定图像像素"，将"重定图像像素"后面的插补方法设置为"两次立方"，然后把文档大小的长宽单位设置成百分比。还需要注意，只有对图片进行 10% 增量增大图片时，图片才不会变得模糊和柔和。所以要把图片增大到想要的尺寸，就要把这个图片增大 10% 的操作重复很多遍。

PhotoZoom 默认使用 S-Spline Max 图片处理技术，只需输入更改图片的尺寸和分辨率，就可以直接得到没有锯齿且不失真的图片。还可通过更改宽高比的类型、调整大小的方式和预设方案，使图片达到想要的显示效果。与 Photoshop 相比，PhotoZoom 的操作更简单，效果也更佳。

批处理方面比较：Photoshop 没有批量处理图片的功能，只能对一张张图像分别处理。而 PhotoZoom 可以直接选择批量处理功能，一次性导入所有要处理的图片（包括指定目录与多级子目录）统一设置图片的尺寸和调整方案，就可以批量处理图片了。

PhotoZoom Pro 不仅可以作为一个独立的应用程序，而且可以作为很多知名软件的插件，如 Adobe Photoshop、Corel PHOTO-PAINT、Corel PaintShop Pro 等。PhotoZoom Pro 是平面设计工作者的必备神器，一旦在 PS 中安装了这些插件，PhotoZoom Pro 8 将列于 Photoshop 的"文件"→"自动化"和"文件"→"导出"子菜单中。

PhotoZoom 正式版和试用版的区别：这款软件使用了 S-Spline 技术（一种申请过专利的，拥有自动调节、进阶的插值算法的技术），程序显著的特色是可以对图片进行放大而没有锯齿，提高品质不会失真。即使没有购买软件，也可以永久使用，但是在保存图片的时候会出现保存的图片含水印的提示。

想试试看的话，请访问 https://www.photozoomchina.com/xiazai.html 去下载。

4.5　简明图像处理（PS 抠图概述）

如果 SketchUp 用户要对贴图和材质方面有所应用的话，多多少少要遇到图像处理方面的作业，应用范围大致包括"截取""抠图""修图""合成""调色""特效"这六种基本操作；另一方面，SketchUp 用户几乎都没有接受过平面设计专业的正规训练，SketchUp 用户中的大多数也不大会因为偶尔用到的简单操作去花大量时间学习一种有替代品的平面设计专业软件，成为图像处理方面的专家。

考虑到 SketchUp 用户既要做一点图像处理的简单操作，又没有必要专门学习一种平面设计专业软件，在系列教程的这个部分，特别安排了一些小节，用最最简单明了的方式介绍一些快速图像处理方面的基本技巧。

上述"截取""抠图""修图""合成""调色""特效"6种图像处理基本操作中，"截取"最为简单，就不做专门讨论了。剩下的五种操作中"抠图"所占的比例较大，也有一点难度；"修图"次之；"合成"又次之，至于"调色"和"特效"，在先前介绍的几种软件中都有所见即所得的一键智能操作。这里的内容将为SketchUp用户中的图像处理新手提供基础但够用的训练。

"抠图"也可雅称为"褪底"或"去背"，在之后几节里，混合使用"抠图"与"褪底"。如果你稍微有过一点图像处理的经验，就会知道在图片处理过程中，褪底的工序，虽然技术含量并不高，却往往是占用时间较多的操作。常规的褪底，要非常认真仔细、麻烦而枯燥，还难以避免，所以"褪底"被业者戏称为"体力劳动"。

这二三十年来，平面设计专业人员最常用的褪底工具是Photoshop，细算起来，用PS褪底有十多种不同的工具和方法，每种工具或方法分别适合不同的背景和对象，分别适合不同要求的褪底任务。要针对背景和对象稍微复杂一点的图像做褪底，往往要用多种不同的工具，用不同的方法配合起来做。下面向你介绍整理出来的这些褪底方式，大致按照操作的难易程度排列，容易操作的先讲，这些都是根据作者的经验总结的，属一家之言，不见得全部正确，仅供参考。

另外要声明：本节下面要介绍的是用Photoshop做褪底的大概，目的是让你对褪底有个比较全面的概念，但并不意味推荐你去用Photoshop做褪底操作。现在有很多智能的图像工具，可以轻易完成大多数褪底任务，只有遇到非常复杂的褪底任务时，再回到Photoshop才是合适的，我们SketchUp用户很少会遇到这种境况。

1. PS的橡皮擦工具

这类工具包括3种不同的工具，都可以用来褪底，其中最好用的是魔术橡皮擦工具：魔术橡皮擦工具属于最容易使用的褪底方式之一，操作简单，可以快速擦掉你不想要的背景或其他不需要的部分。但是它有局限性，只适合抠那些背景简单的图片。

其余两种橡皮擦工具主要用来清理其他工具褪底不彻底的残留部分。

2. 魔术棒工具

魔术棒工具也属于最容易使用的褪底方式，操作简单，可以快速擦掉你不想要的背景或其他不需要的部分。但是它也有局限性，只适合抠那些背景简单的图片。适用于对象跟背景色差明显，背景色单一，图像边界清晰的图片。

3. 套索工具

套索工具包括有3种不同的工具，3种套索工具都可以勾勒出需要褪底的选区，然后删除不需要的部分。

其中磁性索套属于比较智能的工具，适用于图片边缘界线清晰的图，磁性索套会自动识别图像边界，并自动黏附在图像边界上。当套索封闭，圈出不再需要的部分后，按下 Delete 删除，褪底就完成了。适合在图像边界比较清晰的场合应用。

多边形套索工具是一种比较常用的工具，只要沿着对象的边缘连续单击就可以产生选区，运用起来比较自由，只要单击的密度足够高，就可以产生较高精度的选区，在对象或背景比较复杂，需要人工识别选区范围的场合运用比较好。

最上面的那种套索工具，需要按下鼠标左键后，沿着对象边缘连续移动，不太好操作，只适合勾勒出粗略的选区，不适合对精细目标的选择。

4. 钢笔工具

钢笔工具包含有 5 种不同的工具。

其中第一种"钢笔工具"常常用来勾勒褪底选区，勾勒完毕后，删除不需要的部分完成褪底。钢笔工具有一个可贵的特点，就是产生蚂蚁线选区后还可以编辑，一直到满意为止，类似于 SketchUp 的贝兹曲线工具，这个功能对图像的创作当然非常有用，对褪底同样很好用。

第二种"自由钢笔工具"类似于 SketchUp 的徒手线工具，但画出来的徒手线要比 SketchUp 精细很多。自由钢笔工具用来褪底需要连续移动鼠标产生蚂蚁线选区，很容易跑偏，所以也只适合勾勒出粗略的选区，不适合对目标的精细选择。不过在需要的时候也可以进行编辑调整。

钢笔工具中还有另外 3 个成员：添加锚点、删除锚点和转换点工具，可以用来对钢笔工具勾勒的选区进行编辑，类似于 SketchUp 的插件：贝兹曲线工具条上的编辑功能。

我们作为 SketchUp 的用户，主要分布在建筑设计，景观设计，城乡规划，室内装潢等行业，需要褪底的素材，通常前景背景都比较简单，如果能熟练运用以上几种工具和褪底方式，基本就够用的了。如果还想对譬如女性的长头发，半透明的婚纱，动物毛发等复杂对象褪底，可以考虑使用以下的工具和方法。

5. 抽出褪底

用"抽出"滤镜褪底跟"通道"褪底这两种方法，都是针对复杂图片对象常用的褪底方法，"抽出"与"通道"二者各有优缺点。抽出滤镜褪底不太细腻，通道褪底不太精确。如果把二者配合起来使用，抠出的效果会非常完美。

6. 通道褪底

通道褪底对于人物头发及动物毛发边缘能得到比较完美的处理。主要适用于背景比较简单的图像，过于复杂的背景就不太适合。通道褪底涉及的知识面较多，初学者用这个方法会比较辛苦，建议先把前面几个方法用熟练后，再学习通道褪底的方法会轻松许多。

另外还有利用色彩的范围来褪底（色阶褪底），用图层蒙版褪底等方法，这些方法基本只适用于图像和背景色差明显，背景颜色单一，而且图像中没有背景颜色的场合。

7. 归纳一下

PS 里可以用来褪底的工具有很多，褪底的方式方法也不少，但是没有哪一种方法或工具是万能的，只能根据需要褪底的对象来确定用什么方法与工具。背景较简单，背景与对象差异比较大的时候用魔棒或魔术橡皮擦工具，可快速完成褪底。背景比较复杂，对象边缘比较清晰的，可以用套索工具或钢笔工具。我们这些 SketchUp 的用户，基本上只要掌握以上几种方法就够用的了。

如你还要处理背景比较复杂的图片，譬如生活照、婚纱照等，用通道褪底法比较好。如果遇到背景复杂、对象也复杂，比如半透明的婚纱，头发丝，动物类的图片等，就要组合运用抽出、通道和色阶等方法来处理。

至于最终要用什么工具什么方式来完成褪底，需要大量实践的经验来确定并灵活组合起来运用。在此后续的五个小节里，还要介绍一些适合我们非平面设计专业人员用的，快速褪底的工具和傻瓜褪底的技巧。

如果你还想学习更加复杂的褪底技巧，请百度"抠图""褪底""去背"，可以找到大量专业人员写的图文教程。

4.6　简明图像处理（极简抠图在线）

因为以下的理由决定要安排本小节的内容。

第一，这套教程的主要读者群，基本集中在建筑设计，城乡规划设计，环艺景观设计，户内装潢设计，家具设计等专业，他们偶尔也免不了要做些"抠图"工作，但一年也做不了多少次，为了偶尔的需要去安装、学习一个大型平面设计专业软件，没有必要，还未必好用。

第二，现在的笔记本电脑越来越薄，为了外形轻薄好看，很多连机械硬盘都取消了，只留下一个容量不大的固态硬盘，用户甚至都不敢安装规模太大的软件，若有文件要保存，直接放到云端去，要用的时候再把它下载下来。我的周围就有不少这样的年轻人，正在充分利用网络进步提供的方便。

第三，在这个无图无真相，有图也未必就是真相的读图时代，小学生都能摆个 Pose，手机拍下，用秀秀做一下美容，发到好友群里赚个赞……随着电脑技术和网络技术的提高与普及，图像处理不再是只有少数平面设计师们能做的事情，快成了全民普及的技能了。

第四，已经有人敏感地发现了这里的需求和商机，创造了一种叫作在线图像处理的技术，现在已经有很多这样的网站，所有类似的网站一定包含有抠图的功能，而且大多是免费的，用户根本不需要安装专业软件，甚至都不需要专门学习和练习，只要把需要处理的图片上传到网站，通过几步简单的操作，甚至不用任何操作直接完成抠图，再下载回自己的电脑。

这一节就要向你介绍几个这样的网站，下面的网站地址已经保存在本节视频的附件里。都有免费的试用，也有收费的服务。不过要声明一下：本书作者跟下述任何网站无任何商业往来，也不会比较优劣，排名不分先后，仅提供参考用的信息。

批量纯色简单抠图：

下面介绍的网站仅能对一些简单的纯色背景（如绿色布幕、白纸等）以及颜色较纯的图片进行智能的在线批量自动抠图处理。较复杂的图像请用后面的"智能抠图"。

Tool 在线工具，抠图：https://www.qtool.net/imgmatting

Tool 在线工具，照片换纯色背景等：https://www.qtool.net/（124 种在线工具）

BgRemover 在线图片去底工具：https://www.aigei.com/bgremover/

人像、商品、场景等智能抠图（类似网站不下几十个，可自行探索，下面仅收录很少部分）：

稿定设计，在线抠图：https://www.gaoding.com/koutu

3 张免费，之后 0.39 ～ 0.98 元 / 张，根据数量给予优惠

傲软在线抠图：https://www.apowersoft.cn/remove-background-online

3 张免费，之后 0.26 ～ 1.45 元 / 张，根据数量给予优惠

千库抠图：https://588ku.com/koutu/?h=bd&sem=1&kw=bd0085004

0.099 ～ 0.04 元 / 次，价格便宜但速度慢

皮卡智能，一键抠图工具：http://www.picup.shop/?vsource=semw204

0.12 ～ 0.49 元 / 张

风云抠图：https://kt.ppt118.com/index/price

0.08 ～ 0.59 元 / 张

下面以作者的主观感受评判和选择智能抠图网站，仅供参考。

1）抠图品质

这当然是最重要的，之所以选择图 4.6.1 所示的图片作为测试标本，是因为图 4.6.2 ①②处有些头发细节，还有图 4.6.2 ③④处有些前后景颜色接近，这些特点都可以用来作为衡量品质的依据。至于选择图 4.6.3 作为测试用标本，原因是因为这幅图片主体的四周有很多需要抠除的地方，图片主体的中间还藏着很多需要抠除的小空间，这是很挑战抠图水平的课题，从图 4.6.4 可见，智能抠图做得还很彻底。

2）操作便捷

在线抠图网站通常都可以提供自动识别和人工协助两种方式，自动识别功能对于新手非常好用。图 4.6.2 就是自动识别后的结果，虽然还有些头发丝细节没能保留，但是作为完全自动化的抠图，对于大多数用户已经可以接受。自动识别的水平，各网站略有高低，可以通过图片细节评判。至于人工参与的抠图，多次尝试后发现，结果跟自动识别相差不大，除非花上很多时间去勾画出保留与删除的每个小区域。

3）处理速度

各网站相差较大，速度快的，整个抠图过程几乎只用上传下载的那点时间，图片上传结束的瞬间，抠图已经完成。慢的网站要等待系统处理完才能下载成品，复杂的图片有时候要

等很久；这是选择网站的重要依据。

图 4.6.1　原图（1）

图 4.6.2　抠图后（1）

图 4.6.3　原图（2）

图 4.6.4　抠图后（2）

4）附带功能

有些网站就是一个在线的 PS，在完成抠图后可以继续进行修图、换背景、各种调整等后续处理，如 https://ps.gaoding.com/#/；有些网站只有单一的抠图功能。

5）收费方式

几乎所有网站都提供少量的免费试用次数（大多可免费处理三张照片），免费以后的收费方式与收费标准相差较大，有些按次收费，有些按时收费；显然，偶尔用一次的依次收费更为合算；经常需要抠图的用按时收费的更加划得来。

在本节的附件里，保存了几幅供你用来练习的图片，有的简单，也有复杂的，你可以去试试看。

4.7　简明图像处理（极简抠图 PS）

　　上一节介绍了不用安装任何软件就可以抠图甚至在线创建与编辑图片的网站，想必你已经亲自动手尝试过了。这一节要介绍如何用 Photoshop（PS）快速完成抠图，注意关键词是"快速"，因为 Photoshop 有超过十种不同的抠图方法，各有巧妙、各有专长、各有用途，下面只介绍最简单的两种："魔棒工具"和"魔术橡皮擦工具"，这两种抠图方式接近"傻瓜操作"但仍然需要对 PS 软件有初步的认识，譬如图层操作与常用快捷键等，下面会给出必要的提示。

1. 用"魔棒工具"快速抠图并换背景

　　这次测试的目的，是去除图片上原有的天空部分，换上一幅有云彩的天空照片做背景。在 PS 里抠图去背景，用得较多的是三种索套工具，这一次我们要用更容易操作，更快速的工具。对于一些比较简单的抠图对象，魔棒工具（见图 4.7.1）是第一选择。

　　先在 PS 中打开一幅图片，青蛙和蘑菇小屋，如图 4.7.3 所示。随手创建一个副本图层，后续的操作将在副本图层进行，这是一个必须要执行的好习惯，万一出了问题，还有原始图层可供备用（单击图层面板底部右二的按钮；创建副本图层也可以用快捷键 Ctrl 加字母 J 来完成）。单击调用魔棒工具后，要及时检查和调整"容差"，见图 4.7.2。

图 4.7.1　魔棒工具　　　　　　　　　　图 4.7.2　容差调节

　　PS 里的容差是一个重要的概念，所谓容差，就是"允许的色差"，调整范围从 1 到 100，要根据实际需要来调整，几乎没有人把容差调到很大或很小，因为容差太大，选中的颜色就不精确，把不该要的相近颜色也选中了；容差太小，选中的颜色太精确，也会造成很多麻烦。所以，用魔棒做抠图，调整容差是关键。要根据图片的实际情况，多试验几次，找到最合适的容差值（调整容差的快捷键就是回车键）。

　　通常要用一个比较小的容差值，譬如先调到 20 或 25；移动魔棒工具，先单击细节部分，如图 4.7.4 所示，用魔棒工具单击地面与天空过渡的位置，在靠近抠图边缘的位置产生选区。

　　这一个区域差不多完成选择后，按一下 Delete 键，删除选区里的内容，这部分就是透明的了。如图 4.7.4 所示；这个透明区域隔开了等待去背景的部分和需要保留的部分，现在就可以把容差调整到高一些，譬如 45 左右，以便更快地完成其余部分的选择和删除。

　　要用到的快捷键：按住 Shift 键＝扩展选择区，相当于 SketchUp 的"加选"；Ctrl+ 空格 + 左键＝放大视图；Alt+ 空格 + 左键＝缩小视图；空格 + 左键＝移动。

　　图 4.7.5 就是删除原有的天空部分后。再打开一幅背景图片，复制后粘贴到图 4.7.5。

　　在图层面板调整图层的先后顺序，缩放、移动到满意后保存，如图 4.7.6 所示。

图 4.7.3　原图

图 4.7.4　抠图（1）

图 4.7.5　抠图（2）

图 4.7.6　换背景

2. 用"魔术橡皮擦工具"快速抠图并换背景

现在我们回到 PS，重新打开一幅图片，即图 4.7.9 所示的一个大美人，这一次仍然是要把人物抠出来再换个背景。需要提前告诉你，对这幅人物图片完成抠图要非常小心，因为人物衣服有些部分的颜色跟背景的颜色非常接近，稍微不当心，把大美人的衣服搞出破洞来就尴尬了。随手创建一个副本图层，后续的操作将在副本图层进行（单击图层面板底部右二的按钮；创建副本图层也可以用快捷键 Ctrl 加字母 J 来完成）。

这次我们不再使用魔棒工具了，要换用"魔术橡皮擦工具"，如图 4.7.7 所示。你看，容差又出现了，看图 4.7.8，我的经验是把难对付的部分先完成，仔细看看，大概有三四处要格外注意的；容差先调得小一点。用来对付颜色相近的部分和细小的角落。先单击颜色相近容易出错的位置，见图 4.7.10 四个箭头所指处，如果出错，要把容差再调小。

图 4.7.7　魔术橡皮擦工具

图 4.7.8　容差调节

容易出错的位置解决后再把容差调大些，单击其他位置以加快速度。放大查看，若有未清理干净的，换用"橡皮擦工具"仔细清理（见图 4.7.11）。再拉入一幅要作为背景的图片，是一个走秀用的 T 台，把人物复制到背景上，调整大小和位置，抠图和换背景完成（见图 4.7.12），另存为新的图片。

图 4.7.9　原图

图 4.7.10　先抠细节（低容差）

图 4.7.11　再抠大面

图 4.7.12　换背景

在本节的附件里，保存有两个例子所用的素材，如果你有兴趣，可以试试。不过你还要先安装一个庞大的 PS 软件，新版本的 PS，完整版的超过 1.5GB；解压安装后占用的空间更加可观，跟 Windows 系统有得一比，希望你的硬盘够用。

4.8　简明图像处理（极简抠图 PI）

上一节我们介绍了用 PS 的魔棒工具和魔术橡皮擦工具做抠图换背景的操作，这一节要换一个工具，用 PhotoImpact（PI）也来做抠图换背景的操作。PI 也有魔棒工具，用法跟 PS 类似。不过这次我们要用 PI 的另一个宝贝来做抠图换背景的工作，叫作"物件神奇橡皮擦工具"（见图 4.8.1）；它是主角。上面还有一个"物件绘图橡皮擦工具"，就是正常功能的橡皮擦，它是配角，需要二者配合起来工作。

1. 用 PhotoImpact（PI）抠图换背景

上次我们做了一个走 T 台的大美人，这次还要做另一个模特儿，不过这一位有点摆臭架子，拿背对着我们。现在把模特儿的图片拉到 PI 的工作窗口里。

注意，跟 PS 一样，第一步操作也是要复制一个图层副本，创建新图层的过程见图 4.8.3。

单击图 4.8.3 ①所指的按钮，调出左侧的图层面板，执行右击当前图层 / 在右键菜单里点选 / 添加副本，如图 4.8.3 ②所示，创建新图层后，单击左侧的"大眼睛"关闭它，如图 4.8.3 ③，现在调用"神奇橡皮擦工具"（见图 4.8.1），跟 PS 一样，这个工具也有"容差"的问题，不过这里不叫容差，叫作"欲擦掉的色彩范围"（见图 4.8.2）。

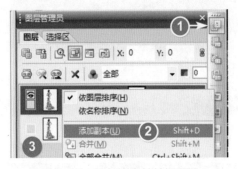

图 4.8.1　神奇橡皮擦工具

图 4.8.2　容差调节

图 4.8.3　添加副本并关闭图层

这幅图背景跟对象的色差比较明显，所以可以用一个较大的容差值，就用默认的 32 好了，仅仅单击了三下，背景就去除了（见图 4.8.4 左），现在拉入一幅 T 台的图片（见图 4.8.4 右），直接把完成抠图的模特儿拉到 T 台上，调整大小位置后完工（见图 4.8.5）。

图 4.8.4　拖曳移动

图 4.8.5　换背景

2. 用 PhotoImpact（PI）抠图和多图组合

现在我们来做另外一组图片，是关于米老鼠两口子的生活场景，从外部拉进来一幅用来当作背景的图片，如图 4.8.6 所示，然后把米老鼠两口子的图片拉进来，大致调整一下尺寸和位置，如图 4.8.7 所示，调用神奇橡皮擦工具，保留原先的容差 32，单击图片上要删除的部分后，如图 4.8.8 所示，再拉进来一个小矮人的图片，调整大小位置，如图 4.8.9 所示，用神奇橡皮擦工具清理不要的白色背景，一幅故事书的插图就完成了。

情节是：米老鼠两口子刚刚从树林里摘了果子，欢欢喜喜走在回家的路上，遇到住在树洞里的小矮人，跟米老鼠两口子问好打招呼。

图 4.8.6 原图

图 4.8.7 加入另一图片

图 4.8.8 抠图

图 4.8.9 重复一次

如果你有兴趣尝试 PhotoImpact（PI），就会发现它比 Photoshop（PS）更加轻巧好用。对于我们 SketchUp 的用户已经足够应付日常所需。在这一节的附件里，作者还为读者留下了另外一些迪士尼角色和场景，读者可用它们编些故事作为练习。

4.9 简明图像处理（抠图神器 Topaz ReMask）

这一节要介绍一个在平面设计行业内被称为"抠图神器"的工具，它的名字是：Topaz ReMask。这是一个可以作为 PS 插件，也可以单独使用的图片去背景专用软件。如果你平时经常要做图片去背景的工作，并且要求较高的话，建议你安装这个宝贝，定可以助你一臂之力。这个软件的最新版已经改名为 Topaz Mask AI 注意其名字中突出了"AI（人工智能）"，你可以到它的官网 https://topazlabs.com/mask-ai/ 下载免费的试用版。

你可以很容易用 Topaz ReMask 作为关键词在网上搜索到这个软件的 5.0 汉化版，为什么还推荐老的版本？没有别的原因，就是因为这个版本有个汉化补丁，更适合大多数国人使用。该软件有两个部分，先安装软件的主程序再单击汉化补丁，汉化补丁的安装位置要跟主程序的一样。请注意，安装位置有两种不同的选择，如果按默认安装路径或简单改变路径安装的话，它就是一个独立的应用软件。如果安装到 Photoshop 的插件目录，就可以在 PS 软件的滤镜菜单中调用。为便于演示，现在用默认路径安装成一个独立的软件。

双击打开桌面图标后，有一个简单的图文学习指南。一共有 9 页，基本说明了这个软件最基础的操作方法。下面快速浏览一下。

第一页：是对一个苹果做去背景，换背景的演示。左边：用蓝色的笔刷沿着要保留的对象画一圈，中间是已经去除背景的对象，右边是换了背景的对象。这三幅图说出了这个软件的基本功能，去背景换背景。单击右下角的箭头键可前后翻页。

第二页：说的是操作的第一步，用蓝色的笔刷沿对象边缘画个圈。

第三页：接着用绿色笔刷标出要保留的区域。

第四页：再用红色笔刷标出要去除的区域。

第五页：单击"计算蒙版"按钮去除背景。

第六页：还可以用多种工具清理处理得不彻底的残留细节。

第七页：用黄色的工具更换背景图片。

第八页：已经换上新的背景。

第九页：可以根据需要保存图片或蒙版遮罩。

还可以单击左下角的"跳过"按钮关闭介绍页面，还可以勾选"启动时不再显示"。如果还想再看一遍，可以在展开的菜单栏最下面，选择"启动指南"命令。

注意 Topaz ReMask 的菜单栏在工作窗口的左下角，而不是常见的左上角。

刚打开的软件，工具全部是灰色的，不可用；打开一幅图片后，工具图标变成彩色的；现在我们可以完整地浏览一下它的工作界面了，请看图 4.9.1。

单击图 4.9.1 ①所示的"打开"按钮打开需要褪底的图片；图 4.9.1 ②是已打开的图片（滚轮缩放）。

图 4.9.1 ③是工作窗口的缩略图，当图片放大时，移动红色的方框可以快速切换到需要查看的位置。

图 4.9.1④处有一些常用工具：撤销快捷键 Ctrl+Z；重做快捷键，Ctrl+Shift+Z；画方框选择感兴趣的区域，快捷键 M；平移图像，快捷键 H，也可以移动图 4.9.1③缩略图上的红色方框。放大镜可以放大缩小，用鼠标滚轮更方便；最右侧是当前图片缩放的百分比。

图 4.9.1⑤所示为 3 种不同的笔刷，左边是基本笔刷，中间是色彩范围笔刷；最右边的是透明度笔刷；3 种笔刷各有各的用处，等一会结合实例来介绍。滑块用来调节笔刷的大小。

图 4.9.1⑥出现什么样的彩色图标跟当前选择了什么笔刷有关；当选择用基本笔刷的时候，这里会出现 3 种不同的彩色笔刷：绿色的是保留笔刷，用它来标出图片中需要保留的部分。快捷键是 Q。红色的是删除笔刷，用它来标示出需要删除的部分。快捷键是 W。蓝色的是计算笔刷，用它来勾画出保留与删除的界线，快捷键是 E。

图 4.9.1⑦ 3 个彩色的图标在任何笔刷下的功能是一样的，都是用来对选区填充。绿色的填充到要保留的区域。红色的填充到要删除的区域，蓝色的填充到边界区域，包括半透明区域。对保留和删除的区域操作完成后，单击图 4.9.1⑦"计算蒙版"按钮确认抠图。

图 4.9.1 神器界面

现在所见图 4.9.1 左侧的工具栏是还没有完成抠图的状态；一旦初步完成抠图，左侧工具栏的下面还有很多可选项，如图 4.9.2 所示，等一会儿回来介绍它们的用途和用法。

Topaz ReMask 的"菜单"在图 4.9.1⑧处的左下角，有点别出心裁（展开的菜单见图 4.9.3）。

首选项，弹出的窗口（见图 4.9.4）里有一些未汉化，见下面的译文。

（1）Enable Brush on Original Image（在原始图像上启用画笔）。

（2）Enable Sticky Mode for f/b brushes（启用 f/b 笔刷的粘着模式）。

（3）启用自动创建图层（Enable automatic layer creation）。

（4）Enable Use-Layer-Mask（启用图层蒙版）。

（5）Enable Tooltips（启用工具提示）。

（6）Enable Auto-Update（启用自动更新）。

图 4.9.2 可选项

图 4.9.3 菜单栏

图 4.9.4 首选项

这里只要勾选"启用自动创建图层"和"启用工具提示"两项就好了。设置背景色、保存与加载图像/蒙版三项，见文知意，不多赘述。What's this?（这是什么？）单击它以后，把问号光标移动到工具图标的位置，会弹出一个英文的提示解释。用户指南、教程、技术支持、产品信息，这几项都要联网，跳转到软件的官网。

图 4.9.1 ⑧旁边的"复位"，就是一旦下了一步臭棋，要赖反悔用的，单击它，所有的臭棋全部赖账，不认输，从头开始。

接着看图 4.9.1 ⑨⑩⑪⑫⑬，上面有 5 个苹果，就是 5 种不同的视图，在抠图去背景的操作中，各有各的用途。

单击左边第一个苹果⑨，工作窗口里是导入的原始图像，单击第二个苹果⑩，工作窗口显示一种三分图，抠图的主要操作将在主观视图中完成。所谓三分图，就是要保留的区域（绿），要删除的区域（红）和边界区域（紫色的粗线），等一会实例演示的时候就会看到。单击第三个苹果⑪，显示蒙版视图（屏蔽不要的部分），单击第四个苹果⑫，是显示要保留的图像，最后一个 ⑬ 是已经删除的部分，这几个苹果，等一会都要用到。

图 4.9.1 ⑭ 所示右上角的 3 个图标是图像在屏幕上的显示方式，可以根据操作的需要来选择。最后还剩下右下角的 3 个按钮，分别用于打开、另存为、退出，就不介绍了。

褪底换背景

要把图 4.9.1 的天空背景去除，换一幅好看点的，有云彩的照片。单击图 4.9.5 ①"三分图"按钮，图像调整到方便操作的大小（用滚轮或放大镜），把图像平移到方便操作的位置（单击小手工具或移动缩略图上的红框），调用左侧（见图 4.9.5 ②）的蓝色笔刷，移动图 4.9.5 ③的滑块。把笔刷调整到合适大小（要随时调整）。

图 4.9.5　需要描出边缘

　　描绘出抠图的边缘（见图 4.9.5 ④），有个技巧：按住 Shift 键，分段单击抠图对象的边缘，比画连续线更准确，也更容易操作。

　　如图 4.9.5 所示，用紫色勾绘出"分界线"后，就可以进入下一步。

　　调用图 4.9.6 ①处的绿色填充工具，单击需要保留的部分（见图 4.9.6 ②），因该实例比较简单，需保留的部分本来就是绿色的，所以这一步可免除。调用图 4.9.6 ①处的红色填充工具，单击图 4.9.6 ③需要去除的部分，令需要去除的部分改变颜色。单击图 4.9.6 左下角的"计算蒙版"按钮完成抠图，结果如图 4.9.7 所示。

　　现在单击图 4.9.7 ①左右侧的苹果检查一下细节。

　　检查抠图细节是否干净还可以单击图 4.9.2 ⑦的"纯色"按钮，然后再单击图 4.9.3 的"设置背景色"，在弹出的调色板上指定方便检查的对比色。任务还没有全部完成，请看图 4.9.7 ③处还有个角落需要处理，单击图 4.9.7 ①，把视图调整成"查看需保留的"，调用图 4.9.7 ③的红色笔刷，移动滑块把笔刷调整到足够小，把图像调整到足够大，用红色笔刷仔细涂刷图 4.9.7 ③所指的细节。

　　现在就可以换背景了。

　　单击图 4.9.8 ①的"选择背景图像"按钮，在弹出的界面中导航到所需的背景图片，单击"确定"按钮后，该图片（见图 4.9.8 ②）就自动出现在前景的后面，移动图 4.9.8 ②背景图片上的九宫格白线或四角的白点，可缩放背景图片，单击图片可以平移。

　　图 4.9.8 ③所示为边缘的硬度，也就是边缘羽化的程度，图 4.9.8 ④所示为蒙版的强度，也就是蒙版边缘的清晰程度，图 4.9.8 ⑤所示为边缘偏移，可以用这个办法改善边缘清理得不彻底的现象。图 4.9.8 ⑥⑦两个滑块是用来调节颜色的，单击图 4.9.8 ①⑧⑨所示的 3 个按钮可切换背景，以便检查抠图品质，图 4.9.9 是原图，图 4.9.10 是经过褪底换背景后的图样。

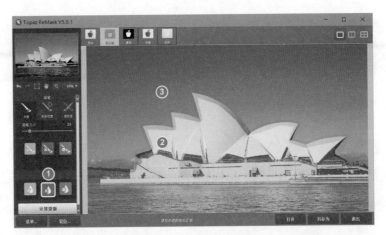

图 4.9.6　指定抠除区域

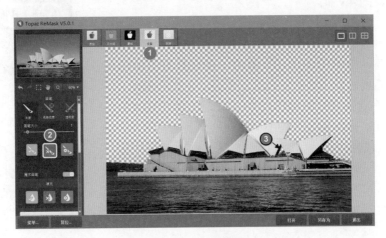

图 4.9.7　去除背景

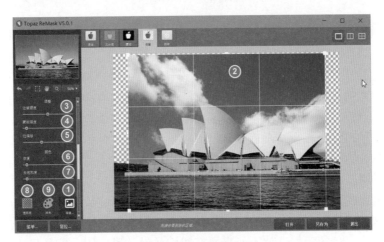

图 4.9.8　换背景

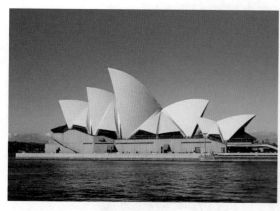

图 4.9.9 原图

图 4.9.10 换背景后

最后，请看图 4.9.11。

单击图 4.9.11 ①所示图标可隐藏或显示九宫格。

单击图 4.9.11 ②所示图标可再次更换背景图像。

图 4.9.11 ③④⑤⑥⑦⑧这 6 个滑块，全部是对图像做调整用的，包括亮度、对比度、饱和度、色温、色彩和模糊。

这个最简单的换背景的操作已经结束，选择"另存为"选项后可以在 tif、jpg、png 三种不同格式间选择。

还有更复杂的操作，譬如对女性的发丝做去背景处理，对婚纱照上的半透明部分进行加工等，考虑到 SketchUp 用户的业务中，很少有需要做这类操作的，如果有兴趣，也可以浏览作者分别收集的国内国外的两段视频，供读者参考。

图 4.9.11 调节面板

4.10 简明图像处理（极简抠图 树木）

SketchUp 用户中的景观设计、建筑和规划设计、室内设计等专业设计师，硬盘里一定收藏有不少花草树木的组件和贴图，经验告诉我，无论他收藏有多少组件和贴图，到用的时候永远找不到十分满意的，总是免不了还要临时找图片，重新做抠图去背景的作业；而对花草树木抠图去背景的难度，相当于平面设计师对女同胞们头发的抠图，甚至更麻烦些。这里专门用一个小节来介绍一种不用太麻烦就可以完成对树木图片去背景的方法，这种方法对于怕麻烦的人非常适用。

从网络上可以找到大量这样的图片，它们的特点是已经完成了抠图去背景，却又都带了个白色背景，这些图片大多是专业的图片网站用来吸引人们去注册去购买的广告性质。因为这些图片都有一个白色的背景，就不能直接在我们的设计里应用，但是只要用下面的办法简单加工一下就符合使用要求了。

下面要介绍的简单方法，用的是国产免费图像工具"图片工厂"。

单击图4.10.1①打开需要褪底的图片（见图4.10.1②），单击左侧工具栏上（见图4.10.1③）的"工具"标签，再点选图4.10.1④的"蒙版抠图"。

图4.10.1　图片工厂抠图界面

在打开的"蒙版抠图"面板上单击图4.10.2①的"色阶（调整蒙版）"，又弹出如图4.10.2②所示的"色阶"小面板，此时在图4.10.2③处给出默认的色阶图，注意图4.10.2③白色椭圆圈出的部分跟背景的黑色非常接近，如果此时接受默认的色阶，单击图4.10.2④处的"确定"按钮，结果就如图4.10.3黑色椭圆圈里所示，产生严重的抠图缺陷——图片上形成一个大窟窿，下面用改变色阶图的方式来改善。

调整的目标是：要保留的前景最白，要去除的背景最黑，反差越大越好。先调整色阶面板下面的灰度滑块，若改善效果不明显，需调整上面的蒙版滑块，令浅色区域也与底色相差得越多越好，调整后的色阶图如图4.10.4所示，对应的参数如图4.10.5所示，抠图结果如图4.10.6所示，棕榈树中间浅色部分基本完好。

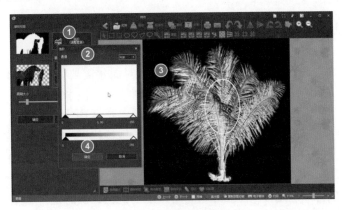

图4.10.2　抠图蒙版

图 4.10.3 抠图缺陷

图 4.10.4 检查反差

图 4.10.5 调整蒙版反差

图 4.10.6 缺陷纠正

4.11　简明图像处理（修图三剑客）

在本书的这一章，我们特别安排了 12 个小节，对偶尔需要做图像处理的 SketchUp 用户提供一些最基础，最实用，使用频率最高的图像处理技巧。换个角度讲：如果想把 SketchUp 学好用好，特别是想把贴图材质这一块学好用好，能熟练运用这些图像处理技巧是起码的条件。这一节要介绍三种简单但非常管用的图像编辑（俗称修图）的技巧，非常容易掌握，相信只要你继续使用 SketchUp，还想把贴图和材质这一块做好，很快你就会用到下面向你介绍的这些技巧。

所谓"修图三剑客"是流传于 Photoshop 用户中的说法，说的是"填充/内容识别"、"仿制印章"和"笔刷"三大件；很多人认同这样的说法："只要掌握了这三剑客，就没有修不了的图"；至于这句话是否言过其实。学习完这一节，再做几个练习，由你自己来判断。

　　"修图三剑客"之"填充"原理及用法：填充工具没有图标，是编辑菜单里的一项功能，可以用快捷键 Shift 加 F5 来调用，填充工具的修图原理是复制选区周围的材质，用来填满选区，覆盖掉图片有瑕疵的部分。

　　填充工具的操作非常简单：用"套索""矩形圆形等框选工具"沿瑕疵外围画出选区，快捷键 Shift 加 F5 调用"填充"面板，在多种填充方式中选择"内容识别"，单击确定后，瑕疵周围的材质自动填充选区，覆盖掉图片瑕疵。

1. 用"填充 / 内容识别"修复图 4.11.1 所示公园草地的照片

　　图 4.11.1 上有很多不文明游客留下的垃圾，图 4.11.2 是清理后的现场，操作步骤如下。

图 4.11.1　原图

图 4.11.2　修复后

　　（1）在 Photoshop 中打开这张图片，如图 4.11.3 所示。

　　（2）调用图 4.11.3 ①所指处的"套索工具"。

　　（3）用套索工具在图片上的一处垃圾周围勾画出选区，如图 4.11.3 ②所示。

　　（4）按"编辑"菜单中"填充"选项的快捷键 Shift+F5 调出"填充面板"（见图 4.11.3 ④）。

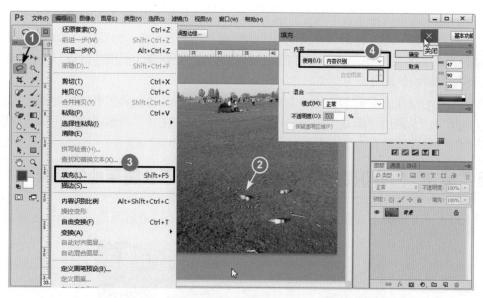

图 4.11.3　参数设置

（5）这时候要注意一下"使用"下拉列表框中是不是"内容识别"选项。

（6）其余的参数不要改动，就用默认的。

（7）在单击"确定"按钮或按 Enter 键后，选区被周围的材质填充。

用上述方法分别修复所有的瑕疵，若材质不够自然，还可用后面的办法润饰。

"修图三剑客"之"仿制印章"原理及用法："仿制印章"是一种用指定位置的材质替换图片瑕疵的修图方法。

仿制印章的使用要领：调用工具后，根据瑕疵的大小，选用合适的笔刷尺寸和羽化程度。

按下 Alt 键取样，十字靶标处为取样点，取样点要选择与瑕疵处相似的材质，松开 Alt 键，移动光标到对象上涂刷，取样位置的材质就像盖章一样覆盖对象，可以连续涂刷，也可以取样和涂刷交替进行，取样要在对象附近才有真实感。

注意随时调节笔刷的尺寸和羽化值，仿制印章的操作需要一定的练习才能熟练运用。

2. 用"仿制印章工具"删除图 4.11.4 所示照片上的三条流浪狗

图 4.11.4 是 1949 年 4 月中华人民共和国成立前夕的上海南京路，电车轨道上有三条野狗在游荡，图 4.11.5 是收拾后的结果，干干净净迎接解放军进城。

"修图三剑客"之"笔刷"原理与用法。

用"笔刷"工具修图的原理是：用吸管汲取正常的材质，刷涂到瑕疵处。

"笔刷工具"的使用要领如下。

（1）调用工具后，根据瑕疵的大小，选用合适的笔刷尺寸和羽化程度。

（2）按下 Alt 键取样，吸管处为取样点，单击左键取样。

图 4.11.4　原图

图 4.11.5　修复后

（3）松开 Alt 键，移动光标到对象上涂刷，以取样位置的材质覆盖瑕疵。

（4）可以连续涂刷，也可以取样和涂刷交替进行。

（5）随时调节笔刷的尺寸和羽化值，"笔刷工具"的操作需要一定的练习才能熟练运用。

3. 用"画笔工具"修复图 4.11.6 所示照片上的电线

图 4.11.6 所示为西藏的一个小镇，蓝天白云被几条电线煞了风景，图 4.11.7 是收拾后的结果，干干净净的天空才是西藏。

几点提示：

- "仿制印章工具"与"画笔工具"的调用位置如图 4.11.8 所示。
- 无规则图像，如砂石、水面、花布等，可通过"填充 / 内容识别"处理。
- 较大面积的瑕疵，底色比较单纯时用"画笔工具"更快。
- 较大面积的瑕疵可先通过"填充 / 内容识别"处理，再用"仿制印章工具"修饰。
- 随时注意调整笔刷大小、边缘的羽化程度、透明度等参数。

图 4.11.6　原图

图 4.11.7　修复后

图 4.11.8　工具调用位置

几个快捷键：

- 放大缩小窗口中的图像，可以按着 Alt 键滚动鼠标上的滚轮。
- 平移窗口中的图像，按下空格键和鼠标左键。
- 改变笔刷的大小可以用左右方括号键，口诀是"左小右大"。

从以上的几个例子可以看出：只要掌握了简单的技巧，捡垃圾打扫卫生是雕虫小技，就算是改天换地都可以手到擒来、天衣无缝。

这一节的附件里有一些图片，空余之时，也去当志愿者捡垃圾吧。练习好这点小技巧，在 SketchUp 里贴图时，可用的素材来源会更加广泛。

4.12　简明图像处理（快速修图 iSee 和图片工厂）

图片编辑软件，俗称 P 图软件，开始是国外的，后来是国内的，大概因为门槛不太高，搞软件的一窝蜂似地上，这些年来类似的软件越来越多，根据我不完全的统计，最近十年，新出现的国产和汉化的看图工具和修图工具不下三四十种，除少数上点档次的之外，大多都是功能简单、互相抄袭模仿，粗制滥造的货色，使用价值有限。

请看我随便想想列出的这类软件的清单：Adobe Photoshop，Corel PhotoImpact，美图秀秀，美图拍拍，美图看看，美图淘淘，可牛影像，QQ 影楼，蛋花美照画质精修器，光影魔术手，梦幻影楼，友锋图像处理系统，泼辣修图，飞思 RAW 图像处理，PhotoLine，Photobie，Imageej，Camerabag，Automata，SOHO 图形软件，Paint.NET，Photivo，Movavi Photo Editor，GNU Image Manipulation Program，图片工厂，iSee，ACDSee……后面还有两三倍这么多。

多年前有人做过调研，在中国，除去像 Adobe、Corel 这种大公司的产品之外，非平面设计专业人员最喜欢，用得最多的前五名 P 图工具顺序排名为：光影魔术手，好评率 99%；美图秀秀，好评率 94%；可牛影像，好评率 92%；iSee 图片专家，好评率 87%；PhotoLine，好评率 84%。当时还没有"图片工厂"，如果现在再来一次评比，相信"图片工厂"一定名列前茅。

作者安装尝试过不下 20 种 P 图工具，有些已经下架，有些仍然生机勃勃，为了写这本书，重新下载安装了其中好评率最高的部分做些测试，下面来说说我个人的感受和印象，先重复声明：本书作者与任何厂商没有商务关系和个人恩仇，所有言论属于个人感受，仅供参考。

光影魔术手，美图秀秀和可牛影像这三者，功能主要集中在人像修图美化方面，在傻瓜化、所见即所得的易用性方面都很不错，是姑娘们的最爱。对于业余摄影爱好者来说，这三种工具的功能和操作的便利化方面都差不多。但对于 SketchUp 用户中的建筑、景观、室内等行业设计师们来说，它们的卖点功能却没什么用处，而需要的功能却不突出，甚至没有，所以不推荐。

PhotoLine，据说凡是 PS 能做出的效果，PhotoLine 也能完成，而且可能更快。它还支持 Windows 和 Mac OS 不同的操作系统，产品定位是专业软件。作者试用感觉大多数工具和用法类似于 PS，毛病是对中文的支持不够完美，没有中文版，只有汉化版，编辑中文时偶尔会出现乱码；读入 psd 文件不可靠。另外，最致命的一点是几乎找不到学习用的参考资料。我对它的评语是：对于平面设计创作的专业人员，一定选择 PS 而不会选择它；另一方面，因为操作复杂和需要专业知识，90% 以上的业余爱好者，包括 SketchUp 用户也不会选择它，所以这是个半吊子的软件，当然不推荐。

再来说说 iSee 图片专家，好评率 87%，比起之前的三名差不了多少，可见喜欢它的人也不少。我个人能够使用 PS、CD、AI 和 PI 等多种主要的专业图像处理工具，除非需要创作，我的大多数图像处理操作，包括为 SketchUp 准备贴图素材，SketchUp 导出图片后的修饰，十多本书的插图（每本书都有几百甚至上千幅插图，如《园林花窗》一本书里就有七八千幅插图）极少需要使用 PS 一类专业工具。经过长久的实践和选择，我用 iSee 的机会比用专业图像软件要多得多。我用 iSee 已经有十个年头，当然不是盲目地爱上它，我用 iSee 是对超过 20 种类似工具做过比较后才做出的选择。在本书的 4.1 节里已经对它做过一些介绍，在下面的篇幅里还要就"修图"的主题对它做更深入的介绍。顺便说一下，最近五六年，"图片工厂"也逐步进入我的视野，其功能及用法与 iSee 极为相似，我猜有可能是同一批人开发的。

iSee 是一个功能丰富的图像处理工具，由 2 个（其实是 3 个）功能模块组成。

一是"看图精灵"（见图 4.12.1）外形与功能和 Windows 自带的照片浏览器都差不多，但功能更加多一些，单击图 4.12.1 ①所指图标可将当前图像发送到 iSee 的图像编辑器去加工；单击图 4.12.1 ②所指图标会弹出一些菜单项，如图 4.12.1 ③所示，从这里也可以打开图形编辑器。

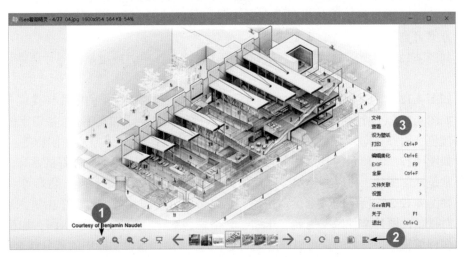

图 4.12.1　从 iSee 看图精灵进入图片专家进行编辑

第二是图片管理器，如图 4.12.2 所示，功能很多，下面介绍一部分 SketchUp 用户会关心的。

iSee 图片专家的图片管理工具界面与老牌图像管理工具 ACDSee 非常相似，左上角的"文件夹"标签里是树状目录，与 Windows 系统的操作完全相同；左下角的预览窗口可以调整大小，右边像 Windows 资源管理器一样，显示文件夹与图片预览图。

图 4.12.2　图片专家界面（1）

有一种快速进入图片管理器的方法：双击图 4.12.3 所示"图片编辑器"工作窗口中的图片，可立即进入"图片管理器"。

"文件夹"旁有个"搜图"标签，可以按"位置、格式、时间、大小"搜索图片。

- 如图 4.12.2 ①所示的"更名"，这是一个非常有用的工具按钮，使用它可以把平时收集到的零星材质图片批量命名和编号，如"地板 xxx…""墙砖 001…"，更名方案可自行设置。
- 如图 4.12.2 ②所示的"压缩"按钮可把多种格式、单独或批量的图片压缩到指定的尺寸。
- 如图 4.12.2 ③所示的"转换"按钮可把多种格式、单独或批量的图片转换成 jpg 格式。
- 如图 4.12.2 ④所示的"文字"按钮在单独或批量图片上添加文字，可指定字体、大小、颜色、对齐方向、文字位置。文字还可设置成透明、旋转、空心、阴影等。
- 如图 4.12.2 ⑤所示的"水印"按钮对单独或批量图片添加预先做好的水印图片（通常是 png 图片）可以调整水印图片的大小、位置、透明度、旋转、阴影等。
- 如图 4.12.2 ⑥所示的"批量"按钮，这是批量处理图片的入口，单击进入后，可以对批量的图片文件做"更名、压缩、转格式、旋转、加文字、加水印、加相框等 20 多种编辑"，最妙的是可以同时运行这 20 多种图像编辑功能中的部分或全部。
- 如图 4.12.2 ⑦所示的"排版"按钮，预置的排版用模板有"多图组合排版"15 种；

"商品展示排版" 12 种; "证件照排版" 11 种, 可直接输出打印稿。

- 如图 4.12.2 ⑧所示的"幻灯片"按钮, 对于需要经常用投影仪展示设计方案的人士, 可以用这个功能, 把若干幅图片组合, 生成一套可自动播放的幻灯片, 可指定间隔时间, 相邻两幅图片之间可插入转场特效 (有 40 多种可选)。

除了上面介绍的外, 在工具菜单里还有"屏幕捕捉""创建 PDF""插件管理", 如果电脑上有摄像头, 还可以拍照和录像……还有不少花样, 读者可自己玩味。

第三部分是图像编辑工具, 如图 4.12.3 所示, 跟很多这类软件一样, iSee 的图像编辑器的大多数功能是所见即所得的智能化、傻瓜化的操作, 并不需要学习图像处理的专业理论, 也不需要经过图像处理的专业训练, 因为内容较多, 在这一节有限的时间里不可能全面介绍; 下面向你介绍 SketchUp 用户一定要用的几个功能, 只涉及了它强大功能的一个角落。

图 4.12.3　图片专家界面 (2)

- 如图 4.12.3 ①所示的两个"旋转"按钮: 把躺着的图片扶起来, 不多说。
- 如图 4.12.3 ②所示的"大小"图标: 可快速按你的要求把当前图像调整到所需的尺寸。
- 如图 4.12.3 ③所示的"裁剪"图标: 所有图像软件都有的功能按钮, 这个用起来最快捷, 也最常用。
- 如图 4.12.3 ④所示注意这里垂直排列了 7 个功能标签: SketchUp 用户要用的功能主要集中在第一个"照片修复"标签里, 其余 6 个标签的功能跟本书主题的关系不大。
- 如图 4.12.3 ⑤所示的"智能修复"选项卡: 包含 14 个功能, 最常用的有"数码补光与减光""智能色彩""去雾""锐化"等。有个窍门: 有些功能如补光减光, 可多次单击, 直到满意。

- 如图 4.12.3 ⑥所示的"基本修正"选项卡：包含 21 个功能，最让我爱不释手的是"任意旋转"。
- 如图 4.12.3 ⑦所示的"增强工具"选项卡：这里有 18 个功能，有 9 个是 Photoshop 等才有的高级功能。
- 如图 4.12.3 ⑧所示，这里还可以导入 PS 的滤镜，增强功能。
- 如图 4.12.3 ⑨⑩ ⑪ 所示的文字、水印、批量这 3 个功能也是常用的，不细说了。

简单归纳一下：大多数 SketchUp 用户，若能尝试一下图 4.12.3 ⑤⑥⑦里的部分功能，相信你将会舍不得离开它；如果能够熟练运用它们，你在 SketchUp 里遇到的大多数图像修复问题都可以通过单击几下鼠标获得简单快速的解决。

这里找了一些有问题的照片，看看是如何用 iSee 来快速完成对它们修复的，有些图片非常珍贵，譬如在观看莎拉布莱曼演唱会现场拍摄的照片，在 2000 年上海世博会拍的照片，都是无法重新获取的，有几幅在修复前根本没有价值，简单修复后就恢复了它们的价值。

1）歪斜照片扶正

打开图片（并编辑）的方法。若图片尚未打开，鼠标右击该照片，在弹出的快捷菜单中选择"看图精灵"。图片已经在看图窗口中打开，若需要编辑修正，可单击左下角的刷子图标。若 iSee 图片专家的编辑窗口已打开，可在文件菜单里打开。

打开后的图片如图 4.12.4 所示，歪斜比较严重，单击图 4.12.3 ⑥所示的"基本修正"选项卡中的"任意旋转"，在弹出的窗口中单击上箭头向右旋转，下箭头向左旋转，每单击一次旋转 0.1°，照片扶正后，通常还要用裁剪工具丢弃白边，获得完好的部分，如图 4.12.5 所示。

图 4.12.4 原图（歪斜）　　　　　　　　　图 4.12.5 扶正

2）夜景照片复活

打开图片，图 4.12.6 是 2016 年上海世博会夜游花车的局部，因光线暗、距离远，即使用了闪光灯，拍出的照片仍然漆黑一团，根本没有价值，修复过程却非常简单：单击"照片修复"标签，打开"智能修复"选项卡，单击"数码补光"按钮，一次增亮一点，操作七八次后，照片基本复活，能够看清图形后，再酌情用"智能修复"里的其他工具进行润饰，效果如图 4.12.7 所示。

图 4.12.6　报废的图像

图 4.12.7　修复后

1. 综合修复一

图 4.12.8 是在安徽池州牯牛降拍摄的照片，因逆光和位置受限，拍了一幅废片，在图片专家里，仅用不到一分钟，即修复出想要的部分。

单击"照片修复"标签，打开"智能修复"选项卡，单击"数码补光"按钮，一次增亮一点，操作五六次后，照片基本复活，通过"基本修正"选项卡中的"任意旋转"按钮把照片扶正，裁切工具获取想要的部分，最后酌情再用"智能修复"里的其他工具进行润饰后，如图 4.12.9 所示。

图 4.12.8　报废的照片

图 4.12.9　修复后

2. 综合修复二

图 4.12.10 是在图书馆用手机拍摄一本书的插图，因光线不佳，看不清。

在"iSee 图片专家"里通过单击"照片修复"标签，打开"智能修复"选项卡，单击"数码补光"按钮增加亮度，再通过单击"照片修复"标签，打开"智能修复"选项卡，单击"锐化"按钮令线条清晰可辨，必要时再通过"照片修复"标签对应的"智能修复"选项卡中的其他功能润饰，图像修复后如图 4.12.11 所示，拥有了最低的实用价值。

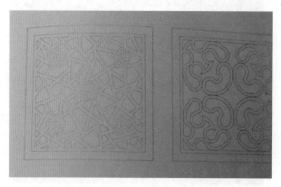

图 4.12.10　报废的图像

图 4.12.11　修复后

3. 综合修复三

图 4.12.12 是 2014 年 1 月 15 日，在英国著名歌唱家莎拉布莱曼演唱会现场拍摄的照片，因背景是大面积 LED 屏，前景背景都太亮，照片效果不好。

在图片专家里通过"照片修复"标签对应的"智能修复"选项卡中的"数码减光"按钮减少一点亮度，再通过"照片修复"标签对应的"智能修复"选项卡中的"去雾、色调均化、锐化"等工具修复后，如图 4.12.13 所示。

图 4.12.12　有缺陷的照片

图 4.12.13　修复后

上述 4 个图像修复实例，每个所费时间都不过一两分钟，不用输入参数，不用繁杂的操作，甚至于连脑筋都不用动，看着图片的变化，跟着感觉，按几下鼠标左键就能完成。

据较为广泛的了解，"iSee 图片专家"可以为 SketchUp 用户提供图像修复所用的绝大部分功能，任何没有接受过平面设计专业软件训练的 SketchUp 用户都可以轻易上手，并立即解决大部分相关问题。可惜"iSee 图片专家"不再更新，好得还有"图片工厂"作为后备，它同样出色。

4.13　简明图像处理（贴图拼接合成一）

　　SketchUp 用户偶尔要用到的图像处理中，发生频率最高的无非是裁剪、抠图，换底，在效果图上贴点植物，以汽车、人物做参照，调整一下大小，位置，色调，修理一下图像上的瑕疵……这些在前面的几个小节都介绍过了，这一节和下一节要介绍一下图像的合成，这些技巧在创建与改造贴图素材的时候非常重要。

1. 制备如图 4.13.1 所示的透明贴图

　　它在本书 3.9 节里出现过，用来做透明贴图示范用的。它的原始素材如图 4.13.2 ①所示，是从"百度图片"上找来的。

图 4.13.1　抠图拼接后的成品

　　下面介绍简单的拼接合成过程，要用 PhotoImpact（PI）来做，我感觉用 PI 做这种工作比 Photoshop（PS）要简单、好用、快捷。

　　（1）在 PI 中打开如图 4.13.2 ①所示的图片，右击图 4.13.2 ②创建一个新图层。

图 4.13.2　原图＋分割＋抠图

（2）取消图 4.13.2 ③处的小眼睛勾选，隐藏掉基底图层。

（3）原图上，大黄狗的脚边有一行文字，用"仿制印章工具"去除（Shift 取样）。

（4）用矩形选择工具划出一个对象后直接拉到旁边，如图 4.13.2 左侧。

（5）用"神奇橡皮擦"工具分别去除所有白色与灰色的"底"后，如图 4.13.2 ④所示。

（6）用橡皮擦工具修整一下没有清理干净的部位，如图 4.13.3 所示。

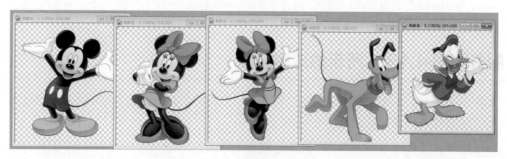

图 4.13.3　阶段完成的素材

（7）新建一个图像，尺寸 2000×500 像素，注意勾选"透明底"，如图 4.13.4 ①所示。

（8）把完成褪底的 5 个迪士尼人物直接拉过来，调整大小位置后完成，如图 4.13.4 所示。

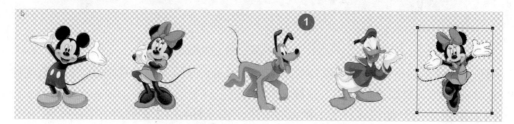

图 4.13.4　完成拼接

（9）用 PhotoImpact（PI）来做，简单快捷，全过程不超过 5 分钟。

还有另外一种做法：把 5 个对象排列在白底上，一次完成抠图。

2. 制备如图 4.13.5 所示的碗口青花贴图

图 4.13.6 是原始素材，网络上找来的，下面介绍贴图制备过程。

（1）打开图 4.13.6，选择右键快捷菜单中的命令复制出一个新图层，隐藏这个图层。

（2）用"神奇橡皮擦工具"褪底后，如图 4.13.7 所示。

图 4.13.5　成品

图 4.13.6　原始素材

图 4.13.7　分割＋抠图

（3）新建一个图像，长度等于碗口的周长，高度等于贴图部分高度（2880 像素 ×130 像素）。

（4）把图 4.13.7 的单元图片拉到新建的图像上，调整大小与角度，复制出需要的副本。

（5）完成后的贴图用素材如图 4.13.8 所示。

图 4.13.8　复制拼接

这一节，我们介绍了最简单的图像拼接合成，这种技巧用途广泛，当然不止于饭碗和菜碗，不然这个教程就太小儿科了。附件里有演示使用的素材，你也可以动手练习一下。

4.14　简明图像处理（拼接合成二）

这一节仍然要介绍一些常用的图像拼接合成技巧，以前我们曾经介绍过，常用的图像处理大致包括了"抠图""修图""调色""合成""特效"五大方面。拼接合成也是其中很重要的一部分。拼接合成可以用于编辑修图，也可以用于创作，下面分成修图与创作两方面来介绍。

不知道你注意过没有，从网络下载的贴图素材图片，看起来不错，但是很多都不完整。你看图 4.14.1 中的这些图片都可以用，可惜都缺了一点点，似乎人家是有意这样做的，目的就是不想让你抱个现成儿子。虽然这点小伎俩难不倒我们，不过也要注意别因侵犯知识产权惹麻烦。

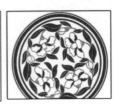

图 4.14.1　有缺陷的原始素材

1. 修复图 4.14.1 中间那个图像，用来做贴图

修复的思路：裁切左右侧完好的部分，修补上下缺少的部分。

（1）在 PI 中打开图 4.14.1 中间的图像，可见图片宽 605 像素、高 563 像素。

（2）新建一个图像（画布），比原图像稍大：650 像素 ×650 像素。

（3）把原图像复制到新画布上，如图 4.14.2 所示。

（4）裁切左右两侧（或一侧）的局部图像，用于修补上下缺少的部分，如图 4.14.3 所示。

（5）经简单旋转，移动（不要缩放）后，缺陷修复，如图4.14.4所示。

图4.14.2　上下缺料　　　　图4.14.3　移花接木　　　　图4.14.4　修补后

2. 创建一套用于"分区贴图"用的素材

这个例子要提高点难度，这里有一个空白的花瓶（见图4.14.5），我们要为它设计贴图。

第一步是要获得贴图的尺寸，图4.14.5①列出了原始数据：花瓶最粗处直径d=246mm（周长为772mm），高度h=580mm。

（1）新建一个矩形，就是我们设计贴图用的画布，画布的宽度是根据对象最粗部位的周长计算，画布的高度跟对象的高度相同，画矩形，宽度为772mm，高度为580mm，如图4.14.5②所示。

（2）用小皮尺工具在画布上创建4条辅助线，以规划出3个贴图区域（见图4.14.5③④）。

（3）用矩形工具画出（见图4.14.5⑤⑥）两个贴图区域，中间的区域（见图4.14.5②）自动形成。

（4）接着要记下这些尺寸，等一会设计贴图的时候要用。

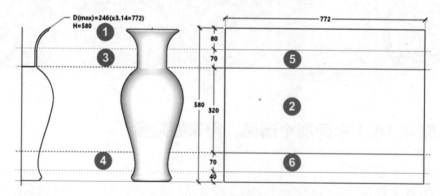

图4.14.5　获得贴图尺寸

（5）根据图4.14.5确定的尺寸，在PI里创建一个大画布=772×580（见图4.14.6①）；注意该画布的单位，无论用像素、毫米、厘米都可以，但是长度与宽度的比例不能改变，下同。

（6）根据已有尺寸，创建3个小画布，分别为772×80；772×70；772×40（见

图 4.14.6 ②③④）。

（7）分别对小画布赋给一种颜色，目的是用于区分不同的贴图区域。

（8）把 3 块小画布复制到大画布上，排列好后，如图 4.14.6 ⑤⑥⑦⑧所示。

（9）接着就可以把贴图最基础的素材，如图 4.14.7 ①②所示，拉到工作窗口里来。

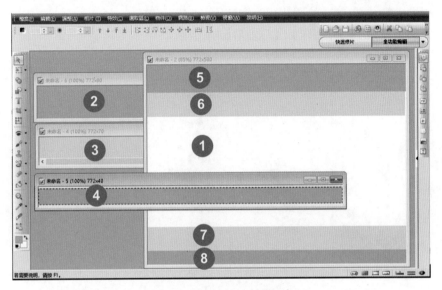

图 4.14.6　按尺寸创建画布

图 4.14.7　分割与抠图

（10）用前面学习过的方法褪底去背景（复制一个新图层，隐藏背景图层，用神奇橡皮擦工具褪底，用橡皮擦工具修整）。

（11）分别把图 4.14.7 ①②褪底后的图样缩小，旋转，移动，复制，排列，对齐（这些都是 PI 的基本工具和菜单项），上述操作完成后的情况如图 4.14.8 所示。

为了区分贴图区域，还有很多方法，譬如用画线的方法等，上面介绍的方法只是为了说明问题而已，并非唯一。

现在可以删除用于区划贴图区域的 4 个小画布，完成后如图 4.14.9 所示。

（1）另存为一个 jpg 图像文件。

（2）在 SketchUp 中导入（或拉进）这个图像。

（3）刚进入到 SketchUp 的图片还不能使用，需要调整。

（4）回到图 4.14.5，删除图 4.14.5②⑤⑥的边线。

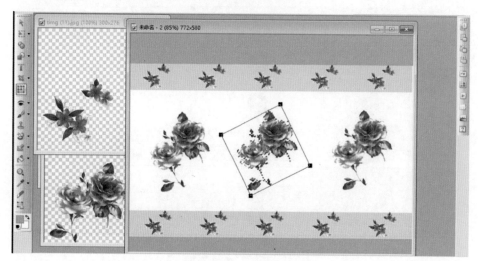

图 4.14.8 排列合成

（5）炸开导入的图片，用吸管工具汲取它，赋给 772mm×580mm 的矩形辅助面。

（6）通过右击图片，在弹出的快捷菜单中选择"纹理"→"位置"命令，移动红色图钉到辅助面左下角，移动绿色图钉到右下角，把导入的贴图素材调整到跟辅助面一样大，如图 4.14.10 所示。

（7）右击图 4.14.10 赋了材质的辅助面，在弹出的快捷菜单中取消"纹理"→"投影"选项的勾选。

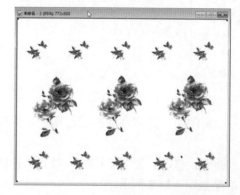

图 4.14.9　贴图用材质半成品

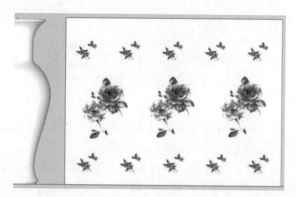

图 4.14.10　导入 SketchUp

（8）用吸管工具汲取辅助面上的材质，赋给花瓶。

（9）用 UVTools 插件做 UV 调整后，如图 4.14.11 左侧所示。

请看图 4.14.12 ②的图样，跟图 4.14.12 ①对比，已经收缩变形到惨不忍睹，想要解决这个问题其实也不难，只要在制作贴图纹理的时候（见图 4.14.8）提前把素材（花）横向适当放大即可，至于横向要放到多大才能保持素材的原有样子，只要算一下图 4.14.12 ①处的圆周与花瓶最粗处的圆周之比即可确定。

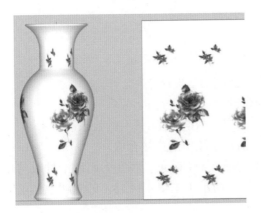

图 4.14.11　完成贴图与 UV 调整后

图 4.14.12　贴图缺陷

3. 再提高难度，这个例子要对有底色的花瓶做贴图

创建材质的前面几道工序是相同的。

（1）当在 PI 里做好如图 4.14.9 那样的材质图片后，不要马上导出成图片。

（2）复制一个图层，隐藏这个图层。

（3）用"神奇橡皮擦工具"做褪底去背。

（4）用"橡皮擦"工具清理干净细节。

（5）导出 png 格式的图片（注意保留透明背景）。

（6）在 SketchUp 中导入这幅透明背景的图片，如图 4.14.13 所示。

（7）炸开导入的图片，用吸管工具汲取它，赋给 772×580 的矩形辅助面。

（8）通过右击图片，在弹出的快捷菜单中选择"纹理"→"位置"命令，移动红色图钉到辅助面左下角，移动绿色图钉到右下角。把导入的贴图素材调整到跟辅助面一样大，如图 4.14.13 所示。

（9）右击图 4.14.13 赋了材质的辅助面，在弹出的快捷菜单中取消"纹理"→"投影"选项的勾选。

（10）用吸管工具汲取辅助面上的材质，赋给花瓶。

（11）用 UVTools 插件做 UV 调整后，如图 4.14.14 左侧所示。

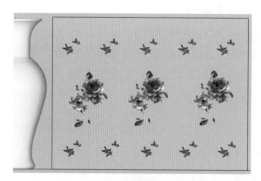

图 4.14.13　透明贴图材质

图 4.14.14　贴图后

（12）完成贴图后的结果有可能把整个花瓶变成透明的"玻璃瓶"。

（13）如果您不想要一个玻璃瓶，可以在反面赋颜色材质。

（14）适当调整瓶体的厚度，结合内侧材质……可以做出"釉下彩"的效果。

上面的篇幅中，我们用 PI 和一些现成的图片，演示了图像的拼接合成。

演示过程中用到过一个对圆柱体和球体贴图用的插件 UVTools，将在后面讨论材质与贴图相关插件的时候详细介绍。在附件里还留下下面图片所示（见图 4.14.15）的瓶罐，你可以亲自动手为它们制作贴图素材，并完成贴图。

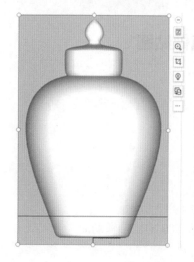

图 4.14.15　练习用素材

4.15　简明图像处理（SketchUp 图片编辑）

在此之前的视频里，介绍了很多图像处理的实例，但都是用 SketchUp 以外的工具来实现的。其实，SketchUp 本身，除了前面已经介绍过的色彩和贴图之外，还有很多图像处理的功能，有些比 PS 等专业软件还好用，只是很少有人用它。在本书和这个系列教材的其他部分，还有很多例子都要用 SketchUp 来直接处理图像。相信你今后早晚也要遇到类似的情况，就不必再用外部软件了。

1. 用 SketchUp 制备盘子反面的贴图

在 3.6 节，我们做过一个盘子，请看图 4.15.1 和图 4.15.2 盘子正反两面都有贴图，虽然正反两面的贴图素材都是来自于图 4.15.3 所示的图片，但请注意盘子正反面的贴图范围是不一样的，反面的贴图区域仅限于盘子底面的外圈，中间是没有贴图的。

图 4.15.1　成品正面　　　　　图 4.15.2　成品背面　　　　　图 4.15.3　素材

在 3.6 节我们说过，两面的贴图都是用投影的方式完成的，还说过，如果直接用图 4.15.3 这幅图片对盘子的背面做投影贴图，中间就不会有图 4.15.2 所示的空白的部分，那就不像个盘子了。显然应该有两幅不同的图片，分别用于盘子的正面和反面。

图 4.15.4 就是我们需要提前准备好的两幅图，非常明显，图 4.15.4 ②是用图 4.15.4 ①挖去中间的一块形成的，教学实践中发现，很多同学在这个问题上都会产生一个困惑：即使删除了图 4.15.4 ①中间的部分，看起来跟图 4.15.4 ②完全一样，只剩下四周的一圈，但是完成投影贴图后的结果却像图 4.15.5 那样，中间的部分仍然固执地存在。

 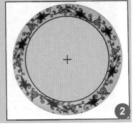 

图 4.15.4　素材分割　　　　　　　　　图 4.15.5　贴图缺陷

要解释这种奇怪的现象出现的原因，需要用一个实验来证明。

我们把一幅图片拉到工作窗口里炸开后，就可以从 SketchUp 的材质面板的"在模型中"看到这幅图片已经成了新的材质，如图 4.15.6 ①所示。现在我们用直线工具在照片中画一条中线，把整幅图片一分为二，并且删除了照片的左侧一半，见图 4.15.7。

图 4.15.6　图片炸开后成为材质　　　　　　　图 4.15.7　删除的部分仍然保留

请注意，尽管我们删除了图片的一半，但是在材质面板的缩略图显示，SketchUp 仍然保留着原始照片的全部，见图 4.15.7 ①，这就是造成很多同学困惑的原因。

那么，有没有解决这个问题的办法呢？当然有，并且很简单，操作如下。

首先，抠除图 4.15.4 ①中间部分，获得（图 4.15.4 ②）以后的图片不要直接用于贴图。把图 4.15.4 ②的图片导出新的图片，导出过程中才真正删除了中间抠除的部分。再重新导入回 SketchUp，炸开做投影贴图，就会得到图 4.15.2 所示的正确结果。抠除图 4.15.4 ①中间部分时，为了后续贴图操作的准确，要留下中心线标记。导出这幅图片时需要注意：为了使导出的图片不带有操作窗口中天空与地面的颜色，就要设置样式风格面板中间的背景设置标签中取消天空地面的勾选，这样导出后的图片就不会再有地面、天空的颜色了。

2. 用 SketchUp 的贴图坐标调整花窗照片

为了撰写《园林花窗》一书，作者去各地园林拍照，如图 4.15.8 所示的几幅照片因为拍摄环境限制，不能正面取景，无奈拍摄成歪斜的照片，接着你就会看到如何用 SketchUp 的贴图坐标功能来校正它们。

图 4.15.8　歪斜的照片

下面我们要拿图 4.15.8 最右边的照片当作标本，通常，这种作业是在类似 PS 的专业工具里进行的，但这次要用 SketchUp 自带的"贴图坐标调整"功能对照片进行校正，请注意，这种校正操作的过程比用 PS 还简单，结果比 PS 还精准。

图 4.15.9 ①是第一步画一个矩形，这是校正照片的目标，删除其平面后创建群组，移动待校正的照片与矩形重叠，可见图 4.15.10 ①处的歪斜非常严重，为了后续操作更为清晰，可

以打开 X 光显示模式，炸开图片，选定右击图片，在弹出的快捷菜单中选择"纹理"→"位置"选项，图片四角会出现"红绿黄蓝"4 个图钉，如之前的第 3 章所述，图 4.15.11 ①②③④的 4 个图钉可以用来调整贴图坐标，分别单击"红绿黄蓝"4 个图钉，移动到图片的 4 个角上，如图 4.15.12 所示。再分别把"红绿黄蓝"4 个图钉移动到"目标矩形"的四角，如图 4.15.13所示。校正完成后的结果如图 4.15.14 所示。

图 4.15.9　规划出尺寸

图 4.15.10　初步缩放

图 4.15.11　贴图位置调整

图 4.15.12　移动图钉

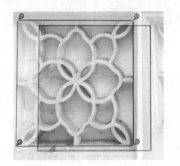
图 4.15.13　固定图钉位置

图 4.15.14　完成的效果

如果调整完成后的结果造成图像不完整，可以用移动工具移动相关边线来恢复。

3. 在 SketchUp 里校正建筑照片

图 4.15.15 中的 16 幅照片分成 8 组，其中上排照片的线条都呈现八字形的倾斜，造成这种毛病的原因大多是因为镜头产生鱼眼变形的弊病，很难避免，但可事后校正，这种校正可以用 PS 等专业工具完成，也可以用 SketchUp 做这种校正的作业，并且很简单，每组下面的图片已完成校正，供对照。

下面我们要拿图 4.15.15 中变形得最厉害的一个来演练（第一排左二），校正操作跟上述对花窗照片的校正基本相同，但是只要移动"黄绿"两个图钉就可以完成。

炸开图片，右击图片，在弹出的快捷菜单中选择"纹理"→"位置"选项，图片四角会出现"红绿黄蓝"4 个图钉，保持"红绿"两个图钉不动，分别向外侧移动"黄绿"两图钉，令图片上本该垂直的线条尽量接近垂直，这样的调整可能需要重复多次。图 4.15.16 给出了校正前后的情况。

图 4.15.15　照片变形矫正（上下对照）

图 4.15.16　左侧歪斜、右侧校正后

　　掌握了上面演示中所用的技巧，今后遇到歪斜不规矩的照片，不必劳烦 PS 就可以纠正它们了。我还在附件里给你留下几个，请动手体会一下。

　　上面介绍了几个直接用 SketchUp 编辑处理图片的例子，其实，SketchUp 在图片和材质处理方面还有更多的功能可利用，在后面的章节中会逐步向你展示和介绍。

4.16　简明图像处理（开始与结束）

　　这一节的题目有点怪，其实说的是一幅图像在电脑中的开始与结束；开始就是图像的初始设置，结束就是从创建它的电脑上输出。

　　设计师为什么要关心"初始设置"与"输出"方面的问题？因为设计师的劳动成果和专

业水平必须要表达出来，只有被别人接受了，设计才具有价值，否则就是占用硬盘空间的累赘。想要让人接受你的设计，就要从你的电脑里把这堆 0 和 1 "输出" 成能让人接受的其他形式。

而 "最终的成果" 始于 "最初的设置"，所以这二者同样重要。

1. 关于 "输出" 的形式

- 电脑和手机屏幕显示的图像，文本和动画。
- 投影仪演示用的文件，包括静态的图像，文本和动画。
- 演示用的 PPT 或幻灯片，大多是静态图片和文本。
- 桌面打印机，静态图像与文本。
- 传统印刷，静态图像与文本。
- 还有全景图像，三维仿真等，可以是静态图像或动画。

2. 图像的初始设置与附带的知识

先说说图像最初设置的重要性：图像在设计师们手里的最初形式取决于初始设置，最终输出的成果也要从最初设置好的形式变化而来，所以屏幕上图像的最初设置在很大程度上决定了它们最终的用途和效果的好坏。换句话讲，动手形成图像文件的第一步，就是要根据这个文件的最终用途做好一应设置。最初打算做 A 用途的图像，后来又改成 B 用途，往往效果不好甚至无法使用。

虽然我们不一定要用 PS 作图，但可用 Photoshop（PS）里的预置参数作为参考，来说明对一幅图像的预置参数和需要注意的方方面面。PS 对图像的初始设置方法大概是：选择 PS 的 "文件" 菜单中的 "新建" 选项，在弹出的新建文档对话面板上列出了所有需要设置的项目和参数。因为不同用途的图像可能要做完全不同的设置，所以首先要确定图像的最终用途；如果这个图像可能有多种不同的用途，要以标准最高的那一种为最初的选择，在输出的阶段再分别按使用目的形成不同的文件。

很多设计工具为了简化用户参数设置方面的工作量，会提供一系列默认的用途，只要选择了其中的一个，软件就会把预置的对应参数作为你的选择。我们不妨看看 PS 系统对各种不同用途图像的默认参数。

譬如我们在新建一个文件时选择了 "照片"，如图 4.16.1 所示，那么可选择的只有不同的尺寸与颜色模式、颜色深度，不管选择了什么尺寸的照片，预置的分辨率都是 300ppi，注意是 ppi，不是我们常说的 dpi。

这里插入一点小知识：PS 里的 ppi 跟我们熟悉的 dpi 是什么关系？

我们常说的 dpi，英文原意是（Dots Per Inch），也就是每英寸长度里所包含的点数。PS 里的 ppi，英文原意是 Pixels Per Inch，说的是每英寸长度里的像素。

在不太严格的语境下，可以把一个像素理解为一个点，所以，ppi 跟 dpi 是同一回事。不过，要较起真来，当然是 ppi 的描述更为具体合理。

而若我们选择了"国际标准纸张""A4"幅面，如图 4.16.2 所示，尺寸和分辨率都是默认的，我们只需指定颜色模式与色彩深度：若是用于打印或印刷，可选 Lab 或 CMYK 模式，16 位或以上，并且全程保持用这种模式不要更改，一直到输出。

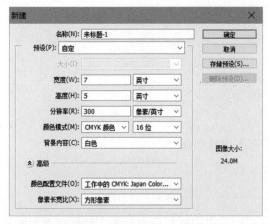

图 4.16.1　照片的设置

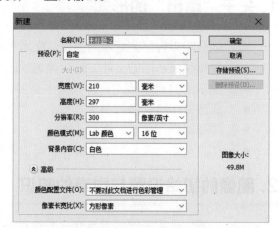

图 4.16.2　A4 纸的设置

3. 其余设置项目概述

PS 的"新建"面板里还有 3 个可选的预置项目。

Web，也就是网页图像"移动设备"，当然是指手机和平板电脑，还有"胶片和视频"，不管尺寸如何变化，这 3 项所有的预置分辨率都是 72ppi。

我们一旦根据用途做出选择以后，此后还可以对某些参数做修改。可以修改的项目主要有分辨率、颜色模式、色彩深度 3 项。其中分辨率我们已经讨论过了，接下来我们来看看颜色模式和色彩深度这两项。颜色模式一共有 5 个可选项，位图，灰度，RGB，CMYK 和 Lab。

PS 里的颜色深度有 8 位、16 位和 32 位，其实还有 2 位、4 位和 24 位也都是常用的，没有包含在其中；下面的篇幅里要对这些参数做比较深入点的介绍。

首先要说明的是，面板上的可选项"位图"，这跟我们印象里区别于"矢量图"的"位图"不是一回事；这里的位图说的是"一位图"，也就是只要用计算机里的一位二进制码就可以表述一个像素；若 1 为黑，0 就是白，或者反过来，是只有黑白两色的图像。

可选项里的"灰度"，简单说就是黑白照片。RGB 模式就不用说了，之前已经说了很多。用于屏幕显示并限于屏幕显示。CMYK 模式是专门用于印刷的，之前我们也曾经讨论过，这里再说得详细点。

- C：就是英文的 Cyan，青色，又称为天蓝色或是湛蓝色。
- M：英文单词是 Magenta，品红色，又称为洋红色。

- Y：是 Yellow，黄色。
- K：是黑色，本应该用 Black 的首字母 B，但是蓝色，即 Blue 的首字母也是 B，为了不至于搞混，就借用了不代表什么颜色的字母 K 来表示。还有人解释说，K 代表 Key，关键的意思，黑色在整幅图片中确实时常起到关键的作用。

4. 关于 Lab 颜色模式

可选项里还有一个 Lab 模式，这个色彩模式很重要，却不大有人提到，我们在这里稍稍详细地介绍一下。

Lab 模式是国际照明委员会（CIE）于 1976 年公布的一种色彩模式。Lab 模式的特点是既不依赖光线，也不依赖于颜料，它是 CIE 组织确定的一个理论上包括了人眼可以看见的所有色彩的模式。Lab 模式弥补了 RGB 和 CMYK 两种色彩模式的不足。

Lab 模式也由 3 个通道组成，但不是 R、G、B 通道。它的一个通道是亮度，即 L。另外两个是色彩通道，用 A 和 B 来表示。A 通道包括的颜色是从深绿色（低亮度值）到灰色（中亮度值）再到亮粉红色（高亮度值）；B 通道则是从亮蓝色（低亮度值）到灰色（中亮度值）再到黄色（高亮度值）。因此，这样混合后将产生明亮的色彩。

Lab 模式所能定义的色彩数量最多，且与光线及设备无关，并且处理速度与 RGB 模式同样快，比 CMYK 模式快很多。因此，可以放心大胆地在图像编辑中使用 Lab 模式。而且，Lab 模式在转换成 CMYK 模式时色彩不会丢失或替换。当你将 RGB 模式转换成 CMYK 模式时，Photoshop 将自动将 RGB 模式先转换为 Lab 模式，再转换为 CMYK 模式。

因此，我们做图时想要避免色彩损失的一种方法是：自始至终用 Lab 模式编辑图像，再转换为 CMYK 模式打印输出。从避免色彩失真和处理速度等因素综合考虑，处于第一位优选的是 Lab 模式，第二位的是 RGB 模式，第三位才是 CMYK 模式。

这里要再次提醒一下：除了最终用途是屏幕显示（含投影仪和手机），做图时要禁止使用 RGB 模式，包括 SketchUp 与 LayOut 导入导出都要注意这个问题。后续的打印和印刷所支持的全都是 CMYK 模式。

如用 RGB 模式做图，再转为 CMYK 模式的话，会使色彩起变化，最明显的是黄色，RBG 模式的黄色转为 CMYK 模式后，黄色里面会带有青色（发绿），其他颜色也一样有变化，因为打印、印刷和屏幕显示的成像原理不同（请参阅本书第 2 章），决定了 RGB 模式不能完全转化成 CMYK 模式。因此请谨慎使用 RGB 模式。

5. 关于颜色深度的问题

首先要了解什么是颜色的深度，所谓颜色深度，就是用几位二进制码来表征一个像素的颜色。8 位色深（2 的 8 次方）意味着有 256 种灰度或彩色组合，16 位色深（2 的 16 次方）能表现 65536 种可能的颜色组合，24 位色深能够表现约 1670 万种不同的颜色。

一般认为，16 位色和 16 位以上的图像就可以称为"高保真"了，随着颜色深度的增加，图像文件的体积急剧膨胀，对电脑的存储和图像处理能力的要求也大幅提高，而图像却不见得有肉眼所能分辨出的明显变化；超过半数的电脑运行 A4 幅面 300ppi；32 位色的图像会变得像是病危状态，所以，一般的应用，没有必要盲目追求过分高的颜色深度。

人们曾经用过的和还在用的色深，有 1 位，2 位，3 位，4 位，5 位，6 位，8 位，12 位，16 位，24 位和 32 位等不同的颜色深度。目前最常用的有 8 位，16 位，24 位。

8 位色深常见于 GIF 图像和动画；16 位色深的彩色图像已经相当不错，也可以用大多数电脑进行处理；24 位色深，每个像素有高达 1670 万种颜色的变化，如果你的电脑够强悍，可以试试。

前面比较详细地介绍了创建图像的开始，做初始设置必须注意的细节。接下来要说说图像创建完成后的最后一件事，也就是输出成最终的应用形态。下面按具体的应用来分别介绍。

6. 关于输出设置

打印输出：是常见的输出形式，有十多种不同的预置，除了尺寸不同，预置参数的分辨率是 300ppi。另外，根据作者的经验，SketchUp 用户，无论何种行业，用得最多的还是 A3 和 A4 两种幅面，"图稿"和"插图"也一样，尺寸不同，分辨率都是 300ppi。

屏幕显示：在本书第 2 章中我们讲到过，在电脑显示器看到的图像是由红绿蓝"色光三原色"生成的，这种颜色体系只有电脑显示器、手机屏幕和投影仪适用。如果你作的图像只打算做类似的屏幕显示，那么最初就把图像的分辨率设置成 72dpi 或 96dpi 就够了，还可以把图像保存成 RGB 色系的通用格式，传递到其他电脑上显示不会有问题。但需要特别提出的是，除了团队内外以电子文件形式的交流讨论，网页应用，投影仪，还有教学环节的演示之外，RGB 色系的图像并没有什么更大的实用价值。这是很多新手不知道或知道了没有给予足够重视的事实。

投影仪：原则上可以按照上述屏幕显示的要求来进行设置和输出。现在的主流投影仪，按商家的介绍是 1080P 高清，也就是横向 1920 像素，竖向 1080 像素，跟大多数台式显示器相当；这是厂家商家自己的介绍，很可能有水分。

设计单位目前正在使用的很多投影仪，分辨率还是 1280 像素 ×800 像素以下（甚至还可能是插补分辨率），所以最好提前了解一下它的"物理分辨率"。很多标注某某等级高清的投影仪，不过是可以接受（兼容）这种高清的影视文件而已，投影的结果决定于自身的"物理像素"（即使插补也是以此为基础），很多标价几千元却声称是 4K 投影仪的，都是骗子，它其实只能兼容 4K 的片源而已。

桌面打印机：打印分辨率一般包括纵向和横向两个方向，激光打印机通常纵向和横向的分辨率几乎相同，但也可以调整控制；喷墨打印机纵向和横向的输出分辨率相差很大，通常所说的喷墨打印机分辨率指横向。如 800×600dpi，其中 800 表示横向每英寸点数，600 则表示纵向的点数。毋庸置疑，打印分辨率越高，输出的效果就越精密。但并非每次打印都需要高精度，对于文本，300dpi 或 600dpi 已相当不错，但图像、照片、CAD 等经常需要更高的分辨率才可获得满意的效果。

打印机的品种规格较多，大致可分为喷墨和激光打印机两大类，目前一般打印机的分辨率范围如下。

- 激光打印机：600、1200 到 2400dpi 或更高。
- 喷墨打印机：300、600、1200 到 4800dpi 或更高。
- 喷墨菲林打印机：9600dpi。

有人会问：人类的视觉分辨率上限只有 300dpi 左右，我在电脑上做的图像分辨率也只有 300dpi，打印机如何能够打印出更高分辨率的图像？其实这是由打印机的驱动程序用一种叫作"插补运算"的技术来完成的。也就是根据相邻两个像素的色差，自动计算出一系列过渡像素插入其间，以提高图像的细腻程度，所以，我们作图的时候只要设置成 300dpi 就够了。

7. 关于四色，六色与八色打印

彩色打印的基本颜色是四色，也就是我们熟知的 CMYK，有黑色、洋红、黄色和青色。

有些喷墨打印机厂家为了获取更细腻的打印品质，将四色再细分为更浅淡的中间色，就变成了 6 色或 8 色。我们做图的时候只要按 CMYK 的四色操作就可以了。

8. 关于大幅图片的分辨率

大幅图片的分辨率要按用途、幅面的大小，或者按画面与观测者的距离来确定。

譬如房地产展销会，大卖场，店铺张贴所用的，幅面在 $1m^2$ 左右的图片，业者叫作写真喷绘；按照 PS 对海报的标准来设置（这是 PS 初始设置里的最大规格），也不过是 18 乘以 24 英寸，也就是 457mm×609mm，这个尺寸还没有对开纸的尺寸大；按 300dpi 来计算，相当于 5400×7200dpi，大约 4000 万像素。你想要把这幅图像打印成更大的幅面，只有两种办法。

一是在设置的时候在这里扩大尺寸，如果扩大尺寸后，仍然想保持 300dpi 的分辨率，就必须要考虑计算机处理图像时的承受能力和作图软件可接受的最高像素点。

第二种办法是扩大尺寸的同时，降低一点分辨率，这要根据画面与人眼的距离来考虑，经验表明，如果图片与观测者之间的距离在两三米以上，150dpi 的分辨率就相当不错了。另外，大幅面的喷绘机也有上面所述的"插补运算"的功能，可以部分弥补降低 dpi 带来的缺憾。

另一种大幅图片是户外广告，最常见的是在建筑物顶部做的大幅喷绘广告，特点是这种图像动不动就是上百平方米，另一个特点是这种图像与观测者的距离较远，如果仍然按印刷品的标准来作图打印，一是没有可能实现，二是完全没有必要。户外大幅喷绘的分辨率有 30dpi 就相当好了，如果幅面很大，距离观测者很远，可以设置成 10dpi 甚至更低。

对于大幅图片的分辨率，有几个经验可以介绍：

- 如果喷绘幅面过大，软件不能接受大尺寸的话，做图前可以把幅面缩小 n 倍，同时分辨率提高 n 倍，总像素不变，直到软件能够处理，到喷绘的时候再改成实际尺寸。
- PS 软件的 psd 格式只支持小于 2GB 的文件，如果要处理超过 2GB 的文件，可用大型文档格式 psb 或 tif 格式（tif 限最大 4GB）存储图像。

- 电脑处理图像的能力有限，又要做一个几百平方米甚至更大的喷绘，可以分成若干块来作图，喷绘完成后，喷绘公司会为你完成拼接。

9. 关于印刷的问题

如果你一开始就知道你要做的图像将用于印刷（或打印），建议一开始就选用 Lab 模式或 CMYK 色彩模式，一定要避免使用 RGB 模式（包括在 SketchUp 与 LayOut 里）。

输出文件时一定要选用支持 CMYK 的文件格式，还要尽量挑选不经过有损压缩的格式，应输出为如 psd、tiff 等格式。

印刷品的分辨率请选用 300dpi（设置得更高是无效的，印刷厂会调整到 300dpi）。

10. 关于专色

专色油墨是由印刷厂自行调配或油墨厂批量生产的，也可能是根据潘通色卡配制的。

每一种专色都有一个色版对应。比较有规模的油墨厂与印刷厂都备有详细的色版（手册）供用户索取。

手册上的每种颜色都有对应的 CMYK 或其他色系数据。尽管有时候在计算机屏幕上并不能准确分辨它们之间的细微区别，但通过这样的预印颜色样卡，就能提前看到该颜色在纸张上的准确的颜色效果。

在上面的篇幅里，我们把创建图像开始阶段的设置和图像完成后的输出中要注意的重点做了个梳理，专门用一节来介绍和讨论，足以说明其重要性。这一节虽然没有布置练习，但其中的重点请你一定记住，这样今后作图的前后就不会犯低级错误了。

第5章

以图代模

SketchUp 兼容二维图形、图像的能力，丰富的实时渲染功能，与有限的图形图像处理工具结合起来后，为我们提供了"以图代模"的可能。

"以图代模"的概念是作者在十二年前提出的，并始终贯穿于作者编撰制作的所有的图文教程、视频教程之中。这是一系列尽可能利用二维图形图像代替复杂三维模型的思路与方法；符合"多快好省"的原则。对于像木雕砖雕石雕等复杂表面，无法用传统三维建模的方法实现时，这几乎就是唯一可行的办法，效果尤为突出。长期以来，得到了大量学员与业者的肯定。

当你真正接受了"以图代模"的思路，掌握了"以图代模"的基本技法并能融会贯通、有所创新后，在 SketchUp 里建模将会变得非常有趣、逼真还快捷。即便您的模型还要做后续的渲染，"以图代模"的方法同样可以为你大大减少工作量并且增色。

除了本章集中介绍之外，本书的其他章节里也有与"以图代模"直接或间接相关的内容。

扫码下载本章教学视频及附件

5.1　以图代模（家具表皮一　大衣柜）

这一章开始的几小节将要讨论如何用普通照片制备家具的表皮。这个方法对于有条件拍摄产品照片的行业，如木业、家具销售业、室内设计等行业特别方便好用，这种方法可以用最少的时间，最少的模型线面数量，无须渲染即可获得最逼真的模型。即使还想做后续渲染，这个方法也同样有效。这个技巧也可以以用在其他行业中类似的领域。

图 5.1.1 是一个实木衣柜的图片，从淘宝上随便找来的，图 5.1.2 是用图 5.1.1 的图片做的模型，只用了不到 5 分钟（不包括参照物）。这类模型的用途非常广泛，在室内设计领域，除非你设计的主题就是家具并且必须分拆出细节，不然大多数模型现场，用这种贴图仿真的模型就足够了，免去一大堆麻烦，还显著缩小了线面数量。

做这种模型有多种方法，譬如用 SketchUp 的"照片匹配"，不过太麻烦；最简单的方法还是用贴图大法。

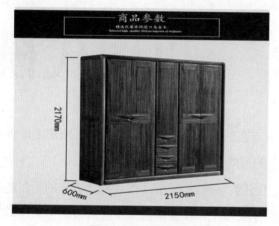

图 5.1.1　原始图片

图 5.1.2　衣柜模型

下面先回顾贴图操作的几个要点。

说到贴图调整的方法，在本系列教程的《SketchUp 建模思路与技巧》与本书的第 2 章里都有比较详细的介绍，下面就最容易出错的地方再强调一下。

进入贴图坐标调整的第一步是要进入右键快捷菜单，选择"纹理"→"位置"选项，有很多学员抱怨他的 SketchUp 右键快捷菜单中没有"纹理"这个选项，我猜他一定没有按编号的顺序学习和练习，错过了非常关键的几句话。现在我重复一下，请这些抱怨右键快捷菜单中没有纹理选项的朋友听清楚并且记住：如果你在图片上右击，看不到"纹理"选项，只有两种可能。

第一种情况是图片还没有炸开，它还不是 SketchUp 的材质，特征是在材质面板上还没有它的形象，右键快捷菜单中就肯定不会有"纹理"选项。

第二种情况是：刚炸开的图片，请仔细看，图片的平面和边线都在被选中的状态，你现在用右击图片平面的同时还选择了边线，这时候右键菜单里也不会有纹理选项。这是很多人最容易犯的错误。

正确的方法：炸开图片后，在图片外面单击左键，退出所有选择。然后再把选择工具的光标移动到图片表面，直接按下右键，这样，你就会看到"纹理"选项和它的子菜单了。换句话讲，在图片边线被选中的情况下，右键快捷菜单中一定找不到"纹理"选项。

SketchUp 自带两种不同的贴图方式："投影贴图"与"非投影贴图"，后者也叫作"坐标贴图"，它还有许多稀奇古怪的别称，如"包裹贴图""像素贴图"……但只要记住"非投影"这个关键词就不会被搞糊涂。

想要顺利完成贴图，需要记住这两种贴图方式的特征：

● "投影贴图"就是把素材图片当作幻灯片"投射"到对象上，大多需要提前调整好"幻灯片"的大小和方向。

● "非投影"贴图的特征是把贴图"包裹"在对象上，也要调整贴图的大小与坐标。

还有一个该记住的要点是：SketchUp 自带的两种贴图方式，默认的是"投影"；所以，若是你要做的就是"投影贴图"，就不用检查它当前是否被勾选，除非你刚刚改变过它。具体到这一节的实例，并不需要做投影，所以一定要在右键快捷菜单"纹理"子菜单中取消"投影"选项前面的勾选。

在调整贴图的坐标前，再重复一下贴图调整的要领，请牢记：

● 通常，红色的图钉用来确定贴图的左下角，这里是贴图的坐标原点。

● 移动绿色的图钉可以调整贴图的尺寸和旋转图片，向远离红色图钉的方向移动，图片放大；往红色图钉的方向移动靠近，就是缩小贴图的尺寸。必要的时候，还可以用移动绿色图钉的方法旋转贴图。

● 左上角蓝色的图钉，主要用来调整图片材质的宽度与高度的比例，换句话讲，在宽度确定后，用它来调整材质图片的高度，也可以做平行四边形变形。

● 右上角黄色的图钉，用来对材质图片进行扭曲变形，这是四个图钉里最不容易操作的一个，如果你没有经验，最好不要大幅度调整。

这一节要对"四色图钉"的用法引入一些新的概念。

图 5.1.3 中的四个图钉所在的是默认位置，一定出现在材质图片的四角；如果当前的材质图片是如图 5.1.5 那样用于"平铺"的贴图，只要单击红色图钉，不要松开左键，移动到贴图对象的适当位置，通常是左下角，再移动绿色图钉调整纹样的大小与角度，就完成了操作。这种方法叫"固定图钉"模式。相对于"固定图钉"模式，还有一种叫作"自由图钉"的贴图模式，图 5.1.4 所示就是这种模式：单击一个图钉后松开左键，把针尖移动到需要的关键位置，按下左键后固定，本例中的"关键位置"就是衣柜正面或侧面的四个角，如图 5.1.4 所示。

下面进入建模与贴图。

（1）现在根据原图上的尺寸，创建一个立方体；宽度为 2150mm、深度为 600mm、高度为 2170mm，如图 5.1.6 所示；如果没有现成的尺寸，可以自行制定一个合理的尺寸。

（2）接着就要做贴图的操作了，把刚才保存好的图片拉到 SketchUp 窗口里，炸开。

（3）按快捷键 B，调用油漆桶工具，再按一下 Alt 键，切换到吸管工具。获取图片材质，赋给一个面，如图 5.1.7 所示，然后进行贴图坐标调整。

（4）把 4 个图钉移动到图片上柜体正面的 4 个角，如图 5.1.4 所示。

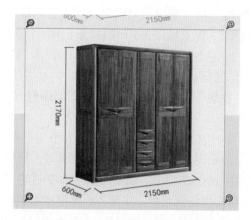

图 5.1.3　四色图钉的默认位置

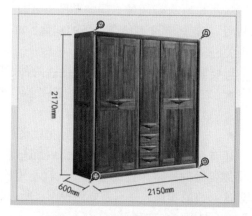

图 5.1.4　四色图钉的自由模式

图 5.1.5　平铺材质

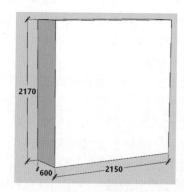

图 5.1.6　柜体

图 5.1.7　移动四色图钉

（5）再把红色图钉固定到柜体的左下角，把绿色图钉固定到柜体的右下角（见图 5.1.8）。

（6）再把蓝色的图钉固定到柜体的左上角，黄色的图钉固定到柜体的右上角（见图 5.1.9）。

（7）再次按快捷键 B 调用油漆桶，用 Alt 切换到吸管，汲取正面材质赋给侧面。

（8）再次重复上面的操作，对柜体的侧面做贴图，完成后如图 5.1.10 所示，另一侧相同。

至于顶部，通常是看不见的，随便你做不做贴图，要做的话跟侧面一样。

好了，前面所说的就是用一幅图片制作逼真模型表皮的方法，这种方法有个局限性，就是只能对接近立方体的家具做贴图，其他形状的家具贴图将在后续的小节里介绍。更繁杂的家具可以用"照片匹配"来做。本节的附件里还有几幅家具图片，你可以动手实际操作一下。

图 5.1.8　调整贴图坐标

图 5.1.9　正面贴图完成

图 5.1.10　侧面贴图

5.2　以图代模（家具表皮二 古董书柜）

上一节，我们讨论了用一幅普通的照片加工成一个五门大衣柜的技巧。办法虽好，但是有很大的局限性，那种办法只对近似立方体的对象有效。这一节要介绍另一种方法，就算是家具有脚，也照样可以做成逼真的模型。图 5.2.1 和图 5.2.2 就是这一节要介绍的对象，一个中式古董书柜，仍然是用最少的时间，最少的线面数量，做成最逼真的模型。

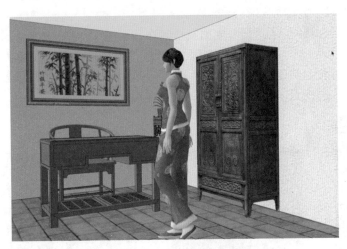
图 5.2.1　古董书柜（1）

图 5.2.2　古董书柜（2）

正如你所知道的，创建这个古董书柜模型的基础仍然是一幅照片，见图 5.2.3 ②。

现在开工，整个过程要分成两个部分来完成：第一部分是材质图片的制备，先创建一个立方体：宽度为 1020mm，高度为 1850mm，深度为 480mm（或自定）。用上一节介绍的方法对柜体的正面赋材质，如图 5.2.4 所示。再对柜体的侧面赋材质，完成后如图 5.2.5 所示。

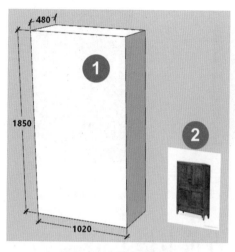

图 5.2.3　拉出立方体

图 5.2.4　正面贴图

图 5.2.5　侧面贴图

　　分别用直线与圆弧工具在图 5.2.5 ①②处描绘出柜体的脚，分别双击图 5.2.6 柜体的正面和侧面，创建两个群组，如图 5.2.6 ①②所示。注意图 5.2.7 ①所指的几处因材质缺失露出的白底。

　　解决这个问题并不难：先用直线分割出露出白底的部分，右击白底部分，在弹出的快捷菜单中选择"纹理"→"位置"选项移动材质图片，用旁边的材质填补白底。最后通过橡皮擦工具＋Ctrl 键柔化掉分割用的线段，完成后如图 5.2.8 所示。

　　上述准备工作完成后，就可以"组装"了：把"侧面"拼装在"正面"一侧，复制一个，旋转 180°拼装到另一个侧面，复制一个"正面"到"背面"，赋给默认材质（正反面），如图 5.2.9 所示，顶部画个矩形，贴图，调整坐标成如图 5.2.10 所示。全部完成后如图 5.2.11 所示。

图 5.2.6　描绘出柜脚并删除

图 5.2.7　白边缺陷

图 5.2.8　修补白边

图 5.2.9　复制拼合　　　　　图 5.2.10　封顶贴图　　　　　图 5.2.11　成品

5.3　以图代模（家具三 八仙桌）

前面两小节介绍了以一幅普通照片为基础，创建逼真模型的两种方法，这两种方法都可以用最短的时间，最少的线面数量获得最逼真的模型；不过还是有一定的局限性：用前面介绍的方法，对近似立方体的对象最有效；对复杂的对象就显得不太好用了。

这一节要介绍的方法，可以在一定程度上克服前述的不足，缺点是比较麻烦，要多花点时间，这也是符合客观规律的：想要更完美，就要多付出点时间和智慧。

图 5.3.1 就是这一节要做的八仙桌，不难看出，这个实例不像前两个那么简单；要想完成这个实例，至少要掌握照片的预处理、建模、贴图三个过程中不同的技巧。

图 5.3.2 是在网络上找来的一幅普通照片，请注意，显然是因为取景角度的原因，理应垂直的桌腿有少许倾斜，高度与宽度的比例也因此受到影响。经过前两个实例，我们知道，照片上的这些缺陷，可以通过平面设计软件甚至用 SketchUp 进行调整，以便后续操作。

图 5.3.3 是刚调整好的图片，你可以拿它跟图 5.3.2 对照，可见桌子腿变得垂直了，在这一节的附件里可以找到调整前后的两幅照片，方便你做练习。图 5.3.3 还展示了描绘的一些关键轮廓线，并且各自形成面。

描绘轮廓线的具体操作可以分成 3 个部分（注意先把图片编组）：桌面和横挡是第一个部分，只要描绘出一半；桌子的腿是第二个部分，只要描绘出其中一条腿就够了；第三个部分比较复杂，弯曲的部分，最好用贝兹曲线插件来配合完成，只要描绘出一半就够了。

描绘轮廓线的过程中，请注意线条稍稍往中间靠一点，要尽可能把线条画在照片上有效的部分，这样后续做贴图的时候才不会出现边缘的白色。由于这部分操作比较基础，对于按顺序学习并认真练习的朋友根本不是问题，所以就不再用很多时间来介绍了。

图 5.3.1　八仙桌长凳套装

图 5.3.2　原始图片

图 5.3.4 是把描绘好的轮廓复制出来，用于后续建模。

图 5.3.5 展示的是分解出来的局部贴图，粗看觉得跟原始图片没有什么区别，其实它是用图 5.3.4 的轮廓线进一步加工而成的，如果不得要领，会有困难，下面解释一下：描轮廓线的时候，图片是群组，线描绘在群组外，方便复制出图 5.3.4 的轮廓线。回到图 5.3.3，把描绘出的每个小块分别群组，分别进入每个群组，鼠标左键单击平面，删除这个面，只留下边线，全部完成后，全选轮廓线与图片的组一起炸开，轮廓线就成了切割照片的边界线。

现在分别双击每个面，选择面与边线，做移动复制，就得到了图 5.3.5 的贴图素材。

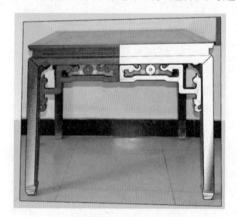

图 5.3.3　描绘轮廓

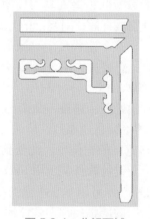

图 5.3.4　分解面域

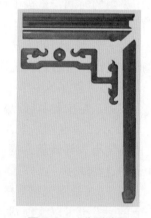

图 5.3.5　分别贴图

现在我们有了图 5.3.4 用来建模的这些面，还有了用来贴图的素材，就可以开始建模了，第一步是要做出桌子腿，它体积不大，但是有不少角度和弧度，属于比较复杂的形体；但只要掌握了技巧，其实也非常简单：把图 5.3.6 ①的平面拉出来，群组，复制一个令其交叉重叠，如图 5.3.6 ②所示，炸开群组后做模型交错，删除废线面后得到图 5.3.6 ③的桌子腿。这个看起来很复杂的桌子腿就这么轻松搞定了，创建"组件"（不是群组）后备用。如图 5.3.7 ①所示，画个矩形当桌面，尺寸就是图 5.3.7 ②长度的两倍，以图 5.3.7 ①的边线为放样路径，以图 5.3.7 ②为放样截面做路径跟随，得到桌面（见图 5.3.7 ③）。

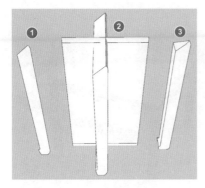

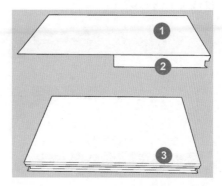

图 5.3.6　交叉重叠模型交错　　　　　　　　　　　图 5.3.7　桌面放样

　　这里有个细节，图中看不清楚，请参阅附件里的模型：桌子的四周有个弧形的边缘，形状与桌腿的端部（见图 5.3.8 ①）一样，做法如下：用一条直线分割出带圆弧的三角形，如图 5.3.8 ①所示，复制这个三角形到图 5.3.8 ②的位置，以桌面矩形边线为放样路径，以图 5.3.8 ②为放样截面做路径跟随，完成后如图 5.3.8 ③所示，把图 5.3.5 的桌子腿贴图素材复制四份，跟桌子腿对齐做投影贴图，完成后如图 5.3.9 所示，完成贴图后的桌子腿创建群组，移动到图 5.3.10 ①的位置。

　　再利用桌面边线中点找到旋转中心，对桌子腿做旋转复制，完成后如图 5.3.10 ②所示。

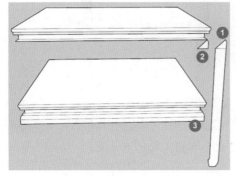

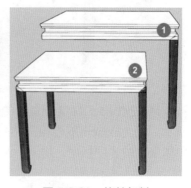

图 5.3.8　桌边弧形放样　　　　图 5.3.9　桌腿贴图　　　　图 5.3.10　旋转复制

　　接着要完成图 5.3.11 所示的"透雕挂落"部分：把图 5.3.11 ①的平面拉出 16mm 后，如图 5.3.11 ②所示，复制、镜像、对接在一起，创建"组件"后如图 5.3.11 ③所示，备用。把图 5.3.5 的相关素材复制镜像、对接在一起，得到如图 5.3.12 ①所示的贴图素材，用辅助线对齐，并对图 5.3.12 ②③做"投影贴图"，复制一个到图 5.3.12 ④的位置，对齐后对图 5.3.12 ⑤⑥做投影贴图。

　　最后要完成桌面的分割与贴图：如图 5.3.13 所示，用偏移工具把桌面边线向内偏移 80mm，沿对角线画直线，切出 4 个 45°角；选择一条边线做"移动复制、内部阵列"，把桌面中间分割成 8 份，完成后如图 5.3.13 所示，因为原始照片上无法得到桌面的材质，只能用桌子腿的素材（见图 5.3.14 ①）来代替，分别汲取图 5.3.14 ①的材质赋给桌面边框和桌面芯板（见图 5.3.14②③）。

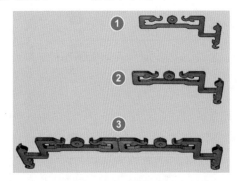

图 5.3.11　透雕挂落

图 5.3.12　桌边贴图

图 5.3.13　桌面分割

图 5.3.14　桌面贴图

最后把图 5.3.11③制备好的"透雕挂落"做旋转，复制到桌子的四周，完成后如图 5.3.15 所示。把《SketchUp 建模思路与技巧》里创建的长凳搬四条出来，摆放好，就成了一个传统中国家庭的客厅标配，加上一位时髦的胖婆婆，增添点家庭气息（见图 5.3.16）。

图 5.3.15　挂落安装

图 5.3.16　成品

5.4 以图代模（建筑表皮一 公寓大楼）

图 5.4.1 所示为一个占地面积较大的十层建筑，其中大部分是长租公寓，小部分是宾馆与后勤服务用房。图 5.4.1 左侧红线标出的部分属于宾馆的范围。请看图 5.4.2 放大的一小部分模型，有墙体、阳台、门窗、栏杆、玻璃、薄纱的窗幔，仔细看还能看到部分室内陈设，看起来这部分模型还蛮逼真的。

需要说明的是，图 5.4.1 和图 5.4.2 中所有的这些阳台、栏杆、玻璃等，全部是用一幅小小的贴图来完成的。正如你所看到的，用这种技巧，可以得到还算不错的视觉效果，突出的优点是方便快捷、模型线面数量少，非常适合建筑和规划行业在方案推敲阶段用，也可以在建筑群模型里的非主体对象上应用。

图 5.4.1 完成后的局部

图 5.4.2 局部特写

图 5.4.3 所示为该建筑的原始模型，非常简单，除了少量弧形的阳台，基本只要规划出建筑的体量，一些重复的矩形而已，只要做出一层，创建组件后复制即可，建模工作量很少；

下面就以上面 8 层为例，介绍这种非常快捷的"以图代模"的方法。下面两层也可以用同样的办法来处理。

图 5.4.3　贴图前的白模

素材制备：去"百度图片"或"Google 图片"用"公寓外观""酒店建筑"等关键词搜索能用的图片，或者拍摄一些实景照片；当然也可以"画"一些。

找到的照片一定不会直接能用，需要用前面第 4 章介绍过的"校正、分割、适当锐化强调细节、调色"等处理。图 5.4.4 就是经过加工的小图片，用于上面 8 层。

接着做"坐标贴图"：非常简单，只要把"红绿黄蓝"图钉对齐矩形的四角。图 5.4.5 是完成的局部，模型中有两种不同宽度的开间，只要简单加工一下图片即可，因为模型中把楼层做成了组件，大大加快了贴图速度，贴图素材制备好后，完成 8 层楼的贴图不会超过十分钟，非常快捷。

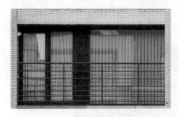

图 5.4.4　贴图素材

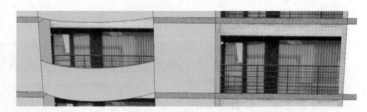

图 5.4.5　完成贴图后

这一节介绍的方法可以为经常要做类似模型的 SketchUp 用户节约大量时间，若能在空闲时积累一些贴图用的素材，节省的时间就更可观了。附件里留下一个半成品模型给你做练习。

5.5　以图代模（建筑表皮二　高层宾馆）

上一节，我们用一幅小图片改造成了一个公寓的表皮，并且用很简单的操作做出了一些仿真的墙面、阳台、栏杆甚至门窗。这种技巧对于建筑行业、城市规划专业，在方案推敲阶段的建模非常好用；方便快捷，线面数量极少，效果还不错。

这一节我们要提高点难度，从导入一个 dwg 立面开始来创建模型；特点仍然是用图片来代替建筑的细节，以逸待劳、方便快捷地获得高保真的视觉效果。

图 5.5.1 是整套 dwg 文件的一部分，一个高层的宾馆建筑，如果你有兴趣，可以用系列教材《SketchUp 建模思路与技巧》第 3 章介绍的方法，用这套图样建成一座大楼的完整模型。

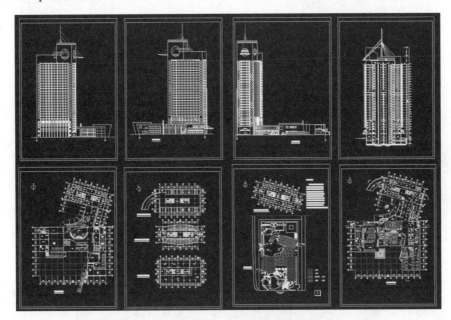

图 5.5.1　dwg 文件原稿

图 5.5.2 是我刚刚做完的一个立面（其他立面也可以用同样的方法处理），图 5.5.4 是放大后的局部，用了实景拍摄的照片做贴图，所以保真度较高，能得到不错的视觉感受。

下面就来介绍一下全部操作过程。

图 5.5.5 是原始照片，在马路对面的楼房里拍摄的，因拍摄位置的限制，只能得到这样歪斜的照片。不过我们可以用很多办法纠正它，让它符合我们贴图的要求；常用的办法是可以调用外部程序，也可以用 SketchUp 的贴图坐标工具来完成。

导入清理好的 dwg 文件中的一个立面，如图 5.5.3 所示。

导入后炸开，重新创建群组，进入群组，用小皮尺工具把 dwg 图形调整到实际尺寸，譬如层高 3000mm（调整方法见系列教材《SketchUp 要点精讲》5.1 节）。

测量得到一层楼的立面高度为 3m，宽度为 34.234m，按这个尺寸画个矩形，对这个矩形做坐标贴图，因拍摄得到的照片只有 7 个开间可用（见图 5.5.5），而 dwg 文件上是每层 8 间，可以把矩形分割成两块，分别贴图与调整。

用前面介绍过的"自由图钉模式"调整贴图坐标，完成后如图 5.5.7 所示，这是一层楼的表皮，创建成组件，以便后续修改（调整颜色等），向上复制出另外 21 份，形成 22 层，创建群组，如图 5.5.6 所示，删除图 5.5.3 上中间的方格部分（也可以隐藏或归入一个图层后关闭该图层），把图 5.5.6 所示的群组移动到图 5.5.3 的方格部分，以图代模完成。

图 5.5.2　以图代模的效果

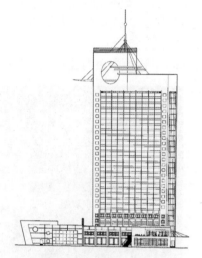

图 5.5.3　导入 dwg 后

图 5.5.4　以图代模效果特写

图 5.5.5　原始素材照片

图 5.5.6　加工完成后的多层

图 5.5.7　加工整理后的单层

5.6　以图代模（建筑表皮三 城市规划）

前面两节，我们用实景照片创建了两座建筑的表皮，用最快的速度，最少的线面数量，得到相对保真的效果。这种办法对于建筑设计行业方案推敲阶段非常好用。这一节要继续介绍这种"以图片来代替模型细节"的方法，并且扩大应用到城市规划专业的建模。

本节附件里有 6 个城市规划专业的模型，原稿来自 3D 仓库（本书作者做了较大幅度的修改整理）。下面用边展示边点评的方式，来介绍它们并汲取我们可以学习的东西，请打开模型对照。

第一个模型（见图 5.6.1）看起来像是个一两万人口的商住区，规划范围大约四五个平方公里，主要建筑围绕在中心广场和绿地的周围，环境看上去不错。在河道的对岸，规划有一个辅助功能区，跟人口集中的繁华区隔离，河道宽 200 多米，有两座桥连接南北。看起来这些楼房里住着一些有钱人，因为规划了一个游艇码头。

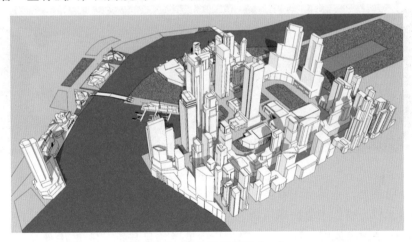

图 5.6.1　城市规划示例（一）

城市规划专业模型的特点如下。

第一个特点是：占地范围和工程规模庞大，往往一个方案就要达到几平方公里至几十平方公里甚至更大。

第二个特点是：规划用的模型只需大致表达总体规划概念、单位建筑体量、交通水电等网络、环保与生活保障等功能区域、单体建筑间的关系等信息；建模不要求有太多细节，大多数时候只要拉出个立方体就可以代表一座建筑物。

第三个特点是：规划专业的方案往往要反复修改，甚至推倒后从头开始，所以更没有必要在初步方案中就把模型建得过于细致。

所以，规划专业通常使用白模（白模就是不做贴图不做材质的模型，也有人称为素模）。白模的优点在于建模速度快，修改容易。图 5.6.1 这个模型除了绿地与河道，基本没有用材质，这就是白模。

第二个模型就要大得多了，设计规模大约在 30 平方公里，见图 5.6.2。

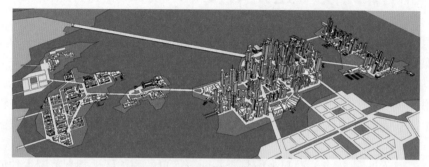

图 5.6.2　城市规划示例（二）

主要建筑物集中在 5 个岛屿上，两个较大的岛屿规划成主城区，三个小一点的岛屿规划成辅助功能区，离开市区 10 公里左右的位置还规划有一个机场，见图 5.6.3。

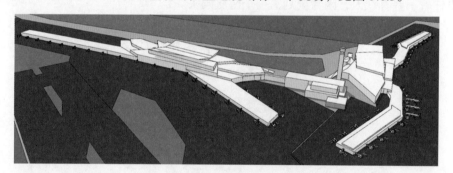

图 5.6.3　城市规划示例（三）

看这个机场规划，竟然有 100 多座登机廊桥，不知道设计师是怎么计算的，不过我们可以做一些数据比较：譬如上海浦东机场，建成开通十多年，还不能算落后，目前是中国东部最大的机场，在全国也数得上号，服务整个华东地区，总共才安排了 70 座登机廊桥（1 号航站楼 28 座，2 号航站楼 42 座）。规划中的这个城市规模，包括还没有开发的区域，不到 50 平方公里。就算浦东机场不为华东地区其他省市服务，就算跟上海市 6300 多平方公里相比，这个城市才 50 平方公里，机场占地却有十多平方公里，看起来都要跟主城区差不多大了。就算西方国家飞机出行比中国多百倍，也似乎超前得有点离谱了。这个模型也是白模，除了绿地和水面，基本没有用贴图和材质。

上面已经展示的 3 个模型，虽然非常简单，但其中一些用来表达建筑体量的手法还是值得我们学习的。看起来这个模型的作者是规划业建模的老手。以我的体会，创建城市规划的模型，就像中国画里的泼墨画法，只要写意而不必求真，我见过很多人建模都犯一个同样的错误，就是把模型越做越细，远远脱离了原先的初衷，吃力不讨好。

后面要向你展示另外 3 个不同风格的城市规划模型，请看第一个（见图 5.6.4）。

跟前面看到的 3 个模型不同，这个模型不再是白模，每个单体建筑都做了简单的贴图，视觉感受就跟白模完全不同了。

这样做要付出的代价就是要花一点时间做贴图。想要把贴图做到令人信服，首先需要有令人信服的图片素材，在网络发达的今天，只要舍得花时间，素材并不难找。

贴图过程中还要注意把贴图调整到正常的尺寸和位置，所以贴图尺寸应该在合理的范围内。精心调整过尺寸的贴图，一看就能令人信服。

稍微注意一下就会发现，这些建筑物里，有几栋的墙体是曲面而不是平面，还有部分墙体是圆形的，正如我们之前介绍过的，对于曲面的墙体要用投影贴图，稍微麻烦一点；对于平整的墙体可以用简单的坐标贴图，速度会非常快。至于对圆柱形的墙体做贴图，可以像坐标贴图一样操作，再用 UV 贴图的插件处理一下，不算太麻烦。

图 5.6.4　城市规划例（四）

在我看来，贴图所需的时间还是相当有限的，倒是收集和修改整理这么多贴图素材，所花的时间要比贴图操作本身多得多。如果正好你是建筑专业或城乡规划专业，如果你估计自己也可能要创建类似的模型，请注意后面教你的两招，保证能让你受用终身。

第一招，如图 5.6.5 所示的类似模型里的所有贴图素材全部在材质面板里；只要点击"材质面板 / 选择 / 在模型中 / 向右的箭头 / 集合另存为"把它们保存起来，你就至少拥有了这个模型里的全部贴图素材了；你拥有了这些素材，下次建模就免除了收集整理素材之苦，但建模贴图的操作还是要做的，如果你想连建模贴图的操作也偷懒不做的话，请看后面的第二招。

第二招，我送给你的模型或今后你自己收集的单体建筑，挑选好看的、可能有用的拷贝出来，清理一下，做成组件保存好，再抽空提前做好分类，建一个库，等到你的库足够丰富时，今后做规划方案时只要挑挑拣拣，摆摆放放就完工，早上领导布置任务，中午就交卷，速度快，质量高，偷了懒，讨了巧，同事"吃醋"，领导喜欢，提拔当个小头目，加工资买车买房娶媳妇都指日可待！

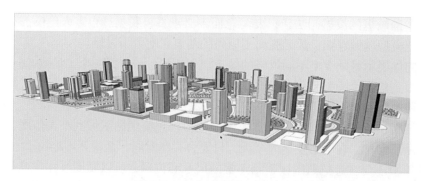

图 5.6.5　城市规划例（五）

　　图 5.6.6 和图 5.6.7 是同一个模型，区别是图 5.6.6 加了一层薄薄的雾，是否需要运用"雾化"这个附加的效果，全看你的需要，即便用雾化也要适可而止。

图 5.6.6　加雾化后

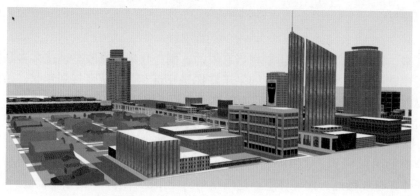

图 5.6.7　取消雾化

　　图 5.6.8 所示的模型里还有一处值得我们学习的，看岸边沙滩和水体的表现，做得还算逼真。

　　注意不是贴图，只是画了几条曲线，赋上深浅不同的颜色，把线条柔化掉就搞定。

　　如图 5.6.9 所示，这是在模型上三击，显示出柔化隐藏掉的边线，可见其巧妙所在。图 5.6.10

所示为局部放大的细节，图 5.6.11 所示为是取消柔化显示边线后的情形。

图 5.6.8　海滩效果

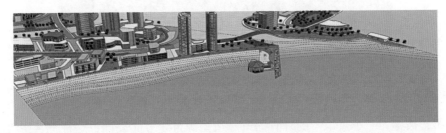

图 5.6.9　分区赋色

图 5.6.10　海滩赋色特写

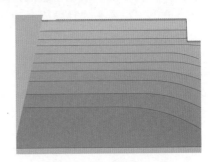

图 5.6.11　分区赋色特写

　　这一节介绍了一些适合城乡规划业用的"以图代模"的方法，附件的模型里还有大量立即可用的贴图素材和单体建筑，至于如何贴图的话题，已经重复很多次，反复唠叨会讨人嫌，所以就免了。

5.7　以图代模（建筑表皮四 伦敦小黄瓜）

　　这一节要介绍这样一座大楼，它坐落在英国伦敦圣玛莉艾克斯街 30 号，因为它怪诞的造型酷似欧洲餐桌上常见的腌黄瓜，所以就有了"小黄瓜"的昵称，它的正式名称是"圣玛莉艾克斯 30 号大楼"，或者"瑞士再保险公司大楼"（Swiss Re Building）（见图 5.7.1）。

　　该大楼 2001 年动土，2003 年 12 月落成，2004 年 4 月 28 日启用。屋顶高 180 米，共 41 层，建筑面积 47950m²。这个工程由诺曼·福斯特和合伙人肯·夏托沃斯，以及奥雅纳共同设计；

由瑞典的司康司克营建公司在 2001 年到 2003 年间负责实体的建筑工程。在本节同名的视频里，你将有机会见到这些了不起的设计师。

图 5.7.1　小黄瓜实景

　　据介绍，被称为"小黄瓜"的外骨骼特殊造型源自于节能设计，这种符合空气动力学特征的造型更方便利用自然采光和通风，减少依赖照明和空调设备所造成的能源消耗。大楼设置双层帷幕玻璃，在夏季的时候能自动开启窗户引入新鲜空气；冬季时则能形成优秀的隔热绝缘，阻绝冷空气，减少暖气的散失。与大多数相同大小的建筑相比，它只需要使用大约一半的电力；所以它还是一座知名的绿色节能建筑。大楼 2004 年落成启用，至今经历了十几年，逐渐成为伦敦新的地标与象征。

　　图 5.7.2 ①是实景照片，图 5.7.2 ②是按照实景照片和附件里的其他资料创建的模型，图 5.7.2 ③是贴图前的白模，图 5.7.3 是从实景照片中攫取的贴图，整个建筑表皮就是这几块贴图组成的。

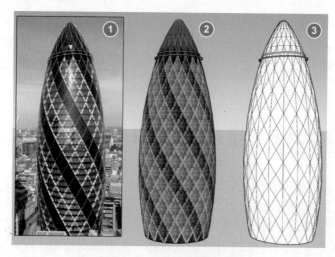

图 5.7.2　照片彩模与白模

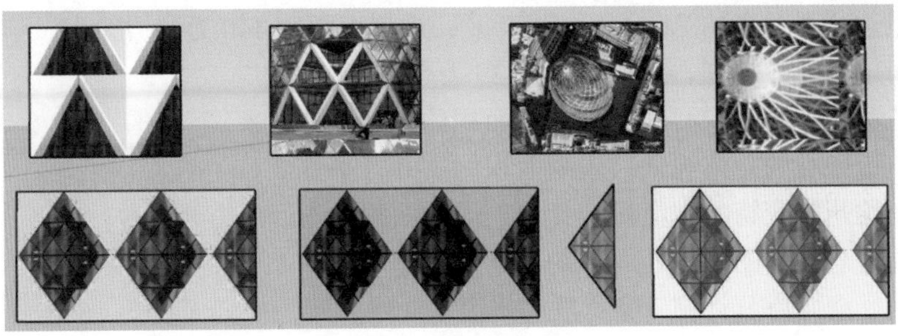

图 5.7.3　贴图用素材

　　贴图操作并不难，不要去找插件，因为没有合适的插件可用；要完成贴图，可以"愚公移山"，也可以"鲁班巧作"，前者不用多说，忍受痛苦，一个个贴图地干活。想要巧妙地完成这个工程，提示一下：需要同时运用"建模"和"贴图"的技巧，这是留给你的练习题，也是思考题，根据教学实践的经验，大多数人不能坚持到最后完成。

5.8　以图代模（规划平面）

　　建筑和城市规划专业，免不了要跟地图信息打交道，二三十年前，搞工程设计还要去规划局索取（购买）地图资料，到手的资料还不一定很准确，因为数据不准发生纠纷的事情也时常发生。规划局缺少资料的地块还要委托专业单位去测绘，很麻烦。自从航空测绘、卫星地图进入实用阶段，特别是 Google 地球、Google 地图、Google 街景，GPS 全球定位系统等技术进入实用以后，上述麻烦几乎就迎刃而解了。现在只要上网，就可以得到二维的传统地图，卫星鸟瞰图，街景立面，甚至还有带高程的地形图。

　　2006 年，Google 公司收购了 SketchUp，并且在后续发布的 SketchUp 6.0 版中增加了他们的重要产品 Google Earth（Google 地球）。Google 的原意是想让全世界的 SketchUp 用户，利用 Google 地球的街景与 SketchUp 的"照片匹配"等功能，义务创造出一个 3D 的 Google 地球；但事与愿违，SketchUp 用户们疯狂不久以后便失去了热情；后来 Google 找到了用照片街景的办法解决 3D 地球的问题，终于在 2012 年，SketchUp 又被转手卖给了现在的东家天宝公司，但保留了 Google 创建的 3D 仓库；在 SketchUp 里还保留有在 Google 地图上指定位置，截取一小片地图，并在上面创建模型的方便。

　　在这一节的附件里，我为你收集了一组利用 SketchUp 的地理信息功能创建的规划模型；规划模型一共有 9 个，全部是真实的规划改造项目，其中的很多已经完工；在本节同名的视频里还附有一段影片，你将能见到该计划的主要设计师和市区改造前后的对比等资料。要介绍的是美国佛罗里达州东南部 7 个县的部分改造规划。这些规划全部由多佛 - 科尔和伙伴公司（Dover, Kohl & Partners）设计。模型清单如下：

　　01 南迈阿密的家乡计划。规划面积约 150 万平方米。

　　02 佛罗里达州的皮尔斯堡海滨计划；规划面积约 128 万平方米。

03 佛罗里达州奥兰多的 Parramore 遗产区，规划面积约 440 万平方米。

04 戴维市中心总体规划，规划面积约 29 万平方米。

05 佛罗里达州冬泉市中心计划，规划面积约 280 万平方米。

06 肯德尔市中心的总体规划，规划面积约 120 万平方米。

07 佛罗里达州朱庇特的木星海滨计划，规划面积约 6 万平方米。

08 大学高地总平面图，规划面积约 110 万平方米。

09 迈尔斯堡海滩海滨计划 - 佛罗里达州迈尔斯堡海滩，规划面积约 16 万平方米。

下面的篇幅中要介绍如何用 SketchUp 里获取规划地块图形的方法。

（1）在"窗口"菜单中选择"模型信息"选项，打开"模型信息"对话框，在左侧的列表框中选择"地理位置"选项，在右侧单击"添加位置"按钮（见图 5.8.1 和图 5.8.2），也可以单击 SketchUp 最左下角的图标。

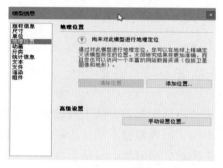

图 5.8.1　地理位置设置

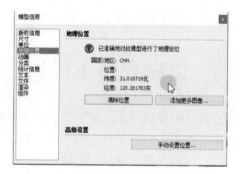

图 5.8.2　当前地理位置

（2）弹出的可能是完整的世界地图，也可能是你上一次离开时的状态。

（3）可以在左上角输入地址或经纬度数据，也可以直接在地图上查找，图 5.8.3 是传统的二维平面地图。图 5.8.4 是 Google 地球的三维地图（高程不很准确）。

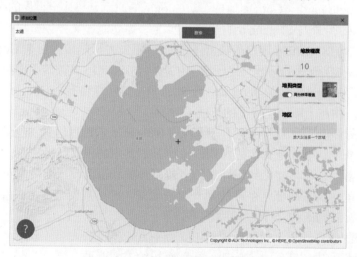

图 5.8.3　二维平面地图

图 5.8.4　三维卫星地图

（4）我想在太湖旁边盖个房子，如果对地图很熟悉，就很快能定位到你看中的地块（见图 5.8.5），单击右上角的"定位区域"调整大小，如图 5.8.5 所示。

（5）单击"抓取"，稍待片刻，你想要的地块就到了 SketchUp 的窗口中，如图 5.8.6 所示。

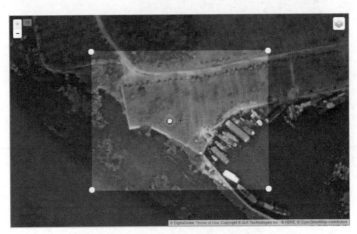

图 5.8.5　定位工程区域

（6）现在再查看"地理位置"，可见图 5.8.6 坐标原点处的经纬度精确数据，如图 5.8.2 所示。图 5.8.7 地图四周的红色线框说明现在这幅地图是锁定的。

现在你就可以在这幅地图上规划道路，盖房子，搞绿化了（1:1 真实尺寸），我刚在湖边朝向西南的方向盖了个水产品仓库，见图 5.8.8。

虽然上面介绍的"获取规划区域地图"的操作看起来轻而易举，这个功能也确实能够解决"城乡规划"和"建筑业"的部分问题，但是，新版的 SketchUp（2020 版以上）有了两个不同的地图供应商：Digital Globe 和 Hi-Res Nearmap，前者只提供低分辨率的地图，中国大陆的 SketchUp 用户仍然可使用；后者虽然可以提供高分辨率的地图，但是只有在部分地区有偿提供（不太贵），中国大陆暂时没有付款获取该服务的渠道。

图 5.8.6　攫取一片地图到 SketchUp

图 5.8.7　红色的框线代表锁定

图 5.8.8　在地图上建模

关于 kmz 文件与应用。

完成了上述的"截取一小片地图并建模"的任务后，可以在"文件"菜单中选择"导出"→"三维模型"→ Google 地球文件（*.kmz），导出一个后缀为 kmz 的文件；kmz 是谷歌公司研发的一种地标信息压缩文件，可以用 GoogleEarth 打开。

图 5.8.9 是"南迈阿密故乡计划"在 SketchUp 里的图形，导出 kmz 文件。

图 5.8.10 是在 GoogleEarth 打开这个 kmz 文件出现在 Google 地球上的结果。

本节附件里有一个 GoogleEarthProWin-x64.exe 和相关素材，你可以安装后自行体会一下。

图 5.8.9　SketchUp 里的工程平面

图 5.8.10　kmz 文件导入到 GoogleEarth 后

5.9 以图代模（植株平面）

这一节不讲建模和贴图，只讲要送给你的一大堆礼物，这些礼物并不是每一位读者都需要的，它们是建筑、景观和规划设计师们的所爱；如果你不是这些行业的从业人员或学生，下面的内容可以略去不理。

先来看一些建筑规划与景观设计方面的彩色平面图（俗称"彩平"），这一类图样已经成为成套图纸不可或缺的重要部分，图 5.9.1 至图 5.9.3）这些图样来自于公开渠道，为了不至于引起不必要的麻烦，已经提前把工程名称，设计单位等资料剔除，请注意这一类图样中，建筑物，道路和水体等重要对象，往往只是一些简单的色块；建筑物的位置还常常留白，露出底图上的标注文字。

还要请注意，在图样面积比例上，在视觉感受上，整幅画面占主导地位的往往不是建筑，反而是各种各样植物的平面投影图；这种现象在提示我们，绘制这一类图样，一定要注意植物投影图的贴图品质，操作也一定要多加重视。

经过上面的提示，再回去看看这些图，你可能会发现它们之间存在的一些共同问题：譬如用的植物投影贴图品种单调，制作得比较粗糙，有些甚至在整幅图只用了同一个贴图，同样的大小，有些整体颜色太深，饱和度太高，颜色深浅对比强烈，死气沉沉，急吼吼脏分分，粗鄙俗气，毫无美感与设计感……说实话，还可以指出一堆问题，留给你去发现吧。

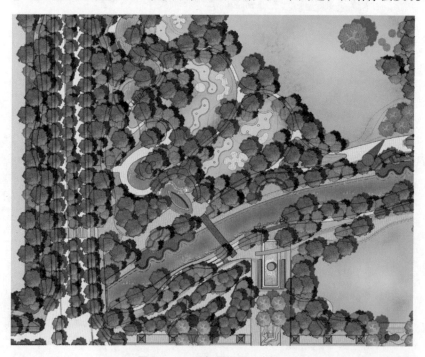

图 5.9.1 彩色平面图示例一

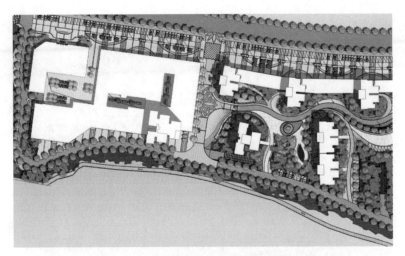

图 5.9.2　彩色平面图示例二

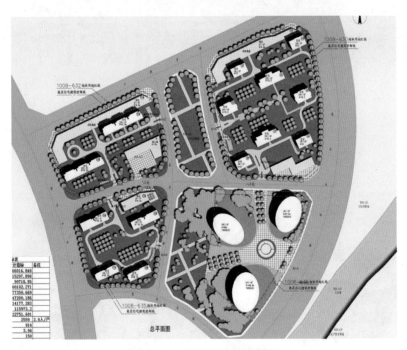

图 5.9.3　彩色平面图示例三

　　下面再展示两幅在我看来比较好的平面图（见图 5.9.4 和图 5.9.5），好在什么地方，一比较就知道了：首先是植株贴图做得比较精致；形态逼真，品种多样，大小参差，颜色深浅、搭配有方，整体色彩趋于近似，没有强烈的对比，比较素淡柔和、干净和高雅，一派大家闺秀风范，体现出作者良好的美学修养。

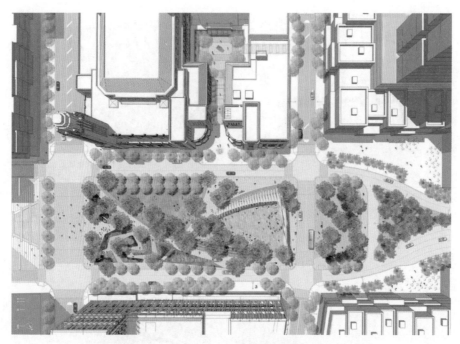

图 5.9.4　彩色平面图示例四

图 5.9.5　彩色平面图示例五

好了，看了这些彩色平面图，现在回来说说要送给你的一堆宝贝。

首先是图 5.9.6 所示的 CAD 植株图块，我特别推荐这个 dwg 文件，里面包含了南方常见的 200 多个不同品种的植株平面线稿，有些在北方也能用，分乔木，棕榈和灌木三大类，最可贵的是，每个线稿图样都有对应的植物名称，用起来就非常得心应手。

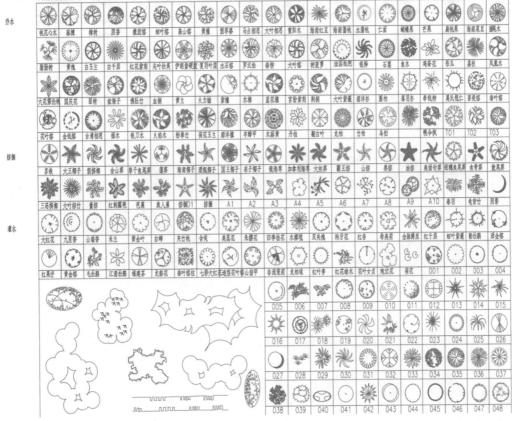

图 5.9.6　CAD 植株图块

面对这么多形态各异的图形，这里要对刚入行的新人做一点图示标准方面的普及：你现在看到的这些图样不是随便画画的；虽然国家标准与行业规范里并未对每一种植物图样做出具体的规定，但还是要遵循一定的原则；在中华人民共和国行业标准《风景园林 图例图示标准》（CJJ 67—1995）3.6 节里对植物的俯视图有一些原则性的规定：标准分成乔木，灌木，草本，棕榈等科目，还可细分为常绿的，落叶的，阔叶的，针叶的，密林，疏林等，各有不同的画法原则。我把这个标准文件留在了本节的附件里，方便你在学习和实战过程中遵照执行。我大概对照看了一下，这里的 200 多个图例，基本符合 CJJ 67—1995 标准中的原则。可放心使用。这个文件虽然是 dwg 文件，但是可以方便地分割加工成 SketchUp 用的组件。

早期的 SketchUp 自带有一批植物平面组件，如图 5.9.7 所示，新版的 SketchUp 只能联网到 3D 仓库去下载了。虽然有了这些现成的植株平面图组件，用起来很方便，但是请注意它们不一定全符合中国的行业标准，注意不要用了以后闹笑话。建议你使用之前最好跟上述的标准文本对照一下。另外，有些彩色的图样，色彩饱和度偏高，阴影的表现也过于生硬。

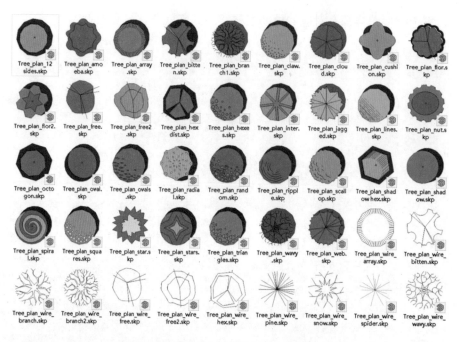

图 5.9.7　SketchUp 默认植株平面组件

图 5.9.8 所示是一些手绘的植物平面图样，比图 5.9.7 的生动漂亮，可惜只收集到这些，品种太少，而且没有植物的名称。用它们之前也请跟上述行业标准对照一下。

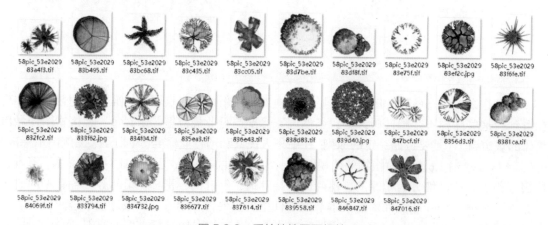

图 5.9.8　手绘植株平面组件

下面要介绍给你的宝贝就比较重要了，这是一批高清晰度的植物平面图样，一共有 77 组，图 5.9.9 的截图仅为其中的一部分；每一组有一个用于预览的 JPG 图片，还有一个用于 PS 贴图的 PSD 格式文件。

图 5.9.4 和图 5.9.5 展示的两个平面图就是用了这组图样中的一部分。另外还有两组植株平面图样，因为文件体积太大，不方便放在教程的附件里，我会把它们保存在百度网盘里，

并且在本节附件里提供文件下载链接。

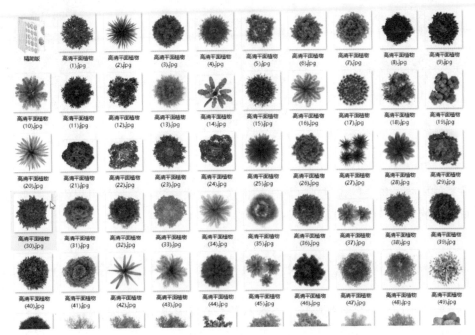

图 5.9.9　高清植株平面图

　　图 5.9.9 所示的这批高清植株平面素材，虽然品质较高，但是没有阴影，这个缺憾可以用下面介绍的方法来弥补，前提是你要安装了 PS 或者 PI，并且能使用它。

　　图 5.9.10 是图 5.9.9 左上角的第一个图像，图 5.9.11 是褪底去背景后，也可以直接打开 spd 文件，复制一个相同的图层，并且把其中一个图层的颜色调成黑色，如图 5.9.12 所示，接着调整这个图层的边缘柔化（羽化）到合适的程度，还要调整这个图层的透明度到合适，完成后如图 5.9.13 所示，分别调整两个图层中对象的大小和重叠后的位置，如图 5.9.14 所示，在 SketchUp 中运用后的效果如图 5.9.15 所示，创建"阴影"的方法有很多种，上述方法只是其中较容易掌握的一种。

图 5.9.10　素材原稿

图 5.9.11　褪底去背后

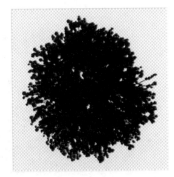
图 5.9.12　调整成黑色

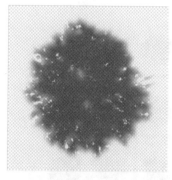

图 5.9.13 羽化与半透明

图 5.9.14 合二为一（png）

图 5.9.15 应用效果

这一节的内容，该说的说过了，该送的也送了。课后请看看附件里提供的彩色平面图，找找各自的优缺点，以便你在使用或创作的时候参考。

5.10 以图代模（模型赏析一 游戏场景）

这一节要介绍两个电脑游戏场景，当然不是为了玩游戏，而是因为这两个场景里的建模、贴图和材质做得有特色（不是没缺点），提供给大家做参考；由于用图文形式很难描述场景的全部，很难体会原作者创建模型时的思路与技巧，所以请打开附件里的模型对照。

如图 5.10.1 所示的场景来源于游戏《龙与地下城第四版》，这是一个完整的 Fallcrest 小城，有山有水，有民居有城堡，有瀑布有水车，有桥有坝，有游戏中所需要的一切，场景中的所有对象全部是 1：1 的实际尺寸。当你单击这些场景标签的时候（我已经把这些场景标签改成了中文的名称），你应该能够感受到这个模型给你的规模感和比例感，这是我们欣赏这个模型时要关注的第一点。

图 5.10.1 游戏场景示例一

当我第一次打开这个模型进行研究的时候，就感觉这个作者很聪明。如果你也已经打开了这个模型，可以从模型下面抽出来一幅图片和作为参照物的小人。

这幅图片就是整个模型的基础，只经过简单的"调整尺寸""画线""推拉"，就形成了真实尺寸的山山水水；地面和植被就直接用这幅图片来表达。各种建筑物也是在图片的基础上，用极为简单的办法创建的。这是我们需要关注的第二点。

打开这个模型的材质库，除了一幅图片，还有几个木纹瓦片之外，再也找不到几个用来做贴图的材质了，非常简洁，这是需要关注的第三点，也是最难做到的——能够用最少的素材表达创意比素材堆叠难得多，这也是衡量设计师水平的重要标准，所谓"做减法比做加法难"，是也。

这种建模的手法，用在商业性很强的电脑游戏上都可以，如果您愿意尝试，不妨在您的工程初步规划和设计中试试看。

如果你有一点点 PS 基础，在一幅地块图上绘制（包括粘贴现成的素材）并不是难事，导入 SketchUp 后推拉出地形，摆放必要的组件作为方案推敲用的沙盘，符合多快好省的原则。

如果你对 SketchUp 比较熟悉，直接在 SketchUp 里同样可以用色彩、贴图等手法达到同样或类似的效果。

如图 5.10.2 所示的模型也是个游戏场景，这是游戏场景的一小部分。火山口的附近有一个小城，分成两个区域，这一块大一点的建筑群是人们活动的城区，左边小一点的看起来像是个工厂区。

图 5.10.2　游戏场景示例二

总的来讲，这个模型做得不是太精细，不算太好，但我们要学习的是人家的优点，打开材质面板，我们看到这么大个场面的模型，所用到的材质贴图只有非常有限的几个，而整个模型看起来也还算热闹。

再打开"模型信息"查看线面数量，边线不足七万，面域不到四万，这点非常了不起。如何用最少的线面数量、贴图和材质开销，得到最好的视觉效果，这是我们建模的时候时刻要注意的，上面两个模型为我们提供了可以参考的实例。

5.11　以图代模（模型赏析二 雪中山村）

现在要展示的这个模型，是作者最喜欢的几个模型之一，像是从某个电脑游戏中攫取出来的片段经过改造的，但是这样的模型场景，其实用 SketchUp 也完全可以做得出来。十多年了，已经不记得这个模型的原作者和改造者，不过还是要向他们致敬。

这个模型经过改造后，很是搞笑。图 5.11.1 墙上的标语："多养猪，少生娃，计划生育靠大家"，这是很多年前的口号了，当年只有在农村才能看到。把猪和娃放在一起做宣传是当年农村计划生育工作者们的一大发明，寓教于搞笑之间。

言归正传，十多年前，我收藏这个模型，当然不是为了搞计划生育宣传，为的是这个模型非常不错的建模、贴图技巧和美学价值。现在我们就来仔细看看这个模型。

图 5.11.1　场景一

原始状态，第一个页面上，作者还引用了宋代陆游的一首词（见图 5.11.2）。

卜算子 · 咏梅

驿外断桥边，寂寞开无主。已是黄昏独自愁，更着风和雨。

无意苦争春，一任群芳妒。零落成泥碾作尘，只有香如故。

图 5.11.2　场景二

按中国文化人"以景写情"的表达方法，这首词以梅花写情，以梅花的凄苦泄胸中的抑郁，感叹人生失意坎坷；以梅的精神表达青春无悔的信念，以及对高洁人格的自许。这个模型的作者把这首词挂在第一个页面上，一定也是想表达点什么，其中的奥妙，我们局外人只能猜测，只有作者本人才能做出权威的解释了。

模型的原始状态只设置了4个页面（即本节的4个截图，见图5.11.1～图5.11.4），想必这4个画面是作者认为最好的视角，其中有3个页面可以看到"桥"，似乎是跟"咏梅词"的第一句"驿外断桥边"相呼应的。

其实这个模型里还有很多值得一看，值得学习的场景，为了让你看得清楚些，作者擅自为这个模型重新设置了一些新的场景；可以一个个单击看，也可以用动画的形式欣赏，通过在"视图"菜单中选择"动画"→"播放"，从村口开始，到小山村去转上一圈。

注意模型里有一个大大的败笔，就是图5.11.1中那个穿短袖红花衣的配角用得不好，整个场景是雪天的山村，灰蒙蒙、阴沉沉、冷冰冰的气氛，突然冒出这么个夏装女子，有点出乎意料，也许是作者找不到更合适的组件，依老朽看，这个红衣女配角，不如不要。这也从另一个角度印证了作者经常跟同学们讲的一句话："能要能不要的坚决不要"。

图5.11.3　场景三

图5.11.4　场景四

查看这个模型的线面数量，这么大个场景，只有16万边线，8.6万个面，算非常简洁的了。我们再来看看材质面板，除了配角的女孩组件的贴图，还有一些树木的贴图以外，真正用于建筑的贴图并不是很多，有些还是重复的。提醒你一下，这些贴图，很多可以保存起来留作他用。

好了，请打开附件里的这个模型，好好欣赏和学习吧。

5.12 以图代模（模型赏析三 水乡胜景）

图 5.12.1 是作者喜欢的另一个模型，喜欢它有几个原因，等一会再说给你听。请打开这个模型，用"漫游工具"沿着河边的石板路走一趟。现在来说说我喜欢这个模型的原因。

第一个原因是怀旧：作者从小就生活在跟这个场景差不多，甚至几乎一样的环境里：粉墙黛瓦、吴侬软语、低吟浅唱、小桥流水，生活中充满了传统文化。

几十年，弹指一挥间，沧桑巨变，粉墙黛瓦江南民居变成了钢筋铁骨大楼、小桥流水胜景填成了柏油马路，两千多年阖闾古城墙永远不见，低吟浅唱评弹昆剧变成了劲爆流行曲，哆到筋骨全酥，吴侬软语变成世界通用普通话，"文化搭台经济唱戏"，演员多到看不见戏台；劝人为善万般皆空寺庙宫观成了贪婪敛财企业……再想见到这种儿时记忆中的场景，要到景区花上三位数人民币买门票才能参观。

图 5.12.1　水乡小街

接着再说说这个模型在老朽眼中的出彩与缺陷之处。

这个模型的作者充分发挥出了 SketchUp 草图大师的特色，写景、写意、写情、不写真，大笔挥洒，只用来描绘粗旷的轮廓，绝不拘泥于细节；错落有致的传统民居，高耸的女儿墙，灰黑色的瓦片，依稀可见的木质长窗和半窗，狭窄的弄堂，青石板的路面，河边的码头，不太像船的小船，再配上一幅旧粉墙的图片，偏深灰的色调，非常成功地勾勒出苏南水乡沿河小街建筑文化的特色与历史的沧桑感。

如果要说这个模型还可提高之处，其实也有不少可说的；你现在看到的模型，是作者做过一些修改后的样子了；附件里还有它原来的样子。

首先，那个漂亮女孩是我放上去的，为的是好有个尺寸参照与人气。

第二，我帮作者做些个原则性的修改，原模型的街道路面，作者大概为了表达街道的沧桑感，沿路设置了很多凸出于路面 50mm 的石板，这是个原则性错误，要出人命的，任何朝代、任何城市、任何街道都不会允许有这样的路面。

第三，调整了路面贴图的尺寸和颜色。

第四，原模型所用的屋面瓦片和木质门窗，几乎都是同样的黑色的色块，完全分不清张三李四、王二麻子。现在把贴图的亮度稍微调高一点，改成这样，就可以分辨出瓦片和木质门窗了。

第五，看清楚贴图后发现，整个模型的木质门窗，只有一处的贴图是准确的。其余大多数的木质门窗贴图没有经过调整，原先乌黑一团的时候还能蒙混过关，把贴图的亮度稍微调高一点后，洋相就暴露出来了。这是模型里的一个败笔。这些都保持了原样没有调整。

第六，原先想表达弄堂小巷的位置缺少必要的视觉隔离面，我为他补上了两三处后，弄堂小巷的深邃感觉就出来了。

第七，还调整了一点点日照光影参数，把需要突出表达的河边小街暴露在阳光下，而不是阴影里，这样，整个模型的立体感就突出了。

最后，这两边挂的几串红灯笼，作为调整色调的点缀，画龙点睛无可厚非。但是，就这几串红灯笼，把一个老街民居的场景变成了商业化的，要买票才能进入的景区；在我看来，有点扫兴，不过还是尊重原作，留了下来。

另外还小修小改了十多处，但基本保持了模型的原貌。瑕不掩瑜，模型里虽然有不少可以改进的地方，但仍然把它作为有特色的模型之一推荐给你。在附件里保留了原始的和小修小改后的两个模型，供您参考比较。

5.13　以图代模（模型赏析四 海边仙境）

图 5.13.1 所示的模型，原作者为它起的名字是"艺术境界"，老朽擅自把它改成了"仙境"。这一节把这个模型拿出来，是要给你一个动脑子研究的对象，也算是一个思考题。

现在先简单介绍一下。

模型一共设置了 3 个页面，图 5.13.1 是第一个，图 5.13.2 是第二个页面，你发现有什么变化没有？今天之前的很多年间，作者在课堂把这个模型在投影仪或大屏幕上展示给无数的学生看过，分别单击两个页面，因为两个页面之间有 8 秒的过渡，有很多粗心的同学根本发现不了画面的变化。现在变成了图文形式，如果本书有幸印成彩色的，区别会很明显。

请注意第一个页面的背景是紫色的，第二个页面的背景变成了橙色。第三个页面（见图 5.13.3），两艘渔船停靠在黄昏的岸边，还有两棵棕榈树，暗喻了这是南方海边的环境。

现在我们来看看这个模型的几个主要的数据。

先看看模型的线面数量：边线仅 12500 多，面仅 5300。

看看材质面板，一共只有 16 个材质，还有一半是两艘船上用的。只有七八个简单的材质图片就能形成这么漂亮动人的模型，你相信吗？不管你信不信，事实就摆在这里。

图 5.13.1　场景一

图 5.13.2　场景二

图 5.13.3　场景三

　　我把这个模型留在附件里，值得你花一个小时研究一下，然后你一定会有心得。提示一下，研究的时候务必注意以下几点：

- 样式风格，水印，前景，背景，动画设置……
- 水面，与水面重叠的水草；材质与贴图的透明度把握……
- 整体色调的搭配和把握……
- 如果你足够仔细，你还会发现水草丛中的几只蝴蝶还会扑闪翅膀。
- 在动手研究它之前，要提醒你，请另存为一个新的文件，一定不要把这个原始状态的模型搞坏。

5.14　以图代模（模型赏析五 城市街道）

　　这一节你将要看到的这个模型是一个城市街道的场景（见图 5.14.1 至图 5.14.4），全部用贴图完成，正因为用了贴图，所以模型才能做得精致逼真。除此之外，这个模型里还安排了一个故事，说错了，不是故事，是事故，展示在图 5.14.2 和图 5.14.3 中，看清楚了吗？一辆车走到半路着火了，火光闪闪，乌烟浓浓，遮天蔽日，够吓人的，希望不要有人受伤。

图 5.14.1　场景一

图 5.14.2　场景二

图 5.14.3　场景三

图 5.14.4　场景四

把这个模型推荐给你有两个目的：第一个目的是要提供一个贴图做得较好的建筑和街道的模型给你学习和参考。其中部分大楼的模型还可以直接复制移用。另一个目的是，这个模型里将近 20 栋大楼的贴图全在里面，把它收集起来，今后建模就不用花时间找图片，用起来就方便多了。

这么大一条街道和建筑，居然只有七万多条线，两万多个面，这么小的开销能够获得如此好的效果，只有"以图代模"才能实现。

拿去好好玩吧。然后到你所在的城市去拍照，也做一条这样的马路练练手。

5.15　以图代模（照壁浮雕）

这一节，我们要讨论如何用图片在模型中代替浮雕的方法。请先看两个模型。第一个模型在本系列教材的其他部分里曾经出现过，如图 5.15.1 所示，像是一个从外太空来的宇宙飞船；仔细看，这个模型有着明显的伊斯兰风格，金碧辉煌、富丽堂皇，其中的贴图都做得不错，尤其是带有浮雕的部分，立体感非常明显；图 5.15.2 中的色彩搭配也颇有特色。

图 5.15.1　以图代模示例

图 5.15.2　以图代模的细节

这个模型中的细节全部用图片来表达，清晰传神，一共只有三十来种材质，并且线面数量很少，少到几乎像一盆花的文件大小（边线不足两万，面不到 8000）；用这么少的线面表现这种体量和效果，除非"以图代模"，否则绝无可能办得到。

第二个例子是一个中国传统建筑"照壁"的模型，是浙江宁波，网名"553535980"的同学所创建的。作者做过部分修改调整。这个模型做得很精细，结构基本符合真实，比例匀称，色彩也基本真实，值得推荐给你做参考。

照壁是中国传统建筑所特有的建筑形式，属于中国传统建筑文化的一部分。照壁也称为"萧墙"。就是成语"祸起萧墙"的"萧墙"。有种说法称照壁可以防止鬼上门，因为鬼只会走直线，不会拐弯。照壁也可称为"影壁"或"屏风墙"，有隔断视线保护隐私的作用。照壁还有体现宅主身份地位的作用。

传统照壁通常可分为上中下三部分，顶部的结构与作用大致跟房屋的顶部相同。中间是照壁的主体，通常装饰有避邪趋吉的砖雕。底部的壁座也可以装饰砖雕。现代照壁也有把顶部和基座大大简化的。

图 5.15.4 是准备好的素材，其中的①②是照壁中间的"樘子"和底座上的"束腰"部分，用来设置砖雕的位置，图 5.15.4 ③④⑤是三幅要用的素材，网络上找来的青砖和砖雕图片，需要提前处理一下，过程如下。

（1）把图 5.15.4 ④ 的两块青砖切割出来，分别创建群组。

（2）排列并旋转 45°，并且切割出照壁"樘子"的尺寸，成品如图 5.15.5 ①所示。

（3）把图 5.15.4 ③④两幅图片切割，缩放，排列成图 5.15.5 ③的形状。

（4）把图 5.15.4 ⑤的砖雕切割出来，拉出厚度 50mm，创建群组。

（5）准备得差不多就可以做最后的装配，成品如图 5.15.3 所示。

（6）不要忘记做成组件入库，留做后用。

顺便说一下，这个模型如果还想要做渲染，完全没有问题；但是很多渲染工具跟我们的汉字不太友好，所以要注意贴图和材质的名称不能有汉字，还有贴图和材质的路径里也不能有汉字，不然就要出毛病。

图 5.15.3　照壁

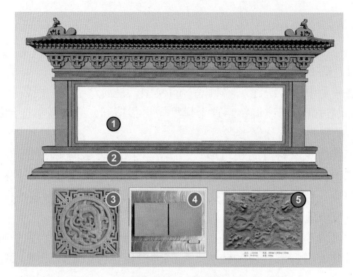

图 5.15.4　原始素材

图 5.15.5　加工好的素材

5.16　以图代模（华表）

　　北京天安门前有一对叫华表的汉白玉柱子，建于明永乐年间，已经有 500 多年的历史。华表是古代宫殿、陵墓等大型建筑物前装饰用的大石柱，是中国传统建筑中的常见形式。

据说华表在原始社会的尧舜时代就出现了；华表又称擎天柱，在汉代时称桓表。传说帝尧时代，尧为征集民众意见而设立，古籍中有"尧设诽谤木，今之华表木也"，也就是在木头柱上安放一块横木，设置在交通要道上，意思是让老百姓将意见书写在诽谤木上，体现君王纳谏的诚意。汉代时，华表多为木制，顶上立有白鹤，到了明代逐渐用石柱代替了木柱。

天安门前的这一对华表间距为 96m，每根华表由须弥座柱础、柱身和承露盘及蹲在顶部的神兽犼组成，通高为 9.57m，直径为 98cm，重达 20t。华表柱身上雕刻有精美的龙纹和云纹，柱顶上部横插一块云形的长片石，寓意柱身直插云间，给人以一种庄严的感觉。

天安门华表已经成为中华民族事实上的象征之一，有较高的艺术、美学和文化价值。这一节就要来讨论一下华表的建模和贴图。正如你所看到的，华表石柱的表面布满了龙纹与云纹，想要在 SketchUp 里做出实模，只要舍得花工夫，不是不可能，只是完全没必要。除非你正好是石雕行业，华表一类的雕花石柱在模型中通常是配角，能做到如图 5.16.1 所示的精细程度和视觉效果，应足够应付绝大多数项目的要求了。

图 5.16.1 的两个华表模型分属两种不同的组件形式：左边的那个属于"2.5D 组件"，右边的是"2D 组件"。所谓"2D 组件"的制作和应用，在本系列教材的《SketchUp 建模实例与技巧》4.3 节有详细的讨论，不再重复。"2D 组件"因为有制作容易、形态逼真、线面数量少等很多优点，所以在所有建模项目中，应优先选用"2D 组件"；但是有一种情况除外，譬如像图 5.16.2 这种近似俯视的场合，"2D 组件"的缺点就暴露无遗了。

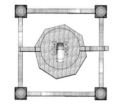

图 5.16.1　两种不同的华表组件（立面）　　　　图 5.16.2　2D 组件的缺点（俯视）

现在再来说说"2.5D 组件"：在大多数人的印象中只有 2D 和 3D 的概念，2D 就是平面的图像；"3D"就是立体的模型；这 2.5D 是什么玩意儿？简而言之，2.5D 既不是 3D，也不是 2D；或者说：既是 3D，也是 2D。

进而言之：2.5D 组件的体量是 3D 的模型，细节表达则用 2D 的图像来实现；这样做的好处显而易见：首先是避免了图 5.16.2 2D 组件的窘境，拥有 3D 组件的立体感，避免了创建

3D 组件的麻烦，还获得了 2D 组件的细节清晰度，却不会像 3D 组件般的臃肿……2.5D 组件应该成为所有 SketchUp 用户最优选的方案，最需要掌握的技能。

创建 2.5D 组件的步骤要从收集照片素材开始，为了建这个模型，作者收集了几十幅照片，大多数不称心，剩下的也要加工一下才有用，完工后算一下，寻找素材图片用去的时间大约占了 70% 以上。有了合适的素材，后续的建模就很快了。

图 5.16.3 里面有挑选出来的全部素材图片。

顶部的神兽和承露盘是从图 5.16.3 ④上描绘下来的，横向的云纹石条是从图 5.16.3 ⑤描下来的，实际的柱身截面是带圆角的六角形，我做成了圆形，贴图用的是图 5.16.3 ③的照片，图 5.16.3 ⑥的柱子和围墙，是从图 5.16.3 ⑦抠下来的，又贴了另外找来的图，整体的尺寸比例又参考了图 5.16.3 ⑧。

是不是够麻烦，其实所有的操作都没有多少技术含量，因前面都介绍过，不再展开细讲。要注意的是，有些地方要做投影贴图，有些地方要做坐标贴图。最后还要提醒你，这个模型还有个致命伤，在本书 3.8 节已经交代过的，是投影贴图带来的缺陷，除非重新画过（见图 5.16.3 ②）的这幅贴图；这样做是可能的，当然不会太容易，这个课题要放到后面关于无缝贴图的部分来讲。

图 5.16.3　建模素材与过程

上面介绍了两种形式的建模方法，今后遇到要创建类似模型的时候可以参考。

本节演示所用的文件都在附件里，供你做练习的时候参考。

5.17　以图代模（南瓜）

这个南瓜的建模和贴图的实例（见图 5.17.1 和图 5.17.2），大约十年前曾经以图文教程的形式在网上论坛发布过，曾引起很多 SketchUp 爱好者的兴趣和鼓励，今天修改后重新详细重现其建模和贴图的思路和方法。这种方法不仅适用于南瓜，类似的不规则对象都适用。

图 5.17.1　大南瓜

图 5.17.2　大南瓜

现在开始演示建模和贴图，操作步骤如下。

（1）导入一幅南瓜的图片，用旋转工具调整到如图 5.17.3 所示，以便后续操作。

（2）用圆弧工具或者贝兹曲线工具描绘出边线，如图 5.17.4 所示，注意把线画得靠里面一些，免得贴图后边缘漏白。打开 X 光显示形式可以看得更清楚，方便描绘。

（3）把描绘出的南瓜形状的图片沿着绿轴复制出一份，供做投影贴图用。请注意，复制的时候务必严格沿着绿轴移动，不然后面做投影贴图会有麻烦。移动的距离远近无所谓，只要不妨碍后续操作就可以。

（4）画一条直线，用旋转工具复制出若干条，如图 5.17.5 所示，复制的数量，要按照模型轮廓的复杂程度来确定，这里复制了 30 条。为什么要这么多辅助线，等一会就知道了。到了这一步，你就该知道为什么一开始要把图片调整到现在的位置了吧？

图 5.17.3　原始图像

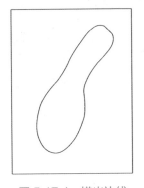

图 5.17.4　描出边线

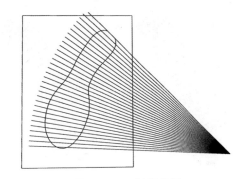

图 5.17.5　射线分割

（5）接着清理没有用的废线，留下在图 5.17.6 中看到的这些。我们知道，在 SketchUp 里，每条直线都有两个端点和一个中点，画这些辅助线就是为了要利用这些线段的中点，现在把所有的中点连接起来，就得到图 5.17.7 所示的中心线。

（6）接着要删除所有的废线，剩下图 5.17.8 所示的中心线和轮廓线。

（7）现在要用到一个叫作"路径垂面"的插件，英文名称是 Perpendicular Face Tools，用这个插件分别单击中心线上的节点，产生一系列如图 5.17.9 所示的"切片截面"，第一次单击的时候可以输入半径的尺寸。注意上下两端的曲线变化较快，可以适当增加切片截面的密度；中间曲线比较平缓的位置，可以降低点密度。

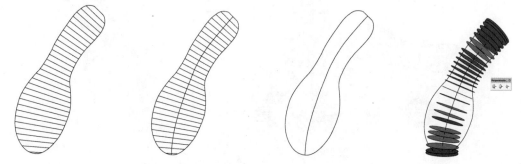

图 5.17.6　留下分割线　　图 5.17.7　连接中点　　图 5.17.8　留下中线　　图 5.17.9　路径垂面

（8）下一步要用缩放工具，配合 Ctrl 键做中心缩放，操作的时候要注意把每个切片截面的圆周尽量调整到跟南瓜的轮廓线重合，完成后如图 5.17.10 所示。

（9）切片截面调整好以后，删除所有面，只留下如图 5.17.11 所示的圆形。SketchUp 模型是以边线为基础的，所以，今后遇到难弄的对象，建模的思路一定要放在如何获得"线"的基础上，俗称"布线"是也。前面一大堆动作，就是为了要获得这些大大小小的线框。

（10）有了这些线框，接下来只要借助于一个叫作"曲线放样"的插件，英文名字是 Curviloft；具体的操作是，选择曲线，然后单击第一个工具 Curviloft-Loft by spline 进行"曲线封面"，如果封面的结果出现任何问题，可以减少参与运算的线框数量（或查找有没有废线头），分几次封面，再合并在一起。完成后如图 5.17.12 所示。柔化平滑后如图 5.17.13 所示。

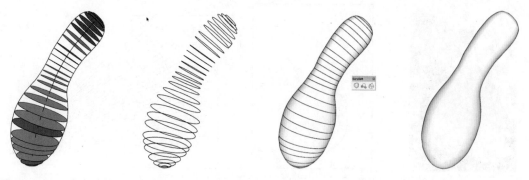

图 5.17.10　中心缩放　　图 5.17.11　留下线圈　　图 5.17.12　生成曲面　　图 5.17.13　柔化平滑

现在就可以做投影贴图了，完成后如图 5.17.14 所示。具体的操作要领已经介绍多次，不再赘述。

至于这一个瓜蒂，已经不很重要了，如果想要知道怎么做，请看下面的介绍。

做这个瓜蒂有很多种方法，也可以借助于不同的插件来完成；这一次我们用一个叫作"铁艺锥体制作"的插件来帮忙。

画一小段圆弧，到底要画多长，弯曲半径是多少，没法给你数据，在 SketchUp 里建模，很多时候就像画素描一样，是凭着感觉走的，这也是我爱用 SketchUp 的重要原因之一：受到电脑的束缚最少，最自由。

选中这条圆弧，再单击插件，选择瓜蒂的截面形状，再在弹出的数值框里填写起端和终端的半径，如果方向不对，还可以交换。成品如图 5.17.15 所示。

剩下的上颜色，移动、旋转、摆放等操作也只要跟着感觉走。

正如先前我们一再吐槽的，对南瓜这一类对象，目前只能用投影贴图，而投影贴图在这种场合运用有个缺陷，就是两个侧面有一部分不太好看，如图 5.17.16 和图 5.17.17）所示。解决这个问题的办法，在本书的 3.8 节曾经介绍过。

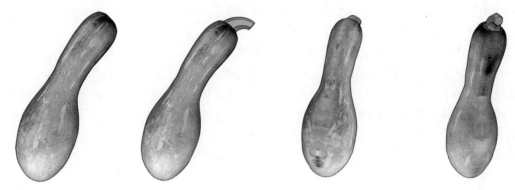

图 5.17.14　投影贴图　　图 5.17.15　配上瓜蒂　图 5.17.16　侧面缺陷（1）图 5.17.17　侧面缺陷（2）

5.18　以图代模（斧劈石假山）

假山是中国传统园林的重要内容之一。园林设计，特别是建模过程中，假山是难以避免的课题，而又比较难，难就难在假山的建模，要懂石头，懂叠石成山的规矩和技巧，要考虑周围环境，空间关系，各角度的造型，与周围建筑、水体、道路、植物的关系……这里面虽然有点技术，但更多的是艺术，二者不可或缺，全靠设计师和工匠们的悟性和配合。否则，出几身臭汗、码一堆石头，毫无美感。

时下，假山的材料有两大类，一类是天然的石头，人工堆砌时以水泥黏结。还有一种是现代以"低碱度玻璃纤维水泥"（GRC）为材料，以模具成型的假山，又称"塑石"或"塑山"。天然的石头每一块都有不同的模样，设计和施工当然困难。用模具生产的"石块"，品种规格有限，设计和建模、施工就比较容易，所以只能算是"产品"而不是"作品"。

太湖边的苏州是叠石假山的源头，历史上曾经出现过不少业内大师，现存有大量传世大作。江浙一带叠石造山常用的石料大致有以下几种：

- 湖石：属于石灰岩，以青黑色，灰白色为多。产于太湖周边，所以也称太湖石。石灰岩容易被水和二氧化碳溶蚀，表面会产生很多皱纹涡洞，造型奇特，是建造假山的上等材料。目前湖石已近枯竭，非常珍贵。

- 黄石：细砂岩，颜色有浅黄、灰、白等。产地在江苏常州一带，材质较硬，因常年风化冲刷，形成不规则多面体，石面轮廓分明，锋芒毕露。
- 英石：石灰岩，有青灰，黑灰等色。常夹有白色方解石条纹，多产于广东英德一带，故称英石。因山水溶蚀风化，表面涡洞互套，褶皱繁密。
- 斧劈石：属于沉积岩，有浅灰、深灰、黑、土黄等色，产于江苏常州一带，常见竖线条的丝状，条状，片状纹理。又称剑石，外形挺拔有力，容易风化剥落。
- 石笋石：竹叶状灰岩，有淡灰绿色，土红色，带有眼窝状凹陷，产于浙江，江西的常山，玉山一带，常见的石笋石，三面风化，一面有刀斧痕迹。
- 千层石：属于沉积岩，土红色中带有层层浅灰色，变化自然，多姿多彩，产于江苏、浙江、安徽一带。

除了以上介绍的几种，常见的还有房山石，黄蜡石，青石，灵璧石，钟乳石，宣石等。

作者大约在十年前，曾经就如何在 SketchUp 里面做假山置石的问题写过几篇图文教程，得到过很多 SketchUp 玩家的热情支持和赞同，甚至在几乎所有的可以发帖的地方，百度，豆丁，新浪，网易，搜狐，腾讯……都被其他人占先转帖赚取利益，还有至少几十位 SketchUp 玩家把我免费送出两个模型拿去赚取虚拟货币。不信你可以自己去搜索一下就知道。好了，他们愿意帮我做宣传也是好事。不过，在此之前，他们看到的只是图文教程和死的模型，今天你还可以看到视频，生动得多了。

图 5.18.1 和图 5.18.2 是两个稍微有点不同的假山模型，山体犬牙交错、陡峭险峻，有山有水，有瀑布有水车，有花草有树木，还有游客，有不同的背景，也有不同的视觉感受。看完这一节你会知道，这两个假山模型的源头可以追溯到同一幅图片，并不需要繁杂的建模技巧，可作为"以图代模"的典型实例之一。

图上有七八层楼高的假山（高 20 多米），竟然是来源于图 5.18.3 左侧的一幅"落地盆景"照片，分辨率只有可怜的 823 像素 ×579 像素；用手绘线工具从左侧的照片上描绘出边缘后复制出来的有效部分如图 5.18.3 右所示；后续的建模过程将从这里展开。

这幅图片有两种用法，第一种用法是按照片上每块石头的轮廓描绘细节，推拉出斧劈石的外形，如最后形成如图 5.18.1 和图 5.18.2 所示的整体，配上背景和参照物，很容易完成。

图 5.18.1　斧劈石假山（1）

图 5.18.2 斧劈石假山（2）

图 5.18.3 原始图片

第二种用法如图 5.18.4 所示，按照片上每块石头的轮廓描绘分解出来，再描绘细节，多次推拉出斧劈石的外形，创建群组（不是组件）后备用。图 5.18.5 就是"预制"好的一些石块，只要把它们堆叠起来，就可以形成一座新的假山。

下面介绍一些注意点和小窍门：

- 用手绘线工具勾勒石块轮廓前，必须先把图片炸开，勾绘轮廓时，注意所画的线条要在同一个平面上并且首尾相连，随时注意是否形成平面。
- 打开 X 光模式可降低勾绘轮廓线的难度。

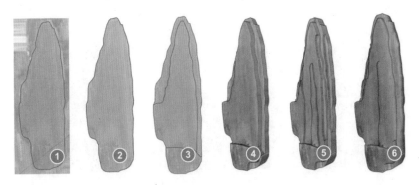

图 5.18.4 单块斧劈石的加工过程

图 5.18.5　斧劈石组件

- 先勾绘出每块石头的大轮廓，移动复制到外面，仔细观察纹理形态，根据石头纹理，进一步勾勒出细节。斧劈石的特点是形体瘦长，单薄，所以单块的石头，不要推拉得太厚。
- 用推拉工具做出造型，必要的时候还要再次勾勒出石头纹理的细节，多次拖拉。
- 勾勒轮廓和推拉造型的时候，通常颜色浅的部分凸出在外，颜色深的部分是凹陷的。
- 推拉造型完成后，全选，进行柔化。注意要根据石头的纹理，适度留下一些轮廓线，柔化面板上的滑块，最好不要调整到超过 90°。究竟要留下多少，全凭你对石头的认识和美学感受来确定。
- 做好一块石块的正面后，还可以复制和镜像，"背靠背"形成石块的正反两面。
- 用同样的方法，继续创建单独的石块。等你有了一批这样的石头后（最少要十多块）。就可以用它们来搭建你自己的假山了。
- 同一块石头，只要经过缩放，压扁，拉长，镜像，旋转，颠倒等手法，可以变成各种各样的形态，有空的时候，你可以用这个办法创建一个自己的斧劈石库，保存起来，今后要做假山，只要堆码一下即可。如图 5.18.6 所示。

假山的堆码自有规律和章法，请见附件里的文章。上述过程中要频繁使用手绘线工具，所以要提前为手绘线工具设置一个快捷键。前面介绍过原始照片的分辨率只有可怜的 823 像素 ×579 像素，如果想要模型有更好的清晰度，可以考虑用本书 4.4 节介绍的方法做"无损放大"。

图 5.18.6　用斧劈石组件堆叠假山

这幅图片的原始状态色调太暗，要调得明亮些，还记得怎么调用外部工具吗？通过在材质面板的"在模型中"（或单击小房子），找到原始图片的材质，右击它，编辑纹理图像 / SketchUp 打开外部图像编辑工具 / 调整编辑后保存（覆盖原图像）。

想要调用外部图像工具，必须提前做过以下设置："窗口"菜单中选择"系统设置"，设置"应用程序"选择指定"默认图像编辑器"路径。

在 SketchUp 的材质面板上也可以对原始图片做有限的调整，包括色彩的基调，明暗度，透明度等。

5.19 以图代模（黄石假山）

上一节我们借用图片，演示了创建单块斧劈石组件和整座斧劈石假山模型的基本方法。这一节要以一幅图片为基础，创建单块黄石组件和整座假山的模型。虽然都是以照片为基础，但因为斧劈石与黄石的形体特征相差较大，创建模型的方法也有较大的区别，所以单独列为一节来介绍。

图 5.19.1 是一座黄石假山，上一节我们曾经介绍过"黄石"属于细砂岩，特点是材质较硬，因常年风化冲刷，形成不规则多面体，石面轮廓分明，锋芒毕露。在这座假山模型上可以看到黄石假山的明显特点，苍劲有力。原始素材就是图 5.19.2 所示的照片。

请注意黄石跟斧劈石的区别。

上一节介绍的斧劈石，其特征是"层"，每一层有不同的形状，只要勾画出每一层的形状，拉出适当的厚度，就可以得到近乎完美的形象。

黄石的特征是"块"和"棱角"，如果仍然用勾画轮廓再推拉的办法，就不能获得满意的结果了，为了更好地表现黄石的"块"和"棱角"，还需要更多的技巧，所以创建黄石假山比创建斧劈石假山更难些。

图 5.19.1 黄石假山模型

图 5.19.2　原始照片

创建黄石（或类似石料）除了推拉，还可以用移动工具，配合 Alt 键移动某些边线和节点做折叠操作，图 5.19.3 至图 5.19.5 这幅图上圈出的地方就做了折叠的操作，你可以在附件里找到这个模型，仔细看看。

折叠操作还可以用插件"顶点编辑（Edit Vertices tools）"配合。单块的黄石（或类似石料）做成群组或组件，保存入库备用；堆叠成山时，还可以用缩放，旋转，复制，镜像等技巧形成新的石块。

接着我们来介绍一下如何创建黄石假山和一些特殊的操作。

做黄石假山的操作跟前面讲的斧劈石假山基本相同，也是从导入黄石或黄石假山，甚至盆景的照片开始；逐步勾勒出石块的外轮廓，描绘的时候同样要注意沿着石块的内部有颜色的边缘描绘，如果看不清楚，可以打开 X 光模式；如果想做成不同的石块，自行拼装出假山，就要把需要的面移动出去；根据照片上的纹理勾勒出细节；再推拉出细节，做成组件，保存起来以备后用。也可以在勾画出一块石头后，就在原处推拉成体，继续勾画和推拉出细节。

勾勒和推拉可以重复多次，以获得丰富的层次与细节，细节越多，就越逼真。

图 5.19.3　折叠效果（1）

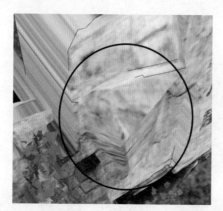

图 5.19.4　折叠效果（2）

图 5.19.5　折叠效果（3）

最后介绍一下如何克服假山模型侧面惨不忍睹的缺陷（包括斧劈石和黄石等所有石块）。

很多朋友创建的假山，正面是照片的原状，当然逼真，但是侧面就如图 5.19.6 所示的那样惨不忍睹，所以假山模型绝对不能以侧面示人，实在遗憾。原因在于 SketchUp 对于材质和贴图以"投影"为默认形式，图 5.19.6 所示的情况是正常的。

图 5.19.7 和图 5.19.8 两图是同一石块的另一侧面（可到附件模型里查看），看起来就比较正常，因为我采取了以下的措施。

（1）三击全选后取消柔化，暴露出所有线面（或柔化面板滑块向左拉到底）。

（2）挑选侧面一块较大的平面（不要同时选中边线），从右键"纹理"取消"投影"。

（3）再次以右键选中该平面（不要同时选中边线），从右键选"纹理"/"位置"。

（4）按本书第三章介绍的方法调整贴图位置。

（5）用吸管工具获取这个面的材质，再赋给其他的面。

（6）全部完成后，三击全选后适当柔化（保留部分必要的边线）。

（7）对其他的石块做相同处理，分别创建组件或群组后备用。

（8）完成后的黄石侧面效果如图 5.19.7 和图 5.19.8 所示。

图 5.19.6 侧面缺陷　　　　图 5.19.7 侧面贴图后（1）　　图 5.19.8 侧面贴图后（2）

石头堆成的假山是无生命的，但它有自然的纹理，造型和色彩朴实无华，这是假山的魅力，我们还可以在创建好的假山上栽种一些有生命的植物，点缀一下，赋予假山以生命。

5.20　以图代模（家具拉手）

请看图 5.20.1 所示的家具拉手，给你的视觉感受如何？　这些家具拉手有冲压的，有铸造的，有粗糙的，有精细的，有哑光的太空铝，有贼亮的克罗米，有塑料，有金属，关键是这样的效果不是靠后期渲染得到的，而是靠贴图。

图 5.20.2 是贴图前的白模，下面要逐步告诉你如何轻松获得最好的贴图效果。虽然这一节所说的是家具配件拉手，但是只要你动动脑筋，触类旁通、举一反三，同样的办法，同样的贴图也可以用于完全不同的对象。

图 5.20.3 里有贴图用到的十来个材质，其中有几个是相同的。

请注意图 5.20.4 所示的大多数图片的尺寸都非常小，你会发现，半数以上图片的分辨率都很低，只要运用得好，都可以获得非常好的效果，这就说明想要得到逼真的效果，并非一定要用大幅的高清图片。

图 5.20.1　家具拉手组件

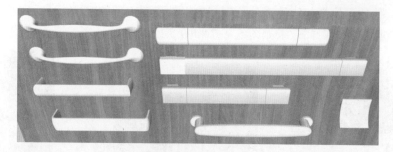

图 5.20.2　白模

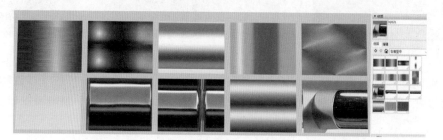

图 5.20.3　贴图用的素材

名称	类型	大小	分辨率
3wwe.jpg	JPG 文件	13 KB	25 x 167
44707aaa.jpg	JPG 文件	8 KB	79 x 39
brushedsteel2-imag...	JPG 文件	14 KB	102 x 167
hjh121.jpg	JPG 文件	27 KB	163 x 167
stee2l.jpg	JPG 文件	27 KB	200 x 175
275.jpg	JPG 文件	28 KB	400 x 235
2952f.jpg	JPG 文件	15 KB	512 x 182
ssax112.jpg	JPG 文件	57 KB	1782 x 410
ssax112a.jpg	JPG 文件	57 KB	1782 x 410
ssaxbawa22wqara.jpg	JPG 文件	67 KB	1898 x 512

图 5.20.4　贴图素材的分辨率

请看图 5.20.4，是这些图片的数据，譬如图 5.20.1 ③的拉手中间部分的贴图，竟然只是 25 像素宽、167 像素高的一幅小图。还有图 5.20.1 ⑤⑦两个拉手，包括中间和两头，用的都是 79 像素宽、39 像素高的一幅小图。如果不是亲自检测过，简直难以置信。

本节配套的视频里有针对每一个家具拉手做贴图的具体操作，不过想要用图文的形式介绍全部过程，将会占用大量篇幅，所以建议你去浏览本节配套的视频教程。下面仅列出看视频教程和实际操作时需要注意的要点：

- 无论用"投影"还是"坐标"方式贴图，都需要提请把材质的大小、方向、角度等要素在一个与贴图对象尺寸相当的"辅助面"上调整好。
- 若是做"投影"贴图，这个"辅助面"的大小还必须与贴图对象严格相同，辅助面的位置也应跟贴图对象严格平行对齐。
- 选用和调整贴图素材，要特别注意能够尽可能反映对象的明暗面，如果你还没有素描基础，恐怕需要突击补充一点这方面的知识。

好了，如果您认真看过这个视频，就会知道，原来这么漂亮逼真的家具拉手并不很难。

还有，如果您对图 5.20.1 ①②所示的两个铸造件拉手的毛坯是怎么做出来的有疑问，我的回答是：只要你按系列教程的顺序学习，并且认真做过练习，做这种东西根本不会有困难。就算这两个有一点点难度，也不过用到了细分平滑插件而已。

附件里有这些拉手的毛坯，还有贴图用的所有图片，去试试吧，你同样可以成功。

5.21　以图代模（传统门环）

这一节要介绍的是两个传统的门环，像作者这个年纪的人，这是生活中常见的东西。

图 5.21.1 和图 5.21.2 是第一个；图 5.21.3 和图 5.21.4 是第二个。第一个黄铜色，金碧辉煌，高调张扬；第二个古铜色，低调雅致、有内涵。

图 5.21.1　传统门环（1）

图 5.21.2　门环特写（1）

图 5.21.3　传统门环（2）

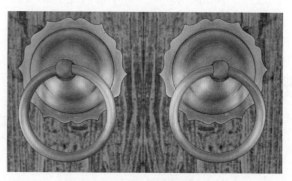

图 5.21.4　门环特写（2）

如果我告诉你说，创建这两组门环所用的时间相差 100 倍，你信不信？如果我再说，古铜色的这个比黄铜色的那个，要多花 100 倍时间，你信不信？不管你现在信不信，看完这个教程后，你一定会相信。

现在先来看看第一个，金碧辉煌高调张扬的这一个；从图 5.21.5 所示的角度去看，所有的金碧辉煌全部穿帮，原来它只是把一幅图片拉出点厚度的一块平板，两分钟就能完成。

再用同样的角度看图 5.21.6 的古铜色门环，它是完整的 3D 模型；现在您该知道为什么做这个门环的模型需要百倍的时间了吗？

好在很少会有人用这个刁钻的角度去看 SketchUp 模型的细节，所以，即便你只用两分钟做出一个"以图代模"的门环，我保证你有 99% 以上的机会不至于穿帮出洋相，至于那 1%，就是你自己和教你偷懒的我有机会看到。

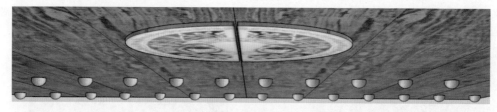

图 5.21.5　俯视门环（1）

图 5.21.6　俯视门环（2）

想必上面那个两分钟就能搞定的偷懒做法，聪明的你根本不用我来教，不过我还是愿意把我的操作复制下来供您参考。

图 5.21.7 是原始图片，淘宝上找来的，先不要炸开；在原始图片上画个圆，稍微调整一下大小和位置，炸开，大概要用十秒钟。

把需要的部分复制出来，再在中间画一条竖线，把图片一分为二，就算又用了十秒钟。拉出厚度。再创建组件，再用 10 秒钟。如图 5.21.18 和图 5.21.9 所示。

接着要把做好的半个月亮缩小一点，移动到门板上，再用十秒；复制一个，做镜像，就算也用十秒，完成后如图 5.21.10 所示。

图 5.21.7　门环的原始图片

图 5.21.8　画圆并切割

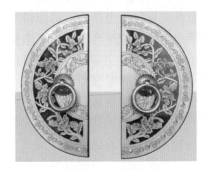

图 5.21.9　拉出厚度

图 5.21.10　应用效果

好了，满打满算，总共用了 50 秒，不到 1 分钟，就算你是新手，操作不熟练，最多也用不了 3 分钟。这就是用图片代替模型的优势，多快好省是特点，快捷还高保真。缺点只有一个：不能从侧面端详，好消息是几乎不会有人这样看，所以这个方法是个值得向你推荐的好办法。这个办法当然不限于做门环。

不过，一定会有人对上面介绍的"以图代模"的方法觉得"不过瘾"，要想创建实模，所谓"实模"是区别于以图片代替的模型，也就是有体量有形状的实体模型。实模有实模的优点，最大的优点是从任何角度观察它都不会穿帮；为了得到这个优点，至少要多花 100 倍的时间（这是根据实际操作时间估算出来的，并无夸张和形容）。

如果你愿意花这么多时间获得一个差不多的结果，请看下面的演示。

首先需要对图片进行预处理，至于为什么要对图片做预先处理，只要看图 5.21.11 左侧的原始图片就知道了：整个门环可以分成三部分，底盘、圆环和中间的"纽"，除非你有条件对这三样分别拍摄照片，不然得到的图片都有同样的问题：也就是圆环的部分遮挡了底盘部分；而圆环本身也被"纽"所遮挡了一部分。所以需要预先对图片进行处理。

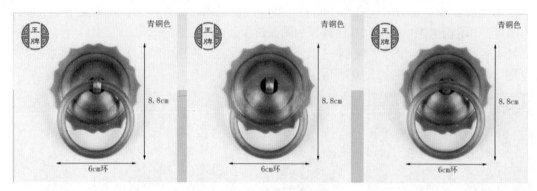

图 5.21.11　原始图片与加工

在本书的 4.11 节，介绍过 PS 和 PI 的"仿制"功能．图 5.21.11 中、右的两幅图片就是用仿制功能处理过的，被遮挡的部分得到了修复。图 5.21.11 中央这幅图用仿制功能消除了圆环的部分，露出了全部的底盘。图 5.21.11 右这幅图清除了遮挡圆环的"纽"，露出了全部的圆环，这样，就为后续分别做投影贴图创造了条件。

为了得到这个投影贴图的条件，对两幅图片做预处理，绝大多数时间用在了把遮挡部分去除的操作上，用了这么多时间，经过处理后的图片，仔细看，还不是十分完美，多少还是能看出一些破绽，不过已经可以用了。

接着用圆弧工具或者贝兹曲线工具画出底盘的外部轮廓；用圆工具画出内部的两个圆，难度在外圈，如图 5.21.12 所示。

做出中间鼓肚子的部分，连同路径跟随，如图 5.21.13 所示。

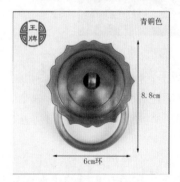

图 5.21.12　勾绘轮廓

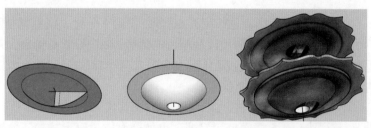

图 5.21.13　做出凸出部分

作者做底盘投影贴图的时候，因为中心线丢失，定位不准，造成投影贴图不准确，返工好几次，所以一定要注意留下中心线和参考点（见图 5.21.14）。

制作圆环部分，包括描绘轮廓，创建放样截面，做路径跟随，投影贴图等工序，完成后如图 5.21.15 所示。

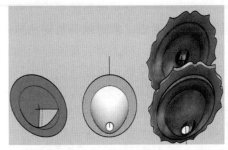

图 5.21.14 投影贴图

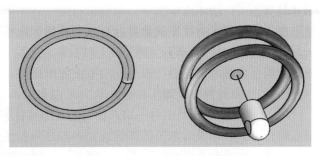

图 5.21.15 放样与投影贴图

中间的这个"纽"（见图 5.21.16）看起来不怎么样，却也让我用掉大概 5 分钟。

把这三件组装在一起，用了大约 3 分钟（见图 5.21.17，还借助了 MOVER 精确移动插件）。

最后，要安置到门板上去，缩小和移动，复制和镜像，大约十秒，可略去不计，如图 5.21.18 所示。

大概估算一下，用掉的时间超过一小时，三分之二用在了图片的预处理工序上，为了得到经得起端详的实模，这个工序无法回避，这个代价是必须付出的。

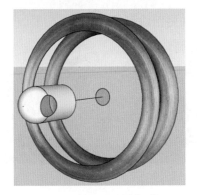

图 5.21.16 创建"纽"

图 5.21.17 组装

图 5.21.18 成品

上面展示的两种方法生成的模型和所有素材都保存在附件里，你也可以试试，体会一下。

5.22 以图代模（老式拉手）

这一节要做一个像图 5.22.1 至图 5.22.3 所示的老式抽屉拉手，这种配件在现代家具中不再常见，但是创建这种模型和贴图的思路和方法还是值得介绍的，掌握后可以用于其他类似的对象。

在淘宝上找到图 5.22.4 这样一幅图片，想要以这幅图片为基础来建模，但是这幅图片上有两处被红色和白色的文字覆盖（见圈出处），虽然遮盖得不多，但是为了得到完美的贴图，还是需要提前用 PS 或 PI 做一下预处理，仍然是用仿制工具。如果对此不熟悉，请查阅本书 4.11 节。

注意图 5.22.5 图片上的两处已经处理完成，现在基本看不出来了。画一条水平辅助线，用旋转工具把图片调正后，如图 5.22.6 所示。

图 5.22.1　成品（1）

图 5.22.2　成品（2）

图 5.22.3　应用

图 5.22.4　原始照片

图 5.22.5　修图后

图 5.22.6　旋转调整

接着用圆弧工具或贝兹曲线工具勾勒出轮廓线，如图 5.22.7 所示。画线的时候要注意往中心靠一点，免得贴图后出现背景的颜色。画曲线的片段数也可以适当提高一点。

把图片的有效部分复制移动出来；在两侧的螺丝孔里绘制定位用的十字线（重要），后面做投影贴图的时候要用它来定位。然后创建群组。如图 5.22.8 所示。

画一个圆，创建群组（为了方便缩放和移动），用缩放工具和移动工具使之尽可能与拉手图片凸出的部分吻合，如图 5.22.9 所示

在新画的圆上做出拉手凸出部分的放样截面，图 5.22.10 这个截面怎么画，全凭你对这种拉手的印象，如果你压根就没有见过这种拉手，那就跟我画得差不多就行。

接着做路径跟随，完成后如图 5.22.11 所示。如果操作顺利不出错，在背面应该自动形成图 5.22.12 ①这样的一个面，这是下一步做模型交错必须的条件，如果没有自动形成这个面，那就有点麻烦了，可以试着用 dwg 修理工插件协助，来形成这个面。

图 5.22.7　勾绘边线

图 5.22.8　区割移出

图 5.22.9　绘制圆形

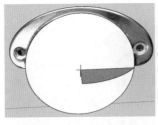

图 5.22.10　绘放样截面

图 5.22.11　完成放样后

图 5.22.12　背面

把刚才那个面拉出来，如图 5.22.13 所示，准备做模型交错；模型交错的操作最好多重复几次，这是我的经验。模型交错并删除部分废线面后如图 5.22.14 所示。有时候因为模型交错不彻底，造成后续的操作都没法进行，很麻烦。图 5.22.15 是清理掉废线废面后的样子。

图 5.22.13　准备做交错

图 5.22.14　模型交错后

图 5.22.15　删除废线面后

为了后续做投影贴图的需要，画一条定位线，再复制到另一侧，如图 5.22.16 所示，移一个贴图过来，要准确定位在辅助线的端部，如图 5.22.17 所示，接着做投影贴图，完成后如图 5.22.18 所示。

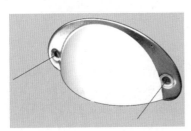

图 5.22.16　画两条辅助线

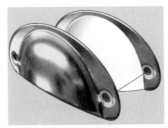

图 5.22.17　复制并对齐

图 5.22.18　投影贴图

图 5.22.1 还有两个螺丝孔，经常被粗心的同学忘记，提醒你一下。见到自己的劳动成果，一定很开心。

5.23 以图代模（家具护角）

这一节里要介绍的是一个看起来很简单，真正做好它却不太容易的对象，一个中式家具上常见的"黄铜护角"。图 5.23.1 就是完成以后的应用。

图 5.23.1 樟木箱护角

下面演示创建过程。图 5.23.2 是导入后的图片，是歪斜的，长度和宽度也不成比例。

先校正图片。画一个正方形，大小无所谓，如图 5.23.3 ①所示，再画一条对角线。这是后续调整照片用的样板。

把导入的图片移动到正方形上，把照片的一个角跟样板的左下角对齐，用旋转工具和缩放工具把照片调整到一条边对齐，如图 5.23.3 ②所示，现在炸开图片，通过在右键快捷菜单中选择"纹理"→"位置"选项调整图片的坐标，要调整到图片上的两个直角边跟正方形的两条边和三个角都对齐，对角线还要正好平分照片上的对象。就像图 5.23.3 ③这样。

图 5.23.2 原始素材图

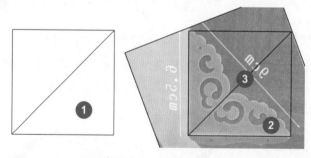

图 5.23.3 旋转与调整

如图 5.23.4 所示，用圆弧工具勾画出所有曲线轮廓。把勾画出的对象复制出来，用贝兹曲线工具画出中间的镂空图案，如图 5.23.5 和图 5.23.6 所示；做旋转复制和镜像，把大面拼成一个整体，如图 5.23.7 所示；用缩放工具把小面拉宽一点，旋转，复制移动到位；组合成功后如图 5.23.8 所示。

图 5.23.4　勾绘边线

图 5.23.5　分解与镂空

图 5.23.6　旋转复制镜像

图 5.23.7　拼接

图 5.23.8　组合

　　为了获得如图 5.23.9 所示转角处的高光效果，用倒角插件 Round Comer 倒一个小小的圆角，重新做坐标贴图（这一步也可省略）形成第一种大小面不等的护角。复制一个后把对象的大面旋转复制组合后，可以得到三面相同的护角，如图 5.23.10 所示。

　　图 5.23.11 是应用后的效果，逼真度还行吧？其实没花多少工夫，这就是"以图代模"的妙处之所在。

图 5.23.9　成品（1）

图 5.23.10　成品（2）

图 5.23.11　应用（1）

　　图 5.23.11 是具体的应用：南方人嫁女儿必需的嫁妆——樟木箱。

　　在本节的附件里，还给你留下了一些练习用的素材，图 5.23.12 和图 5.23.13 所示为其中的一部分，看看能不能为这个陪嫁用的樟木箱换个"搭扣"，再加两个"拉手"。

图 5.23.12 应用（2）

图 5.23.13 练习用素材

5.24 以图代模（2D 组件）

图 5.24.1 里有一些树木的模型，我们来对照一下它们之间的区别。从视觉感受上看，区别不是很大。但是从模型的线面数量来衡量，第一棵线面数量最大，中间两棵线面数量最少，右边一棵介乎两者之间。

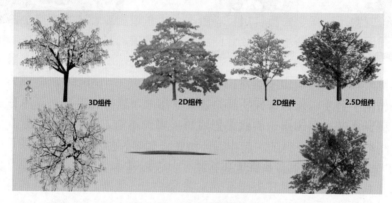

图 5.24.1 三种组件比较

现在来仔细看一下，左边一棵树是所谓 3D 的，从树干到树叶，都是在 SketchUp 里创建的 3D 模型，做这样一棵树，要花不少的工夫，即使是顶尖的高手，也无法把 3D 的树做到像照片一样的真实。很少有人花大量工夫去创建这样的树木花草组件。而它的优点只有一个：无论从什么角度看，它都像是一棵树。

需要指出：3D 组件最根本的缺陷是，它们的线面数量大到只能偶尔在模型中出现，难以在模型中大量使用；所以，如果你不想把你的电脑搞死，对于 3D 形式的树木花草类组件，必须非常谨慎地使用，最好不要用。切记，在你的模型中要绝对避免大量使用 3D 形式的树木花草类组件。

再看中间这两棵树，是所谓 2D 的组件，它是用照片或手绘的图片加工而成的，优点是逼真，线面数量最少，少到可以忽略不计，所以可在模型中较多地使用。但它有一个缺点非常致命，就是从顶部看它的时候，只能看到一条线，如图 5.24.1 中下所示，这个缺点部分限制了它的应用场合；当您的模型需要鸟瞰俯视的时候，要避免使用这种组件；如果你的模型不需要提供顶视的角度，推荐你使用这种形式的组件。另外，创建这种组件也比较方便，只要一张图片就可以做出具有自己特色的模型，在下面的篇幅中，我会介绍如何把一张图片做成这种组件。

第四棵树是被称为 2.5D 形式的组件，可以看到，它的树干和大树枝是 3D 形式的，树叶则是用图片加工而成，它兼有 3D 和 2D 两种组件的优点，同时又避免了 3D 和 2D 的缺点，取二者之长，克二者之短，也是一种值得推荐的组件形式。创建这样的组件，虽然比 3D 形式省事，但也需要花不少的工夫。大多数人都是找一些现成的用，很少有自己动手创建的。

接着来看看图 5.24.2，里面有人物、有动物；标注① 的这两位是 3D 的人物组件，算是做得相当不错的了，但是，还是远不如后面标注为② 这一群 12 位 2D 的人物逼真传神。如果我告诉你，仅仅是标注③ 处的一条 3D 的小狗，它的线面数量就超过后面这一群 12 位 2D 人物的总和，你还愿意在你的模型里用很多 3D 的人物、动物组件吗？

图 5.24.2　线面数量比较

为了有效地避免无关紧要的配角们占用太多计算机资源，人们想出了很多办法。这里看到的一些被称为轮廓组件或阴影组件的对象，用这种办法，可以很好地在资源占用与效果之间作出平衡。

正如你在图 5.24.3 中所见到的，这种简化到只有轮廓的组件，可以是人物，动物和植物，甚至模型中所有的配角，都可以用这种形式的组件来表达。用这种轮廓组件的好处非常明显：

图 5.24.3　2D 组件

避免模型中的配角喧宾夺主，突出模型中想要强调的主题，这是优点之一，此外，线面数量少也是非常可贵的优点。

第三个优点是：还可以把这种组件做成半透明的，不会遮挡模型中的其他部分。

图 5.24.4 是一些手绘风格的 2D 组件，除了拥有跟其他 2D 组件共有的优点缺点之外，还有不落俗套，令人耳目一新的优点；用这种类型的组件，要注意风格的统一，你最好提前收集到所需的所有手绘组件，一定不要把手绘风格的跟其他风格的混用，否则效果会打折扣。

图 5.24.4　手绘 2D 组件

创建 2D 组件的方法和要领在这个系列教程的《SketchUp 建模思路与技巧》4.3 节已经做过详细的交代，如果你有系列教程的这个部分，可以回去查阅。为了照顾手头没有系列教程这个部分的读者，下面我快速演示一下创建 2D 组件的方法和要领。

图 5.24.5 上半部有 3 幅图片，可以看到它们的明显区别：右边两幅，不用加工就可以用，它们是 TIF 或者 PNG 格式的图片；左边的，是常见的 JPG 格式的图片，保留有不透明的底，显然无法直接使用。

图 5.24.5　阴影比较

那么右边的图片就无懈可击了吗？不是的。如果打开日照阴影，就发现问题了。请看图 5.24.5 下半部，有两幅图片的光影是个矩形，这种感觉比没有光影更差劲（见图 5.24.6）。

遇到这种情况我们要如何处理？最偷懒的办法是，右击它，把右键快捷菜单中的阴影，投射前面的勾选取消，它就像鬼一样，不产生光影了（据说鬼是没有影子的）。

如何使这些树也能够获得真实的光影呢？其实也很简单，只要用徒手线工具，顺着树冠和树干描上一圈，删除周边无关的部分，就可以获得真实的光影了。如图5.24.7①所示。现在再打开它的投影，光影变化了。

一个新的问题：用徒手线画的一圈边线很难看，怎么办？有两种办法可以解决这个问题：第一种办法是，创建一个图层，命名为隐藏线，然后双击这个表面，同时选择了线和面，再同时按住 Shift 和 Ctrl 做减选操作，减去这个面，剩下补选中的都是边线，在实体信息里把这些选中的线调到隐藏线的图层里去，关闭这个图层，边线就看不见了。这个方法有点麻烦，但是当你的模型中有大量需要隐藏的线条时，会比较方便。另一种方法比较快捷直观，推荐使用，用删除工具，按住 Ctrl 键做局部柔化，在所有边线上刷一遍就可以了。

现在还有最后一步，就是创建组件了。制作组件的时候，除了要勾选图5.24.7④总是面向相机以外，还要单击图5.24.7③"设置组件轴"，单击它以后，光标变成了一个坐标轴的形状，移动光标到树干的中心，单击一下，确认旋转的中心，接着，把光标沿着红轴移动，看到红色的虚线后，再单击一下，然后，旋转一下模型，鼠标再往绿轴的方向移动，看到绿色的虚线后，第三次单击鼠标，这样就确定了旋转的中心和旋转的平面。图5.24.7①所示，单击"创建"以后，一棵大树的组件就创建成功了。经过以上处理的这棵树，旋转的时候，它会把最好看的一面对着我们，也可以产生真实的光影，线面数量也不多。推荐在模型中应用。

图 5.24.6　矩形的阴影

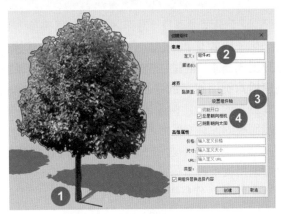

图 5.24.7　真实的阴影

本节附件里为你留下了一些人物、动物和植物的照片，请动手做成组件。

5.25　以图代模（PS 造树滤镜）

在此之前的很多章节，讨论的都是如何用图片来代替模型或模型的一部分；之前我们想要在模型里得到树，需要到处去找树的照片和素材，寻找素材所需的时间和精力占了很大的比例，花很多时间找来的图片还要做抠图褪底，制作组件，折腾到最后还不一定称心；更令人倒胃口的是：常见到一个模型里的树全都来源于同一幅图片，千篇一律，非常扫兴。

这一节要介绍的是用 Photoshop 里的造树滤镜创造出称心如意的高保真树木素材，要多少有多少，而且每棵树都可以是唯一的。创建的树可以直接用在渲染后的效果图上，也可以用在 SketchUp 模型导出的彩图上，用在 LayOut 的二维图纸上，当然也可以做成 SketchUp 组件，重复使用。

假设我们要在图 5.25.1 ①处添加一棵树，下面介绍全过程。

图 5.25.1　需要种树的花池

这个例子用的是 Photoshop CC 2021 试用版（2015 以上的版本都有"树滤镜"）。

打开图 5.25.1，创建一个新的图层，新建树木的操作将在新图层里完成。

创建树木所用的滤镜可通过在"滤镜"菜单中选择"渲染"→"树"获得。

图 5.25.2 就是创建树的滤镜面板，我们将在这里凭空创造出一棵或一批树。

滤镜面板的左侧（见图 5.25.2 ①）为实时预览图，右侧为操作区，现在从上到下介绍一下。

上面第一个选项（见图 5.25.2 ②）可以在默认值和自定义二者间做选择：所谓默认值，就是直接调用提前设置好主要参数的"树"，不过仍然可以在下面的面板上对很多参数做调整。这样做有个好处，就是操作者在完全没有概念、不得要领的条件下，先用系统默认的参数获得一棵大概的树，然后再做修正，这样就不至于出现太大的失误。

如果选择"自定"的话，你就可以像上帝一样，完全按自己的意愿创造出一棵树。对于植物学知识不过硬，又不善于观察模仿的玩家，弄出来的树，可能会是牛头对上马嘴，兔子耳朵配猪的腿再披上老虎的皮毛，不三不四闹笑话。所以建议大多数人从修改默认值开始进行体验。

接着看下面，图 5.25.2 ③④这里有基本和高级两个标签，先来看基本标签里，就有八九个参数可以调整，这些参数决定了"树"的基本模样。

"基本树类型"里有 34 个不同的树种可供选择，其中大多数是中国景观常用树种。

光照方向：是指定光线的来源方向，调整这个参数会影响树的明暗。

"叶子数量""叶子大小"用来定义树叶的多少和大小，据对34种预设的树木观察，默认的树叶数量普遍偏高，尺寸普遍偏大，需要调整。

树枝高度：其实是"树干"的高度。

树枝粗细：其实是同时调整树干和树枝。

经过上面对几个参数的调整，这棵树就基本符合我的要求了（见图5.25.2）。

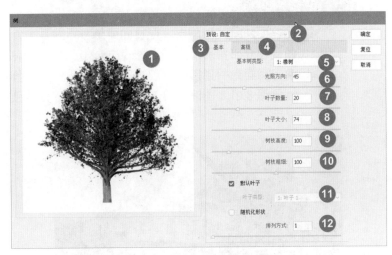

图 5.25.2　造树滤镜（1）

下边"叶子的类型"强烈建议你保留"默认叶子"的勾选，不然会闹笑话。如果你有雅兴，一定要为这棵树配上其他的树叶，取消默认叶子的勾选后，还有另外16种选择，不过这样做了以后，得到的一定是一棵不伦不类的树，也许会让你后悔不已。

最后一个参数是"随机化形状"，拉动滑块，同一棵树可以产生100种不同的形态，都是随机产生的。在需要同一树种很多副本的时候，为了避免简单复制后产生的单调感，这是个非常好的功能，稍微调整一下就可以得到无数相同树种而形态不同的副本。

现在我们单击图5.25.2④的"高级标签"；这里也有一些参数可以设置，大多是对已经生成的树木进行细节方面的调整。请看图5.25.3。

第一个选项②是"相机倾斜"（其实是旋转），拉动滑块可以在0到24之间进行调整。

下面两项（见图5.25.3③④）可以分别调整树叶和树干的颜色，勾选自定义颜色后，再单击右边的色块，弹出的界面跟SketchUp的调色板不完全一样，但用途及用法差不多。

下面还有4个只需勾选的选项，图5.25.3⑤⑥⑦⑧都是用来对已经生成的树木细节做调节的。其中第二个，增强叶子的对比度，勾选后可以明显突出树叶之间的色差，因此得到的图像层次更为丰富，更为逼真可信。

如果一切都满意，就可以单击"确定"按钮，导出这棵树到PS的工作窗口里去。

最后移动缩放这棵树到图5.25.4①处，还可以对色阶、色温、对比、色调等参数做进一步的调整，这里就不再详述了。

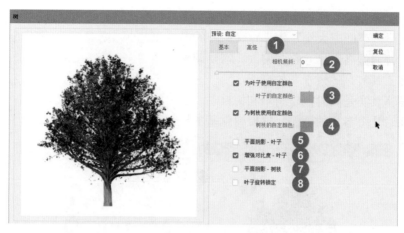

图 5.25.3　造树滤镜（2）

图 5.25.4　种上一棵树

　　上面的演示是在一幅图片上添加一棵树，如果想多做几棵树，放到 SketchUp 里做成组件，留作后用，请看下面的操作过程。

　　在 Photoshop 里新建一个项目，创建一个画布，注意作为配角的树，一定不要做得太大，否则会占用太多计算机资源，创建的画布横竖方向都有五六百像素就够了。

　　在 Photoshop 里新增一个图层，而后单击"滤镜菜单/渲染/树"调用造树滤镜，选一种树，然后根据你对这种树的认识，对各项参数做调整。确定后，这棵树就出现在画布上，现在关闭背景图层，露出代表透明背景的小方格，再把它导出成 png 格式的图片，适当修改参数后生成更多的 png 图片，现在我们在 SketchUp 里导入这幅（些）图片，用上一节介绍过的方法创建组件。这个（些）组件一定是世界上唯一的，你也可以动手试试。

5.26　样式风格（风格概述）

　　需要说明一下，这一节与下一节的内容，在本系列教材的《SketchUp 要点精讲》7.4 节和《SketchUp 建模思路与技巧》5.4 节已经部分出现过，那么为什么还要把它们在这里重复一次呢？大概有以下两方面的考虑。

第一，只拥有系列教材这个部分的读者，其中有很多是感觉自己在建模方面已经入门，只需要关心材质贴图的，他们未必看过本系列教材中的《SketchUp 要点精讲》和《SketchUp 建模思路与技巧》这两个部分；而作者认为应该让这些读者了解（或复习）这部分内容，因为它们重要。

第二，对于已经拥有全套教材的读者，当初学习《SketchUp 要点精讲》和《SketchUp 建模思路与技巧》的时候，也许并没有意识到这两小节里的内容对于 SketchUp 用户的重要性，他们也许已经走马观花浏览过，但没有往心里去，这里重复一下，同样是因为它们重要。

这一节要讨论的话题，每一个 SketchUp 玩家都天天在用，但只有很少的玩家真正懂得它的全部；而能在实践中把它用到炉火纯青的玩家就更是凤毛麟角了——这就是"样式"，以往的老版本里也称它为"风格"，风格和样式，在各新老版本的 SketchUp 中文版中交替出现，甚至在同一个版本中也同时出现，所以特别提示一下，它们在英文版的 SketchUp 里都是 Style。

SketchUp 之所以能够在短时间内就成为风靡全球的三维设计工具，自然有很多被玩家们看好的优点，喜爱的特色；丰富多彩的风格（样式）就是其中非常突出的一个；它是 SketchUp 中一些非常强大，同时又非常有趣的功能；请注意：刚才我说了"一些"功能，而不是说"一个"功能；那么，SketchUp 里有哪些工具或功能与风格（样式）有关呢？

1. 与样式有关的功能

首当其冲的就是右边的工具条，它的名字就是"样式"，不用赘述。7 种不同显示模式已经让我们受益匪浅。

除此之外，截面（剖面）工具，也跟"样式"（风格）有关；还有视图菜单里的大多数可选项都跟"样式"（风格）有关。

当然，除了上面提到的这些，还有一处更为直接，就是默认面板里的"样式管理器"；这是一个功能强大的管理工具，在这里，我们可以对线条的粗细颜色，平面，剖面，背景，天空，水印等几乎所有 SketchUp 工作窗口中的要素做预先设置和编辑更改。

默认面板里还有至少五六个其他面板都跟"样式"（风格）直接或间接有关。

2. 样式管理面板（见图 5.26.1 ①②）

在下面的篇幅中，要介绍一下这个名称为"样式"的管理器，样式管理器可以分成 4 个部分，见图 5.26.1 左边的①②③④。

图 5.26.1 ①里还有 3 个部分：分别显示当前样式的图标、名称与特征；图 5.26.1 ②还有 3 个时常被忽视的小按钮都与创建新的样式有关：单击最上面的一个（见图 5.26.1 ⑤）可以打开或关闭下面（见图 5.26.1 ④）所指的辅助窗口；至于辅助窗口的用途，等一会再说（配

套视频里更详细）。

想要创建一个新的样式，只要单击图5.26.1⑥的图标，在当前模型中就会增加一个新的样式，可以与下面的辅助面板配合起来创建一个新样式。

如果你对当前的样式做过修改，图5.26.1①左边的大图标上会出现一个旋转的箭头；右边（见图5.26.1⑦）一个同样的小图标也会变成可操作的状态，这是提醒你当前的样式发生了变化，需要保存吗？如果想要保存，只需单击这两处中的任何一处。

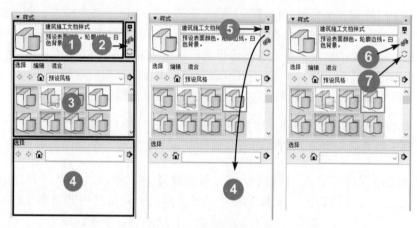

图 5.26.1　样式管理面板

3. 样式面板的"选择"标签

在下拉菜单（见图5.26.2①）里有七种不同的预设样式：它们是：竞赛获奖者样式，10个；手绘边线38个；混合样式13个；照片建模3个；直线10个；预设样式13个；颜色集16个；你可在103个不同样式中选择你喜欢的使用。

单击图5.26.2③可显示当前及曾经试用过的所有样式。

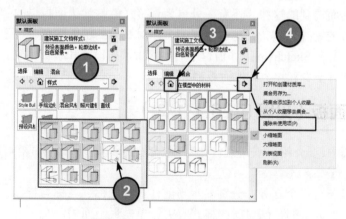

图 5.26.2　样式管理面板 – 选择

4. 节约计算机资源的样式

请注意，有些预设样式上有个绿色的时钟标记，如图 5.26.2 ②所指，光标移动到其上时还有文字显示"这是一种快速建模样式"；"快速建模"的说法有点言过其实，它的真实含意是：使用这种不带天空地面的样式，会节约一点电脑的 CPU 和 GPU 资源，是一种节约计算机资源的样式（很有限），跟建模的速度快慢没有太多关系；所以，如果你的电脑不够土豪，选择有绿色时钟标记的样式多少会有点好处。

5. 清理不再使用的样式

前已述及，单击图 5.26.2 ③所示的小房子图标后可以看到下面出现一大堆不同的样式，都是我们刚刚测试或尝试过的样式，它们还保留在模型里，成了占用资源的垃圾，请单击这个向右的箭头（见图 5.26.2 ④），点选"清除未使用项"后，只剩下当前正在用的一个。

6. 样式面板的"编辑"标签（线、面、背景）

接着，我们来关注一下编辑标签里的内容（见图 5.26.3），单击编辑标签后，下面还有五个小标签图标，它们分别是：边线、平面、背景、水印、建模设置。

图 5.26.3　样式管理面板 – 编辑

在图 5.26.3 ①所示的"边线"部分，可以在八种边线属性中选用，建议只选择最上面的"边线"，有特别需要的时候再加选其他的属性，还可以在这里调整线条的粗细（单位：像素）。

在图 5.26.3 ②所示的位置对平面进行设置，正反面颜色建议不要改动；下面七种样式跟"样式工具条"相同；50% 的透明度可以兼顾效果与速度，也不用动。

在图 5.26.3 ③所示位置是对于天空、地面、背景的设置，可以勾选或取消，也可以改变颜色。需要提醒一下，当需导出 PNG 图片的时候，一定要来这里取消天空地面的勾选，或者一开始就选择一种不带地面天空的样式；要用 LayOut 出图的模型也不能带地面和天空。

7. 样式面板的"编辑"标签（水印）

下面我们要借用一个模型介绍样式面板上的"水印"功能。

图 5.26.4 看起来是一个手绘的小别墅；但是别上当，这不是手绘，这是 SketchUp 的模型。现在解剖一下这个模型，在图 5.26.4 ①样式管理器上可以看到，这是一个快速素描水彩样式，是 2008 年样式设计比赛的参赛作品。

这个模型运用了一些样式方面的技巧；在水印部分里，可以看到：图 5.26.4 ④包含了一幅背景图片；图 5.26.4 ②有三幅前景图片：树头和小草、树的阴影和边框；图 5.26.4 ③是模型空间。

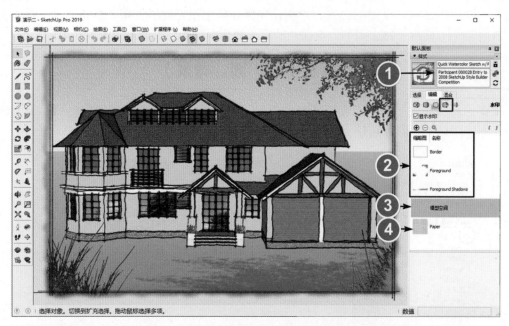

图 5.26.4　样式管理面板 – 编辑 / 水印（1）

在图 5.26.5 中，我们从样式里拿掉了树头和小草、树的阴影和边框（只需在选中某项后按一下减号按钮）。

SketchUp 的"水印"功能并非是传统意义上为保护知识产权而设置的"水印"，它是一系列由前景，背景与模型重叠后形成的"特技"，若运用得当，可产生非同凡响的效果。下一节我们还要重点介绍。

8. 手绘线和手绘

现在我们再来看看图 5.26.6 里面的线条（箭头所指处），它不是直线，是模仿手绘的线，

在 SketchUp 默认的样式里可以找到这种线条，我们还可以用 SketchUp 的自带的 StyleBuilder
小程序来制作自己的手绘线。

图 5.26.5　样式管理面板 - 编辑 / 水印（2）

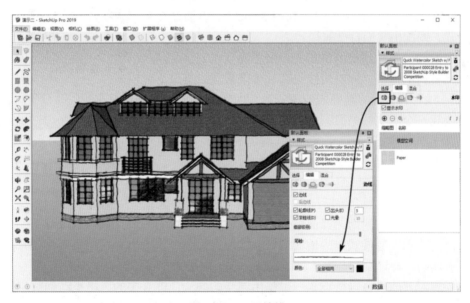

图 5.26.6　手绘线

　　现在很多招标单位在标书中规定，投标文件中必须有 30% 甚至 40% 以上的手绘图样，
这是很聪明的做法，你看很多国外大公司的投标方案文件，基本找不到照片似的效果图，更
多的是手绘。辩证地看，既然效果图已经普及到打字复印小店都能代劳，滥到装潢公司免费

奉送的地步，它就不再能体现投标单位的真实水平了。而像样的手绘人才却不是每个单位都有、都能养得起的，从标书手绘水平的高低，确实可以在相当程度上看出投标单位的实力和设计师个人的功底。

作为一种变通的办法，用 SketchUp 模型加上手绘样式的风格，确实能给人以耳目一新的感受，有兴趣的人不妨试试。

9. "混合"出自己的样式

在样式管理器里有个"混合"标签，可以分别对边线、平面、背景、水印等要素进行设置和调整；用样式管理器的混合功能，可以在已有的样式中，挑选出自己喜欢的元素，组合出一个新的样式。

打开辅助选择面板，找一些自己喜欢的线形、面、背景，拉到对应的图标上去。这部分的内容较多，用图文形式介绍会很乏味，请看所附的视频教程。

下面来说说如何创建出你自己的风格，学好了这一招，也许比漂亮的效果图更能引起甲方的注意；在风格管理器里，可以分别对边线、平面、天空、地面、背景、前景、剖面等要素进行设置和调整；现在我们要利用 SketchUp 里面众多的风格样式，调配出我们自己的样式。

假设当前的风格是预设风格里的"贴图显示"，这是一种显示贴图材质的风格，同时边线只有一个像素宽，是最干净的；但是，这种风格没有地面天空等背景（见图 5.26.7①）。

现在要找一个喜欢的地面天空做背景，单击右上角（见图 5.26.7②）向下的箭头；下面弹出辅助选择面板（见图 5.26.7③）。

再单击"混合"标签（见图 5.26.7④），在这里可以对边线平面背景什么的做混合编辑。

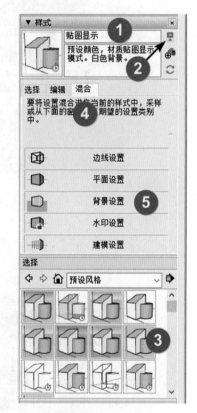

图 5.26.7 混合

现在我们在下面的辅助选择面板里，找一种自己喜欢的背景，我决定要用普通样式里的地面与天空；现在只要单击这个样式后，不要松开鼠标，把它拖动到上面的"背景设置"上（见图 5.26.7⑤）再松开左键，设置就完成了。

如果还想对其他项目进行设置，也是用同样的办法，把看中的风格拖动到对应的项目中去。也可以在需要的风格上单击一下，光标变成油漆桶，再把油漆桶移动到上面对应的项目上，单击一下，就像给模型赋材质一样的操作。

上面介绍的是：用风格管理器的"混合功能"在已有的风格中，挑选出自己喜欢的元素，组合出一个新的风格。

10. 用风格管理器上的编辑功能，创建自己的风格

图 5.26.8 所示的风格管理器的"编辑功能"里有五个标签，可以分别对"边线、平面、背景、水印、建模"等要素进行设置，下面分别讨论。

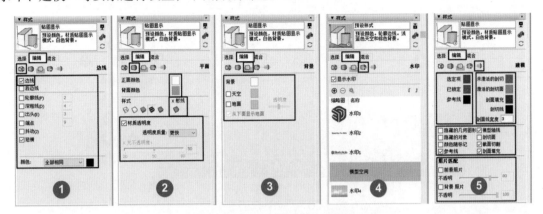

图 5.26.8　五大显示要素设置

图 5.26.8 ①是通过改变线条来改变模型的风格；边线设置一共有 7 个不同的选项，可以选择一个或多个组合起来用；随便打开一个模型，逐个项目单击试验一下；你会发现，勾选太多线型后，模型会搞得污秽不堪；所以建议你只勾选一个"边线"，如果没有足够的尝试和理由，画蛇添足项目的一律不要勾选，你的模型将会是干干净净、清清爽爽。

图 5.26.8 ②是通过改变平面来改变模型的风格；在"平面设置"窗口里可以对 SketchUp 默认的正反面颜色进行设置；不过还是建议你留着默认的正反面颜色比较好。除了"正反面"的颜色外，还可以对六种不同的显示样式进行设置，每一种样式可调整的项目不完全相同；有部分样式可以调整透明度，在更快和更好之间做选择；我建议你全部选择更快，免得建模的时候一楞一楞的。

图 5.26.8 ③是对模型的背景做设置，在这里可以对默认风格中的背景、天空与地面的颜色做调整，仍然建议你不要去管它，就留着默认的更好。

图 5.26.8 ④"水印"方面的设置；这里有点文章可做，请看图 5.26.9，这个模型有几处是与众不同的；请注意图 5.26.9 左右两侧相同的元素编号：

第一，它的背景是一幅处理过的蓝天白云的图片；编号①。

第二，左上角有 SketchUp 的识别标志；编号②。

第三，左下角有一个 SketchUp Pro 2021 的版本号；编号③。

第四，右下角还有个 SketchUp Authorized Training Center 标志；编号④。

坐标轴旁边还站着位望天兴叹的"苏东坡"；编号⑤。

如果你想为你自己，为你公司做一个这样独一无二的 SketchUp 界面，请如下操作。

图 5.26.10 里有提前准备好的几样东西，一幅背景图片①，一个 SketchUp Logo ②，一个版本号③，一个 ATC 的 Logo ④，还有一个参照人物如图 5.26.9 ⑤所示；除了背景图片外，

其余几样必须是带有透明通道的 png 格式的图片。

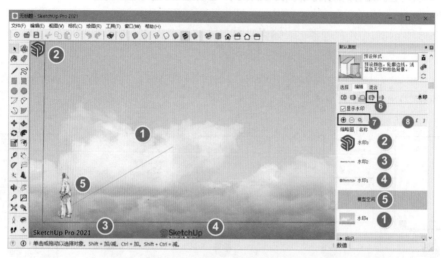

图 5.26.9　个性模板的设置

44.jpg　　SU 2021.png　　SU AT-2.png　　su01.png

图 5.26.10　水印素材

首先，单击图 5.26.9 ⑦处的加号，在弹出的资源管理器中找到做背景的图片 ①；单击打开；在 SketchUp 的工作区有一个创建水印的对话框，它将要问你一系列问题，你只要用鼠标选择答案就可以；第一步选择把这幅图片作为背景；然后，第二步问你是否要创建遮罩蒙版，这里不要做选择，直接单击下一步；第三步问你如何用这幅图片创建水印，如果你不知道在"拉伸、平铺、定位"三者中选择哪一个，可以依次单击一下；你会发现还是"拉伸"最靠谱，但是有个问题，图片不够宽，两边漏风漏雨怎么办？其实很简单，取消图像高宽比的锁定就可以。

接着要把图 5.26.10 ②③④ 所示的 3 个 Logo 添加进来；每次添加一个，每次都是先单击加号后导入一幅图片，又要回答一连串的问题。

第一个问题是这幅图片要作为模型的背景还是覆盖，我选择后者，就是覆盖；下一步关于"蒙版"的问题，仍然是不理会它；第三步要注意，请选择在屏幕上定位；接着要指定摆放位置和图片大小的调整；另外两个元素用同样的办法弄进来，分别放在不同的角上。

现在，可以看到在风格管理器上（见图 5.26.9 ⑤）有一个灰色的区域，这里是模型占用的空间；在这下面，也就是模型后面的是背景图片；另外三个 Logo 在灰色区域的上面，说明这三样始终在模型的前面，不会被模型所覆盖。不过，这个顺序也可以调整，图 5.26.9 ⑧

处有两个箭头，就是用来调整前后顺序的；单击某一元素后再单击向上或向下的箭头，该元素的位置可以变化，当然，也可以用另一个箭头调整回来。

如果需要对某个水印元素重新做调整，可以在选定它后，单击图 5.26.9 ⑦处齿轮形状的图标，进入编辑界面。

好了，现在个性化的专用操作界面基本做好了，最后，还需要一个与众不同的参照物；请用本书 5.24 节介绍的方法创建一个与众不同的 2D 人物组件（注意身高比例）。

接着就可以把刚才所做的一切保存成一个新的风格；还可以把它保存成默认模板，在正式保存之前，还要检查一下视图菜单里的边线类型；还有模型信息里的尺寸、单位、地理信息、文本字体等，一切就绪后，另存为默认的模板；今后你一打开 SketchUp，就是你自己专用的风格界面了。

图 5.26.8 ⑤处"建模设置"，这里还有很多可设置的项目，实践证明，这里的默认设置已经是最佳选择，如没有十足的理由，没有十足的把握，请不要轻易改动。尤其是初学者，在没有完全明确其中每个项目的含义与影响之前，请全部保持默认状态。

5.27 样式风格（综合运用示例）

这一节，我们要讨论如何对不同的场景页面进行天空地面、背景图片、日照光影、渲染模式、边线形式等不同的设置，以获得出色的特殊效果。这些都是投入产出比很高的技巧，稍微用点心，不用大投入，就可以得到完全不同的收获。因为难以在书本上还原面对模型的真实感受，建议你打开附件里的模型，对照着阅读与学习。

附件里的模型是一座两层的木屋别墅，是很多城市居民梦寐以求的追求，这次我们要用它来做道具，进一步讨论场景页面方面的技巧，模型中一共设置了 21 个页面，用同一个模型分别表达不同的意境，而不同的意境又有完全不同的用途。

图 5.27.1 是第一个页面，是模型的初始状态，有以下几点提示一下。

这个页面使用了作者沿用了很多年的背景，浅色的蓝天白云。

请注意图 5.27.1 所示对阴影的设置。

时间是 UTC+8 区（北京时间的东八区）9 月 4 日下午 14 点 45 分，这时候的日照接近 45°，可获较好的明暗效果。

请注意图 5.27.1 ①所指的阴影开关并没有打开（按钮在弹出状态），而在图 5.27.1 ②所指处勾选了"使用阳光参数区分明暗面"，这样的安排是一种避免打开日照光影过分消耗计算机资源，又能够得到明暗效果的好办法。

模型的明暗调整在中间偏亮位置，这是为了获得好一点的印刷效果（见图 5.27.1 ③）。

请注意图 5.27.1 左上角和右上角有两个标志，左上角是作者的头像，右上角是 SketchUp 的 Logo，这是用 SketchUp 风格面板上的"水印"功能制作的。在本书上一节中曾经简单提到过它的一些应用，全部完成后还可以另存为默认模板。但是请注意：所有用于水印的图片都将保存在风格或模板里，过大的图片将增加风格或模板文件的体积，所以像头像、Logo 一类的标志，尽量不要用高分辨率的大图片。

图 5.27.1　页面一

第二个页面中的晴朗天空和田野的背景，如图 5.27.2 所示，只不过是水印里更换了一幅背景图片而已。见图 5.27.3 ① 。该模型的第 2 个页面一直到第 11 个页面，变化仅限于模型的方向大小和位置，下面仅截取其中两个页面（见图 5.27.4 和图 5.27.5），你可以查看这些页面之间的区别。

图 5.27.2　页面二

图 5.27.3　水印

图 5.27.4　页面三至页面十一之一

图 5.27.5　页面三至页面十一之二

因为以下的改变，第十二个页面，天空和光照有了变化，看起来快要下雨了。如图 5.27.6
所示。

在水印里又增加了一幅色调稍微暗一点的背景图片，并放置在原图片之前（截图略）。

第二个措施是在阴影面板上把亮度调整得暗一些，如图 5.27.7 ①所示。

图 5.27.6　页面十二

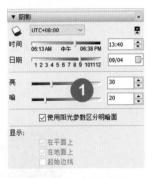

图 5.27.7　明暗调整

第十三页（见图 5.27.8）新增一个闪电背景并移动到最前面，明暗度也调得更暗了，见
图 5.27.9 ①和图 5.27.10 ①。

图 5.27.8　页面十三

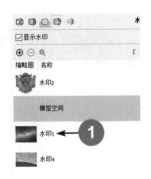

图 5.27.9　页面十三的设置（1）

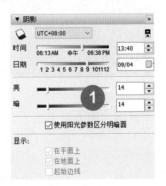

图 5.27.10　页面十三的设置（2）

第十四页，开始下雨了，如图 5.27.11 所示，想要做出这种效果，需要采取多重措施。

首先要改变背景，想要更暗一些，可以用材质面板把背景图直接调暗，也可以用外部软件 PS 等做处理。这里采用了另外一种办法：在背景图片的前面添加一层半透明层，如图 5.27.12 ①所示，我们看到的是它与背景图片的叠加效果，这样做至少有三个好处。

（1）不破坏原背景图。

（2）不用更换背景图。

（3）只要调整附加层的透明度和颜色，就可以随意改变最终效果。

其次是在模型前添加了一组"雨点"图片（见图 5.27.13 ①）这是在 PS 里做的，在透明背景上有倾斜浅灰色雨点的 png 格式图片，可将多寡不同的若干层图片叠合后组成不同密度的雨景。

图 5.27.11　页面十四

图 5.27.12　页面十四的调整（1）

图 5.27.13　页面十四的调整（2）

第十五个页面，雨下得更大了，暴雨下得昏天黑地，雾茫茫的一片，如图 5.27.14 这一页所采取的措施只有一个，添加了"雾化"，用雾化面板上两个滑块分别调节近处与远处的清晰度。

从第十六页到二十一页的六个页面跟天气无关，想要用它们来介绍几种通过改变"样式"获取不同表现形式的方法。这些方法如果使用得当，也可以获得新颖而不落俗套的效果。

图 5.27.14　页面十五

第十六个页面，灰黑色的底，白色的线条，如图 5.27.15 所示。

图 5.27.15　页面十六

我们想要用一种手绘的线条，可做如下操作。

单击图 5.27.16②打开"混合"标签，单击图 5.27.16①打开"辅助选择窗格"，在图 5.27.16④的下拉菜单里选择一组风格集合，现在选中了"手绘风格"，此时光标会变成吸管，移动到图 5.27.16⑤处单击一个喜欢的手绘线条，再移动到上面的边线设置（见图 5.27.16③）处，光标又变回油漆桶，单击一下，模型中的所有线条就改变成手绘风格。

用图 5.27.16②所示的"混合"功能，还可以改变背景、面、水印的属性设置，区别是，在图 5.27.16④所在的下拉菜单里选择好一种"风格集合"，汲取某一种风格元素，复制给图 5.27.16③处的平面、背景、水印等，所汲取的风格里包含有边线、平面、背景、水印等属性时，可只使用其中的一部分。也可以在风格面板的"编辑"里对"边线"或"面""天空地面"等进行调整。图 5.27.17 是对手绘线参数属性进行设置；图 5.27.18 是对背景颜色进行设置。

完成以上设置调整后，最终得到图 5.27.15 的综合结果，不满意还可以回去重新调整。

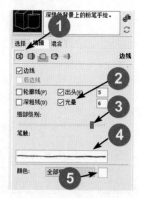

图 5.27.17　页面十六的设置（2）

图 5.27.16　页面十六的设置（1）

图 5.27.18　页面十六的设置（3）

一旦掌握了上面对各种风格元素的调整方法，你的模型将能以变化无穷的形式呈现。

第十七个页面（见图 5.27.19）是白色的底，棕色的线条，棕色是中性色，可以很好地跟其他颜色融合，如果这样打印出来，再用马克笔，彩铅或水彩手工上点颜色，会是一种很具有设计感的味道，比起照片似的渲染、公式化的表现，模拟的手绘更能吸引内行的目光。

图 5.27.19　页面十七

第十八个页面是黑色的手绘线条（见图 5.27.20），也可以打印出来后手工上色，区别是选用了稍微有点弯曲的手绘线，线条的颜色是黑色的。

第十九个页面是一个方格纸上的手绘风格，如图 5.27.21 所示，像是外出写生画的草稿，方格的大小可以在单击图 5.27.26 ①齿轮状的图标后调整。

图 5.27.20 页面十八

图 5.27.21 页面十九

第二十个页面几乎是完美的铅笔淡彩风格，如图 5.27.22 所示。它比较有特点，特别推荐。

这里选用了一种模仿铅笔在粗糙纸面上画的线条，是一种稍微有点断续的手绘线风格。背景用了两幅图片，一幅是铅笔线条的背景，这种手法在素描里常用来突出前景主题，在模型前面还有一个半透明的椭圆形遮罩，综合起来就得到了铅笔淡彩的效果。

你可以打开这个模型页面进行研究和模仿。

图 5.27.22 页面二十

通过对这些场景页面的剖析，可以看到 SketchUp 的表现形式是丰富多彩的，能够通过对线，面，天空，地面，背景，水印，日照，光影，雾化，材质的修改，获得各种各样的新鲜效果。如果能够在设计和建模实践中综合运用这些技巧，你的模型就一定会更出色。

还要提醒一下，对一个场景页面做过调整编辑后，记得一定要在页面标签上用右击，然后选择更新；否则，你所做的所有调整和编辑都不会生效。

请打开附件里的模型，对照着研究一下，做出你自己的作品。

第 6 章

贴图纹理制备

贴图通常一瞬间就能完成，而准备的过程却要付出大量的时间。

贴图的准备包括寻找搜集合适的图像，裁切出需要的部分，必要的局部变形，放大与缩小图像，修补图像上的缺陷，改变各项色彩参数，甚至制作无缝纹理……

如果你对这些操作毫无概念或不屑在这上花工夫，那么，你只能用 SketchUp 的默认材质，或者找点现成的材质对付着用用，不难想见你的模型最多只有马马虎虎的"一般"水平。有一句话曾经对无数的同学们重复过："如果愿意在材质与贴图上多付出一分，你将得到至少三分的效益"。

这一节要集中介绍几种在贴图纹理制备过程中常用的工具与技法。另外，在本书的其他章节里，有很多工具与技法同样可以用于贴图纹理的制备。

扫码下载本章教学视频及附件

6.1 无缝贴图（无缝纹理原理）

稍微有点 3D 模型和平面图形处理经验的朋友，一定都听说过"无缝贴图"这个名词；恐怕有些人甚至已经使用过这种贴图，却不知道这就是"无缝贴图"。这一节要讲"无缝贴图"是什么？"无缝贴图"与其他贴图在使用上有些什么区别？还有制作"无缝贴图"的基本原理。

所谓"贴图"二字，可能是动词，也可能是名词；在指贴图用的素材图片时它是名词；而把外部的图片用一定的方法技巧"贴"到模型的表面上去的操作也叫作"贴图"，这时它是动词。在不太严格的语境下，"无缝贴图"这四个字可以名词或动词混用；如果怕搞混淆，可以分别称为"无缝纹理（贴图）素材（名词）"和"无缝贴图（动词）"。

"无缝贴图"与其他形式的贴图至少有两点不同。

第一，它不同于其他大多数形式的贴图，无缝贴图通常用于大场景、大背景，比如墙壁上重复的砖头或石头的纹理，房间或街道、广场的地面，大面积的草地和山地，以及其他因为场面大，需要把贴图多次重复的场景。

第二，"无缝贴图"通常不会随便找一幅图片来做贴图操作，通常需要用一种经过专门处理过的图片。这种图片多次重复后，在衔接的位置看不到或基本看不到有明显的接缝。

1. 无缝贴图比较与特点

作者曾制作和收集了一批无缝纹理素材，现在挑一些演示给你看：其中有好的，更多的是不够好的。拼接后看不出明显的拼缝痕迹，就是较好的无缝贴图；相反，拼接后还能看到明显的拼缝痕迹，就是不够好的无缝贴图。需要明确的是：所谓无缝贴图的"无缝"，是相对的，想要真正做到肉眼看不出拼缝，真的不是件容易的事情。有缺陷的贴图，问题都集中在拼缝的位置多少会残留有接缝的痕迹。如图 6.1.1 箭头所指处都是接缝处的缺陷，打开附件里的模型会看得更清楚。

上面图 6.1.1 看到的是两方向连续贴图时的缺陷，下面图 6.1.2 所示的是四方向连续贴图的缺陷，其中①②③④⑤⑥⑦是有严重缺陷的，请注意箭头所指处的拼缝；⑧⑨两幅贴图算是比较好的，基本看不出明显的接缝。

那么，为什么把拼缝做到不留痕迹会这么难呢？为了解释这个问题，更是为了后面两节制作无缝贴图的时候做个铺垫，非常有必要了解无缝贴图的生成原理；下面我们就做一个小实验。

先看图 6.1.3，这是两个比较好的无缝贴图拼接效果，分别用四幅相同的纹理材质拼接而成。图 6.1.4 这是两幅无缝纹理材质的原始状态。

请注意图 6.1.3 和图 6.1.4 画圈突出显示的位置，可以看到，同一块卵石，分别在图片的顶部和下部或者左边和右边各占一半，这样拼接后就不会有明显的痕迹。

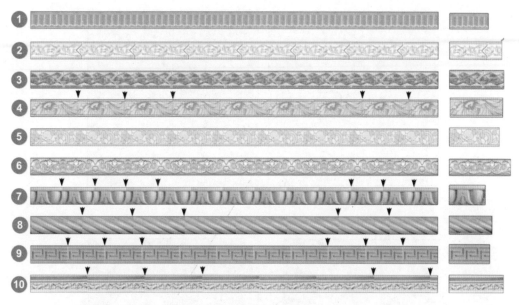

图 6.1.1　贴图纹理的缺陷（1）

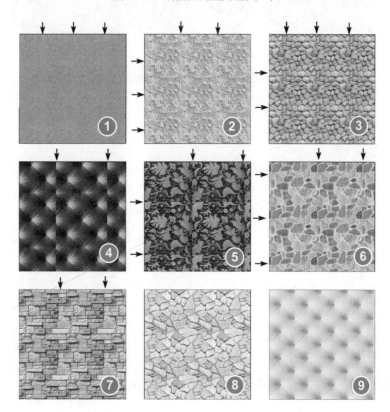

图 6.1.2　贴图纹理的缺陷（2）

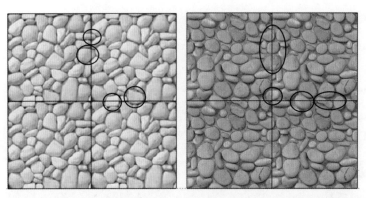

图 6.1.3　无缝纹理原理（1）

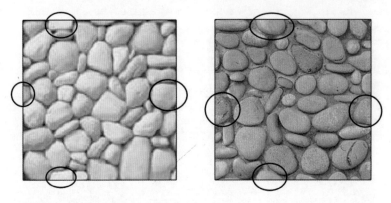

图 6.1.4　无缝纹理原理（2）

2. 无缝贴图原理

　　下面我们要用图 6.1.5 这幅图片来说明无缝贴图制作的原理。图 6.1.6 是把这幅图炸开后当作材质赋给一个长方形后的结果；注意图 6.1.6 中圈出的拼接缺陷。

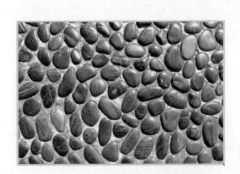

图 6.1.5　原始素材照片

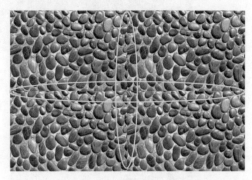

图 6.1.6　拼接后的缺陷

　　下面介绍如何把一幅像图6.1.5样的普通图片改造成无缝纹理材质。

　　第一步，把照片在适当的位置剖开，一分为四，就像图6.1.7那样；为了后面讨论的需要，我们为这四小块照片编号，以便识别。

　　把四个小块按对角线方向交换位置，如图6.1.8所示，也可理解为上下左右交换位置。把交换位置后的图片拼合起来，如图6.1.9所示，拼缝处已经符合无缝贴图的要求。

　　从图6.1.9可以看到：经过剖开和对角线交换后的图片，四周的边缘已经符合无缝贴图的条件，但是图6.1.8的中间部分还要用专业的平面设计软件如PS，或者其他专门的工具来加工成真正的无缝贴图素材。上面介绍的就是无缝贴图的制作原理。下面的两个小节将还要进一步讨论无缝贴图的制作方法。

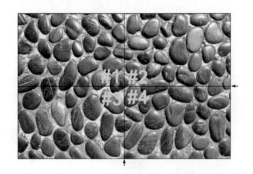

图6.1.7　原始照片一剖为四

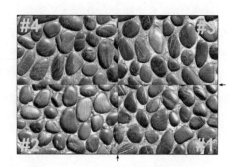

图6.1.8　对角线更换位置

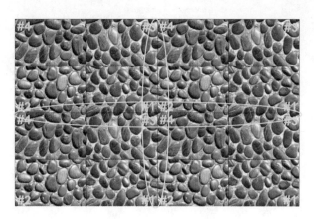

图6.1.9　完美的拼缝

6.2　无缝贴图（用PS位移滤镜制作）

　　上一节，我们知道了所谓无缝贴图的基本生成原理：就是把一幅图片分成四份，然后上下、左右交换位置（实际是对角线交换位置），这样处理后的图片再重复排列起来后，在拼缝的位置就不再有难看的痕迹了。在实际的操作中，其实我们用不着真的去把图片剖开，再拼起来，这种操作都是由软件和电脑代劳的。下面，我们就要用 PS 的位移滤镜来做一幅无缝贴图。

1. 这幅图片上有一只大苹果，看看怎么把它做成一幅无缝贴图

第一步，把图 6.2.1 所示的图片添加到 PS 里来。

第二步，通过"图像"菜单中选择"图像大小"，查看该图像的尺寸是 1004×987 像素。

第三步，在"滤镜"菜单中选择"其他"→"位移"，弹出如图 6.2.2 所示的"位移"对话框。

移动水平和垂直两个滑块，指定像素移动的范围（也可直接输入数据），单击"确定"按钮后，一只大苹果切成了四块，如图 6.2.3 所示分别移动到了图片的四个角，仔细看看，还能发现：原先在左上角的，移到了右下角，而原来右下角的部分，换到了左上角，左下和右上的两块也交换了位置，这个现象是不是很熟悉？是的，这就是上一节介绍过的无缝贴图原理。

现在我们把它保存起来，在 SketchUp 里做贴图试试看，见图 6.2.4，结果令人满意，衔接的位置天衣无缝。

图 6.2.1　原始图片

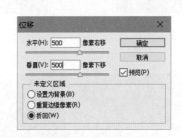

图 6.2.2　"位移"对话框

图 6.2.3　位移后

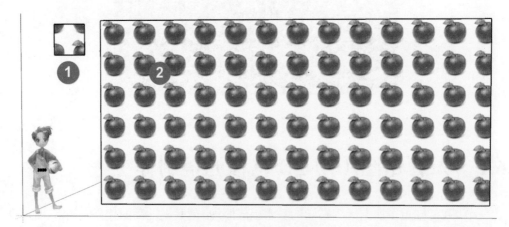

图 6.2.4　完美的无缝贴图

2. 以一幅卵石照片制作无缝贴图

用苹果当作试验的标本，是为了说明用位移贴图滤镜制作无缝贴图的过程和要领。这个条件太理想化了，下面换一个试验的对象，就用图 6.2.5 这一幅上一节见过的鹅卵石图片，仍然用 PS 的位移滤镜，如果需要，可以适当调整水平垂直两个像素位移滑块。

图 6.2.6 就是经过 PS 位移滤镜处理后的图像，注意图像的中间需要修复。

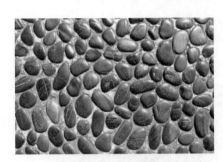 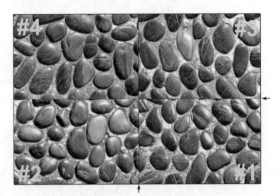

图 6.2.5 原始素材 　　　　　　图 6.2.6 位移后

接下来要把水平和垂直切割部位破损的图像修复。

完成这个任务虽然并不需要高深的技术，却比较考验耐心。修复后的图像品质几乎决定于修复过程所花费的时间。

可用于图像修复的工具和办法有很多，多种画笔工具，仿制印章工具，修复画笔，修补工具等，都可以用来做图像修复；比较容易掌握的是仿制印章工具；这个工具在先前曾经多次用过，这一次仍然用它来做图片修复。

仿制图章工具的工作原理是把取样区域的部分图像，复制到指定的区域。下面再简单重复一下操作要领：

- 单击调用仿制图章工具后，移动到需要取样的位置，按下 Alt 键和鼠标左键完成取样，再移动到需要覆盖的位置，再次按下鼠标左键，完成仿制。
- 或者按下鼠标左键后拖动光标。仿制操作的时候，在取样点上会有个小小的十字符号，随着工具的移动，十字符号也会跟随移动，指示当前仿制的内容。
- 取样区域的大小，可以在属性栏调整，硬度可以调整为零，也可以找一个合适的笔刷直接使用。
- 取样和仿制区域的大小，也可以按下左右方括号键来快速改变。

图 6.2.7 就是用仿制图章工具修复后的图像；为了验证这幅无缝纹理，我们可以新建一个画布，把刚才做好的无缝纹理复制到新的画布上（也可以用油漆桶工具做填充），图 6.2.8 就是拼接后的效果，拼接的位置一定是无懈可击的，因为本来就是从这里剖开的；修复的位置还有提高的余地，全看你愿意投入多少时间去修复。

图 6.2.7　用仿制印章修整后

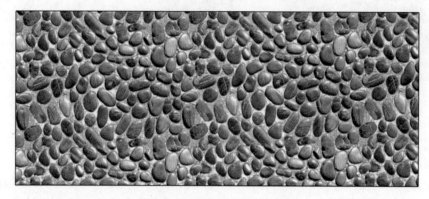

图 6.2.8　接近完美的无缝贴图

附件里为你留下几幅图片，可以用来练习。

如果你觉得这样做无缝纹理太麻烦，下一节会介绍一个更加快捷的办法。

6.3　无缝贴图（PS 插件 FX Box）

前面两节介绍了无缝贴图（无缝纹理）的生成原理，还有用 PS 位移滤镜来制作无缝纹理的方法；这一节要介绍一个更加简单好用的工具，即叫作 FX Box 的 PS 插件。

图 6.3.1 就是 FX Box 的界面，严格讲，这是一个 PS 的插件管理器，其中可以包含有很多不同功能的插件，现在我已经安装了七种不同的插件。其中图 6.3.1 ①所指就是制作无缝纹理用的。其余几个是创建蒙版、油画、锐化、等距图标、照片特效滤镜、极地投影。

单击图 6.3.1 ④可访问 FX Box 的官网，你可看到目前已经有 26 种不同的 PS 插件可供选择下载安装。如图 6.3.2 所示。FX Box 是完全免费的，适用于 Mac 和 PC 系统。我已经把 FX Box 和七种重要的插件留在了这一节的附件里，其余的插件，你可以自行到 FX Box 网站下载。

1. 如何安装这个插件管理器和其中的插件

图 6.3.3 ①④是本节附件的目录，其中① 里面是 FX Box（管理器），④ 里面有七种功能插件。

从 PS 的"文件"菜单中选择"脚本"→"浏览"导航到①②③，单击 fx_box-lnstaller.Jsx，载入 FX Box，关闭 PS 软件，并重新打开。通过在"窗口"菜单 中选择"扩展功能"→FX Box 显示插件面板（见图 6.3.1），单击面板上的③ "+"，把图 6.3.3 ④ App 里每个文件夹内的 Jsx 分别添加进去。图 6.3.3 ⑤所示 就是 7 种不同的插件，要一个个添加到 FX Box（管理器）里去。全部添加完毕后如图 6.3.1 所示。

本节同名的视频里有详细的安装和使用教程。

图 6.3.1 FX Box 面板

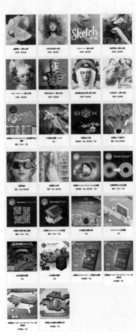

图 6.3.2 26 种插件

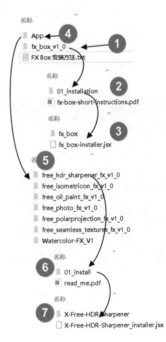

图 6.3.3 安装方法

2. 用 FX Box 把一幅普通图片创建为无缝纹理素材

单击图 6.3.4 ① 新建一个纹理，在图 6.3.4 ②里填写纹理的尺寸（单位为像素）工作窗口产生画布，如图 6.3.5 ①所示，从外部拉入（或打开、导入）一幅图像，如图 6.3.5 ②所示，拉动图像四角的手柄缩放，移动图像以适合画布，如图 6.3.6 所示，单击图 6.3.4 ③"平铺"，几秒钟后，得到的无缝纹理如图 6.3.7 所示，请跟原始图片（见图 6.3.6）比较。导出成一个新的图片，默认 psd 格式，可指定为 jpg 或 png 格式，图 6.3.8 就是在 SketchUp 贴图得到的结果，确实得到了无缝拼接的效果。

图 6.3.4　无缝纹理面板

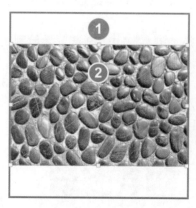

图 6.3.5　导入原始图片

图 6.3.6　缩放移动到合适

图 6.3.7　生成的无缝纹理

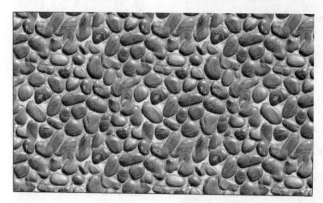

图 6.3.8　近乎无缝的贴图

　　制作无缝纹理素材的工具还有 PixPlant，Vizoo3D xTex，Seamless Texture Creator 等，寸有所长，尺有所短，各有千秋，有兴趣者可自行搜索下载试用。

　　本节附件里有 FX Box 与七组插件，还有一些练习用的图片，供你做练习用。

6.4　贴图制备（UV 西瓜皮）

　　在 SketchUp 的初期，大概十一二年前，作者曾经发布过一个为球体贴上西瓜皮成为西瓜、贴上世界地图成为地球的图文教程，如图 6.4.1 与图 6.4.2 所示，吸引过很多 SketchUp 玩家的注意和兴趣；后来还做成了视频和图文教程，收录在《SketchUp 建模思路与技巧》等书中。

　　球体变成西瓜的过程很简单：用吸管获取图片材质赋给球体，做 UV 贴图调整后贴图完成。只要掌握了操作要领，创建一个西瓜看起来很简单；但是也有肯动脑筋的同学发现，如果没有了这幅特殊的西瓜皮图片，后面的操作就失去了根本。也有不少人来打听，这幅西瓜皮的图片是怎么创建的，本节就介绍一下这个特殊纹理图像的制作方法。

图 6.4.1　地球仪 UV 贴图

图 6.4.2　西瓜 UV 贴图

把一幅平面的图片贴到三维的球体上去，还要服服帖帖的，不能像肉包子那样打折、皱起来，这种操作叫作 UV 贴图。这幅特殊的图片，就叫作 UV 材质或者 UV 图片了，显然，用数码相机是不能直接得到这种图片的，需要把普通的相片经过加工后才能使用。

下面介绍如何把一幅普通的西瓜图片，加工成符合条件的"UV 纹理"。图 6.4.3 的照片是附件里的一幅，虽然它的花纹和颜色都不是最好的，但是用来做演示是合适的。现在我用 iSee 图片专家来打开它。

用图片专家的"任意旋转"把西瓜上的花纹尽可能调整到接近垂直的方向，再把有用的部分剪切下来，方便下一步操作，如图 6.4.4 所示。

接着调用"图像调整"→"变形校正"选项，操作界面如图 6.4.5 所示，先在图 6.4.5 ①处指定调整范围为"中心与边缘（增强）"，再缓慢拉动图 6.4.5 ②处的滑块，调整变形的"力度"（注意滑块两端的"枕型"和"鼓型"标志），目标是要把西瓜花纹图案变形到尽量接近直线。

图 6.4.3　原始照片

图 6.4.4　截取一块

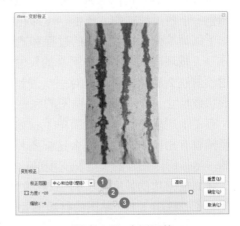

图 6.4.5　变形调整

若有需要，还可以尝试拉动图 6.4.5 ③的"缩放"滑块，如果有需要，还可以再次裁剪出最想要的一小部分，没有问题后，另存为一个新的图片文件（jpg、png、psd、tif 等）。

请注意：前面的操作，我用了 iSee（图片专家），为什么要用它而不用其他更老牌、功能更强的 PS 等软件？因为长期的实践中发现，用它来做这种常见的工作，表现得非常出色，操作方便，直观，快速，比起一些老牌大型软件的烦琐复杂，简直方便快捷到无法形容。

接下来要用前面介绍过的另一个软件 Photoimpact（PI）来操作（也是因为更方便），打开 PhotoImpact（PI）后，新建一个画布，为了看得清楚些，画布可以大一点，2000 像素宽，1000 像素高。然后把刚才处理好的西瓜皮局部拉到这幅画布上，如图 6.4.6 所示，按住 Ctrl 键，移动这一小片西瓜皮，做复制和拼接的操作，如果发现拼接部分的颜色一边深一边浅怎么办？可以把其中的一幅水平翻转，结果如图 6.4.7 和图 6.4.8 所示，把颜色深的拼在一起，颜色浅的拼在一起。

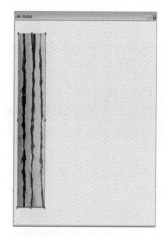 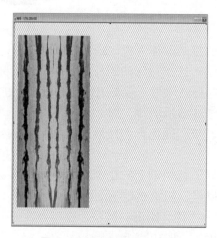 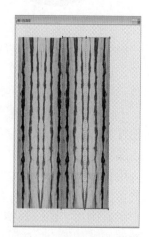

图 6.4.6　开始拼接　　　　图 6.4.7　浅色的拼在一起　　　　图 6.4.8　深色的拼在一起

全部拼好后，可以大致调整一下纹样的长度与宽度比（因贴图前还要调整），还可以整体调整一下西瓜纹样的"疏密"（即花纹的数量），如图 6.4.9 所示。

下面简单介绍一下贴图的过程和遗留的问题：我们知道所有的西瓜都不可能是理想的"正球体"，按理应把贴图纹样素材的尺寸按照西瓜的长径与短径来调整好再实施贴图；但实际上用不着这么麻烦，可以先对一个理想正球体贴图，完成后再用缩放工具把西瓜调整到需要的形状或尺寸，而不会破坏贴图的完整。

有了上述思路，下面就简单了：如果这幅纹理图片是要贴到一个正球体上，球体的横轴与竖轴就有相同的长度，那么这幅图片的长度就应等于球体的周长，图片的高度就应等于周长的一半；所以图片的长度和宽度的比例是 2∶1。

譬如把图片的长度调整到 2000 像素，宽度调整到 1000 像素，保存起来备用。这样，我们就有了一幅用于 UV 贴图的材质图片。

下面就在 SketchUp 里完成西瓜的贴图。

打开 SketchUp，把这幅图片拉进来，把图片高度调整到等于球体的直径，利用图片的高度边线（中点和端点）创建一个圆，再生成一个球体，炸开图片，让它成为 SketchUp 的材质，赋给球体，用 UV Tools 做 UV 调整，贴图完工后的球体如图 6.4.10 所示，还可用缩放工具改变其形状。

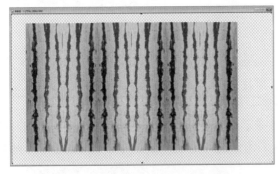

图 6.4.9　整体缩放到需要的条纹

图 6.4.10　完成 UV 贴图

最后，要留下一道思考题——图 6.4.11 和图 6.4.12 球体上下两端贴图的坐标不准确，形成了一片乱纹，这种现象在 SketchUp 的 UV 贴图中普遍存在，无论你用什么插件或工具，都很难改变。这个问题曾经折腾了作者很久，到处寻找原因和解决的办法，最后只能靠自己分析找原因，并解决了这个问题的 99%，如图 6.4.13 所示，还留下一小部分，留下的部分按理论来讲就是无法解决的。

留给你的问题是：请说出造成上下两端乱纹的原因和解决的办法。

如果你是个不愿意动脑的人，请注意在本书后面的某个章节会告诉您答案。

图 6.4.11　南北极的乱纹

图 6.4.12　上下端的乱纹

图 6.4.13　接近完美的结果

6.5　贴图制备（投影 西瓜瓤）

上一节讨论了西瓜皮 UV 贴图的制备，还留下了一个 UV 贴图缺陷方面的思考题。这一节，我们要介绍关于西瓜瓤贴图的制作和因此引申出来的修图技巧，这些都是处理材质图片时常用的手段。

有人说，做西瓜瓤的贴图还不容易，随便找个剖开的西瓜图片就能用，这话说得也有道理，百度上有不少可以利用的图片，但是每一次都想找到完全满意的图片却非常不容易，有时候找一上午都不见得能找到一幅直接能用的，只能退而求其次，经常要修修改改才能过关。下面举几个例子，顺便介绍几种常用的修图手段。

1. 修复缺损的图片

像图 6.5.1 这幅西瓜瓤的图片，拍摄角度，照片大小，色彩等，大体上是满意的，可惜上面和下面都少了一点，没有办法，只能动手修复一下。

图 6.5.2 就是修复后的照片，移花接木，补齐了上下缺少的部分，具体做法是：在图片的左右两边各截取一块，旋转移动到缺少的处，细调位置与角度，必要时用"仿真印章"修补拼接后的破绽。

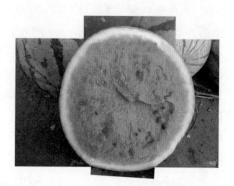

图 6.5.1　上下缺少的素材　　　　　　　　　　图 6.5.2　移花接木后的效果

2. 图片变形修复

再看图 6.5.3 这一幅，照片清晰，非常不错，可惜拍摄的方向不符合贴图的要求，经过变形加工后，变成了图 6.5.4 这样，勉强可以用了。

图 6.5.3　方向不对的照片　　　　　　　　　　图 6.5.4　变形操作后的效果

3. 仿制填坑修复

再看图 6.5.5，本来是可以当作贴图用的，可惜中间挖掉了一块，还插上一把大勺子。经过用仿制印章工具加工，恢复了施工"开挖"前的状态，如图 6.5.6 所示。

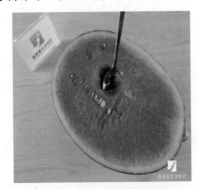

图 6.5.5　被破坏的图

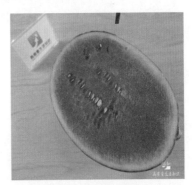

图 6.5.6　修复后

4. 去水印

有些图片是有版权的，上面做了一些水印，实在想要用的话，也只能动手去除。像如图 6.5.7 所示这一幅，要用的范围内有五六处水印，只要用仿制印章工具修复一下（见图 6.5.8）就可以用了（当心侵犯知识产权）。

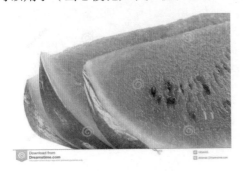

图 6.5.7　带水印的图

图 6.5.8　修复后

如果你的工作中，建模和后续的渲染工序可能要用到贴图，提前掌握一点修图改图的技巧是非常有必要的。这种操作用 PhotoImpact（PI）或 Photoshop（PS）都可以，操作要领也大同小异。

这些雕虫小技，并不需要花大把的时间去学习与练习，但是只要你跟 SketchUp 打交道，早晚一定会用得到这些小技巧的。

为了节约篇幅，本节中并没有对具体操作细节展开介绍，你可以查看本节同名视频里的实际操作过程。

第 7 章

模型背景

　　把一幅合适的照片，用合适的方法放在合适的地方作为模型的背景，对于强调模型所在的环境、气氛、烘托主题，加强设计师对创意的表达有着非常明显，甚至不可替代的作用。

　　用外部导入的照片当背景，可以是满铺的蓝天白云，可以是风吹草低、海天一色；背景占据了画面的大部分，用来强调模型所处的大环境。

　　导入的图片也可以作为配角，放在门外、窗外，此时模型占据了画面的大部分，看起来不经意间摆放的照片，依稀可见，露而不全，更符合国人的审美，起到了画龙点睛的重要作用。

　　如果你从事的是建筑行业，城乡规划行业，园林景观业，甚至室内外环境设计业，相信这一节所介绍的技巧，你早晚会用得着。

扫码下载本章教学视频及附件

7.1 模型背景（亚特兰蒂斯）

1980 年，一部由中央电视台译制的美国科幻连续剧《大西洋底来的人》出现在每周四晚8 时的电视屏幕上。这部电视剧讲述的是来自大西洋底的麦克·哈里斯，被巨浪推送到岸上，被海洋学家伊丽莎白·玛丽博士等发现。他虽然长得与人类一样，但却拥有许多不同于人类的习惯，比如不能离开水太久；另外，他还有一双像鸭掌一样的手。至于他从哪里来？他自己也并不清楚。麦克配合人类接受了一系列的测试，最终被获准能重回海洋。但这时，麦克却决定留在玛丽博士身边，协助她继续探索海洋，并开始学习人类的生活习惯……

《大西洋底来的人》这部连续剧的英文名是 The Man from Atlantis；直译就是"来自亚特兰蒂斯的人"；英文片名里的 Atlantis（亚特兰蒂斯），几千年来就是西方世界津津乐道的话题，就像是中国的"山海经"一样，充满了谜。西方传说中的"亚特兰蒂斯"也被称为"失落的城市""沉没的城市""大西洋底的城市"等，这个故事来源于古希腊哲学家柏拉图的两部著作 Timaeus 和 Critias，这两本书都可以追溯到公元前 360 年左右，相当于中国的战国时期。

虽然没人能证明亚特兰蒂斯真的存在过，但是它潜在的经济价值却被现代人用到了登峰造极，从小说，美术，音乐，电影，电视剧到电子游戏，都能找到很多以亚特兰蒂斯为主题的作品，除了上面提到的《大西洋底来的人》之外，还有曾经在我国风靡一时的"星际之门"，英文名 Stargate Atlantis，就是其中之一。图 7.1.1 是它众多海报中的一个。亚特兰蒂斯像是一艘宇宙飞船，原本是沉没在大西洋底隐藏起来的，因为一次事故不得不浮出水面……

图 7.1.1　星际之门海报中的亚特兰蒂斯

图 7.1.2 是按照电影截图，在 SketchUp 里创建的亚特兰蒂斯模型之一（渲染图）。

图 7.1.3 模型的中间有一个主城堡，也叫指挥塔；周围还有三个小一点的城堡，另外还有三个动力舱，上面可供飞船起飞降落，动力舱通过管道跟主副城堡连接。亚特兰蒂斯浮出水面后，还有一部分在水面之下，从电影里的情节看，水面以下的部分非常重要，大多属于要害部门。把图 7.1.3 这个模型跟电影海报的亚特兰蒂斯比较一下，建筑部分，虽然还不是完全相同，也有六七分相似了；你觉得还缺什么？我感觉缺的是真实感，气氛和可信度。

图 7.1.2　亚特兰蒂斯模型渲染图

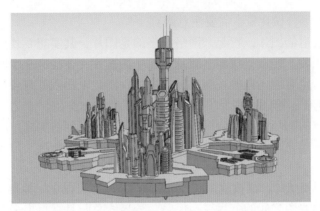

图 7.1.3　亚特兰蒂斯模型（本节附件）

　　现在你再看图 7.1.4 浩瀚的大西洋，一望无边，海天一色，孤零零一座漂浮在海面的城市，科幻感，神秘感十足；隐隐约约还能看到水面以下的部分；刚才缺少的气氛，可信度和真实感都有了吧！现在就来告诉你其中的奥妙。

图 7.1.4　海天间的亚特兰蒂斯模型（本节附件）

　　请看图 7.1.5，一幅蓝色基调的海天图片，水平放置，就是大西洋，再复制同一幅图片，倾斜 45°，放置在后面当背景，增加了镜头的深度感。用图片与模型配合起来增加模型的表达效果，这是在 SketchUp 常用的表现手法；但是如果这种手法用得不好的话，也许并不能获得想要的结果，譬如只要随便把任一幅图片移动一下位置，海面和背景之间有了明显的分界线，效果就会大打折扣。

图 7.1.5   图片背景

用图片在类似的场合做背景，需要注意两点。

第一，要找到合适的图片，看起来网络上多的是图片，其实想要找到一幅完全满意的并不容易，以作者的经验，先去寻找和下载基本相中的图片，往往有几十幅甚至更多，然后从中对比选择，还不一定有能入选的；即使有选中的，图片上面或许有各种缺陷，还要修理到符合要求。找图，选图，修图常常要用去几个小时或半天一天。

第二，有了合适的图片，还要会用。正如你在视频里看到的那样，即使摆放的位置和角度相差一点点，效果就完全不同。此外，纹理，色彩，尺寸，角度，位置……有很多需要注意和反复修改的地方。

水平和倾斜的两幅图片，摆放成图 7.1.5 所示的角度，可以更好地接受日照光影，还可以在一定程度上虚化两幅图之间的分界线。但是，分界线总归是看得出来的，用下面的方法，可以完全避免分界线。

现在看看图 7.1.6 上下还有分界线吗？这里只用了一幅图片，并且把这幅图片弯曲起来，水平的海面和斜置的背景之间，变成了弧形，这样海天之间平滑过渡，就没有了分界线。另一个措施是，在风格面板上取消了天空和地面的勾选，并且把背景自定义成一种蓝色。把这些措施综合起来，得到的就是比较令人满意的效果。

图 7.1.6   图片弯曲

最后来说一说这个部分的制作方法。

画一个矩形，初步尺寸不限，只要大致比例合适就行，发现不合适可以缩放。再在矩形的一角画一个圆弧，删除废线面后，就像图 7.1.7 ①这样。

推拉后，删除废线面，完成后如图 7.1.7 ②所示，再用旋转矩形工具画出图 7.1.7 ③所示的平面，这个平面要用来做投影贴图的辅助面。

如图 7.1.7 ④对辅助面赋材质，并且调整贴图坐标。对曲面做投影贴图，调整到适当的透明度，完成后如图 7.1.7 ⑤所示，在样式面板取消天空地面的勾选，把背景换成一种蓝色，如图 7.1.7 ⑥所示。

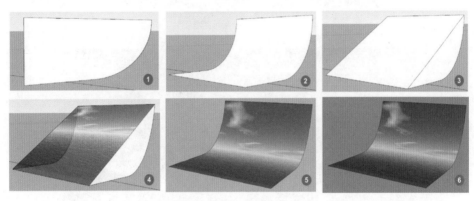

图 7.1.7 背景制作

好了，在这一节的附件里你可以找到这个模型和一些跟亚特兰蒂斯有关的图片，如果你喜欢，这些图片可以做成电脑显示器的桌面背景，当然也可以用来对照着建模。

7.2 模型背景（园林配景）

这一节，我们还是要继续上一节用照片充当模型背景的课题。上一节演示的亚特兰蒂斯，用大面积的照片背景替代海面和天空，获得了不错的视觉效果，如果返回上一节的实例，仔细看看你会发现，照片背景占据了模型空间的绝大部分；这个特点对于强调模型所在的环境、气氛、烘托主题有非常明显，甚至不可替代的作用。

这一节要向你介绍四个园林景观方面的模型，这些模型是作者为另一本书的插图而创建的，是一本有关园林花窗的专著，有中国园林的窗文化，还有一个庞大的园林花窗数据库，今天把这几个模型拿出来让你先睹为快。

图 7.2.1 是第一个，像是古代南方有钱人家的一个院子，一位大家闺秀正在刺绣消磨时光，请注意，右边的圆洞门外是不是给你空落落的感觉？

再看图 7.2.2 圆洞门外的假山花草，填补了刚才的空洞，隐隐约约还能见到通往另一个院落的回廊。游览过苏州园林的人，一定会有似曾相识之感。

图 7.2.1　空落落的洞门

图 7.2.2　添加背景后

　　如图 7.2.3 所示，一幅合适的照片，摆放在合适的位置，旋转一个合适的角度，得到的就像是亲历其境的感受。对照两幅插图，你是否会发现这幅照片起到了画龙点睛的作用？

图 7.2.3　背景布置

　　现在来看如图 7.2.4 所示的第二个模型，斑驳的粉墙，花瓶型的洞门寓意平平安安。小小的一座假山，配上几枝秀竹，一看就是南方庭园的标配。还有一位妖气十足的女子，又像是钻进了聊斋里的场景，心里有点怕怕。

　　再看这个门洞里面的世界，像是悬空在天上，从这里出去，一脚踩空，必定摔成肉饼子。

这样的模型安排，看起来，非但没有艺术感和设计感，连起码的安全感都没有。

再看图 7.2.5，是不是踏实了许多？其实不过是一张照片的功劳。

图 7.2.4　原始模型

图 7.2.5　加背景后

图 7.2.6 所示为第三个模型，跟上面那个差不多，这一次，园林管理部门发现这里有安全隐患，放了个警告牌，不然真的要出事故。

图 7.2.6　原始模型

再看图 7.2.7，这是我在苏州拙政园的一个小院子里拍的照片，整理的时候，觉得不三不四的，差一点删除掉，没想到放在这里，太合适了。

图 7.2.7　加背景后

再来看最后一个模型，图 7.2.8 仍然是那种空落落的感觉。

图 7.2.8　原始模型

现在再看看图 7.2.9 和图 7.2.10 洞门里面的世界多吸引人，洞门右边的池塘里有绿色的荷叶，快要开花了，仿佛还能闻到荷叶的清香，听见青蛙和蝉的叫声。左边，小桥流水，一派江南美景，作者小时候，到处都能见到这种景色，可惜大多被填成了柏油马路。这个模型，用了两张照片当作背景，把模型转来转去，每个角度都有精彩。

看过了，也比较过了，你觉得花点时间，用点心思在这上面，值不值？

图 7.2.9　加背景（1）

图 7.2.10　加背景（2）

　　同样是用图片当背景，上一节的海天背景是强调模型所在的环境、气氛、烘托主题，有不可替代的作用。这一节的四个例子，模型占据了画面的大部分，背景照片虽然是配角，却起到了画龙点睛的重要作用，同样有不可忽视的作用。

　　这几个模型保存在本节的附件里，都送给你。

7.3　模型背景（弧形背景制作）

　　图 7.3.1 是一座别墅的模型，造型漂亮，建模认真，贴图严谨，配色高雅，就是看起来孤零零的，缺少了一点情趣。

　　用了几分钟，为这个模型添加了一个圆弧形的天空背景，再看图 7.3.2 至图 7.3.5，是几个不同角度的视图，整体的感觉是不是完全不同了？图 7.3.6 就是这个背景的布置。

图 7.3.1　原始模型

图 7.3.2　西向视图效果

图 7.3.3　南向视图效果

图 7.3.4　东南向视图效果

图 7.3.5　东向视图效果（1）

图 7.3.6　弧形背景（1）

　　为了再增加点情趣，又为它换了个背景，请看图 7.3.7 至图 7.3.12 的六幅图，别墅盖到了小河边上，远处还有一座小山，河对面的坡上，看起来像是个度假村，这位业主真的很会享受。

图 7.3.7　东向视图效果（2）

图 7.3.8　东南向视图效果（1）

图 7.3.9　东南向视图效果（2）

图 7.3.10　南向视图效果

图 7.3.11　西南向视图效果

图 7.3.12　弧形背景（2）

　　模型有没有背景，给人的视觉感受是完全不同的，甚至可以发生天翻地覆的变化。用什么样的背景，还跟设计师想表达的意境密切相关，当然也会跟表达的效果相关。上面的演示，想必你也发现了，为什么要为模型添加一个背景，以及这样做的重要性。虽然这一节演示的道具是一栋别墅，其实同样的办法也可以用于不同的行业，不同的设计对象。

下面具体介绍一下如何为一个模型添加背景。

先测量一下需要加背景的对象在红轴上的长度，譬如别墅的东西方向宽 18 米，然后按照这个长度的三倍左右（或以上）为半径画圆，至于圆弧的弧高，可根据最终的视角范围来决定，假设先画一个正半圆。

暂时把这条圆弧放在一边，导入或直接拖进来一幅天空背景图片，适合做天空背景的图片必须是高像素并有足够大的长宽比。

譬如图 7.3.6 这幅图片就是 8000×1984px（pixel，像素），虽然像素总值只有 1600 万，但是看到它的长宽比，就知道这种照片不是用普通相机可以拍摄的，在后续的几个小节里要详细讨论获取、生成高像素，大宽高比照片的方法。

下面要把导入的图片调整到适合做背景的尺寸，第一步要把图片的长度调整到跟圆弧一样，方法是：单击圆弧，在图元信息对话框里就可以看到圆弧的长度，请记下这个数据；接着把导入的图片炸开后重新创建群组，为什么要这么做？因为导入后的图片，看起来像是群组，其实不是。双击进入群组，用卷尺工具把图片的长度调整到跟圆弧一样（注意长度数字后面加单位后缀 mm）。

现在再测量一下图片的高度，并且记下这个高度。选中地面上的圆弧，调用 JHS PowerBar 上的拉线成面工具，生成高度跟图片一样的圆弧面（很多插件工具条里都有同类工具）。后面的操作要把导入的图片作为材质赋给圆弧面，请注意，这次的贴图要用到一点小技巧，为了说明问题，我们先用两种已经熟悉的方法做试验。

首先用投影的方式做贴图操作，图 7.3.13 是其结果，注意②处的图像与①处对比，产生了严重的拉伸变形，另一端的弧面上图像也明显拉长变形，虽然这是投影贴图的正常表现（不均匀变形），却不适合用来当作模型的背景。

再看取消"投影"后，用坐标贴图的方式试一下，如图 7.3.14 所示，现在又出现了新的问题，圆弧面上的图片变成了很多重复的小块，如①②两处特别明显，这种现象是在曲面上做贴图操作时经常会遇到的，很多新手到了这里就开始"抓头皮"了，其实不用着急，请继续往下看，马上可以解决。

现在就要来告诉你这个新的贴图技巧，请注意看。

以鼠标左键在圆弧面上连续单击三次，这样就选中了边线、圆弧面和柔化掉的线，然后在柔化面板上取消柔化，暴露出所有的边线；现在可以看到很多小方格（见图 7.3.15）。接着，挑一个小方格，用已经熟悉的，调整贴图坐标的方法，来调整一个小方格的贴图坐标（见图 7.3.16）。接着，就可以这个小方格为基础，向两侧延伸；还记得油漆桶工具的快捷键是字母 B 吗？还记得油漆桶与吸管两个工具可以用 Alt 键做快速切换吗？现在就要让这两个快捷键一展风采了：按快捷键 B，调用油漆桶，接着按 Alt 键切换到吸管，获取已经调整好的材质，松开 Alt 键，工具变回油漆桶，对隔壁的小方格赋材质（见图 7.3.17）。接着，重复上面的操作，获取材质赋材质获取材质赋材质，一直把所有小方格填满。

完成赋材质后，柔化掉多余的线条，贴图背景就完成了（见图 7.3.18）。

图 7.3.13　弧形背景制作（1）

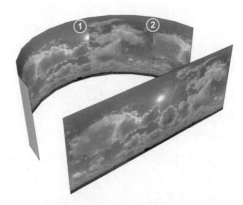

图 7.3.14　弧形背景制作（2）

图 7.3.15　弧形背景制作（3）

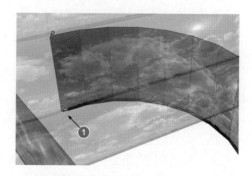

图 7.3.16　弧形背景制作（4）

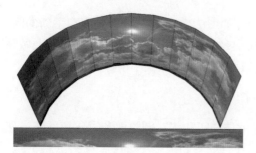

图 7.3.17　弧形背景制作（5）

图 7.3.18　弧形背景制作（6）

　　用这个方法制作弧形的背景，可以获得 180°（甚至超过 180°）的有效视野角；不过还有几点要提醒一下：

- 　这个做法，图片的长度等于弦的长，贴到弧面上，图像必然会产生拉伸变形，这种均匀的变形是正常的；跟投影贴图的不均匀变形有本质上的区别。
- 　想要减少上述变形，只能用减少"弧高"损失有效视野角度的代价来换取，但不能完全避免这种变形。
- 　如果打开日照光影，这个圆弧形的背景可能会产生不希望要的阴影，遇到这种情况，只能做折中的选择，尽量把光影的影响调整到最小。或者使用一种叫作 Face Sun 的插件，强迫太阳迁移到南半球去，光影的影响会小许多。

- 更有必要提醒的是：如果选用了这幅有太阳的图片，就不得不考虑光照和光影方向的问题，如果搞错了，又遇到个喜欢找茬的甲方，我们就要出洋相了。

现在告诉你，这幅图片是有意用错的；如果我现在告诉了你，你还是看不出来错在何处，请回到本系列教程的《SketchUp 要点精讲》1.5 节去复习，打好基础。建议你从头开始，按编号顺序踏踏实实地学习。

在这一节的附件里，还有很多可以用来做圆弧背景的图片，请你挑选一幅，把现在的这一幅换掉，把背景换成看起来更合理些。

如果你从事的是建筑行业，城乡规划行业，园林景观业，甚至室内外环境设计业，这一节所介绍的技巧，早晚会用得着。所以，应做练习。

7.4 模型背景（球顶天空制作）

上一节，我们介绍了弧形的背景，现在返回来看一下。弧形的背景有个缺点，就是最多只有 180°左右的视野范围，想要看对象的北向就没有背景了，这个缺陷就是它的致命伤。这一节要演示的是一种叫作球顶天空的背景，顾名思义，就是做一个半球型的天空罩在对象上。

图 7.4.1 一座小木屋，图 7.4.2 就是一个球顶的天空，从外面看不出什么名堂；现在我们钻进去，靠近点，绕着小木屋转一圈，看到的景象就像图 7.4.3 至图 7.4.6 所示的一样，无论转到什么位置，都可用看到蓝天白云，即使抬头看，同样有蓝天白云。

图 7.4.1　原始模型

图 7.4.2　球顶天空外部

图 7.4.3　球顶内南向视图效果

图 7.4.4　球顶内东向视图效果

图 7.4.5　球顶内北向视图效果

图 7.4.6　球顶内西向视图效果

　　接着演示一下如何做这个球顶的天空。

　　对于图 7.4.1 所示的小木屋，在正式做球顶天空前，还要做一点准备工作。

　　请先创建群组，再新建一个图层，命名为小木屋，在图元信息里把对象移动到小木屋图层；这样，在需要的时候，就可以隐藏或显示它，在场景面板上创建一个新的页面，你很快就会知道这个页面的重要性。

　　现在开始创建球顶天空。

　　画一个圆，半径要大一些，假设为 250m 左右，把这个圆也创建群组，沿着蓝轴向上（或向下）复制一个，这是为了后续做投影贴图准备的"幻灯片"。然后就要做球顶的半圆了，为了操作不受干扰，可以把小木屋图层关闭。至于圆弧的形状，现在看着差不多就行，不合适后面还可以改。再创建一个新的页面，现在有了两个页面，一个显示球顶内的小木屋，如图 7.4.7 所示，另一个在球顶外，如图 7.4.8 所示。

图 7.4.7　页面（1）（球顶内）

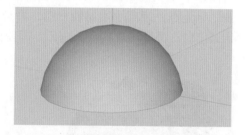

图 7.4.8　页面（2）（球顶外）

　　现在可以来看看已经准备好的球顶图片了，在这一节的附件里，我为你准备了十多幅适合做球顶天空的图片（见图 7.4.9），你会发现，这些图片中间都有一个圆形的天空，每一个都有云彩，不然就不像天空了，有几个还包括了太阳，这些照片都是用"鱼眼镜头"拍摄的。鱼眼镜头的价格比较贵，还不是摄影常用的器材，除非专业人员或发烧友，很少有人去买个鱼眼镜头玩玩。关于鱼眼镜头和它的应用领域，在后面的"3D 虚拟全景"里还会深入讨论。其实，即便没有鱼眼镜头，自己也可以用普通相机的普通镜头，拍摄一些普通的照片，自己来制作适合做球顶天空的图像；这个话题暂且放下，等一会再说。

　　现在随便在图 7.4.9 里挑选一幅图片，拉到 SketchUp 的工作窗口里来，接下来的操作流程，你都猜得出来了，就是要对球顶做投影贴图，在"幻灯片"上完成贴图坐标的调整后做投影贴图，单击第一个场景标签，我们就迅速钻到了球顶的肚子里，现在知道提前设置的这个场景有多重要了吧？看看天空，根本就没有云彩和太阳？

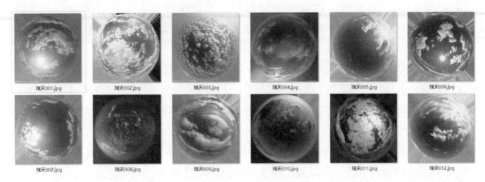

图 7.4.9 鱼眼镜头拍摄的天空

我们都知道 SketchUp 的平面有正面和反面的区别，现在出现的情况就是正面反面在作怪。其实很好解决，只要把它翻个面就解决了。

任何时候想要到球顶外面去，只要单击第二个场景标签，就能快速跑到球顶的外面。在创建球顶天空的全过程里，需要进进出出很多次，所以提前设置的这两个场景标签非常重要。

现在我们要再进去对地面和天空做进一步的调整，先对地面赋材质，调整材质的尺寸，颜色等参数；再调整日照光影，请注意，现在头顶上盖了个大锅，直接打开日照不会有光影，但是可以通过调整各项参数获得良好的光照效果。

还可以对球顶的贴图做色彩，明暗，甚至透明度的调整，模型最终的品质，很大程度上决定于你所选择的球顶图片，对光照与色彩的调整与把握，为控制篇幅，附件里有几个半成品就留下给你继续玩下去吧。

接下来要介绍一下如何把一幅普通的图片做成适合于球顶天空的图像。

附件里有一些普通的、天空主题的照片，都是在网上收集的，如图 7.4.10 所示。我们也可以自己拍摄照片来用，可惜现在几乎看不到这么漂亮的蓝天白云了。今后如果你运气好，看到干净漂亮的蓝天白云，一定不要错过机会，拍摄下来，供众人欣赏。

图 7.4.10 普通的天空照片（可改造成鱼眼照片）

随便挑选一幅，右击，用 Photoshop 打开，现在要从这幅照片中截取一块合适的图像；用矩形选取工具，按住 Shift 键，选取一个正方形，然后用裁剪工具裁剪出需要的区域，接着，通过在"滤镜"菜单中选择"扭曲"→"球面化"里的一个滑块，可以调整图像球面化的程度，不用迟疑，直接拉到 100%，单击"确定"按钮。

这样还不够，再来一次或多次，觉得差不多了，就保存起来待用。

现在回到 SketchUp，把刚刚加工完成的图片弄进来，就可以做成新的球顶天空了。

上面介绍的就是创建球顶天空的过程和用普通照片改造成鱼眼照片的方法。你可以把自己的模型放到这个球顶天空里，营造出自己想要的环境。有空的时候，你还可以多准备一些不同的球顶环境，今后需要的时候就可以直接选用了。附件里有很多素材和一些半成品模型。

除了上面介绍的方法以外，SketchUp 官方插件库里还有一个 SkyDome 的插件，据插件作者介绍，这个插件可以用真实的天空图像来代替 SketchUp 的天空背景。附件里有这个插件的 rbz 文件，可以通过 在"窗口"菜单中选择"扩展程序管理器"安装，安装完成后有个小工具条，如图 7.4.11 所示，上面有 3 个图标，其功能列出如下。

（左）Display a sky dome 展示一个穹顶
（中）Select sky dome image 选择天空穹顶图像
（右）Create entities from sky dome 从天空圆顶创建实体

图 7.4.11　SkyDome 工具条

除了工具条外，还可以在菜单里调用"扩展程序 / SkyDome"。

插件界面的操作要领如下。

（1）导航：拖动 = 环顾四周，Ctrl+ 拖曳 = 盘旋，Shift+ 拖动 = 平移。

（2）右击，在弹出的快捷菜单中选择 Select spherical image（选择球面图像）：选择自己的图像进行球面投影。图像必须是完整的 360°×180°（包括地面）。

（3）右击，在弹出的快捷菜单中选择 Select hemispherical image（选择半球图像）：只适用于天空图像（360°×90°天空，无地面）。

（4）右击，在弹出的快捷菜单中选择 Set azimuth angle（旋转全景图）：使其适合你喜欢的方向。在键盘上输入角度或用鼠标拖动图像。

（5）右击，在弹出的快捷菜单中选择 Create entities from sky dome（从天空穹顶创建实体）：创建纹理 SketchUp 几何。

下面举一个例子。

（1）图 7.4.12 所示为一个别墅模型。

（2）单击 SkyDome 工具条的左边第一个工具，Display a sky dome 展示一个穹顶。

（3）自动生成的球形穹顶如图 7.4.13 所示。

（4）如果对 SkyDome 默认的穹顶图像不满意，可以单击"SkyDome 工具条"中间的工具 Select sky dome image（选择天空穹顶图像），在弹出的界面中导航到外部的天空图片，替换掉默认的图像。

（5）在本节附件里有一段 SketchUp 官方教程是对这个插件的视频教程，可供参考。

图 7.4.12　一个别墅模型

图 7.4.13　SkyDome 插件默认穹顶

最后，告诉您一个偷懒的办法，只有一句话——

去 3dwarehouse，输入 SkyDome 搜索，能找到很多现成的天空球顶，选一个下载，盖在你的模型上就行，附件里已经下载了两个。

第 8 章

3D 扫描建模与 3D 打印

随着科技的发展，3D 扫描、3D 仿真、3D 打印这些新的概念，新的技术，新的应用正在快速进入我们的生活与工作，甚至也进入到 SketchUp 的应用领域。

这一节将要介绍几种普及型的 3D 扫描建模的工具与技巧，还要提供一批天宝激光扫描和点云建模的概念与行业的成熟应用资料，这些资料对于城乡规划、建筑、景观、室内设计行业非常宝贵实用。

此外，用手机扫描建模和拍摄照片建模的工具与技巧也是 SketchUp 用户轻松获得复杂模型的好办法。

3D 打印发展到现在，其应用领域小到打印城市或工程用的"沙盘"配件，大到打印整座桥梁，整座楼房，甚至打印整个工业园区。本书的读者中一定会有不少对其感兴趣并进行尝试的。

扫码下载本章教学视频及附件

8.1 三维仿真一（平板 + 扫描头）

这一节要向你介绍一个三维扫描转模型的宝贝，这或许正是你所需要的。

三维扫描和仿真的过程很难以图文的形式向你呈现，请先看附件里一段四分钟的小视频，你可以把它当作增加知识的娱乐节目。

刚才你看到的宝贝，英文名字是 Structure Sensor，直接翻译成中文是"结构传感器"，它跟 iPad 平板电脑配合起来，就组成了手持式的 3D 扫描仪。可以扫描房间、人物和任何物品，在 SketchUp 或其他软件里形成 3D 模型。

安置在 iPad 背面的扫描传感器，直接与 iPad 的摄像头对接，并且可以通过蓝牙与其他移动设备连接。它扫描时捕捉 3D 数据的速度很快，不管是扫描一个物体还是整个房间。

下面请看作者收集的几段小视频（大约 17 分钟）。有扫描整个房间创建 SketchUp 模型，然后做室内环境设计的；也有扫描人像，物体的，作者已经做了必要的中文注释。

上面展示的扫描仪，在网络上就有卖的（为避广告嫌疑，恕不提供细节），你可以用英文 Structure Sensor 或者 3DSYSTEMS ISENSE 去搜索，价格不贵，传感器本身在 1500 元到 3000 元左右（请多看看，别买贵喽），再加上 iPad 平板，总计 5000 元以内就可以拥有。

作者整理了 Structure Sensor 的规格参数供您参考。

- 支持的扫描对象：人像、物品、房间（有人还用它开设"3D 照相馆"）。
- 硬件尺寸：119.2 × 27.9 × 29 毫米。
- 硬件重量：99.2 克（仅扫描头）。
- 扫描范围：40 ~ 350 厘米（房间扫描最大 12 × 24 × 12m）。
- 扫描精度：测量距离的 1%（所以扫描的时候尽量减少跟对象之间的距离）。
- 彩色图像：VGA（640 × 480）/QVGA（320 × 240）。
- 速率：30/60 fp/s。
- 续航：扫描 4 小时左右，1000 小时超长待机。
- 照度：红外结构光投影、统一的红外 LED。
- 视野：水平（58°），垂直（45°）。

软件 Structure Sensor 目前仅支持 iOS 系统，使用前首先要下载和安装 Structure Sensor 的应用 Apps，包括以下六个单独的应用：

- Structure（结构）。
- Calibrator（校准器）。
- Viewer（查看器）。
- Scanner（扫描仪）。
- Fetch（获取）。
- Room Capture（房间捕获）。

也可以用外部通用的 3D 扫描软件 Skanect Pro 对生成的模型进行处理与编辑。模型文件格式有 OBJ，STL，PLY，WRML；可以保存在 iPad、iPhone 或者电脑中。

其他更多定制化参数设置略。

知道作者看完这些小视频后是怎么想的吗？

室内设计项目，每个工程都要做实地"量房"，通常要出动两个人，边量边画草图做记录，还时常出错，现在有了这个东西，只要一个人，全部扫描回来（包括 1∶1 的尺寸）节约了人力还不容易出错，你说值不值？

以往，遇到像雕花家具，石狮子，所有复杂的曲面对象，想要建模，难如上青天，就算折腾出来，也要花很多时间精力。现在只要用几分钟扫描一下，轻而易举就到手，用几千元买了大把的时间，非常值得。

上面所有的议论仅代表作者的一家之言，仅供参考。

还有，作者跟生产和销售这个玩意儿的单位及个人没有任何约定和来往，上述内容只是感觉到它可以解决我们的某些问题，只是介绍，并非广告。值不值得尝试，你自己做决定。

读者可以从图 8.1.1 ～图 8.1.5 感受一下。

图 8.1.1 安装在 iPad 上的扫描头

图 8.1.2 Structure Sensor 扫描头

图 8.1.3　完成扫描处以白色表示（处理后是彩色模型）

图 8.1.4　扫描一个空房间（蓝色线条是为说明而模拟的）

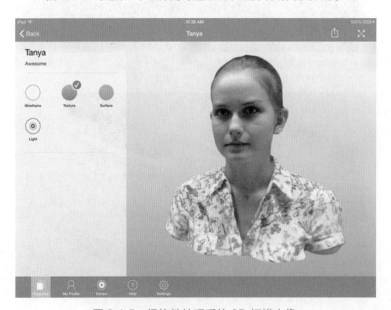

图 8.1.5　经软件处理后的 3D 扫描人像

下面摘译官方的简单介绍。

安装完 Structure Sensor 之后，第一步就是用 Calibrator 进行校准。

校准完成之后，就可以进行实际操作。其中最常用的两个 APP 是 Scanner 和 Room Capture。

Scanner 是针对人和物进行扫描使用的软件，扫描过程中，双手拿 iPad，经过调整位置和距离，将要扫描的物品放在屏幕中间出现的方框内，缓慢围绕物品进行转动，扫描成功的区域会由白色覆盖，完成之后单击 Done 即可。当扫描完成后，会生成 OBJ 或 PLY 的格式，您可以把生成的这两种格式数据通过邮件发送给自己。

Room Capture（房间扫描）这个应用程序，使用方法同 Scanner 类似，它具有三维空间数据捕获再现功能。所以即便不打印出来，也可以作为自己一段时间的生活回忆。在这段时间内自己的状态以及所居住的环境，来一份立体的记录，难道不比平面照片来得更有意义！

Structure Sensor 拥有自己的电池，可提供连续 4 小时的续航时间，不会消耗 iPad 的电量。工作范围为 40 厘米到 3.5 米，因此既可以扫描杯子、花瓶等小件物品，也可以扫描整个房间，以及人的头像。

配合 itSeez 3D 客户端软件，Structure Sensor 扫描仪可捕获高分辨率的色彩和结构数据，增强现实技术会引导用户拍摄质量一级棒的图像。然后 Itseez3D 客户端会将数据传送到云服务中心，几分钟之后即会返回完整的三维模型。用户可以通过电子邮件分享 .ply 或 .obj 格式的 3D 模型文件。

关于外部软件 Skanect Pro：除了上述描述的 iPad 客户端应用程序，用户还可以购买一款 PC 上运行的专业应用软件 Skanect Pro，该软件与 iPad 免费客户端的区别如下。

支持扫描的模型面数更多。iPad 免费版最多支持 5 万个面模型，Skanect 可以支持 30 万面以上。

支持本地运算。iPad 免费版需要借助远端云服务进行模型构建及导出，Skanect 直接在本地运算。

支持更多的文件格式。iPad 免费版仅支持 ply 和 obj，Skanect 可以支持 ply，obj，stl，vrml。

支持水密性检测以及平滑过渡处理。

精简面数处理。

支持扫描对象（如人像、物品、空间、房间）的空间大小设置。

支持其他更多定制化参数设置。

如果你有兴趣进一步研究应用，作者为你收集了三篇相关文献，放在本节的附件里，摘要如下。

（1）STRUCTURE SENSOR QUICK START GUIDE （结构传感器快速入门指南），完整的从开箱、安装到使用的详细文档。

（2）Using the Structure Sensor with the iPad Air （配合 iPad Air 使用结构传感器），以扫描一个电脑椅为例说明其用法。

（3）Accuracy and utility of the Structure Sensor for collecting 3D indoor information（结构传感器采集室内三维信息的准确性和实用性）。

卡兰塔里发布在《地理空间信息科学》的论文，否定了该传感器对"维多利亚建筑"大空间扫描的可行性，肯定了对较小空间获取精确尺寸的能力和用户友好性。

8.2 三维仿真二（天宝扫描仪与 SketchUp）

这一节的内容很多，以视频为主，同名的视频总长度有 40 多分钟，可以分成四个部分，下面有个索引，没有耐心从头看到底的读者，可以用索引上标出的内容和对应的时长点选择播放。

上一节介绍了一种平板电脑与传感器结合的简易 3D 扫描仪，如果你感觉那东西像玩具一样，不太过瘾的话，这一节要介绍的几个宝贝，完全可以用"大杀器"来形容。

视频里介绍的几种 3D 扫描仪都是 SketchUp 的东家"Trimble（天宝）"的产品，有跟SketchUp 结合的接口与实例。请先看一个小小的手枪等级的，比上一节的那个玩具大不了多少，功能却要强得多——天宝的 DPI-8 型手持式的 3D 扫描仪，本书脱稿前听说已经停产，但有类似替代品（见本节附件），对于大多数室内设计项目，应该是差不多够用的了；如果是建筑，桥梁，交通，水利等大型项目，天宝还有不少更大的杀器，请继续看下面的视频。

天宝 TX8 是获取真实场景细节数据的理想工具。它可以在不损失测量范围和精度的情况下进行高速的测量，为设计及分析专业人员提供其所需的高密度三维点云数据。能够实现更快的扫描速度和更远的测程，以节省三维扫描任务所需的时间。其快速获取数据的能力能够减少每次测量所需的时间，TX8 可以保证每秒 100 万个精确激光点的数据获取速度。受目标表面类型和大气状况变化影响很小，TX8 在其整个 120m 测程范围内都可以保持高精度测量，配合可选升级配置，其测程更可以扩展至 340m。因此在每一个测站都可以获得具有良好完整性的数据结果。

最后的两段视频是用扫描仪获得的数据到 SketchUp 里建模的方法，一定不要错过。

在本节的附件里，为你收集了一些三维扫描仪方面的资料，来源于 SketchUp 的东家天宝集团；这些资料对于用得着的人来说会很有价值。

视频节点索引

1. 天宝 DPI-8 扫描仪介绍一	综述	55″
2. 天宝 DPI-8 扫描仪介绍二	扫描到 SketchUp 建模	2′16″
3. 天宝 DPI-8 扫描仪介绍三	印度小哥试扫沙发	4′43″
4. 天宝 DPI-8 扫描仪介绍四	阿兵哥扫战备地道	6′36″
5. 天宝 DPI-8 扫描仪介绍五	扫描高压弯头到 CAD 建模	8′26″
6. 天宝 DPI-8 扫描仪介绍六	分区扫描拼接成大型模型	11′32″
7. 天宝 TX-8 扫描仪介绍一		14′32″

8. 天宝 TX-8 扫描仪介绍二		17′03″
9. 天宝 SX-10 扫描仪介绍一		19′10″
10. 天宝 SX-10 扫描仪介绍二		21′46″
11. 天宝 SX-10 扫描仪介绍三	大场景扫描拼接	24′19″
12. 扫描 to SketchUp（用点云软件）		25′42″
13. 扫描 to SketchUp（用 Shell Tools 软件）		32′24″

Trimble 3D 扫描器材与应用资料清单保存在本节附件里。

1. Trimble 3D 扫描器材

DP1-8 手持三维扫描仪 .pdf

Trimble MX9.pdf

Trimble S3 系列全站仪 .pdi

Trimble S6 系列全站仪 .pdt

Trimble S8 系列全站仪 .pd

Trimble SX10.pdt

Trimble TX6.pdt

Trimble TX8.pdt

Trimble 无人机测量与制图系统 .pdf

TX8 三维激光扫描仪应用于旧城改造—嘉兴老城区改造 .pdf

X7.pdf 北京新机场机房放样 .pdf

装配式光学 CMM 3D 扫描仪 .pdf

最快速最简便的 3D.pdf

便携式 3D 数字化解决方案 .pdf

2. Trimble 3D 扫描应用案例

建筑改造的新利器 - 清镇政府 .pdf

某五星级酒店机电预制装配式安装案例 .docx

三维激光扫描仪在徽派建筑数字化中的应用 .docx

三维激光扫描应用于机电预留预埋位置检测 .docx

三维扫描在旧城改造的应用 - 汕头小公园 .pdf

深圳市梧桐山瑞田塑料五金厂改造 .pdf

苏州太平金融中心裙楼屋顶 - 三维激光扫描应用 .pdf

天宝 BIM 施工技术助力广西地铁 3 号线施工 .docx

现代化城市中的历史气息陈公祠 .docx

许昌教育基地幕墙安装 .pdf

8.3　手机扫描建模（Qlone）

这一节介绍一种好玩又实用的工具：Qlone App。

这是一款手机 3D 建模客户端软件，它借助 AR 技术的 3D 模型生成器，结合目前最流行的 AR+3D 技术，使用它对物品进行简单扫描，就能够自动生成 3D 模型。我们还可以把这个 3D 模型用多种通用的格式导出到自己的电脑，接着就可以在 SketchUp 或其他三维建模软件里应用或修改，也许它可以为我们所用。

1. Qlone 简介

使用 Qlone 进行扫描非常容易，只需将你的物体放在码图的中间，灰蓝色的球罩就会指导你完成扫描过程。扫描速度很快，并且直接在手机上完成，Qlone 还自带一组修改器，可用来修改模型、纹理、艺术、雕刻、清洁和调整大小。

还可以合并同一对象的两个不同姿势，以获得更好的整体效果。导出如 OBJ、STL、USDZ、GLB、PLY、X3D 等格式到其他软件。还可用社交平台或电子邮件跟你的同事或朋友分享模型。也可以直接导出到提供 3D 打印服务的站点。

2. 安装软件

本节附件里保存了一个 qlone.apk，这是适用于安卓系统的 App，这是一个正经版本。用你知道的任一办法（如 QQ、E-mail 等）把它发送到你的手机，找到并执行该文件，完成安装。

3. 扫描前的准备

开始扫描前，你还要打印一张码图（mat）用作定位（本节附件里有，软件里也有）。你可以自定义码图的大小，扫描越大的物体，就需要越大的码图。码图应打印在不反光的载体上，如图 8.3.1 所示。还应保持干净平整，如图 8.3.2 所示。

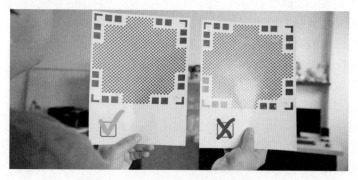

图 8.3.1　码图应打印在不反光的载体上

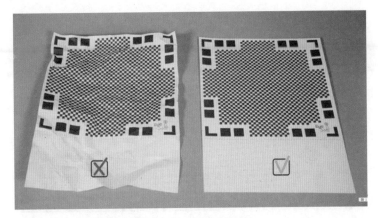

图 8.3.2　码图应平整

　　码图要根据所扫描物体的尺寸来确定，如图 8.3.3 所示，最小的码图可以打印在 A4 纸上，最大的码图可以超过 1 平方米甚至更大。

图 8.3.3　各种尺寸的码图

4. 扫描

　　做好上述准备后，将你要扫描的物体放到码图中（见图 8.3.4），就可以开始扫描了。

　　现在拿出手机并运行 Qlone App，将码图完整地置于 Qlone 的取景框内。这时你能看到码图上出现一个蓝灰色的半球体（见图 8.3.5），你只需绕着物体转动（或者旋转物体）将半球体上的所有区域扫描完。

　　工具栏还提供了二次扫描的选项。二次扫描时，将物体换一个摆放方式，以获取不同角度的图像，如图 8.3.6 所示。如果所扫描的物体的顶部是平的，也可以直接打开 flatten top 将顶部抹平。扫描完成后的对象外部像包了一层石膏，如图 8.3.7 所示。

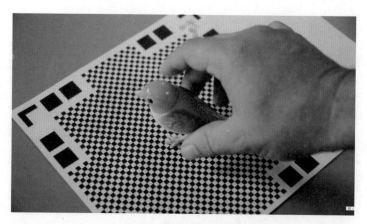

图 8.3.4 把要扫描的物体放在码图的中间

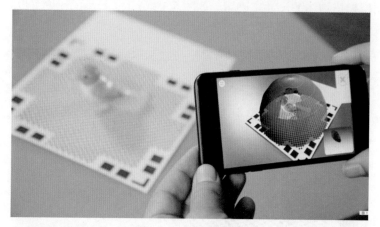

图 8.3.5 开始扫描

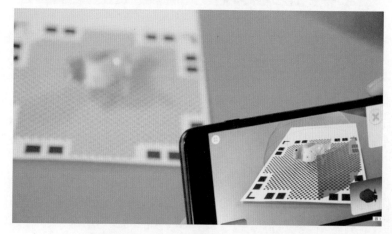

图 8.3.6 把扫描对象换个姿势再扫描一遍

图 8.3.7　扫描完成的外部像包了一层石膏

5. 编辑修改调整

　　Qlone 程序中集成了一些工具，可以用来优化和修改 3D 模型，而无须导出它们。

　　完成扫描后，Qlone 会自动计算并生成一个 3D 模型，确认模型大体无误后，你可以在编辑界面对 3D 模型进行更细致的调整。比如在模型上画上一些图案，或是对贴图有误的地方进行修补。单击右上角的 texture 即可切换编辑方式，修改模型的精细度、大小等参数。

　　还可以从扫描对象上选择颜色，直接在 3D 对象上绘制，做模糊区域或过渡，以获得更平滑的结果。相关细节参见图 8.3.8 至图 8.3.10。

　　通过擦除不需要的区域或使表面平滑来提高模型的质量。按住或拉出一个选区，可以改善或改变物体的形状，并调整过渡。可设置 3D 打印模型的尺寸，并简化要导出的网格。将您的对象变成有尺寸的立方体或网格对象艺术品后，就可以准备进行 3D 打印了。

图 8.3.8　用颜色标示有效的部分

图 8.3.9　自动处理完成后的模型

图 8.3.10　完成的模型

6. 导出与应用

在完成扫描和编辑后，就可以在 Qlone 的主界面看到你的作品了。你可以使用 AR 把它带到现实中。在 AR 浏览的模式下，模型还会根据环境光而变化，从而更好地融入环境。生成建模之后，可以以多种文件格式导出（见图 8.3.11），可以直接在其他的软件和 App 上使用。

图 8.3.11　可自行确定导出的格式

8.4　照片建模（PhotoScan）

上一节介绍了一个近乎玩具的照片建模工具，若是把那个东西比喻为"鞭炮"，这一节要介绍的同样是照片建模的软件，则可比喻为大炮。这是一种在中国有较多用户的照片建模工具，在下面的网站可以下载试用版，也可注册后申请一个月的全功能版。

该软件在中国的中文网站是：https://www.photoscan.cn。

PhotoScan 是它原先的名称，现在改名为 Metashape；功能有所改良，可以免费更新。

最新的版本是 Agisoft Metashape 1.7.1，是 Agisoft PhotoScan 应用程序的后续版本。本文实例所用还是 1.4.4 的老版，故后续统一称呼为 PhotoScan，该软件的主要功能是"多视点三维重建"（即以多张照片重现三维现场），声明：作者与服务的 SketchUp（中国）授权培训中心跟该公司无业务及经济往来。

这个软件的用途能大能小，大到做整个城市的航拍图像处理，形成数字地形与数字表面与三维高精度测量；小到各种遗址考古、文物数字化；对建筑物、内饰、人像等各种场景对象建模，可做到超级详细的可视化。甚至用手机随便拍几张照片就可以形成三维模型……另一个特点是：虽然它功能强大，但是初级应用比较简单，看完这一节就会操作。

本节下面的篇幅将用一组照片来实现三维建模并形成 SketchUp 模型。

图 8.4.1 就是一组用普及型手机拍摄的照片，为了赶写本节的实例，匆匆忙忙赶去拍照的时候正在下着蒙蒙细雨，绕着公园的塑像转了一圈，拍了 20 多幅照片，后来发现有些照片是多余的（全部保存在附件里）。

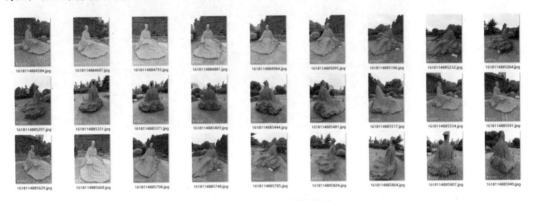

图 8.4.1　一套雕塑照片

照片里的人物是明代常州人，唐荆川（1507—1561 年），原名唐顺之，明嘉靖八年（1529 年）二十三岁中进士，礼部会试第一，入翰林院任编修。一年后即告病归里，闭门读书二十年，于学无所不精。嘉靖初年与王慎中同为当代古文运动的代表，世称"王唐"。后又与归有光、王慎中三人合称为"嘉靖三大家"。后人把王、唐、归三人与宋谦、王守仁、方孝孺共称为"明六大家"。著有《荆川集》《勾股容方圆论》等著作。荆川先生不但是有名的文学家，而且是有名的抗倭英雄，刀枪骑射，无不娴熟。抗倭名将戚继光曾向他学过枪法。荆川五十一岁那年被朝廷重新起用，任右佥都御史，兵部主事及凤阳巡抚等职。自此，他亲督海师狙击倭寇，屡建奇功，后因久居海中，足腹尽肿，在赴任凤阳巡抚途中，病重去世，终年 54 岁。是一位值得我们为其创建三维模型的学者与英雄。

（1）软件的安装与运行。

安装过程（略），双击运行桌面图标后，软件先要运行一个 cmd 文件，如图 8.4.2 所示，请立即"最小化"（不要关闭它），请单击默认的英文菜单"Tools / Preferences.../ Language / Chinese"，把工作界面改成中文。

图 8.4.3 是 PhotoScan 的工作界面，比较简单，下面介绍几处常用的位置：

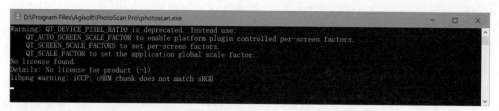

图 8.4.2　先运行的 cmd 文件，最小化它（不要关闭）

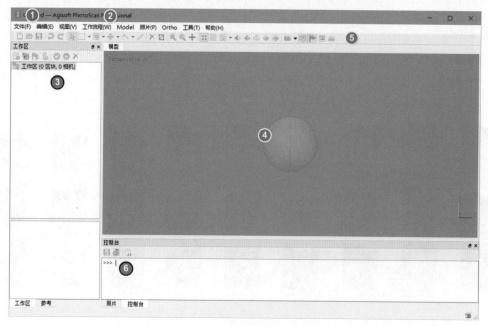

图 8.4.3　PhotoScan 的工作界面

- 图 8.4.3①"文件"菜单，等一会要用它新建一个项目，打开和导入导出。
- 图 8.4.3②"工作流程"菜单，大多数操作要按这里的安排进行。
- 图 8.4.3③打开的照片（或已有的项目）在这里显示。
- 图 8.4.3④这里是照片形成模型各阶段的主要显示窗口。
- 图 8.4.3⑤这一排工具图标，有几个是常用的，等一会结合实例介绍。

- 图 8.4.3 ⑥这里将显示工作流程的摘要。

（2）现在开始实际操作演示。

单击菜单栏中的"工作流程"，在下拉菜单中有两项"添加照片"和"添加文件夹"，可以分别指定以照片或整个文件夹里的照片参与建模。

- 图 8.4.4 是指定了一个存放了所有的照片的文件夹。
- 图 8.4.4 ①这里显示所有导入的照片文件名，可以分别查看。
- 图 8.4.4 ②在上面单击了一个文件名后，这里显示照片的缩略图与概况。
- 图 8.4.4 ③注意这里有两个标签，现在是"工作区"。
- 图 8.4.4 ④这里也有两个标签，现在是"照片"。
- 图 8.4.4 ⑤这里显示参与建模的所有照片缩略图，双击一幅可放大查看。
- 图 8.4.4 ⑥这里的工具可以对照片启用与禁用相机，旋转等操作。
- 图 8.4.4 ⑦在这里查看每一幅照片的细节（滚轮缩放）。

请注意：以上是对普通照片的操作，若是用无人机拍摄的，有坐标信息的照片请忽视下面的 3～6 步。

（3）如果你的无人机空拍照片有 POS 数据，单击图 8.4.4 ④"参考"栏中的图表，导入 POS 数据，若没有 POS 数据，可直接跳至第 7 步（POS 数据为拍摄每张影像所对应的无人机位置，姿态参数，辅助拼接，拼接后的影像将具有地理坐标信息）。

（4）单击"导入"按钮后，弹出 POS 导入窗口（截图略），选择整理好的 POS 文档即可。

（5）POS 导入后，选择 WGS84 坐标系统，并将各列数据与表头名称对应。

（6）POS 数据导入后，界面中将显示 POS 轨迹，即无人机拍摄照片时所处空间位置。

图 8.4.4 添加了整个文件夹后

（7）现在单击"工作流程"菜单中选择"对齐照片"选项，弹出预选参数面板，见图 8.4.5，保留左侧 Generic preselection 和 Reference preselection 的选中状态（图 8.4.5 ①）；右侧的精度建议选择"中"或"高"（见图 8.4.5 ②），尤其是测试阶段，否则耗时太多。在图 8.4.5 ③处会有软件自行确定的关键点与连接点的数量，可以人工修改。

（8）完成上面的设置，单击 OK 按钮后，软件自动开始"对齐照片"处理，此过程只需等待，无须操作，如图 8.4.6 所示，处理完成后，会生成三维点云数据，如图 8.4.7 所示。

图 8.4.5　对齐照片预选参数面板

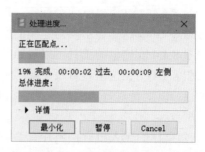

图 8.4.6　正在进行照片对齐

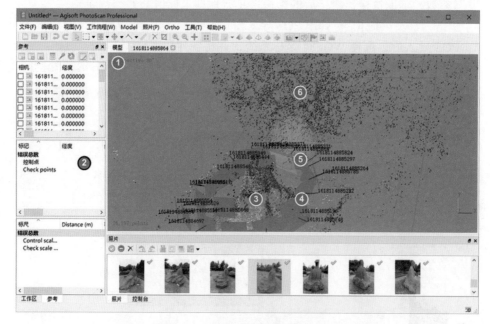

图 8.4.7　完成照片对齐后的关键点

- 图 8.4.7 ①注意必须是这里的"模型"标签被选中，才能看到点云数据。
- 图 8.4.7 ②如果是航拍照片，这里会显示相关信息。
- 图 8.4.7 ③这里咖啡色的是我们要建模的主体，雕塑的点云数据关键点。

- 图 8.4.7 ④一圈蓝色的矩形，每一个代表一幅照片拍摄时的相机位置。
- 图 8.4.7 ⑤橙色的一幅照片是有问题的，或者是同一位置重复的。
- 图 8.4.7 ⑥这里的绿色的关键点是背景的植物，如图 8.4.4 ⑦所示。

（9）接着单击菜单"工作流程 / 建立密集点云"，在弹出的参数面板（见图 8.4.8）上选择所需要的模型质量，质量设置得越高，处理的速度就越慢，图 8.4.8 ①②③供参考。

图 8.4.9 是正在生成"密集点云"，大概需要一两分钟。生成"密集点云"的过程与结果与图 8.4.7 相同，不会有变化。

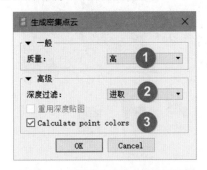

图 8.4.8　生成密集点云参数面板

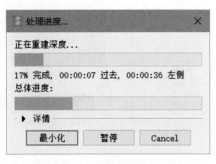

图 8.4.9　生成密集点云进度

（10）在"工作流程"菜单中选择"生成网格"选项，在弹出的对话框中选择所需要的质量，如图 8.4.10 所示，单击 OK 按钮，出现图 8.4.11 的进度显示界面，图示已经耗时近 7 分钟，处理完大约需要 10 分钟，请耐心等待。

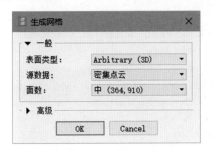

图 8.4.10　生成网格参数面板

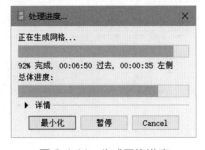

图 8.4.11　生成网格进度

（11）10 分钟后，我们得到了如图 8.4.12 所示的结果，可见雕塑主体的左右侧与后方有一些背景，这是照片里带进来的东西，是没有办法避免的，不过现在可以删除所有不想要的内容，包括背景植物，部分地面等；请注意以下的操作要领：

- 鼠标左键在灰色的坐标球上单击移动可旋转，滚轮可缩放，右键可平移。
- 如果看不到坐标球可以单击菜单"Model（模型）"→"导航"调出坐标球。
- 尽量把建模的主体移动到跟坐标球重叠，以方便旋转操作。
- 单击图 8.4.3 ⑤工具条上一个相机按钮，可隐藏掉所有相机，方便删除操作。
- 工具条上还有 3 种选择工具，任选一种，圈出需删除部位后，按 Delete 键删除。
- 删除工作需要有点耐心，尽量把无用的线面弄干净，还不能伤及需要留下的部分。

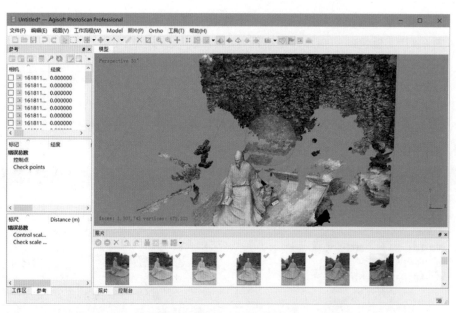

图 8.4.12　生成网格后

（12）清理完成后的模型如图 8.4.13 所示。其实还有好多细节没有清理完。

接着要在"工作流程"菜单中选择"生成纹理"选项。

图 8.4.14 是"生成纹理"的参数设置面板，看见的是默认参数。

图 8.4.15 是单击 OK 按钮后，生成纹理的进度面板。

图 8.4.13　清理废线面后

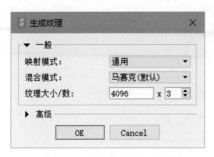

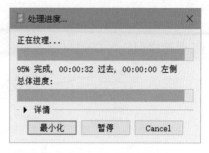

图 8.4.14　生成纹理参数设置　　　　　　　　　图 8.4.15　生成纹理进度

（13）这次没有等得太久，图 8.4.16 就是生成纹理后的结果，比起生成纹理之前，各处细节要清晰很多。

请注意图 8.4.16 雕塑主体的帽子顶部，肩膀等处还有缺陷，造成这种情况的原因是雕塑实物超过 3m 高，拍照的时候只能获得平视和略为仰视的图像，缺少顶视的图像，所以造成这些缺陷，今后要做类似的模型，一定要想办法拍摄一些顶视图（用自拍杆或梯子）。

图 8.4.16　生成纹理后

（14）现在就可以导出你所需要的文件了，PhotoScan 可导出的文件格式非常多，下面仅就导出"模型"到 SketchUp 做简单介绍，见图 8.4.17。

第一项的 OBJ 是通用的三维模型，适合在多种三维软件之间互导，优选。

第二项的 3DS 也可以用。

DAE 和 STL 两种格式，3D 打印机用得较多，后面有专门介绍。

FBX 格式与 OBJ 一样，也是三维软件之间的重要互导格式，可用。

当指定导出 DXF 格式的时候要注意，可以导出 Polyline（多段线）或 3DFace（3D 面）两种格式，若想要在 SketchUp 中用，建议导出 3DFace 形式。

当你想把模型放到 Google 地球中时，可导出 KMZ 格式。

图 8.4.17　导出格式

（15）导入到 SketchUp。

本节附件里保存了 PhotoScan 本身的 PSX 文件，可以用 PhotoScan 打开修改。还保存了五六种能被 SketchUp 接受的其他格式，供参考研究。图 8.4.18 是在 SketchUp 里导入 OBJ 格式后的样子（3DS 也一样）。

图 8.4.18　SketchUp 导入 obj 文件后

8.5　3D 打印概述

日常生活和工作中使用的打印机只能在物体的表面进行打印，而所谓的 3D 打印机，与普通打印机工作原理基本相同，只是打印材料与目的不同；普通打印机的打印材料大多是墨水和纸张，而 3D 打印机内可能装有金属、陶瓷、塑料、水泥砂浆等不同的"打印材料"，通过电脑控制可以把"打印材料"一层层叠加起来，最终把计算机里的模型变成三维的实物。

中国物联网校企联盟把 3D 打印称作"上上个世纪的思想，上个世纪的技术，这个世纪的市场"。3D 打印（3DP）是现代快速成型技术中的一种，又称"增材制造"。通俗地说，3D 打印是一种能"打印"出真实物体的技术与设备，比如打印各种小模型，各种难以用传统工艺制作的机械零件，甚至是食物，建筑，人类的牙齿骨骼、脏器，甚至整座楼房。

3D 打印的原理并不复杂，只要把物件的模型数据传输到打印机，按下按钮，机器就会自动打印出你需要的东西。其原理就是分层制作，层层叠加，把一个物件分解成许多平面切片，然后逐层按电脑的控制，叠加起来，最后成为一个完整的物体。这一节要介绍的 3D 打印技术仅限于跟我们 SketchUp 用户有关的两个方面：① 适用于规划、建筑、景观行业沙盘模型方面的 3D 打印；② 直接用于建筑工程施工的 3D 打印。

1. 适用于规划、建筑、景观行业沙盘模型方面的 3D 打印

图 8.5.1 所示为一个用 3D 打印工艺制作的城市规划沙盘，用 SketchUp 建模 3D 打印。适合于此类应用的 3D 打印方式有很多种形式，本节只介绍目前市场上使用最普遍的 3 种 3D 打印方式：FDM（Fused Deposition Modeling）熔融沉积；Photocuring 光固化；Sintering 烧结。即使是同一种 3D 打印方式，工业级的机器和民用的桌面机都有巨大的差异。

图 8.5.1　一个城市规划 3D 打印沙盘模型

1）FDM（Fused Deposition Modeling）熔融沉积 3D 打印

这是民用桌面 3D 打印机中最普及的一种，它的工作原理很简单，就是把塑料加热融化，然后通过一个很小的孔挤出来，通过电脑程序的安排层层叠加上去，直到形成一个完整的立体形状。

图 8.5.2 是一台双色的 FDM 桌面型 3D 打印机。FDM 3D 打印机都能打出很细的塑料丝，

喷头的直径范围在 0.2 ~ 0.8 毫米（有些机器可更换），即便是用这么细的丝一层层叠加起来，打印物件表面也不会完全光滑，还是看得见一层层的机理，需要完工后清理打磨。

FDM 方式的 3D 打印通常使用专门的丝状卷材，材质有 ABS、PLA、TPU。

ABS 是一种稳定不变形，强度很高的塑料，可以打印用来陈列的部件，有些工程零部件也会选用这种材料。PLA 是一种色彩多样，低毒的塑料，甚至能打出仿金属，半透明，仿石材，仿木和夜光的部件，但是时间长了会有不同程度的变形，不太适合长期陈列。TPU 是一种柔软的塑料，仅在特殊情况下适用。

在塑料丝叠加的打印的过程中，还会出现一些悬空的形状，由于塑料丝挤出时还是软的，如果下方没有支撑，塑料丝在叠加过程中就会偏移甚至坍塌，所以 FDM 3D 打印通常还要通过打印支撑结构来撑起某些悬空的部分，以确保打印物体的形态精准无误，打印完成后要去除支撑部分。图 8.5.3 和图 8.5.4 就是完成打印并清理后的成品。

   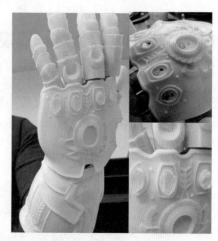

图 8.5.2　FDM 桌面 3D 打印机　　图 8.5.3　打印成品（1）　　图图 8.5.4　打印成品（2）

2）Photocuring 光固化 3D 打印

光固化 3D 打印方式是比上述 FBI 打印更为细致的方式，它用紫外线来固化液态树脂材料，每一打印层就可以比上述 FDN 更为精细，打印成品的表面机理就更平滑，图 8.5.5 是一种市售的桌面光固化 3D 打印机，图 8.5.6 是用它打印的成品。

光固化 3D 打印机所用的光敏树脂，通常呈白色或者透明（也有彩色），各方面性能会因为生产厂商不同有巨大的差异，但整体来说，如果上述 FBM 打印机无法满足打印精度要求，就可以考虑使用光固化打印机，因为它的分层堆叠更精细，但是耗材也贵了很多（FDM 打印用塑料线材每公斤几十元，光固化树脂每公斤几百元）。

光固化打印机的打印原理比前述的熔融沉积方法要繁杂一些：液态的光敏树脂被激光照射到的部分就会固化，没有照射到的地方仍然保持原来的液态。用激光照射提前切分好的每层物件，截面层层叠加，最后形成特定的形状，虽然光固化打印机用的是液体材料，但如果遇到一些悬空的结构，依然需要支撑，所以光固化打印也需要有支撑的结构和后期的清理打磨。

图 8.5.5　光固化 3D 打印机

图 8.5.6　光固化 3D 打印成品

3）Sintering 烧结方式的 3D 打印

"烧结"顾名思义就是通过激光来加热粉末形态的材料，工作原理跟上述光固化很像，只是耗材从液体变成了粉末，使用的激光功率也要大得多，当激光照射到计算机指定的位置时，金属粉末就会被烧结成金属，没有照射到的依旧保持原来的粉末状，一层一层加工，层层叠加，最终就形成整体的成品。这种 3D 打印常见于机械制造，不大会用在建筑沙盘的制作上。

图 8.5.7 所示为工业用的激光烧结打印机，图 8.5.8 所示为它打印的机械零件。

图 8.5.7　激光烧结 3D 打印机

图 8.5.8　激光烧结 3D 打印的机械零件

4）3D 打印的常规步骤

（1）Printing File Making 三维文件制作（建模）。

（2）Proper Printing Way Choosing 选择合适的打印方式。

（3）Printing 打印。

（4）Print Part Removing 拆除打印支撑。

（5）Post-processing 后处理（修剪、打磨、喷漆）。

2. 3D 打印设计

3D 打印机的原理与操作都非常简单，很容易掌握。

3D 打印全过程中，真正技术含量高的是三维文件（模型）的设计与制作，就是我们常说的建模，这是一个需要较长时间学习和练习的技术。可用来完成 3D 建模的软件有很多，常见的可用软件至少有十多种，其中有偏向于艺术表现的，有偏重于工业设计的，但根据国内外用户在专业论坛的讨论来看，最容易掌握和使用较普遍的还是 SketchUp。不过在 SketchUp里创建用于 3D 打印的模型与创建其他用途的模型还是有一些不一样，这些问题将在下一节讨论。

如果你只是 3D 打印的爱好者，或者只想体验一下 3D 打印的乐趣，网络上有很多现成的三维模型素材库，如果能在其中找到合适的模型文件，那就能省去建模的麻烦了，针对设计师和个人创作者，FDM 和光固化是目前可用性最高的两种 3D 打印方式，这也意味着我们基本只能用塑料来打印实物，现在能通过 FBM 桌面打印机打印出来的常用塑料有 ABS，PLA，TPU 三种。

打印工件的尺寸也是一个选择打印方式时需要注意的问题，对于桌面 3D 打印机来说，FBM 比光固化打印的体积要稍大一点，如果你打的物件比打印机可打的尺寸还要大，就要考虑把物件分拆来打印，分拆还要注意最后组装的方便与牢固，凹凸榫卯结构常用于拼装，但要注意受力点布置合理。

3. 桌面 3D 打印设备的选择

根据公开的常用参数，下面按"设备价格、打印精度、材料多样化、耗材成本"4 个方面对不同打印方式与设备排序如下，供参考（越左边参数值越高，越右边越低）：

（1）设备价格（打印尺寸相似）：

SLA（光固化）>DLP（光固化）>LCD（光固化）>FDM（熔融沉积）

（2）打印精度：

DLP（光固化）>SLA（光固化）>LCD（光固化）>FDM（熔融沉积）

（3）材料多样化：

FDM（熔融沉积）>DLP（光固化）=LCD（光固化）>SLA（光固化）

（4）耗材价格：

SLS（光固化）>SLA（光固化）≈DLP（光固化）>FDM（熔融沉积）

（5）成形尺寸：

FDM>SLA≈DLP=SLS（理论）

（6）稳定指数：

SLA>DLP>SLS>FDM

（7）发展潜力：

SLS≈SLA>DLP>FDM

4. 3D 打印建筑

随着 3D 打印技术日益完善，现在已经普及很多行业，从天上的飞机卫星，到海里的轮船潜艇，从人类的骨骼心肝，到汉堡奶酪食品，甚至咖啡泡沫上的拉花，都有 3D 打印的用武之地，3D 打印不仅可以打印小件物品，它甚至正在颠覆传统的建筑业。

2013 年，荷兰建筑师 Janjaap Ruijssenaars 与意大利发明家 Enrico Dini（D-Shape 3D 打印机发明人）合作，他们打印出一些包含沙子和无机黏合剂的 6×9（米）的建筑框架，然后用纤维强化混凝土进行填充。最终的成品建筑由上下两层构成。该工程在 2014 年完成，并且参加了 Europan 竞赛。

虽然 3D 打印建筑起源于欧洲，但据作者了解，在 3D 打印技术研究应用、设备研制生产、材料研究，实际项目规模等方面，我国已经远远走在了世界的前列，创下了很多世界之最，例如上海有一家高新技术企业，用全球最大的建筑 3D 打印机打印了整整一个工业园区；用全球最高大的 3D 建筑打印机完成了 6 层楼居住住房的打印施工（见图 8.5.9），还完成了全球首个带内装外装一体化的 3D 打印 $1100m^2$ 精装别墅（见图 8.5.11），甚至打印整座桥梁（见图 8.5.16）。

......

而在北京的另一个公司用 3D 建筑打印机，历时 3 个月，在施工现场实地整体打印施工，攻克了普通标号钢筋混凝土 3D 建筑打印领域的大难题，建起了 $600m^2$ 的"新温莎城堡"（见图 8.5.12），并且完全符合现有的国家施工规范和标准。图 8.5.10 是 3D 打印的部分墙体。

2016 年国家住建部印发的《2016—2020 年建筑业信息化发展纲要》提出要积极开展建筑业 3D 打印设备及材料的研究，结合 BIM 技术的应用，探索 3D 打印技术运用于建筑部品构件生产，开展示范应用。资源节约与环境友好型社区，科技、环保、艺术完美融合，其中就有 SketchUp 的用武之地。

图 8.5.9　3D 打印地上 5 层 + 地下 1 层

图 8.5.10　3D 打印墙体

图 8.5.11　3D 打印别墅（1100m^2）

图 8.5.12　新温莎城堡（北京 600m^2）

　　3D 建筑打印所用的砂浆成分中包括粉碎的建筑废料，玻璃纤维，沙子和特殊的硬化剂，具有柔韧性，自绝缘性和抗强震等特殊的性能。可以在工程现场整体打印，也可以工业化打印成结构件，然后运到工地进行拼装。3D 打印的建筑同样可以在墙壁、梁柱内设置加强用的钢筋及保温材料，还可以为管道，窗户和门预留空间……

　　据介绍，3D 打印的施工方法能够节省建造房屋通常所需 60% 的材料，并且可以在相当于传统建筑 30% 的时间内完成施工，所需劳动力减少了 80%，这意味着建筑的费用更少，业主与承包商的风险都更低。

5. 3D 打印建筑配件与组装

　　3D 打印建筑可以在工地现场整体打印，也可以在工厂打印成预制件后运到现场装配，后者更为经济和灵活，图 8.5.13 和图 8.5.14 是预制的建筑配件。

　　据人民网报道，河北工业大学运用 3D 打印出了赵州桥的复制品，该桥跨度 18.04 米，总长 28.1m，按赵州桥原型 1∶2 缩尺打印后现场组装而成，是目前世界上跨度最长、桥梁总长最长、规模最大的混凝土 3D 打印桥梁（见图 8.5.15）。图 8.5.16 是另一个 3D 打印景观桥的实例（长度为 14.1m，宽度为 4m），同样是在工厂打印预制后到工地现场装配完成的。

图 8.5.17 和图 8.5.18 是两个 3D 打印预制，现场装配的景观小品。

图 8.5.13　3D 打印建筑配件（1）

图 8.5.14　3D 打印建筑配件（2）

图 8.5.15　3D 打印拼装赵州桥（1/2 比例）

图 8.5.16　3D 打印拼装桥梁（长度为 14.1m，宽度为 4m）

图 8.5.17 城市景观小品（1）

图 8.5.18 城市景观小品（2）（迪拜）

6. 3D 建筑打印设备

3D 建筑打印机目前主要有三种形式：

- 龙门架式 3D 建筑打印机，如图 8.5.19 所示，打印规模仅受门架宽度和高度的限制，长度不限，技术门槛较低，比较容易推广与实现，但占地较大。
- 塔式（悬臂式）3D 建筑打印机，如图 8.5.20 所示，打印规模受制于悬臂的长度与刚性，技术门槛较高，特别适合在狭窄的空间里工作。

图 8.5.19 龙门架式 3D 建筑打印机

图 8.5.20 悬臂式 3D 建筑打印机

- 三角式 3D 建筑打印机，如图 8.5.21 所示。Youtube 上有一段视频，介绍用这种设备在南美洲土著居民区，完全用当地普通泥浆，打印出土著居民的圆形房屋。

图 8.5.22 是大多数 3D 建筑打印机上类似的打印头与工作状态。

7. 3D 建筑打印机参考价格

目前仅收集到龙门架型的设备价格，供参考。

8m 宽价格为 400 万元人民币。

12m 宽设备价格为 600 万元人民币。

16m 宽设备价格为 800 万元人民币。

20m 宽设备价格为 1000 万元人民币。

龙门式建筑 3D 打印机只对建筑物的宽度也就是跨度有限制，高度和长度没有限制，成套设备包括：搅拌系统，上料系统，打印系统，自动提升系统。

塔吊式建筑 3D 打印机：分为直径 20 ～ 40m 不等，价格从几十万元到几百万元不等，因为龙门式不方便搬运，且体积较大，所以研发塔吊式（悬臂式）建筑 3D 打印机，轻便又便宜。

图 8.5.21　意大利 wasp 建筑 3D 打印机

图 8.5.22　3D 建筑打印机的打印头

8.6　SketchUp 与 3D 打印

相比于传统制造，3D 打印技术基本可以做到无人化，甚至有人把它描述为第三次工业革命的引导者（作者对这种说法不太认同，AI 人工智能才是）。考虑到 3D 打印技术与应用实际上已经覆盖到包括建筑设计到建筑施工在内的几十种重要行业，工信部、科技部纷纷制定政策推动 3D 打印产业化。

而 SketchUp 在三维建模领域显露的优势，正在逐步成为 3D 打印过程中最为重要的环节。

上一节介绍了 3D 打印技术在制作建筑沙盘和打印实体建筑方面的概况。这一节还要继续上一节的话题，但是要稍微具体一点，要以几个小东西为例，介绍一下如何把 SketchUp 里的虚拟模型变成看得见还摸得着的实物。从原理方面看，3D 建筑打印的道理也差不多，都是分层堆叠。

1. 3D 打印三环节概要

想要把平面图纸或者设计师脑袋里的创意变成真真切切的实物，大概有以下 3 个环节。

（1）第一当然是建模。能够用来做三维建模的工具有很多种，但是 SketchUp 始终是最容易掌握与最容易普及的建模工具，尤其是建筑业周边的行业，包括城乡规划、景观、室内设计、家具等行业，一旦完成了 SketchUp 模型，就可以直接打印出 3D 的实物模型。

在 SketchUp 里创建用来做 3D 打印的模型,可以按 1 : 1 的尺寸。随着经验的积累,你会发现用来做 3D 打印的 SketchUp 模型跟其他用途还是有些区别的。

在 SketchUp 里创建的模型必须符合"实体"的条件(实体是密封空间,请查阅《SketchUp 要点精讲》),然后导出能用于 3D 打印的 STL、DAE 文件或者通用的 OBJ 文件。

(2)然后是所谓"切片":前一章我们已经知道,3D 打印,无论是用桌面型的小机器还是打印真实建筑的大机器,其原理都是一样的:都是分层打印,层层叠加;把一个物件分解成许多平面切片,然后逐层按电脑生成的路径打印,叠加起来,最后成为一个完整的物体。

这一步要用到一种能够把模型按照指定的要求完成"分层切片""打印路径"生成 3D 打印机能够执行的命令文件"G 代码"的工具;此类工具软件有不下几十种,图 8.6.1 是其中一些比较知名好用的软件工具。高悬榜首的是 Cura,全称是 Ultimaker Cura,本书脱稿时(2021 年)的最新版本是 4.8.0,这是一种免费好用的开源软件,并且自带简体和繁体中文,因此也更容易找到相关的资料与应用教程,这对于我国愿意尝试 3D 打印的 SketchUp 个人和单位是个好消息。

在本节的附件里保存有 Ultimaker Cura 4.8.0 和一些相关资料。

请注意,该软件的名称 Cura 读法很混乱,根据地域不同,至少有三四种读法:"库拉""契拉""西拉""凯拉",特此提醒。

软件	功能	适用水平	系统
Cura	切片软件\3D 控制	初学者	PC\Mac\Linux
EasyPrint 3D	切片软件\3D 控制	初学者	PC
CraftWare	3D 建模\CAD	初学者	PC\Mac
123D Catch	3D 建模\CAD	初学者	PC\Android\iOS\Windows Phone
3D Slash	3D 建模\CAD	初学者	PC\Mac\Linux\Web Browser
TinkerCAD	3D 建模\CAD	初学者	Web Browser
3DTin	3D 建模\CAD	初学者	Web Browser
Sculptris	3D 建模\CAD	初学者	PC\Mac
ViewSTL	STL 查看	初学者	Web Browser
Netfabb Basic	切片软件\STL 检测\STL 修复	中级	PC\Mac\Linux
Repetier	切片软件\3D 打印控制	中级	PC\Mac\Linux
FreeCAD	3D 建模\CAD	中级	PC\Mac\Linux
SketchUp	3D 建模\CAD	中级	PC\Mac\Linux
3D-Tool Free Viewer	STL 阅读\STL 检测	中级	PC
Meshfix	STL 检测\STL 阅读	中级	Web Browser
Simplify3D	切片软件\3D 打印机控制	专业级	PC\Mac\Linux
Slic3r	切片软件	专业级	PC\Mac\Linux
Blender	3D 建模\CAD	专业级	PC\Mac\Linux
MeshLab	STL 编辑\STL 修复	专业级	PC\Mac\Linux
Meshmixer	STL 检测\STL 阅读\STL 编辑	专业级	PC\Mac
OctoPrint	3D 打印机控制	专业级	PC\Mac\Linux

图 8.6.1　知名 3D 打印分层切片控制用软件

在这一节的后半部分将简单介绍这个软件的基本用法。

(3)前面的第一步有了模型,第二步生成了"分层切片""打印路径"与"G 代码",

接下来就是在 3D 打印机上执行"G 代码"进行打印：这一步是最简单的，无非就是把"G 代码"用 SD 卡、U 盘，电缆或无线传送到 3D 打印机上，让机器按照代码指令自动执行打印任务而已。虽然这个环节也有一些技术诀窍，比如 FDM 打印机的打印托盘调平，托盘的加温防止翘起脱落，根据任务与线材的不同调整喷嘴温度，通风冷却等，但是最终的结果还是取决于设备的功能与精度。

2.SketchUp 建模概要

这一段仅列出几个需要注意的地方，给想要尝试 3D 打印的读者一些最基础的概念，远不是全部。

（1）用于 3D 打印的模型中不能有反面：也就是"模型中所有面的法向要一致"。这是 SketchUp 用户最基础的常识，不多解释。

（2）模型必须是实体：实体的概念与检测见《SketchUp 要点精讲》4.4 节。为了避免问题积累造成的尴尬，甚至返工，必须在建模的每一环节都要用插件 Fixit 101 检测与修复。

（3）模型必须是"流形 Manifold"即表面是一个完整封闭的流动曲面，外面和内部都不能有多余的线面；不可有共享的线，或者重叠的线面。

（4）SketchUp 模型默认的是没有厚度的面，3D 打印用的模型最小壁厚要大于 0.3～1mm（视设备与工艺确定），最小的柱子直径与最小的孔径都要大于 1mm。

（5）模型不能嵌套：用于 3D 打印的模型必须是群组，但是不能嵌套。诀窍是：建模过程中，在保证每个部件都是实体的前提下创建小群组，若干这样的小群组形成整体模型，确认无误后，保存一个备份以便修改；原稿全部炸开全选后创建一个大群组（或用实体工具做成"外壳"）。

（6）一个大模型可以分拆成若干小模型，分别打印好后拼装起来。拼接的位置要设计出"榫卯结构"（可以用实体工具条的"剪辑"工具）。为能够顺利拼接，"榫卯"要做成带锥度的，还要注意把"榫"缩小一点，或把"卯"放大一点（间隙大约零点几毫米），本节附件里有几个这样的实例供参考。

（7）支撑，这是 3D 打印模型与其他用途模型最大的区别，因为 3D 打印喷头出口处的温度达到 200℃左右，流出的塑料丝是软的，在彻底硬化之前机械强度很低，所以模型里悬空的地方需要得到额外的"支撑"；虽然后续的"分层切片"过程中可以指定由软件自动生成支撑结构，但自动生成的支撑往往不够聪明，过于繁琐，拆卸困难，影响 3D 打印成品的外观，所以老手们会在模型阶段就加上支撑。想要这么做需要一定的经验。通常大于 45° 的倾斜就需要支撑。

（8）打印过程尽可能连续：正如上面介绍的，打印喷嘴流出的是高温熔化的塑料细丝，当模型上有个"缺口"时，打印喷头走到这里，要及时刹车，停止流出，过了缺口又要及时启动，开始流出，这一切都是在毫秒级别的瞬间完成的，想象一下困难有多大；虽然 3D 打印机都有一个叫作"回抽"的功能，在打印喷嘴走到缺口时会"回抽"一下——就像脏孩子把鼻涕吸回去，但多多少少会留下一点吸不干净，所以 3D 打印的缺口很容易像脏孩子的那个部位，不干不净。想要避免，从建模开始就要尽量减少这种"缺口"。

3. SketchUp 模型导出概要

为了进行后续 3D 打印工序，SketchUp 模型可以导出三种不同格式的文件：STL、DAE 和 OBJ，它们都可以被后续的"分层切片"软件所识别与加工。下面简单介绍 SketchUp 模型导出概要。

（1）导出操作涉及"文件"菜单中选择"导出"→"三维模型"选择导出的"文件类型"在选项面板中设置，导出三种格式的"选项"面板都不同，见图 8.6.2 及下面的说明。

（2）STL（STereo Lithography，立体制版）原先是用于立体光刻计算机辅助设计的文件格式。被广泛用于快速成型、3D 打印和计算机辅助制造（CAM）。STL 文件仅描述三维物体的表面几何形状，没有颜色和材质贴图或其他常见三维模型的属性。STL 格式有 ASCII 和二进制码两种型式。二进码因简洁而较常见。图 8.6.2 是它的选项面板，推荐导出这种格式。

- 图 8.6.2 ①：请注意，无论有没有其他几何体，都勾选"仅导出当前选择的内容"。
- 图 8.6.2 ②：二进制码因简洁而常用，不要勾选 ASCII 码形式。
- 图 8.6.2 ③：除非有特别的需要，请保持 SketchUp 原坐标系。
- 图 8.6.2 ④：千万不要选择毫米或米，请一定用默认的"模型单位"。

（3）DAE 文件格式是 3D 交互文件格式，用于多个图形程序之间交换数字数据，Autodesk 专有，除非有特殊需要，不推荐导出这种格式。若要导出这种格式，请在选项面板上取消默认的（见图 8.6.3 ①②③）三个选项。

（4）OBJ 文件是 3D 模型文件格式。为 3D 建模和动画软件模型之间的互导的格式，OBJ 文件是一种文本文件，可以直接用写字板打开进行查看和编辑修改。除非有特殊需要，也不推荐导出这种格式。若一定要导出这种格式，请在选项面板上取消默认的（见图 8.6.4 ①②）两个选项，保留默认的，如图 8.6.4 ③所示。

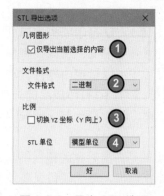

图 8.6.2　导出 STL 选项

图 8.6.3　导出 DAE 选项

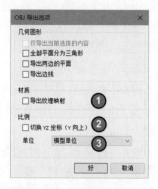

图 8.6.4　导出 OBJ 选项

4. 分层切片工具 Cura 概要

（1）在本节附件里有这个软件的 Windows 和 Mac 版本，安装时注意一下安装路径即可。

（2）刚完成安装的 Cura 是默认的英文界面，可在菜单栏中选择 Preferences → Configure Cura → General → Interface → Language → "简体中文"，重新起动 Cura 后，即可变成中文界面。

（3）图 8.6.5 是 Cura 安装好后的初始界面，随着工作进展，操作界面还会变化。图 8.6.5 ①是菜单栏，这里包含了 Cura 的大多数功能指令。图 8.6.5 ②这里有 Cura 的三个工作阶段：准备、预览与监控，大多数人只用前两项。

- 图 8.6.5 ③：这里打开支持的文件，如 stl、dae 或 obj，也可以直接拖曳进来。
- 图 8.6.5 ④：添加和管理打印机，其中包含有一百多个厂商的几百种知名的 3D 打印机。如果在其中找不到自己的打印机，可以手动输入你的打印机参数（在说明书上）。
- 图 8.6.5 ⑤：在这里选择材料类型与喷嘴直径。
- 图 8.6.5 ⑥：这个区域是主要的参数设置区，里面包含了大量可选、可设置的参数。光标停留在每个项目上都会出现详细的说明，请仔细阅读调整。
- 图 8.6.5 ⑦：下载插件和登录（不登录也可以用）。
- 图 8.6.5 ⑧：正视图，顶视图，左右视图与透视图。
- 图 8.6.5 ⑨：打印托盘（打印平台），浅色处为可用区域。

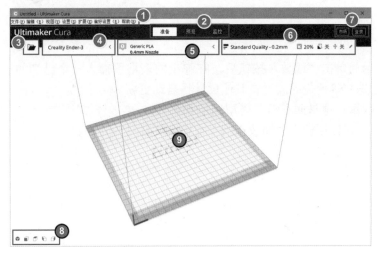

图 8.6.5　Cura 初始界面

5. Cura 工作窗口的基本操作

（1）鼠标左键用来选择对象，可移动、旋转与缩放等。

（2）鼠标右击托盘，可旋转托盘和加载其上的模型。

（3）按下鼠标中键（滚轮）可平移托盘与加载其上的模型。

（4）旋转滚轮可缩放托盘与加载其上的模型，前滚＝放大，后滚＝缩小。

（5）大多数情况下，在右键快捷菜单中有当前可用的命令项。

6. 用一个简单实例说明模型在 Cura 里第一阶段的操作要领

图 8.6.6 所示为 SketchUp 里的模型（无反面，实体，无嵌套与重叠）导出成 STL 格式文件。

如图 8.6.7 所示，这是打开 Cura，把导出的 STL 文件直接拉到窗口中后。也可以通过在"文件"菜单中选择"打开"选项。模型进入 Cura 后自动居中。注意此时工作窗口左侧出现一列六个工具按钮（见红色方框内）自上而下分别是移动、缩放、旋转、镜像、网格类型、支撑，它们只有模型被选中后才可使用。

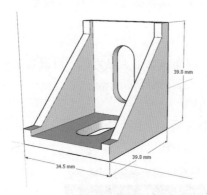

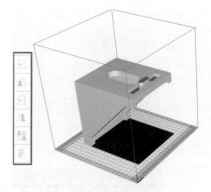

图 8.6.6　SketchUp 里的模型导出 dae　　　图 8.6.7　把 dae 文件拉到 Cura 后

图 8.6.8 所示为单击"缩放"按钮后，在弹出的表格里输入一个已知的尺寸，如图 8.6.8 所示的尺寸，勾选"等比例缩放"，其他尺寸将自动更新。

如图 8.6.9 所示，这是回车后，模型调整到跟 SketchUp 模型同样大小。当模型很大，如一栋房子的时候，可以用输入"缩放比例"或输入"3D 打印后的实际尺寸"。

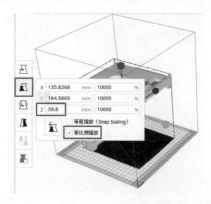

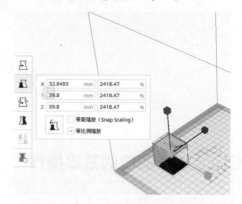

图 8.6.8　用 Cura 的缩放工具调整到 1：1　　　图 8.6.9　输入一个轴的尺寸等比缩放

图 8.6.10 中，从下往上看，所有红色突出显示的部分都是悬空的，需要支撑，图中所显示的模型放置方式需要大量支撑，显然非常不合理。

图 8.6.11 中，单击模型，用旋转工具旋转 90°后，打印速度快，还避免了 90% 以上的支撑。

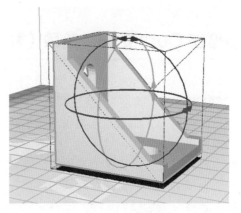

图 8.6.10　从下看模型凡红色处都要做支撑　　　图 8.6.11　旋转一个角度后就合理多了

7. 解读 Cura 根据设备自动给出的打印参数

（1）图 8.6.12 ①是预先输入的（或机器默认的）用"PLA 线材""喷嘴直径 0.4mm"。

（2）图 8.6.12 ②显示默认打印层厚 0.2mm，但可在图 8.6.12 ⑥处调整。

（3）图 8.6.12 ③显示默认"填充系数"20%，但可在图 8.6.12 ⑦处调整。

（4）图 8.6.12 ④显示 Cura 的生成支撑的功能关闭，但可以勾选图 8.6.12 ⑨打开。

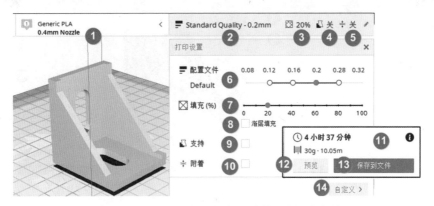

图 8.6.12　Cura 根据设备自动给出的打印参数

（5）图 8.6.12 ⑤显示 Cura 的打印底盘附着功能关闭，但可以勾选图 8.6.12 ⑩打开。

（6）图 8.6.12 ⑧"渐层填充"根据模型的不同高度，自动调节填充密度。

（7）图 8.6.12 ⑪ 显示根据当前参数计算所得的打印时间需要 4 小时 37 分，要用去线材 10.5m，30g，单击图 8.6.12 ⑫ 处"预览"按钮后，即进入下一步进行"切片预览"。

（8）图 8.6.12⑬ 处，单击"保存到文件"，把这一次的参数保存起来留作打印或后用。

（9）图 8.6.12⑭ 处，高端用户可单击"自定义"按钮，进行更加细致的参数设置。其中包含了另外几百个可更改的数据，还有几百个勾选项，不过大多已经给出了默认的参数与设置，因为这部分的内容太多，请浏览本节同名的视频，在实战中积累经验。

8. 模型在 Cura 的第二阶段（预览状态）

图 8.6.13 ① 处，单击这里进入"预览"；所谓预览，就是在电脑桌面上检查与模拟 3D 打印。图 8.6.13 ② 当前展示的是"分层视图"，另外还可以显示"透视视图"。在图 8.6.13 ③ 处单击"走线类型"，弹出一个面板，这里可选择的内容较多。图 8.6.13 ④ 中，单击这里向下的箭头，有以下四种选择。

- 材料颜色：点选这个选项后，模型用之前输入的线材颜色显示。
- 走线类型：就是现在看到的情况，用不同颜色显示模型各部分打印时的性质。
- 速度：若选择该选项，模型变成渐变色，以颜色表示不同的打印速度。
- 层厚度：若选择该选项，模型变成渐变色，以颜色表示不同的分层切片厚度。

图 8.6.13 ⑤ 是一个颜色对照表，可以对照模型切片后各部分的打印属性。图 8.6.13 ⑥ 是一个层滑块，移动顶部圆点，可查看任一层的切片与路径（当前共 226 层）。图 8.6.13 ⑦ 处单击三角形，可以动画形式显示打印头在当前层的运动轨迹。图 8.6.13 ⑧ 处移动"圆点"，可查看打印头在该层任意位置的路径轨迹。

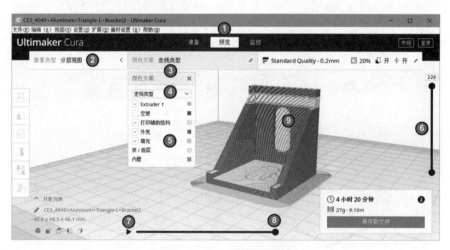

图 8.6.13　Cura 的预览面板

9. 喷头路径预演动画

图 8.6.14 ① 中，移动该处的层滑块到现在的位置，旁边有个小小的"9"，表示当前是第 9 层。图 8.6.14 ② 中，现在单击 ② 所在的三角形，播放喷头沿第 9 层路径移动的动画。图 8.6.14 ③

中也可直接移动路径滑块③，浏览喷头在第 9 层的快速移动轨迹。图 8.6.14④处浅灰黄色的就是模拟的喷头。图 8.6.14⑤中绿色的线条表示在实体内部的"填充"填充量为 20%。

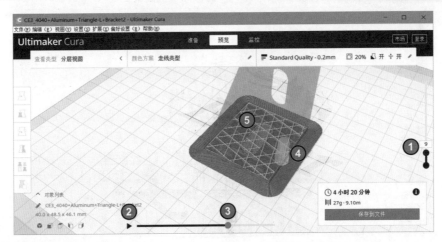

图 8.6.14　指定打印层的喷头路径预演动画

10. 3D 打印机概要

（1）托盘调平：这是 3D 打印用户都关心的问题，尤其是某些不太方便的机型较伤脑筋。

（2）托盘保温：为防止打印件边缘翘起来造成工件脱落，托盘需要保温（温度可调）。

（3）工件附着：工厂提供多种托盘材料以提高工件附着力，也可用外加的辅助措施。

（4）喷头温度：跟材料性质、规格与打印工件强度与表面光洁度相关，需测试获得最佳。

11. 迪士尼城堡（练习案例）

图 8.6.15 是保存在本节附件里的一个迪士尼城堡的 SketchUp 模型，请导出 STL 文件。图 8.6.16 中，把 STL 文件拉到 Cura 的工作窗口里，调整位置与大小（宽约 100mm）。图 8.6.16①处显示指定的 3D 打印设备型号；图 8.6.16②处显示所用的打印线材品种与直径（PLA 0.4mm），图 8.6.16③处，单击这里显示机器自动产生的默认参数（需要调整，尤其是支撑与底盘），图 8.6.16④这里显示填充率为 10%（陈列用模型通常在 5%～20%，除非有特别的强度要求），图 8.6.16⑤这里显示打印完成后模型的长宽高尺寸供核对。图 8.6.16⑥这里显示打印时间为 15 小时 42 分钟（真实的打印时间一定会更久），用线材 29.5m，重量 88g（这是还没有添加支撑与底盘的数据，实际还要增加）。

单击图 8.6.16⑥左侧的"预览"，可以进入"预览"环节，通常要在这个环节添加支撑，确定要不要加强附着力用的底盘，打印的细节，冷却，回抽（吸鼻涕）的细节等一系列的参数。这些参数的设置虽然不难，但需要一定的尝试过程与经验积累。

所有的设置完成后，单击图 8.6.16⑥右侧的"保存到文件"按钮，把 Cura 生成的"G 代码"保存到 SD 卡或 U 盘（有些机器需要电缆连接或无线连接），然后就可以开始打印了。

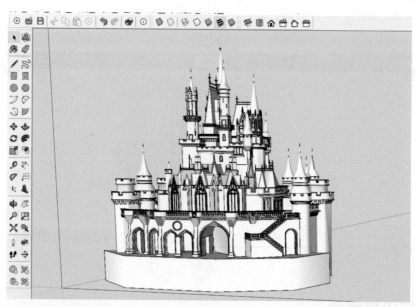

图 8.6.15　迪士尼城堡的 SketchUp 模型

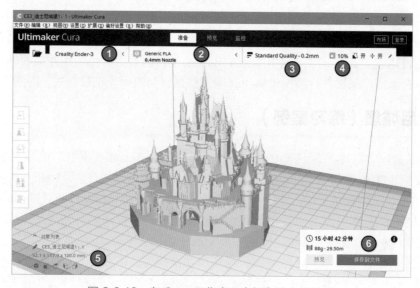

图 8.6.16　在 Cura 工作窗口中打印迪士尼城堡

12. 更多实例

下面介绍附件里赠送的部分 STL 文件，是作者当年创建与收集的，截图如图 8.6.17 至图 8.6.27 所示。

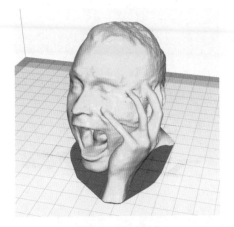

图 8.6.17　呐喊

图 8.6.18　布兰卡

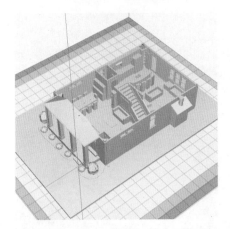

图 8.6.19　二层别墅（底层）

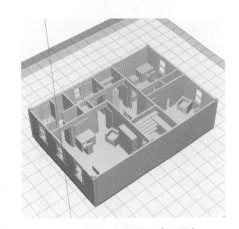

图 8.6.20　二层别墅（二层）

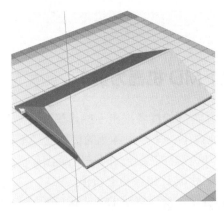

图 8.6.21　二层别墅（屋顶）

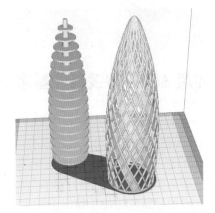

图 8.6.22　伦敦建筑小黄瓜（内外两层）

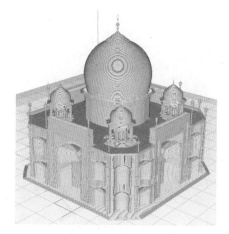

图 8.6.23　泰姬陵

图 8.6.24　总统山雕塑

图 8.6.25　山与城堡

图 8.6.26　模特儿

图 8.6.27　谁知道

13. 购买 3D 打印设备的基本原则（以 FMD 机器为例）

作为十多年前曾经的 3D 打印爱好者，下面向打算尝试的读者提出一些建议。

（1）若是仅仅打算尝试，还没有经验的，2000 元以下，甚至几百元的机器已经不错了，即便玩坏了也不至于很心疼，尽可能选择知名品牌，口碑好的型号。同一厂商会有不同款式的机器，要选择口碑好的型号。知名品牌机器，即使二手转让也会更有价值。

（2）建议选择 FDM（熔融沉积型）家用等级的机器，请谨慎买 Delta 型（三立柱）的机器，因为新手不容易调试，除非高度自动化。紫外线光敏固化的机器虽然打印更精细，但耗材太贵。

（3）打印精度与打印速度，各厂家说的参数都差不多，还是要看真实的测试数据。

（4）显示界面内容要足够详细清晰，控制要简单可靠。

（5）附件要齐全，最好配有不同直径的喷头，或者有备份喷头。

（6）打印平台最好有"自动调平"的功能，可以减少很多麻烦。

（7）要有"断丝检测自停""自动关机"与"断电续打"的功能。

（8）打印数据交换方面，最好是用 SD 卡或 U 盘，不要连了电脑才能工作的。

（9）不绑定软件，如果只能使用机器厂商定制的规定软件，那就大大降低了 3D 打印使用的自由度，而且也少了很多与高手交流学习的机会。

（10）不绑定打印线材的规格，如果只能用机器厂商提供或销售的 3D 打印线材，市面上更多更好更美的都用不了，若是某天专用线材涨价或停产，也只能被迫接受。

（11）按实际需要与现有安置空间大小（家庭或工作室）选择机器的尺寸，不盲目追求大型。

（12）如果连厂商自己打印的样品表面都不光滑，你就很难获得比厂商更好的结果。

（13）机器组装（安装）要尽量简单（DIY 除外），必须先向厂商问清楚。

（14）售后服务一定要好，应能有问必答，积极回应协助解决所有问题。

（15）如有看中的机器，最好上网找找是否有相关文章、评论或相关的社群与讨论。

（16）动手能力强的可考虑买套件自行安装（几百元），咸鱼上也有眼高手低买了后悔再贱卖的。

14. 没有设备也能打印

没有 3D 打印设备或一时还不想添置设备的，完成了上述"建模""切片"后，可以把文件发给专门代客加工的服务提供者，按成品的重量结算费用，每克约 0.1 ~ 0.5 元之间。

这种服务提供商有很多，一搜一大把，有专业的公司，也有业余兼职的，请自行甄别。如图 8.6.28 所示的沙盘用模型就是委托加工的，费用不到 200 元。

图 8.6.28　3D 打印成品（别墅群沙盘用，未上色）

第 9 章

全景技术与应用

全景技术是发展得最快的图像技术之一，虽然它不是全 3D 的图形技术，但由于看到的是实地拍摄的真实环境，还可以用鼠标拖动仿真，在有限的虚拟场景里漫游或有选择性地跳转浏览，这些功能使全景摄影有了相当广泛的应用，包括建筑，规划，城市景观，园林，旅游，文化艺术，商业或导购，广告，游戏，科学技术探索等。

近些年来，越来越多的项目推介和相关网站都在采用全景摄影技术来介绍地区和城市景观，再配合全景照片、文字介绍和链接跳转的方式，全面介绍地区、城市的建筑，园林，市容市貌，景区风光等人文地理信息。

本章要从全景技术的原理开始，介绍几种工具和如何用它们制作各种全景图像与实际应用；此外还有用 SketchUp 模型直接生成全景图像的工具与应用技巧。本节介绍和讨论的内容跟建筑、规划和景观、室内设计师乃至所有 SketchUp 用户直接相关。

扫码下载本章教学视频及附件

9.1 全景与应用（全景图介绍）

从这一节开始的几个小节，要讨论 360° 和 720° 全景与 SketchUp 模型结合方面的内容；关键词是"全景"；所谓"全景图像"，一般认为，是指大于双眼正常有效视角（大约水平 90°，垂直 70°）的图像；摄影业也时常把宽度超过高度两倍的照片称为全景摄影。无论是全景摄影还是电脑上的全景图像技术，都属于现代发展得非常快的领域，应用范围也在迅速扩大，当然也包括在 SketchUp 的应用。图 9.1.1 所示为四种全景图像的示意模型。

1. 常见全景图像分类

正如图 9.1.1 所示，常见的全景图像可以分成四种两类：其中的"①圆柱形全景"和"②球顶形全景"是一类，常用来把外部图像制作成 SketchUp 模型的背景，这种用法在前几个小节里已经有过部分述及。而"③球形全景"和"④立方体全景"这一类，素材的来源可以是拍摄的照片，也可以是 SketchUp 模型；换句话讲：我们可以把照片或 SketchUp 模型以球形或立方体全景的形式呈现。

以上两类之间的根本区别是：用"①圆柱形全景"和"②球顶形全景"来表达模型，观察者身处模型之外，是在"模型外看模型"，全景只是模型的背景；所以只适合表达建筑、景观等模型的外部。

但是用"①圆柱形全景"和"②球顶形全景"也可以表达如"工地现状""竣工状态""项目推介"等场景，观测者可以身处场景之中看场景。

而"③球形全景"和"④立方体全景"则是把观察者置于场景（或模型）的中心，身临其境地从"场景（或模型）里面看场景（或模型）"，非常适合室内设计或工程内部的展示，也可用于建筑、景观工程的表达。

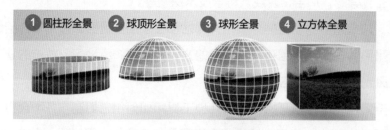

图 9.1.1　4 种形式的全景

2. 全景图浏览工具

这一章的内容与其他章节不同，很难用文字加插图的形式讲得清楚，所以有两个建议：一是请尽量看视频教程配合学习；二是为了后续的课程能顺利展开，请安装一个"全景图像查看器"。在本节的附件里有两个这样的"查看器"，下面分别介绍一下。

（1）FSPViewer 全景图像查看器。下面的文字说明摘译、改编于软件作者的网页：http://www.fsoft.it/FSPViewer。

FSPViewer 是用于球面（矩形）全景图像的免费查看器。它可用于以全屏方式以极高的图像质量查看本地（硬盘，网络或 CD）高分辨率全景图像。它使用高级插值算法为您显示平滑的图像，而不会损失清晰度。

FSPViewer 可以处理任何大小的图像，在 64 位计算机中，它仅受可用 RAM 的限制。该程序有用于 Mac OS X、Linux 和 Windows 的版本。它不需要安装，只要运行可执行文件即可。这意味着您可以安全地尝试它，它不会以任何方式更改计算机，除了在会话之间存储的一些设置外。为了方便起见，Windows 版本可以作为安装程序使用，但它只是添加了一个菜单项，并且创建了一些文件类型关联，以简化使用。

从版本 2.0.0 开始，FSPViewer 可以进行颜色管理。如果图像具有嵌入式 ICC 颜色配置文件，则该配置文件将用于将颜色转换为显示器配置文件。该程序是免费软件：您可以免费使用它，但源代码不可用。

双击附件里的安装程序，将可执行文件复制到 Programs 文件夹，并创建一个开始菜单项。它还将 JPEG 和 TIFF 图像与 FSPViewer 关联，因此您可以通过右击打开图像。如果计算机中已经安装了以前的版本，安装程序将对其进行升级。

虽然这个软件是英文的界面，其实也没几个单词，甚至根本不用理会英文菜单和设置也能完成基本使用。

使用方法：通过右击一全景图像，在弹出的快捷菜单中选择"打开方式"→FSPViewe 选项就可打开，如图 9.1.2 所示；也可以通过在 File（文件）菜单中选择 Open（打开）选项，其余的菜单项全部用默认的即可。

图 9.1.2　FSPViewer 全景图像查看器

（2）WPanorama_13 全景图像查看器。下面的文字说明摘译改编于软件作者的网页 http://www.wpanorama.com/wpanorama.php。

你可以使用 WPanorama 令全景图片在屏幕上水平或垂直滚动显示。该软件附带有一个 360°的瑞士全景，站点上还有 4671 个全景，可以随机下载其中的 100 个。 WPanorama 也可以打开您自己的 .jpg 或 .bmp 格式的图片。

WPanorama 软件包包括一个全景图查看器和一个屏幕保护程序。

如图 9.1.3 所示的查看器的功能有： 360°连续滚动，非 360°图片的来回滚动，自动检测 360°全景图，水平和垂直滚动，支持多显示器系统（滚动全景图可以跨越多个显示器），微型幻灯片放映（包装中包含其中的一个样本），可以全屏模式显示幻灯片，具有特殊趣味效果的镜像功能，其他拉伸滤镜，可变的滚动增量和速度，带有"问答"部分的广泛帮助，从程序直接访问 Web 上的更新。

查看器的其他功能有：图片可以在窗口或全屏模式下显示，可以通过拖动其边缘或角落来调整显示窗口的大小，可以使用用户友好的对话框轻松配置幻灯片显示，可以通过工具插入 .avi 文件，将全景图滚动到电影中，并将全景图分为几个 .bmp 文件，可以通过用鼠标拖动来移动图片，一键单击全景显示和当前目录显示全景图，当前全景图信息显示，可以在地图上显示拍摄全景图的位置，可以在全景显示中叠加说明。

安装软件时，将同时安装可执行程序和屏幕保护程序。

图 9.1.3　WPanorama_13 全景图像查看器

FSPViewer 和 WPanorama 两种全景图查看器在查看 360°全景图的基本功能方面都差不多，WPanorama 有更多的附加功能，而 FSPViewer 使用体验更好。

3. 圆柱形全景（360°全景）

圆柱形全景顾名思义就是把空间想象成一个圆柱形，在柱形全景里是看不到顶也看不到底的，只能环视四周，这是它的缺点；但是柱形全景的实现相对比较简单，只要把若干平面图片做无缝连接就可以了。

"圆柱形全景"在 SketchUp 领域用得比较多，常用来做模型的背景。在本节的附件里为你留下了几幅"圆柱形全景图"供参考。图 9.1.4 至图 9.1.6 是其中的一部分，如果你已经安装了前述的"全景图查看器"，不妨打开欣赏一下。在后续的几个小节里，将要详细讨论这种全景图像的素材照片拍摄和后续的加工制作。

图 9.1.4　东京地铁过道 360°全景

图 9.1.5　贵阳城市 360°全景

图 9.1.6　莫干山 360°全景

4. "球形全景"（720°全景）

就是把我们四周的空间想象成一个球形，相机或观测者的眼睛在球形的中间，可以获得水平 360°、垂直 180°的观看视角。这个空间就是所谓的 3D 虚拟环境；也有人称它为720°全景，以区别于 360°视角的圆柱体全景。

最近几年，球形全景的应用的领域快速扩展，在建筑、规划、景观、室内外环境艺术等很多领域都有应用。最常见的就是楼盘销售所用的"全景看房"。

球形全景图像的制作比较复杂，必须把上下前后左右全部拍摄下来，普通相机要拍摄很多张照片。然后再用专用的软件把它们拼接起来，做成球面展开的全景图像。

图 9.1.7 就是一个球形全景的实例，这是一个水平方向 360°，垂直方向 180°的全景图像；凡是"球形全景"的图像，其长度一定是宽度的两倍，图像的格式可以是 jpg、png、tif 等常

见格式。关于 720° 全景和它的应用，后面有专门的章节来讨论。

图 9.1.7　球形全景，空中客车机库

5. 立方体全景

　　就是把空间想象成一个立方体，相机，也就是观测者的眼睛在立方体的中间，可以全视角观察由上下、左右、前后六张图片组成的空间。实际效果与球形全景类似。图 9.1.8 跟图 9.1.7 是同一个场景不同形式的全景图像。

图 9.1.8　立方体全景

　　立方体全景图也是很常见的全景形式，像微信全景平台就需要用户提供代表前后、左右、上下 6 个面的 6 张立方体切片，来生成简单的全景漫游；因此，有时候我们也要在这些全景图类型之间进行转换。

有一种全景图生成软件 Krpano 提供了球形全景图和立方体全景图之间进行转换的工具，球形全景图通过 Krpano 转换后，就可以得到后缀为 tif 的六张立方体切片，它们的文件名里包含有代表上下左右前后的字母（u、d、l、r、f、b）。

6. 对象全景（Object Panorama）

在全景图像领域，还有一种以展示某个特定对象为目的的全景，例如文物，工艺品，汽车，建筑等。做这种全景、小件的对象，可以固定相机，转动对象，每转一个角度，拍摄一幅。对于像建筑这样的大件，可以用无人机拍摄若干张照片，最后都要用软件来合成。观测者可以获得类似于 3D 效果的感受。

上面简单介绍了几种全景图像的特点和应用；在 SketchUp 里作为模型背景用得最多的还是圆柱形全景，而球形或立方体全景则能让观察者进到场景内部获得亲历其境的感受。

在这个小节的附件里，为你留下了一些全景图片和两个全景图像的浏览器，附件里还有一个百度网盘链接，可以下载保存在那里的更多高清全景图像。

9.2　全景与应用（360° 全景技术与应用）

上一节为你展示了一些全景图像，目的当然不是为了好玩，不知是否已经引起了你的兴趣和注意，如果还没有，请继续关注从这里往后的文字，这是专门为你准备的，以说明在当今技术条件与社会背景下，全景摄影与全景技术的运用对设计师的意义所在。

在文字内容之外，你还能浏览本节视频里展示的一些全景技术在建筑、景观和室内设计方面的应用实例。

全景摄影的应用

全景摄影是发展得最快的图像技术之一，虽然它不是全 3D 的图形技术，但是由于看到的是实地拍摄的真实环境，还可以用鼠标拖动仿真，在有限的虚拟场景里漫游或有选择性地跳转浏览，这些功能使全景摄影有了相当广泛的应用，包括：建筑，规划，城市景观，园林，旅游，文化艺术，商业或导购，广告，游戏，科学技术探索等。主要的应用有下述几个方面。

1）建筑，规划与景观

不知道你注意到没有，近些年来，越来越多的项目推介和相关网站都在采用全景摄影技术来介绍地区和城市景观，可能有时候它并不叫作全景网站，可能叫作"街景""3D 地图""虚拟城市"什么的；其实，用的都是全景技术。世界上所有的著名城市都有这样的网站使用全景摄影吸引世界各地的访问者。此类应用大多综合运用地理信息做平面布置，再配合全景照片，文字介绍和链接跳转的方式，全面介绍地区、城市的建筑，园林，市容市貌，景区风光等人文地理信息。这种形式与传统的 2D 图片，动画、影片比较，更直观，更有身临其境的感觉，更具有吸引力。这方面的应用，特别是跟建筑、规划和景观设计师乃至 SketchUp 建模直接有关的内容，在后面的几节还要突出介绍。

2）虚拟旅游

旅游网站把景点的平面布置与全景照片做成热点链接，在网站漫游的过程中，只要单击某个链接，就可以从一个景点（全景照片）直接跳转进入下一个景点（全景照片），引导游客实现网上虚拟旅游。足不出户就可游历千里之外的著名风景。现在已经有很多探险家，摄影记者把他们在冰山、极地、火山、草原、深海见到的景观用全景照片记录下来，以展示大自然的神奇。只要您有耐心，在互联网上可以找到许多常规摄影所不能表达的全景照片。

3）文化艺术

在文化领域，使用全景技术最多的是艺术、科技、自然、考古博物馆、画廊等网站。它们不仅使用柱形或球形全景介绍其场馆建筑，而且用对象全景做工艺美术、绘画、雕塑、文物等 3D 对象的 360° 展示，拖动鼠标，您就可以围观目标对象的全貌。您也可以从一个场馆到另一个场馆漫步，同时 360° 观看各种展品。

4）商业与工业科技

比如商业网站用"对象全景"做商品展示，建立虚拟商场；房地产商用全景展示建筑艺术与室内外装修；汽车销售商也可以用全景展示汽车内外的 3D 形象等。在科学技术研究领域的应用就更多了，譬如用全景显示科技展示火星、月球的全景照片等。

5）跟我们 SketchUp 用户密切相关的应用

在城乡规划，建筑，景观设计，甚至室内设计行业，也越来越多地运用全景摄影技术作为重要的表达手段；譬如在项目的规划、研讨阶段，就可以开始用全景摄影技术来演示、研究、探讨项目所在位置 / 地区的现状与周边环境；项目开始后，在每个阶段都可以用全景技术做记录；分析问题，发现问题甚至远程会诊解决问题。等到项目完成后，全景技术更是推介助销的好帮手；当然，全景技术还可以作为政绩宣传、竞选连任的好工具，这一类应用，只有需要的人才会有兴趣。

前面介绍了全景技术跟我们设计师的关系，很不全面，下面请浏览本节同名的视频，你将会看到一些全景技术的实际应用，以加深印象，视频里展示的有园林，有山水景观，有建筑，有室内，最后还有用模型做成的全景。

需要声明，你在视频中和扫描二维码所看到的内容，都是随机选取的"道具"，本书作者跟这些网站或公司没有任何商业关系。

最西安	西安钟鼓楼	四方环视图集	克罗地亚—奥米什
河北博物院—敦煌展	北京建大 80 校庆	北京大学	九华山风景区
镇江超级全景	捷克小镇	青浦 b 展区	全景看房
复式楼	别墅内外	室内模型换配色	儿童乐园

9.3 全景与应用（360° 全景摄影）

前面两个小节，我们介绍了"全景图像""全景技术"和它们的部分应用实例；其实我们的老祖宗早在千年前就开始用"全景"形式创作与展示。一个最知名的例子就是北宋张择端的《清明上河图》（见图 9.3.1），宽度为 24.8cm，长度为 528.7cm，纵横比达 22；而明代仇英的《汉宫春晓图》创造了长宽比的冠军，宽度为 37.2cm，长度为 2038.5cm，纵横比达到惊人的 55。还有大量的中国画长卷，用现代术语讲都是"全景图"，尽管当年并没有"全景"这个概念。

图 9.3.1　清明上河图

　　在本节的附件里，为你保存了《清明上河图》的高清副本（非常珍贵），你可以用 9.1 节介绍的"FSPViewer 全景图像查看器"好好欣赏一下。

　　现在回到身边的全景摄影：请看这里收集的一些集体照（见图 9.3.2 至图 9.3.4），都是几百人、上千人的大场景，相信很多人都保留过这种有纪念意义的照片。在胶片相机的时代，想要获得一幅这样的全景照片，需要用到一种叫作"全景相机"的专业装备，价格很高，不是一般爱好者能拥有的。

图 9.3.2　集体照（1）

图 9.3.3　集体照（2）

图 9.3.4　集体照（3）

　　随着数码技术的发展，现在几百元一台的娱乐用傻瓜相机，甚至智能手机上都有了拍摄全景照片的功能，说不定你的手机上就有这样的功能，只要按下拍摄键，缓慢旋转取景，便可得到一幅 180°，甚至 360° 的全景照片，可惜这种全景照片的分辨率和清晰度实在太低，没有太多实用价值，更像是厂商们搞的一种噱头。

　　随着电脑和应用软件，特别是图像缝合技术的发展，后来就有了图 9.3.5 和图 9.3.6 这样拍摄全景照片的方法：一个角钢焊接的弧形台，参与拍照的人站在特制的台上，相机在圆心；这样，哪怕不用专业的全景相机，仅用普通的单反相机，按照预定的角度，拍摄若干幅边缘有一定重叠的照片，过后用电脑上的拼接软件把它们"缝合"在一起，同样可以获得千人集体照。

我们绝大多数人都没有专业全景相机，想要获得一幅足够清晰，能够用来做 SketchUp 模型背景的全景照片，也可以用多幅图片缝合的方法。这一节和后面的几节要介绍的就是非专业人员（甚至专业人员）如何借用简单的器材，为全景图拍摄合格的素材片与制作全景图像的方法。

图 9.3.5　环形拍摄

图 9.3.6　环形拍摄站台

1. 先介绍一下所需要的器材

首先是最好要拥有一个三脚架（见图 9.3.7），平时我们用三脚架基本无视其上的气泡水平仪，但是你想要拍摄用来做全景图的素材照片，就不得不认真把它们调到尽量水平。图 9.3.8 所示的四方向气泡水平仪调整起来就比两方向的要容易并精确许多。买三脚架时，务必选择四方向水平仪。业余爱好者买一百多元的三脚架就能对付用了。

图 9.3.7　三脚架

图 9.3.8　水平仪

有了三脚架，要想拍摄出接头准确的照片仍然不很容易，不同的焦距有不同的视角，想要拍摄出相邻两张照片既有一定的搭头重叠，又不能重叠得太多（与最终全景图的品质相关），就要根据当前焦距的视角（后面还要提到）做精确的调整。

图 9.3.9 所示为一种叫作"全景旋转底座"的相机配件，下部连接在三脚架上，上部有快装板连接相机，使用它可以在水平或垂直状态下轻松进行全景接片的拍摄，一举解决角度精细调整的问题。这种"全景底座"的售价从几十元到一百多元，便宜又能解决大问题。

图 9.3.10 所示为用于手机拍摄的全景底座，同样带有刻度，轻巧实用。

图 9.3.9　全景旋转底座

图 9.3.10　手机旋转底座

2. 接着再介绍一种"电动全景云台"

图 9.3.11 和图 9.3.12 所示的这种"电动全景云台"，是一种正规的器材，它的基本功能是在 360°范围内按照设定的角度或设定的拍摄次数，通过快门线自动拍摄。数控延时拍摄是它的另一个功能，所有设定都可以在 LCD 面板上检查和改变。它还附带有一个遥控器，可以在 30 米范围内分别控制多个"全景电动云台"的动作。

图 9.3.11　电动全景云台（1）

图 9.3.12　电动全景云台（2）

有了这种电动全景云台，配合软件拼接，就可以完成上述千人集体照和全景风景照，当然也可以用于建筑、景观规划甚至室内设计行业全景素材的拍摄。

图 9.3.13 和图 9.3.14 为拍摄"720°球形全景"素材而设计生产的专用器材，有如下特点：

● 水平旋转 360°，垂直旋转 360°。

● 外翻内翻、补天补地（这是拍摄 720°全景素材片必需的功能）。

● 触感定位旋转底座，方便摄影师盲拍接片，组件任意拆卸，快速拆卸，多种组合。

前面介绍了一些用来拍摄"全景图 素材照片"的专用器材，同类的产品还有很多，寸有所长，尺有所短，各有优缺点，还是那句老话"够用就好，只买够用的"。上面介绍的拍摄"全景素材片"需要的器材，属于硬件，下面要介绍的是方法，属于"软件"，这里的所谓"软件"包括这一节要介绍的操作方法和后面几小节要介绍的计算机程序，这二者也许比硬件更重要。

SketchUp 用户大多不是摄影专业人员，拍摄全景只是为了想要为模型配上个背景，或者为自己的工程做阶段记录、汇报、推介；如果是偶尔拍摄类似的素材片，一个三脚架就够了，就算不用上面讲的专业器材，只要遵循后面介绍的方法和要领，所拍的照片就算有点小缺陷也不至于弄到一团糟。

图 9.3.13　触感定位旋转底座（1）　　　　图 9.3.14　触感定位旋转底座（2）

譬如图 9.3.15 这幅全景图（未修剪的原件）只用了三脚架，手工旋转相机（没有分度盘）拍摄了五张照片，拼接缝合后的结果还行，如果不想要左上角和右上角的黑底，再多拍一张照片就能解决。

图 9.3.15　五张照片缝合的全景

我们为了要获取一幅全景图，需要拍摄一连串素材照片，现在三脚架和相机都架设好了，相机与三脚架之间还有一个刚买的玩意，最起码是几十元的"带刻度的旋转底座"，也可能是"电动全景云台"，现在问题来了，我们如何来确定相邻两张照片之间需要旋转的角度？

3. 相机焦距、视角、距离的关系

通常，我们拍照时先要根据实际需要确定焦距，小的焦距有大的视角，用大视角拍摄，只要更少张数的照片就可以拼出同样的全景角度；但是视角越大，变形也越大，缝合成全景后的质量就越差。

图 9.3.16 所示为用 3 张 35mm 焦距的照片拼合出的全景，视角大概在 140°左右。如果选择用大的焦距，视角就会变小，为了达到同样的目的，就要拍摄更多的照片，图 9.3.17 就是用 6 幅 55mm 焦距的照片拼起来的，缝合后的视角略大于 180°。

图 9.3.16　三张照片缝合的全景

图 9.3.17　六张照片缝合的全景

现在请看图 9.3.18。

这是一幅焦距视角距离的对照表。

左侧数据是焦距，从相机的镜头上可以读到。

右侧是当前焦距对应的视角；这是我们要关心的数据。

假设我们用 50mm 的焦距拍摄，这个焦距是大多数单反相机镜头都有的，也兼顾到了变形不至于太大，请查看图表的左侧，50mm 的焦距对应右侧的视角是 46°，因后续拼接缝合所需，照片的左右两端（或一端）要留一点重叠的部分，假设每边留 5°，实际有效拍摄角度就是 36°，如果想要获得 180°的全景图，需要拍摄 5 张照片，360°的全景

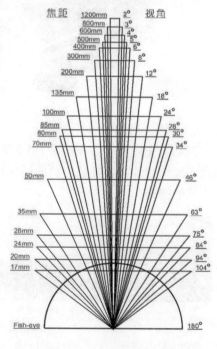

图 9.3.18　焦距视角距离的对照表

就要拍摄 10 张照片，其余焦距条件下的计算是一样的。

4. 拍摄全景素材片的几点小经验

如果没有脚架和旋转云台，仍然可以拍摄素材片；拍摄的关键是一连串的照片，水平方向（照片的正斜）和垂直方向（视野的高低）要尽可能一致。要充分利用相机上自带的水平仪和铅垂仪。

拍摄的时候可以通过取景框或 LCD 面板找到水平和垂直，充分用好这个功能，在没有脚架和旋转云台的时候，也可以拍出不错的全景图素材片。

至于两张照片之间的角度，确定好焦距以后一定不要再变动，拍第一张照片的时候，通过取景框找到右侧的一个特征点（假设向右旋转拍摄），特征点可以是一根电线杆，一个窗户，一棵树的某个枝干等，特征点离取景框右侧边缘的距离，大概占整幅照片的 10% 左右，记住特征点（时常会忘记）。

拍第二张照片的时候，把前一幅照片的特征点移到取景框的左侧，再去右侧找到新的特征点，再记住；拍第三张的时候，把第二张的特征点移到取景框左侧，再找第三个特征点，以此类推，一直拍完所有的素材。

正如前面提到过的，用太小的广角焦距（例如 16 或 18）可以得到大的视角，照片数量可以少些，但是变形大，缝合成全景图后的品质也差，为了兼顾照片品质和照片数量不要太多，建议用 35 到 55 范围的中焦拍摄，360° 拍 8 到 12 张照片，缝合后可以得到不错的结果。

拍摄一套全景图用的素材片，最好一气呵成，不要因为怀疑某一幅没有拍好，重复拍一张，否则后期缝合时会出问题。一旦怀疑其中有一幅没有拍好，最好干脆从头开始重新拍。

经常会遇到这种情况：拍到某一幅的时候，发现正好"太阳当头照"，硬要拍下去，这张照片势必白茫茫一塌糊涂。遇到这种情况，干脆就从这个视角拍摄第一张，但是要把太阳移到视野中不会捣蛋的位置。

拍摄 360° 的全景，如果天气好，阳光强烈，阴影分明，拍摄的结果可能半边很亮，另半边又全是阴影，太暗；所以拍摄 360° 全景素材片，太好的天气，结果未必好。最好挑一个多云天或小阴天，阳光漫射不直射的时候，反而能获得较好的结果。

同一地点或相近地点拍摄多套素材片，最好对每套照片的头尾编号做一下记录，可免除后期缝合的时候，分不清楚，搞得"张冠李戴"。

9.4 全景与应用（360° 全景图制作一）

上一节，我们介绍了拍摄全景图素材片的器材和方法；准备好了素材片，接着就要把它们"拼接缝合"起来，变成真正的全景图。现在用于全景图缝合的软件有很多，限于篇幅，在这个系列教程中只为你介绍两个。

第一个其实并不是一个独立的软件，而是 Photoshop 里的一个功能，请看下面的介绍与同名视频上的文字提示。图 9.4.1 是为制作全景图专门拍摄的一组照片，相邻两幅照片有一小部分是重叠的，具体的要求见上一节。为了演示的时候不至于太麻烦，全部用 18mm 的焦距拍摄，每旋转 45°拍一张，360°一共拍了 8 张，它们是这个实例的原始素材。

图 9.4.1　一套全景素材照片

现在我们要把这八幅照片"缝合"成全景图像。

打开 Photoshop，选择"文件"菜单中的"自动"→Photomerge（见图 9.4.2），Photomerge 这个单词有"图像合成、照片拼合、照片合并"的意思，图 9.4.3 就是 Photomerge 的操作界面，左边一排①有 6 种不同的选择，默认是"自动"；我们的使用目的是想要在 SketchUp 里创建一个 360°的模型背景，所以，可以选择"圆柱"或者什么都不选择，就用默认的"自动"也可以。然后在②处指定"文件"，单击③处"浏览"按钮，导航到文件夹，全选所有照片，确定。

因素材照片按顺序拍摄，照片编号是相机自动按序给出，见图 9.4.3 ④，这一点非常重要，否则可能需要调整位置，图 9.4.3 ⑤里还有另外一些选项，跟我们现在的目的无关，可以不予理会。

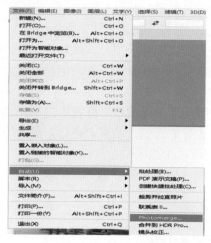

图 9.4.2　PS 的图像合成（1）

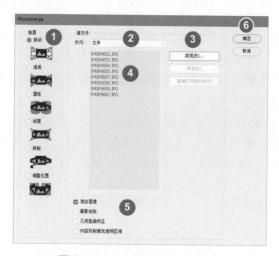

图 9.4.3　PS 的图像合成（2）

单击"确定"按钮后，要经过一个读入和对齐的过程，Photoshop 把每一幅图片作为一个图层，相邻图层比对后生成一个混合图层，需要一点时间，请等待。

现在看到的（见图 9.4.4）就是经过自动比对缝合后的图像，因为拍摄照片的时候用了 18

毫米的广角，产生了较大的变形，上面和下面的圆弧形是软件进行校正后的结果，属于正常，但是要付出损失照片有效幅面的代价，圆弧形所在的位置等一会不得不裁切掉，很可惜。

如果用 50mm 以上的焦距多拍摄几张照片，上下的圆弧形可以基本看不见，有效幅面也基本不会有损失。

Photomerge 完成缝合后，通过自带裁切工具，可以快速裁切掉上下不好的部分，注意全景图的两头，有一部分是重叠的，还要把重叠的部分也裁切掉，请认准一个标志点，小心两头都裁切到同一个点。

图 9.4.4 缝合后

还可以调用 Photoshop 对图像做几十种不同的调整，但这次就免了；单击 Photoshop 状态栏上的勾选确认裁切，结果如图 9.4.5 所示，即用八幅素材照片拼接缝合后的全景图，基本看不出来拼接的痕迹。保存起来备用。

图 9.4.5 修剪后

下面要把这幅全景图做成 SketchUp 里的背景。

（1）打开 SketchUp，把刚才生成的全景图拉到窗口里来。

（2）炸开图片，重新创建群组，为什么要这么做？因为刚导入的图像看起来像是群组，其实不是，请查阅本书前几章的内容。

（3）双击进入群组，用小皮尺工具把图片调整到尽可能接近实际情况。具体方法是：可以利用一个已知大概尺寸的对象，我们选中图 9.4.6① 的一个男人，输入大致的身高，1.75m，（1750mm）。

（4）回车后，图片上的男人和图像中的所有东西就变成跟实物差不多的尺寸了，到底差多少，只要问一下那位男人的身高是不是 1.75 米就行了。

（5）如果想要把背景的尺寸做得尽可能准确，请在拍照时量取一个参照物的尺寸，记录下来，然后在 SketchUp 里用这个参照物的尺寸调整图像的大小。

图 9.4.6　导入 SketchUp 并调整到真实尺寸

（6）复制一个（见图 9.4.7），用弯曲插件把图片弯曲 360°，形成一个圆环，如图 9.4.8 所示。

（7）删除圆环上原有的图像，取消所有柔化，暴露出所有边线，见到很多小格。

（8）炸开图片，取消默认的投影贴图选项，获取材质，赋给一个小格。

（9）调整这个小格的贴图坐标，然后用以前学过的方法，对所有的小格赋材质（快捷键 B 调用油漆桶，快捷键 Alt 切换成吸管；汲取 A 小格材质赋给 A+1；汲取 A+1 的材质赋给 A+2；汲取 A+2 小格材质赋给 A+3……直到全部完成）。

（10）全选后，柔化掉所有边线。

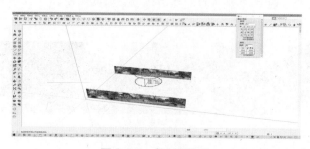

图 9.4.7　复制并弯曲

图 9.4.8　环形的背景

（11）现在你调用"定位相机工具"（那个脚下有个红十字的小人）单击圆环的中心，环顾四周，就穿越到作者当初拍摄素材片时的场景中了，你现在看到的一切，如图 9.4.9 和图 9.4.10 所示，这就跟我当初看到的一模一样。

图 9.4.9　环形中间看到的片段（1）

图 9.4.10　环形中间看到的片段（2）

最后还有个事情要提示一下，如果你现在看到的图像非常模糊，不是素材照片的清晰度，可能你没有在系统设置里打开"最大纹理图像"。但是，如果你的电脑显卡不够强悍，打开这个选项后，可能会造成系统卡顿迟钝。

你还可以用 9.1 节介绍的"FSPViewer 全景图像查看器"欣赏这幅 360°全景图。

本节附件里有两套给你做练习用的素材照片，各有"原大的图像"和"缩小的图像"，如果你的电脑配置很勉强的话，就用缩小的图像做练习，速度也快。

9.5　全景与应用（360°全景图制作二）

上一节介绍了用 Photoshop 创建 360°全景图的方法，虽然结果不错，但只能算是业余兼职级别的。这一节要介绍一个专业级的全景图拼接缝合工具 Kolor Autopano Giga，简称 Giga 或 Autopano；这是一款功能强大、操作简便、实用性强且非常专业的图像拼接软件，支持几乎所有图片格式，已经广泛应用于电影，建筑，房地产，制图，天文等领域的 360°和 720°全景缝合。

它可以在很短的时间内将无限数量的单独图片，拼接缝合成像素级别精度的全景图，全景图的大小仅受硬盘大小的限制，是目前行业中使用最多的一款图像拼接软件。因为这个软件体积较大，不方便在附件里直接提供，但你可用 Kolor Autopano Giga 自行搜索下载链接。

软件的安装很简单，双击即可安装，注意一下安装位置，也可全部接受默认安装选项。重新启动电脑后安装完成，图 9.5.1 是它的图标，双击启动。图 9.5.2 是该软件的菜单栏与工具栏。

图 9.5.1　Giga 图标

图 9.5.2　Giga 菜单栏与工具栏

下面用一个实例演示一下 Giga 的最基本功能。

关于"设置"：图 9.5.2 ②"编辑"菜单中选择"设置"中有"全局、图片、检测、优化、全景图、渲染"6 个标签，各有若干可设置的项目，建议你全部看一遍，但是先保持默认状态，不要贸然更改；等你切实了解每个项目的作用，确实需要时再更改默认设置（截图略）。

若发现有问题，可单击左下角的"恢复默认"回到初始状态。

下面开始把附件里的一组图像缝合成全景图。

单击图 9.5.2 ⑥所示图标，导入准备好的照片（按住键 Shift 多选），导入后如图 9.5.3 ①所示，图 9.5.3 ②处显示导入图像的信息，Giga 能自动识别这些照片，可以用来缝合成 360°还是 720°全景。

单击图 9.5.3 ③检测按钮，Giga 就开始对已导入的图片做资格审查，稍等片刻。

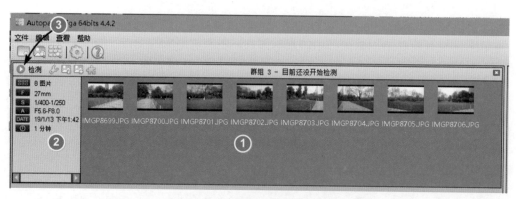

图 9.5.3　素材片导入 Giga 后

　　现在符合要求的照片已经拼合成一个整体，如图 9.5.4 ①所示，图 9.5.4 ②这里有基本信息可查看，注意里面有个 RMS 参数是表征"缝合质量"的，数值越小越好，360°全景最好能在 3.0 以下；720°全景希望小于 5.0。否则就要在图 9.5.5 的编辑面板里进行"控制点编辑"和"优化"（这部分内容略），若无问题，单击图 9.5.4③进入"编辑"

　　图 9.5.5 就是"编辑面板"，上面有 20 多个工具按钮，可对图像做各种编辑，因为对 Giga 做的拼接缝合已经满意，没有必要去做进一步的调整，所以可以直接进入图片的裁切。

　　单击图 9.5.5 ②的"裁切工具"，Giga 自动规划出可用的区域，如图 9.5.5 ①所示，正如上一节所介绍的那样，想要不丢失照片被裁切的部分，就不要用太小的焦距拍摄素材片。

图 9.5.4　素材片初步缝合

　　如果接受 Giga 给出的裁切方案，请注意图 9.5.5③ 这里还有个绿色的勾，单击它，裁切完成（请特别注意：这个绿色的勾时常会被遮盖住）。

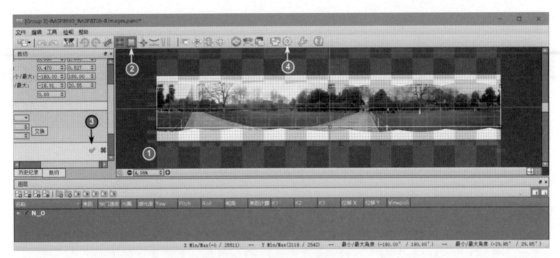

图 9.5.5　进一步编辑的界面

　　如果现在就保存，只得到一个中间结果，可以留待以后继续编辑、加工和渲染。如果想要马上生成可以在 SketchUp 里当作背景的全景图，还需要进入下一环节，单击图 9.5.5④ "渲染按钮"，进入渲染，在弹出的渲染面板上可以查看和修改很多参数，因这个面板较大，不方便附上截图，下面列出在"渲染面板"上需要关心的几个项目：

- Output size 是输出全景图的尺寸，上面有默认的尺寸（像素），也可修改。
- 还有"格式"指定输出全景图的格式，可以根据需要在七种不同格式中做选择。
- DPI，如果用于屏幕显示，DPI 可选 72，如果要用于打印，这里就要改成 300。
- 输出，如在勾选全景图的同时还勾选了照片，就还能得到一系列看起来跟原素材片一样，实际是经过调整后的照片。可以根据自己的要求来决定要不要勾选。
- "文件夹""文件名"，这里要指定全景图输出时保存的位置和文件名。

　　如果你想用各种不同的参数做试验，最好点选最下面的，每次输出都会有一个新的文件名，不会被覆盖替换。最后，单击"渲染"按钮正式进入渲染，弹出图 9.5.6 所示的渲染器。

图 9.5.6　批处理渲染工具

　　这是一个渲染工序的批处理管理器，如果有大量全景图要制作，可以在拼接缝合和裁切完成后，把临时文件保存起来，等到空闲的时候一起做渲染。

　　图 9.5.7 就是渲染完成后的全景图，用普通的图片查看工具打开它，就是一幅平常的照片，不过长一点而已。如果用专门的全景图浏览器打开它，情况就不一样了，你可以试试。

　　请注意，这次用 Giga 缝合的全景图是 360° 没有接头的圆柱形全景图，跟上一节用

Photoshop 做全景图，从原理、过程到结果都是不一样的。

Giga 的功能非常强，上面演示的只是它的最基础的功能，其他功能请自行测试研究。

图 9.5.7　360°全景图像

Giga 是一个很自动的软件，用鼠标点几下就可以进行拼接操作。在素材良好的前提下，它是相当高效的工具，我们可以把一天拍摄内容的整个目录导入软件，它会自动去寻找可以拼接的全景图，并最终批量在后台输出。

总体而言，Kolor Autopano Giga 这款全景图片拼接软件功能十分强大、齐全，使用方便，合成的全景图片效果也令人满意，对于全景图拼接而言也是一个很实用的工具。

跟本节介绍的 Kolor Autopano Giga 类似的全景图缝合工具还有很多，在本章 9.8 节附件里有个汇总文件可供参考。

9.6　全景与应用（4 种全景与应用）

先回顾一下前面几个小节，我们介绍了 360°全景技术的应用；全景素材片的拍摄和360°全景图的制作。从这一节开始，我们开始介绍和讨论 720°全景；一定会有人感觉到奇怪，转上整整一圈也只不过 360°，哪里来的 720°？其实，这里所说的 720°，只是区别于水平方向的 360°的习惯说法；其实就是向左或向右，水平方向转一圈的 360°，再加垂直方向，从天到地的 180°；换句话讲，所谓 720°的全景，就是在前述 360°全景的基础上，在垂直方向上把可视角度增加到 180°，不是真的要你翻跟头竖蜻蜓去看背后的精彩。

前已述及：在全景技术领域，大概可归纳出如图 9.6.1 所示的 4 种不同的全景，这一节要更加深入点讨论它们。因为纸质媒体的局限性，很难用文字加插图的形式来说清楚本节要谈论的全部内容，所以请用 "FX Bpx 全景图查看器" 等工具和能联网的浏览器配合学习。

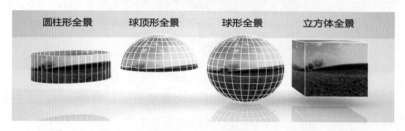

图 9.6.1　4 种全景

第一种是圆柱形全景，也叫作柱面全景，在之前的篇幅中有五个小节专门讨论过它。柱面全景是胶片时代传统的，靠镜头摆动拍摄全景的方式在现代科技背景下的延续。用分别拍摄的一串实景照片，除了拼接缝合之外，不改变平面原始素材而成的全景；除了圆弧面与平面之间的差异，失真度最小，比其他形式的全景表达得更为准确。

圆柱形的全景是我们 SketchUp 用户做模型背景最常用的形式，也最容易实现。所有 SketchUp 的用户，无论你是建筑、规划、景观、室内、舞美…… 最好都要能掌握创建柱形全景并且用来做模型背景的方法，除非你的所有模型都不需要背景做衬托。

柱形全景有很多优点，但也有个缺点，就是没有天也没有地；不过有一个办法可以极大地弥补它的这个缺陷：办法就是拍摄素材片的时候，把相机转 90°，竖起来拍，得到的是高度比宽度大的照片，这样拼接缝合后，按我的经验，垂直方向的可视角度可以非常接近 180°，用来表达高楼大厦完全没有问题。请看下面的实例。

附件里有三幅图，都是 360°的全景图（见图 9.6.2）。

01伦敦保罗大教堂工地.jpg　　02伦敦特拉法加广场.jpg　　03gGxwr.jpg

图 9.6.2　圆柱形全景

先看第一幅，伦敦保罗大教堂工地，在"FX Bpx 全景图查看器"里可以看到周围的环境，但是，天空和地面几乎看不到。再看第二幅，还是伦敦，特拉法加广场，同样用"FX Bpx 全景图查看器"可以看到一部分天空和地面了，再看第三幅 360°的全景图，能看到的天和地就更多了。看看这 3 幅图有什么区别，区别就在图片的宽高比，图片的宽度越是接近高度的两倍，看到的天和地就越多。

第二种是球顶型全景，在之前的 7.4 节里讲过一些关于它的细节。球顶型的全景，在 SketchUp 里常用来表达天空，有时候也可以表达远处地平线上的配景。球顶全景最传统的做法就是把一幅用鱼眼镜头拍摄的照片投影到半球型的天空上；如果你也像老怪我一样，嫌鱼眼镜头太贵，又不常用，也可以像 7.4 节所介绍的那样，用 PS 山寨一个球顶天空的图片。无论是用正经的鱼眼镜头拍的，还是山寨的，投影到半球状的天空上，虽然方便，但是几何失真一定小不了，这是它的致命伤。这一节就不再讨论了。

第三种是球形全景，观测者要钻到全景图的肚子里才能看到上下左右前后的景物，最常见的做法是用鱼眼镜头，往上下左右前后方向拍 6 张照片（或普通镜头拍很多照片）而后用软件拼接缝合，形成一个理论上的球形，图 9.6.3 是球形全景的原理图，观测者或全景图像的制作者，从拍摄照片开始就已经钻进了球形的内部，所以他是永远看不到这个球形外表的。

图 9.6.3　球形全景原理

　　附件里有两幅 720° 全景图像，见图 9.6.4 和图 9.6.5，你在用 "FX Bpx 全景图查看器" 看它们的时候，请注意在这种全景图像里可以看到完整的天空和地面，这是它的优点；缺点是几何失真很大，尤其是把视角调大后，失真更大。

图 9.6.4　球形全景示例（1）

图 9.6.5　球形全景示例（2）

　　大约最近十年来，球形全景在建筑和室内设计、旅游等行业应用得比较多，尤其突出的应用是在房地产销售领域的"全景看房"，特点是：画面真实精美、信息丰富、交互性强，拍摄简单、制作快捷，逐渐成为一种主流的房产展示方式。如今在一线城市，几乎每个新开的楼盘，都可以看到使用 360° 全景技术制作的房产虚拟漫游展示。

　　全景看房已经成为时下最为流行的看房方式之一。甚至出现了很多专门提供代客拍摄和制作全景图像的公司。全景看房，也就是我们通常所说的网上看房。是一种依托于虚拟现实的多媒体三维全景在线看房技术。这种新技术的出现，让看房者可以在任何时间和地点，只要打开网页寻找自己中意的房屋，就能身临其境地感受全方位的看房。扫描下面的二维码即可看几个实例：

全景示例 毛坯房 　　　　全景示例 精品房 　　　　　全景示例 俱乐部

除了到现场拍摄实景照片拼接缝合成 720° 全景之外，还可以在设计阶段用三维模型渲染生成全景（现在多种渲染工具都有这样的功能），包括建筑设计和室内环艺设计都可以。下面展示的两个实例（图 9.6.6 和图 9.6.7）都是在设计（渲染）阶段就生成了 720° 全景。

图 9.6.6　720° 全景示例（1）

图 9.6.7　720° 全景示例（2）

第四种是立方体全景，目前在安卓系统的 App 中用得较多，请先看一幅 720° 全景，是欧洲的空中客车公司的机库内部，把那个 720° 全景用转换工具变成的立方体全景图，也叫作立方体切片。立方体全景是将全景图分成了前后左右上下六个面，浏览的时候将六个面结合成一个密闭空间来实现整个水平和竖直的 360° 全景。

很多专业的全景图生成工具都有球形全景与立方体全景之间相互转换的工具。在下一节里，讨论用 SketchUp 模型生成全景的时候，还要提到立方体全景的相关问题。

归纳一下：

- 上面的篇幅中，我们介绍了柱形全景，球顶全景，球形全景与立方体全景的大概。
- 其中的柱形全景失真最小，常用于制作 SketchUp 模型的背景。
- 球顶型全景失真较大，时常在 SketchUp 模型中担当天空背景的角色。
- 球形全景已被广泛应用于房地产和室内设计领域和销售环节。
- 立方体全景在安卓系统中应用较多，与球形全景可以互相转换；SketchUp 可生成立方体全景。

附件里保存有很多全景素材和两种不同的全景图浏览器供欣赏和参考。

典型的应用举例涉及：

- 北京链家房地产经纪有限公司。
- 中原地产。
- 德佑房地产经纪有限公司。

- 常州房产交易所。
- 中国房产超市。
- 江西鸿基房产置换有限公司。
- 连云港房产网。

9.7 全景与应用（skp 模型生成漫游全景）

在此之前我们知道了用一系列照片可以拼接缝合成全景图；这一节我们要介绍用 SketchUp 模型直接生成全景文件的方法。

用 SketchUp 模型直接生成全景图需要用到一个插件，WebGL Cubic Panorama，有人翻译成"导出全景"，也有人翻译成"WebGL 全景"。该插件最早发布在 http://sketchucation. com/plugin/；在百度上能搜索到汉化后的版本。

请用汉化版的读者注意：坊间有至少两个汉化版，其中一个经过简化功能不全，另一个有部分翻译不准确，所以本节还是用英文原版为依据来介绍，图 9.7.1 是一个中英文对照的菜单和参数设置界面。这样今后再操作汉化版就不会有问题了。至于汉化得不准确的部分（见图 9.7.1），可供您勘误。

这个插件的功能是：分别导出当前模型上下左右前后六个方向的位图，并且自动拼接缝合成立方体全景，可以在大多数网页浏览器中通过鼠标拖曳来查看欣赏全景；也可以根据你的需要生成嵌入网页的全套文件（包括 Java 脚本、样式表、引导文件等 html 文件）。

插件安装完成后，可以在视图菜单的工具栏里调出它的工具条（见图 9.7.1⑦⑧⑨），它只有三个按钮，等一会回来介绍它。同时可以通过扩展程序菜单中的 Panorama 调用。

下面简单介绍选择扩展程序菜单中的 Panorama 后，二级菜单里的 6 个选项。

- Make Panorama：创建全景；这是一个跟工具条左边第一个按钮相同的功能；就是把模型里当前的场景生成全景；如果模型有多个场景，只对当前的一个场景生成全景。
- Scenes to Panorama：场景转全景；这个选项跟工具条的第二个按钮的功能是相同的，如果模型里有多个场景，这个功能可以把全部场景生成全景，执行这个功能需要较多的时间。
- Save current camera scenes：保存当前相机场景；这个选项没有对应的工具条按钮；单击它以后，会自动产生一系列独立的场景，每个场景相当于立方体全景的一个切面。分别导出位图后，可以用外部的全景图拼接工具缝合成一个完整的立方体全景。大多数人都不会有这种要求，所以还是不要去单击它。
- Change output folder：改变输出文件夹；这个选项不难理解，就不多说了。
- Embed output in html：嵌入 html；导出嵌入 html 的全景，可以用浏览器打开，浏览和查看。

- Options：选项；这个菜单项的功能跟工具条最右边的按钮是相同的，都是弹出一个选项面板，以便做必要的设置。

工具条上的 3 个按钮 ⑦⑧⑨，对应插件的 3 个主要功能，对应菜单的①②⑥，上面已经介绍了。

第一个按钮是把当前场景导出全景，无论模型有多少个场景，只导出当前的这一个。

第二个按钮是把模型里所有的场景全部导出成全景，并且生成一组在不同场景之间跳转漫游的链接，请稍等一会看演示。

第三个按钮用来调出参数设置面板。

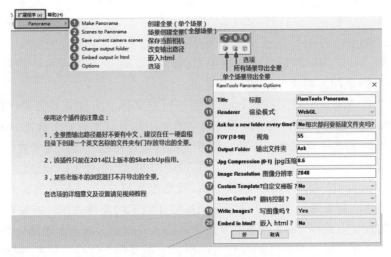

图 9.7.1　WebGL 插件界面

我们再来看图 9.7.1 中的这个设置面板。

- Title 标题：这里输入的内容将出现在全景图的顶部作为标题。
- Renderer 渲染模式：有两个选项，默认的是 WebGL，也就是导出可以用浏览器查看的全景；另一个 Canvas 是画布模式，导出需要外部工具配合的全景。如果没有特别的需要，建议就用默认的 WebGL 模式。
- Ask for a new folder every time？每次都问要新建文件夹吗：为防止麻烦，请选择 Yes。
- FOV 视角：可以在 10°到 90°之间更改，建议保留默认的 55°，不然几何失真会很大。
- Output Folder 输出文件夹：这里自动保存最近一次保存全景文件的路径，方便事后查找。
- Jpg Compression Jpg 压缩：用这个插件导出的全景是 JPG 格式的图像，之前的章节中我们介绍过，JPG 格式是一种有损的压缩方式，这个选项可以让你自由选择 JPG 图像的压缩率，数字越小，压缩率越高，图像的损失就越大。为了兼顾图像的清晰度和文件不至于太庞大，压缩率建议在默认的 0.6 到 0.7 之间做选择。

- Image Resolution 图像分辨率：这个选项也直接影响导出全景图像的最终品质，单位是像素；默认的 2048 像素，导出速度较快，但是分辨率太低，图像品质不够好，比较模糊，建议设置成 4096 像素，但对应的导出时间会更久一些。

- Custom Template? 自定义模板吗：建议保留默认的 No。

- Invert Controls? 反转控制：也建议保留默认的 No。

- Write Images? 写图片：这个选项的英文有点费解，经过测试知道，在这里选择 No，就是在指定的文件夹里分别给出包括 Java

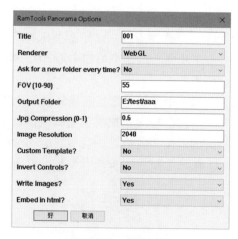

图 9.7.3　参数设置

脚本、样式表、引导文件等 html 需要的所有文件，方便某些需要在网页中调用它们的玩家。反之，选择 Yes，则在指定的文件夹里只生成一个独立的 html 文件，上述的 Java 脚本、样式表，引导文件等全部打包在一起。建议大多数用户在这里选择 Yes。

- Embed in html? 嵌入 html：选择 No，就是把生成的上下左右前后 6 个切面图片和 Java 脚本、样式表、引导文件等分别保存在指定的文件夹里，方便有特殊需要的用户后续加工。选择 Yes，就是把上述所有的文件打包，嵌入在单独一个 html 文件里。

好了，前面介绍完了这个插件的所有可选项，下面我们先用英文原版的插件来具体操作一下，现在你看到的图 9.7.2 是一个叫作"天音寺"的模型，是从电脑游戏"诛仙"里剥离出来的主要场景。为了看得清楚些，我们要对模型做一点调整：取消雾化和所有的场景。还要取消日照光影，调整一下亮度。

图 9.7.2　正山门

现在我们已经可以比较清楚地看到整个天音寺模型，大概有六七个院子，东北角上还有几个舍利塔。现在我们回到正山门口，将在这里创建第一个全景图；除此之外，等一会我们还打算在每一个院子创建一个全景，并且要能够在普通的网页浏览器中在各场景间任意跳转查看。

先要做一点必要的设置（单击工具条上最右边的按钮），设置内容如图9.7.3所示。

- Title 标题：这里起个名字（譬如"天音寺"）。
- Renderer 渲染模式：这里就用默认的 WebGL，即用浏览器查看的模式。
- Ask for a new folder every time？每次都问要新建文件夹吗：这里选择 Yes。
- FOV 视角：这里就用默认的55°。
- Output Folder 输出文件夹：见图9.7.1中的说明。要预先设置好文件夹，把路径拷贝过来。
- Jpg Compression Jpg 压缩率：先用默认的60%。
- Image Resolution 图像分辨率：试验用默认的2048像素，正式出图可用4096像素。
- Custom Template? 自定义模板吗：No。
- Invert Controls? 反转控制：No。
- Write Images? 写图片：Yes。
- Embed in html? 嵌入在 html：Yes。

单击工具条左侧第一个按钮后，我们把 SketchUp 当前页面生成了一个独立的 html 文件，所有的要素全部合并在里面，单击它会自动打开默认的 IE 浏览器；当然，也可以在右键菜单里指定用什么浏览器打开全景（上面所说的内容也请浏览同名的视频教程）。

如果你在图9.7.1⑳处设置了 No，就会得到如图9.7.4所示的一堆文件，其中有组成"立方体全景"的（上下左右前后）6幅图片，还有嵌入到网站要用到的附加文件。

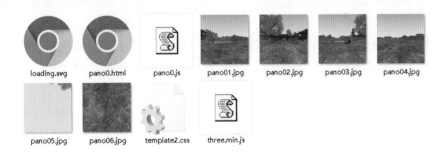

图 9.7.4　生成的全套文件

上面看到的还只是这个插件的部分功能，下面要实现全景领域常见的漫游功能，所谓漫游，就是从一个场景随意跳转到另一个场景，在上一节推荐的网站上曾经见到过这种漫游。

为了用这个 SketchUp 模型实现全景漫游，需要提前设置几个想要跳转的场景，我们可以用 SketchUp 的相机定位工具和场景功能来做设置，现在除了图9.7.2的正山门外，还在每一个院落设置了一个场景，如图9.7.5至图9.7.10所示，现在一共有了七个场景。

图 9.7.5　大雄宝殿

图 9.7.6　藏经楼

图 9.7.7　罗汉堂

图 9.7.8　戒律院

图 9.7.9　香积厨

图 9.7.10　舍利塔

设置完成后单击工具条上第二个工具，就可以把所有的场景一次生成全景，所需要的生成时间，因模型的复杂程度，场景页面的数量，设置的精度，还有电脑速度等差异而不同，从几十秒到几分钟不等，请耐心等待一下。

终于完成了，现在在指定的文件夹里得到了如图 9.7.11 所示的 7 个 html 文件，任意单击其中的一个，就可以去欣赏全景了。请注意图 9.7.12 ② 有我们刚才指定的文件名称"001"，图 9.7.12③ 处还有几个不同场景的链接，单击这些链接，就可以在不同的场景里跳转浏览查看。

如果你在图 9.7.1⑳ 处设置了 No，就会得到如图 9.7.13 所示的一堆文件，其中有组成 7 个"立方体全景"的（上下左右前后）42 幅图片，还有嵌入到网站要用到的附加文件。

名称	修改日期	类型	大小
场景号10.html	2021-02-22 18:38	Chrome HTML D...	3,089 KB
场景号21.html	2021-02-22 18:38	Chrome HTML D...	3,040 KB
场景号32.html	2021-02-22 18:38	Chrome HTML D...	2,403 KB
场景号43.html	2021-02-22 18:38	Chrome HTML D...	3,162 KB
场景号54.html	2021-02-22 18:38	Chrome HTML D...	3,097 KB
场景号65.html	2021-02-22 18:38	Chrome HTML D...	2,514 KB
场景号76.html	2021-02-22 18:38	Chrome HTML D...	2,463 KB

图 9.7.11　每个场景生成一个 html 文件

图 9.7.12　不同的场景的跳转链接

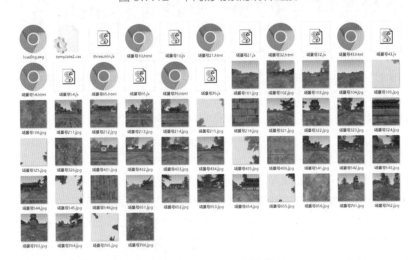

图 9.7.13　可后续编辑的文件

最后，还有几点要提醒一下：这个插件已经可以实现从 SketchUp 模型到立方体全景文件转换的功能，如果想要生成完整的立方体全景，天空和地面都必须完整，像本例中的"天空"是 SketchUp 的背景，所以浏览的时候你会看到一个空洞。

全景图输出路径里最好不要有中文，建议在任一硬盘根目录下创建一个英文名称的文件夹专门存放导出的全景。然后把该路径拷贝到设置面板的 Output Folder 里。这个路径长期可用，每生成一次全景只要在 Title 里输入一个新的文件名即可。

这个插件只能在 2014 以上版本的 SketchUp 才可以用。某些老版本的 IE 浏览器打不开导出的全景。

扫描下面的二维码可浏览一位网友用 SketchUp 模型制作的720°全景（要略等待）。

本节的附件里有演示用的模型和这个插件的英文版以及中英文对照文件，可供需要的读者做练习用。

Studio HB（广州）

扫码浏览 SketchUp
模型全景示例

SketchUp 模型全景

SketchUp 模型 720°全景

样板间

9.8　全景与应用（720°全景与 SketchUp）

720°全景方面的内容较多，包括素材片的拍摄（器材与方法），全景图的制作（软件与方法），全景图的应用开发、共享与增值等；内容丰富到每一项都可以做成一组系列教程，而这一切却不见得是每一位本书读者都有兴趣关注的。所以这一节将用最少的篇幅，最快的速度对以下几个问题做简单介绍引导，如果你有兴趣继续深入，可以用附件里提供的资源研究、学习与练习。

这一节要介绍的内容大致如下。

（1）720°全景的应用领域以及与 SketchUp 用户的关系。

（2）720°全景素材的生成与获取，以及跟 SketchUp 用户的关系。

（3）720°全景的制作工具以及与 SketchUp 用户的关系。

需要声明：以下图文与配套视频和附件中的所有内容中若有提及某单位，某公司，某网站，某产品，某软件，某插件，纯粹属技术性介绍，本书作者与其都没有合作关系与经济往来。

先讨论第一个问题：720°全景的应用领域以及跟 SketchUp 用户的关系。

正如之前介绍过的那样，目前，720°全景已经被广泛应用于国家地理、古迹遗址、旅游推介、都市街景、实景导航、精品名店、大专院校、文娱体育、房产销售等很多方面，几乎所有需要展示或互动的领域，都有全景技术的用武之地。

作者打过交道的SketchUp的用户，主要集中在建筑设计与城市规划，桥梁道路土木设计，园林与城市景观设计，室内外环艺设计，舞台美术设计，木业与石业产品设计，还有少数地质勘探、机械设计、飞机与武器设计等专业。上述大部分都可以用全景技术做主要的或辅助的表达手段。

下面展示一组用SketchUp模型生成的漫游全景案例，模型与全景都是由广州的网友何小斌创作，发布在720云：一共有三十多个案例，其中有很多是SketchUp室内设计或（渲染后）的作品，也有一些建筑方面的。有兴趣的朋友可以扫码浏览学习。

只要浏览过上述的实例，对于"720°全景的应用领域以及跟SketchUp用户的关系"这个问题，应该不用再做更深入的解释了。

下面讨论第二个问题：720°全景素材的生成与获取以及跟SketchUp用户的关系。简而言之，720°的全景素材，可以用相机拍摄实景照片，也可以从设计软件中直接获取，设计软件当然也包括SketchUp。

如果想做实景介绍方面的全景，包括建筑、规划、景观、室内等行业，可以用专业的器材拍摄素材片，对于要求不高并且有一定经验的人，可以用非常简单的器材，甚至徒手用相机或手机来拍摄素材片；其实，就算是专业器材也花不了多少钱，无非就是相机、镜头、角架和云台几大件，如果要求不太高，全部买齐也就是几千元。下面要借用一段某淘宝店公开的视频来说明全景素材片的拍摄器材与过程，视频中出现的帅哥是这种云台的专利所有人，也是国内全景领域的知名人士（请浏览本节同名视频）。

上面介绍了如何用拍摄实景照片的方法获取素材片，条件是必须有已经完工的实景；那么，如果项目还在设计阶段，想用全景的形式与甲方或在团队内部进行交流沟通，也是可以的。上一节我们介绍了用SketchUp的导出全景插件WebGL Cubic Panorama来获取全景的方法，可以轻易获得水平方向360°的全景。想要从SketchUp模型获得720°的全景也是可能的，但是比较麻烦一些，需要先从SketchUp模型生成上下左右前后6个片面，然后用专业软件，如Pano toVR拼接成"立方体全景"。

关于如何用SketchUp的导出全景插件WebGL Cubic Panorama来获取立方体全景所需的六个片面，参数设置方法和要点见图9.7.3，请注意选项面板上的设置跟上一节的区别（见图9.8.1和图9.8.2）。

有了素材片，接着就要讨论第三个问题了：720°全景的制作工具以及与SketchUp用户的关系。可以用来制作720°全景的软件太多太多，有国外引进的，有国产的，这一类软件，学习和使用起来都不难。

在附件里有一个doc文件，上面有作者收集的几十种相关软件和简介，你可以去搜索下载试用，此类软件几乎都有"免费"的版本，有些还是不用安装的绿色版，注意有些软件有XP时代的32位版本，在新版的Windows 64位系统中不大好用，下载前请注意要找最新的版本。

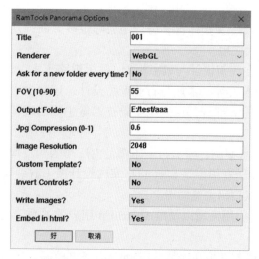

图 9.8.1　WebGL 的设置（1）

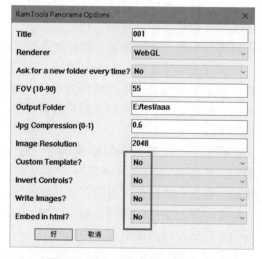

图 9.8.2　WebGL 的设置（2）

为了方便你在诸多软件中做出选择，下面列出两组最受欢迎的清单。

第一组是最受欢迎的国外全景图拼接制作软件。

- PTGui 和 PTGui Pro：后者是专业版，最大的区别是可以批处理。这两种都是非常好用的图片全景制作软件，可将多张普通照片或鱼眼镜头所拍照片拼合为单张全景照。操作简单，只需要几步，就可完成拼接缝合。

- KRPano：支持将已接合的单张等距圆柱投影图拆解为六张不同视角的照片，以供用户自行修补照片接缝，是高水平玩家必备工具。

- Photoshop：大家熟知的修图软件，同样支持手动修补全景图的缝合处缺陷，高水平玩家必备。

- Kolor Panotour 和 Pano to VR：这两种软件可以制作有交互功能的全景图，可以输出成 Flash，并且能运用 Google 地图制作交互全景地图。

第二组是最受欢迎的国内全景图拼接制作软件。

- VeeR 编辑器：这是 VeeR 网站于 2017 年推出的 360VR 视频编辑器，后增加了全景图编辑功能，可以轻松在手机上完成全景素材拍摄，无须导出，就可无缝衔接进行 VR 视频或 360 图片的后期制作。支持添加背景音乐、360 动态贴纸、一键分享等功能，是年轻朋友们的最爱。

- 720 云全景制作软件：720 云是大家熟知的全景分享平台，其推出的 720 云全景制作软件方便用户制作 VR 全景，一站式解决 360°全景摄影，对本地拍摄的全景图片和视频进行编辑，上传到云端让网友都能欣赏到你的作品。

- 造景师：这是杰图网的一款专业的三维全景拼合软件，支持用鱼眼图、普通照片和广角照片以及 Raw 和 HDR 图像来拼接全景图。

最后还要介绍一组以 SketchUp 模型获取全景图的渲染工具。

随着 SketchUp 和配套渲染工具的发展，目前已经有好几种渲染软件或插件可以用 SketchUp 模型直接渲染出全景图，列举如下。

- Enscape：这是一种专门为建筑、规划、景观及室内设计师打造的渲染工具，它支持 SketchUp，无须导入导出文件，在 SketchUp 的操作窗口即可看到逼真的渲染效果；你无须了解记忆各种参数的用法，一切都是傻瓜式的一键渲染，你可以把精力更多地投入到设计中去；你无须坐在那里一次次等待渲染结果，一切都是实时的，普通场景只要在几秒内就会见到照片级的渲染结果。同时支持渲染全景图和 VR。

- TheaRender：西娅渲染器，在 SketchUp 建筑可视化中的应用简单流畅，可做速度超快的交互式渲染，渲染内容可以直接叠加在 SketchUp 视口里，支持全景图渲染。

- EYECAD VR：这是由一个意大利公司开发的一款专门针对建筑设计的 VR 实时渲染交互插件，通过该插件，只需要一键，即可从 SketchUp 转入到 VR 世界中。你也可以使用 EYECAD VR 的编辑器做更多的材质、环境及交互对象的创建和编辑工作。

- Lumion：这个软件的最大优点，就在于人们能够直接预览并且节省时间和精力。Lumion 是一个实时的 3D 可视化工具，用来制作电影和静帧作品，涉及的领域包括建筑、规划和设计。人们能够直接在自己的电脑上创建虚拟现实。你可以在短短几秒内就创造惊人的建筑可视化效果。Lumion 7 及以前的所有版本均不支持 VR 功能。

- V-Ray for Sketchup：支持 VR 功能，但是这个 VR 功能使用的是全景图，不支持在场景中走动。

- Mars：支持 VR 功能，完全沉浸于场景中，可以在场景中走动，感受真正的建筑尺度关系，并且可以在 VR 端进行植物种植，模型放置以及更换材质。

- VR Sketch：是一个 VR 环境下的浏览及建模插件，它通过 HTC Vive 直接在 VR 里浏览 SketchUp 项目文件，同时还可以直接对模型进行建模、编辑、添加材质，所有的操作都和 SketchUp 是同步的，就是你在 SketchUp 里的改动可以实时体现在 VR 里，同时在 VR 里做的改动也可以实时反馈在 SketchUp 模型中。该插件目前发布的是一个免费的 beta 版本，将来会采用付费的模式并提供更多更完善的功能。

上面介绍的所有软件及其简介都保存在本节的附件里，如果需要，可以自行去搜索下载。附件里还有其中一些软件的下载链接。

本节的附件里还有一大批优秀全景图的分享链接，可供欣赏与参考。

案例一（全景看房）：http://720.mzgtuan.com/quanjing/kf/

案例二（复式楼）：http://720.mzgtuan.com/quanjing/ce/

案例三（3ds Max 效果图）：http://720.mzgtuan.com/quanjing/xiaoguo/

案例四（豪华夜总会）：http://720.mzgtuan.com/quanjing/jk/

案例五（绝美航拍）：http://720.mzgtuan.com/quanjing/hp/

案例六（国外别墅）：http://720.mzgtuan.com/quanjing/biesu/

案例七（3D 效果图）：http://720.mzgtuan.com/quanjing/xg/

案例八（儿童乐园）：http://720.mzgtuan.com/quanjing/ly/

案例九（夜景 KTV）：http://720.mzgtuan.com/quanjing/KTV/

案例十（五星酒店）：http://720.mzgtuan.com/quanjing/long/

其他一（概念展厅）：http://720.mzgtuan.com/quanjing/haoren/

其他二（车内全景）：http://720.mzgtuan.com/quanjing/xx/

其他三（换壁纸材质）：http://720.mzgtuan.com/quanjing/hbz/

全景精灵测试地址：http://JL.mzgtuan.com/

720 全景软件简易教程：http://720.mzgtuan.com/jiaocheng/

SketchUp材质系统精讲

（中国）授权培训中心 官方指定教材

第 10 章

材质系统相关插件

SketchUp 自带的默认工具可以满足最基本的建模与贴图功能，但这些对于高水平的用户则远远不够，所以"扩展程序（插件）"就应运而生，经过十多年的演变，当今，插件已经成为 SketchUp 的重要生态之一，跟 SketchUp 相伴相助，不可或缺。

历史上为增强材质系统功能而生的插件不下五六十种，演变至今，能够活下来，一直持续更新，被广大用户认可、喜爱的已经不多。经过在大量备选清单中逐一测试，挑选出十多种可以在 SketchUp 2021 版中可靠运行使用的优质插件，形成了这一章的内容：这十多种插件包括弥补 SketchUp 默认色彩不全的，纹理分析调整用的，用外部图片实施贴图的，UV 坐标调整用的……基本弥补了 SketchUp 材质系统的各种先天不足。

扫码下载本章教学视频及附件

10.1　相关插件（插件来源与安装）

"插件"已经成为 SketchUp 的重要生态之一，初学者入门以后，"插件"是必然要遇到的问题；"插件"在 SketchUp 里的正式名称叫作"扩展程序"（Extensions）；"找插件"是"用插件"必然要遇到的第一个问题；这一节就要详细介绍一下插件的来源。

1. 国外的插件来源

SketchUp 窗口菜单里有一个"扩展程序库"，可以连网寻找需要的插件和直接安装。你也可以用浏览器直接访问官方扩展程序库：https://extensions.sketchup.com/，因为这是官方的网站，公布的插件都有大量的用户，可以比较放心地安装使用，但还是要注意一下该插件是否支持你所用的 SketchUp 版本。

另一个插件来源 https://sketchucation.com/ 是优秀插件的第三方发源地之一，注册后可下载免费和付费的插件。

2. 国内插件来源

这是一个非常敏感的话题，为慎重起见，SketchUp（中国）授权培训中心在编写这部分内容的时候，特地征询了天宝公司与 SketchUp（中国）官方的态度，归纳如下。

（1）天宝官方尊重、支持并保护所有原创 Ruby 脚本，包括中国作者的原创作品。

（2）天宝官方重申：Extension Warehouse 和 sketchucation 上的所有 Ruby 脚本都受国际著作权相关法律保护。

（3）所有未经原创作者书面授权的汉化、改编、分拆、重命名、破解、二次分发等都属侵权行为，天宝公司与 SketchUp 官方保留支持插件原创者追究法律责任的权力（见本节附录）。

（4）中国本地主要的 SketchUp 插件库开发者们目前正在积极配合完成合规性的整改工作，希望未来中国的 SketchUp 社群有一个注重知识产权保护的良好环境。

（5）天宝公司 SketchUp 大中华区团队愿意为中国大陆尊重知识产权的专业商户、网站提供相关原则性的业务指引与协助。

这本书作为 SketchUp（中国）授权培训中心的官方指定教材，在 SketchUp 官方对中国本地主要的 SketchUp 插件库开发者们合规性整改工作完成之前，目前原则上只向读者推荐 SketchUp 的官方插件库 https://extensions.sketchup.com/ 和另一个优秀插件原创来源 https://sketchucation.com/。

这个章节所提到的插件全部来源于上述两处，至于大量不习惯使用英文界面插件的读者，可以记下插件的英文名称，用百度等工具搜索，很容易找到对应的汉化插件，但请注意上述第 3 条的侵权定义与风险。请理解 SketchUp（中国）授权培训中心与本书作者这样做的必要性，并给予谅解。

3. 插件的文件形式

上面介绍了两个主要插件来源，应该已经解决了 SketchUp 初学者的第一个难题。有了插件如何安装（包括插件的文件形式）将是要遇到的第二个难题，现在再来为你解决这些同样重要的问题。请注意下面的内容对每一位 SketchUp 用户都是必须掌握的"应知应会"性质的知识，尤其对打算自己单独安装、调试插件或者打算参加考核、获取技能证书的用户，更要谙熟于心。

SketchUp 发展得很快，插件的安装方法也在改变。编写 SketchUp 插件用的 Ruby 脚本语言发展得也很快，所以 SketchUp 的插件形式也在跟着改变。这些变化中的大部分对 SketchUp 用户是有利的，但有些变化也给我们带来了一点困惑和麻烦。下面先介绍一下 SketchUp 插件的文件格式和结构。

最早的 SketchUp 插件比较简单，只有一个用 Ruby 编写的脚本文件，其文件后缀是 rb。凡是 rb 后缀的插件，可以用 Windows 的记事本打开和编辑，甚至可以在文本中找到插件编写者留给你的使用方法和跟他联系的信息；这种插件汉化起来也比较容易，所以很多沿用至今。

图 10.2.1 中有两个插件就是 rb 格式的：经验教训告诉我们"人不可貌相，插件也不能看外貌"，这种插件看起来很简单、颜值差；须知其中有很多是非常优秀的，沿用至今的还有不少。

譬如第一个 makefaces，是一种封面用的插件，后来有人为它做了图标。第二个是大名鼎鼎的 UVTools，后来也有人为它做了图标，其实骨子里还是它。

rb 后缀的插件，通常没有图标，需要在 SketchUp 的菜单里去调用，至于它藏身在什么菜单的什么位置，全凭插件作者的心情。可能对初学者觉得更大的麻烦是：有很多 rb 插件安装后在菜单里根本找不到，这种插件通常是要等到预设条件满足后到鼠标右键关联菜单里去找了。

后来，有一些功能比较复杂的插件，rb 文件就只起一个引导的作用了，Ruby 脚本的大部分和图标等附属文件都保存在另外的文件或文件夹里。图 10.2.2 展示的就是这一类插件。这个插件有一个 rb 文件，还带有一个文件夹，算是比较简单的，复杂的可能带有多个文件夹或者多个文件。

EM_makefaces.rb

UVtools.rb

TT_ArchitectTools

tt_architect_tools.rb

图 10.2.1　两个 rb 格式的插件　　　　图 10.2.2　带有文件夹的 rb 文件

如图 10.2.3 所示的一个 rb 文件，带有一个文件夹，文件夹里面全是图标。还带有一个 rbs 文件（后面还会提到），还有一个 so 格式的动态链接库，这是一种较复杂的结构。

在 rb 插件稍后出现的还有一种 rbs 后缀的插件，图 10.2.4 是一种 SketchUp 官方提供的混淆加密的 rb 文件，用 rbs 加密的插件汉化起来就有点麻烦了。说到加密，如图 10.2.5 所示的那样，有一种 rbe 后缀的文件也是加密的，譬如大名鼎鼎的 Dibac 里有一个内核脚本文件就是 rbe 后缀的。

ChrisP_Repair_AddFace_DWG	c_extension_manager.rbs	dcclass_overlays.rbe
ChrisP_Repair_AddFace_DWG.rb	crease_finder.rbs	dcclass_v1.rbe
jjProgressBar_MsAPI.rbs	tools.rbs	dcclassifier.rbe
Win32API.so		dcconverter.rbe

图 10.2.3　较复杂的　　　　图 10.2.4　rbs 加密的　　　　图 10.2.5　rbe 加密的

Trimble 公司从 Google 接手 SketchUp 以后，从 SketchUp 2013 版开始，所有的插件格式统一变成了一个文件，都是 rbz 后缀的单个文件。图 10.2.6 就全都是 rbz 格式的插件了，都有一个蓝色（或红色）的钻石形状的图标。

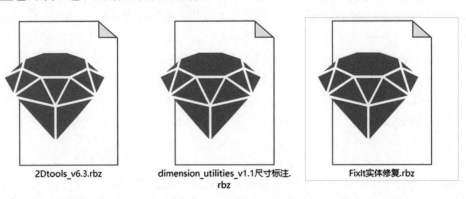

2Dtools_v6.3.rbz　　　　dimension_utilities_v1.1尺寸标注.rbz　　　　FixIt实体修复.rbz

图 10.2.6　rbz 格式的插件

把所有的插件都变成了 rbz 格式的单文件形式，出发点是好的，可以让安装插件的操作变得简单可靠。可是实际的效果却未必；作者在这个系列教程的其他部分里一再强调过：用 SketchUp 的扩展程序管理器安装 rbz 格式的插件是在碰运气，运气好当然开心，运气不好相当于吃到了苍蝇，吃出了毛病，连吐都吐不出来（高手除外）。

为什么这么说？用 SketchUp 窗口的"扩展程序管理器"安装 rbz 格式的插件，整个过程简单快速是优点，但是安装的全过程对我们用户来说完全不透明，绝大多数用户用这种方式安装插件，糊里糊涂中，根本不清楚它在后台把些什么东西拷贝进你的系统里去了，万一事后发现问题，再想删除都很困难（不是不能），"想吐都吐不出来"说的就是这个意思。后面有一小段会教你如何"把吃进去的苍蝇吐出来"。

4."库"文件

前面介绍了 rb、rb 加文件夹、rbs、rbe、rbz 五种不同的插件格式，还有一种特殊情况的文件，看起来像插件，其实不是，它没有具体的功能，却不能缺少，它们就是所谓的各种"库"文件。

有些插件的作者把一些常用的子程序和共用的文件做成多个插件共用的运行库，还有多国语言通用的"语言库"；有了这些"预置"的"库"，新写的插件只需去调用运行库里的各种子程序和通用文件，大大减少了插件开发的工作量。但是用户需要提前安装这些"库文件"才能获得插件的正常功能。新出现的插件常常还需要更新这些库，缺少某些库或者没有及时更新这些库，非但插件不能正常运行，还会不断弹出各种提示信息，非常烦人。

下面列出几种常见的"库"，今后这种"库"会越来越多，请经常关注新出现的"库"并时常更新原有的"库"。

- LibFredo6：Fredo6 基础扩展库。
- LibFredo6：多国语言编译库。
- AMS Library：AMS 运行库。
- ACC Library：ACC 扩展库。
- TT Library：TT 插件编译库。
- BGSketchup Library：BGSketchup 运行库。

……

很多初学者用插件遇到的问题，尤其是启动 SketchUp 时蹦出来的一连串弹窗提示，半数以上是出在这些库的安装和更新上面，必须引起足够的注意。

5. 插件的安装

上面向你介绍了 SketchUp 插件的各种文件形式，下面就要详细介绍如何用不同的方法来安装这些插件。

首先，每一位 SketchUp 用户必须要知道的是经常要打交道的 SketchUp 关键位置里的关键目录。老的 SketchUp 版本已经过时，我们就不说了。就说 2018 版以后的版本，我们必须知道的是下述的路径，请仔细看好了记住。

首先是系统的 C 盘，也就是安装操作系统的那个硬盘分区，无论把 SketchUp 主程序安装在什么位置，插件和其他几个重要的文件夹都在 C 盘。

找到"用户"，有些系统是英文 user，都一样。

然后找到你的用户名，默认的是 Administrator（管理员）。

再找到 AppDate，很多人到了这一步就抓瞎了，因为他们的电脑上找不到这一项，其实，Windows 系统对这一项默认是隐藏的，只要调出"查看菜单"里的"文件夹选项"，再找到"隐藏文件和文件夹"，勾选"显示隐藏的文件"，这里就会出现 AppDate 了。

打开它以后，接着再找到"Roaming"，然后就可以看到你电脑上安装的所有软件。

耐心点找到 SketchUp，目标就越来越近了，这里可以看到在这台电脑上安装的所有版本的 SketchUp，进入其中的一个，可见到图 10.2.7 所示的六个文件夹，如图 10.2.7 ②所示，完整的路径见图 10.2.7 ①。

- Classifications：分类。
- Components：组件。
- Materials：材质。
- Plugins：插件。
- Styles：风格。
- Templates：模板。

图 10.2.7　所有 SketchUp 用户必须牢记的路径与目录

以上 6 个目录，除了 Classifications（分类），里面都有一个 IFC 2x3.skc 分类标准文件。

Plugins 里除了有 5 个默认插件（沙箱、天宝中心、高级镜头、动态组件等）之外，其余四个文件夹都是空的。理论上，我们可以把自己的"组件、材质、风格、模板"等保存在这些文件夹里；但是这样做并不合适，原因是重装系统的时候，你保存在 C 盘的所有资产都将灰飞烟灭，有时候连转存的机会都没有。

上面讲了一大堆，总结一下，插件的安装路径如下，你不用抄下来，本节的附件里就能找到这个路径：C:\Users（或用户）\Administrator（或你的名字）\AppData（先解除隐藏）\Roaming\SketchUp\SketchUp 2018\SketchUp\Plugins。

6.　关于插件的几个重要问题

（1）所谓安装插件，其实就是把 rb、rbs、rbe 和附带的文件夹复制拷贝到 Plugins 文件夹里去；即使用 SketchUp 的扩展程序管理器安装插件，其背后的实质也一样。

（2）只有在安装过一个插件之后，SketchUp 的菜单栏上才会出现"扩展程序"菜单。

（3）无论你把 SketchUp 安装到电脑的什么位置，不用怀疑，插件文件夹永远在 C 盘的上述位置。你用 SketchUp 窗口菜单的扩展程序管理器安装的 rbz 格式的插件也都在这里，不过它们到了这里后就不是原来的样子了。

（4）如果你想要自己动手把插件安装到这里，请注意这里只接受前面提到的 rb、rbs、rbe 和附带的文件夹；只要原样拷贝进去，重新启动 SketchUp 后，就可以在扩展程序菜单里调用；也可以在视图菜单的工具栏里调用。请注意，很多人安装插件不成功的原因是，只拷贝了 rb、rbs、rbe，却没有同时拷贝附带的文件夹。

（5）正如前面提醒过的，某些插件可能需要在其他菜单项下调用，甚至隐藏在鼠标右键菜单里；很多人安装了插件却找不到它们，请仔细找找；如果你对 SketchUp 这些菜单里原来有些什么东西不熟悉，新出现了什么也不知道的话，很可能当面错过。

（6）如果你把 rbz 后缀的插件也拷贝进 Plugins 里去，是没有用的；因为 rbz 是 rb、rbs、rbe 的压缩形式，只有把它解压成正常的文件后再拷贝进去才有用。即使你用扩展程序管理器安装的 rbz 插件，它最终也是要解压成 rb、rbs、rbe，不过解压过程是自动的。

（7）想要把 rbz 格式的插件变成 rb、rbs、rbe，很简单，只要把后缀 rbz 改成 zip，然后就可以用 WinRAR 或 WinZip 等工具解压了。

（8）如果你一定要用某个来历可疑、身份不明的 rbz 插件，建议一定不要用 SketchUp 自带的"扩展程序管理器"做"不透明的糊涂安装"；请一定提前用上面的方法把 rbz 解压后再拷贝进 Plugins 里去，这个做法虽然麻烦一点，但是可以避免"想吐都吐不出来"的惨相，这是唯一的办法；你拷贝进去什么东西，你心里是有数的，如果忘记了也不要紧，解压前后的东西全在，按样子对照着删除掉就可以了，大不了不用这个插件，不至于造成更多更大的麻烦。

（9）有一些插件，大多是收费的插件，是一个 exe 格式的可执行文件，只要像安装其他软件一样的操作就行，唯一需要注意的是安装的位置和路径。

（10）前面说过，很多系列插件是要同时或提前安装库文件的，库文件的版本还不能是过时的老版本，不然启动 SketchUp 的时候弹出的提示会烦到你发疯，遇到这种情况，你要仔细看清楚每一条提示信息，看清楚后，要末按要求安装库文件，如果库文件过时，就去找新版本替换掉老版本；或者干脆到 Plugins 文件夹里去删除掉这个插件。

（11）很多插件之间因为利益的原因，有可能产生冲突甚至排斥（不方便解释得太具体），遇到这种情况，请勤快点，去搜索原因和解决的办法。

最后请给作者一个感叹的机会，你可以看成对你的忠告：十五六年前，作者只用了三五天就能拿 SketchUp 干活，以为这很简单；自从接触了插件，就一直头痛；前前后后用在花花绿绿插件上的时间，百倍于当初学 SketchUp 都不止，麻烦的是，新的插件还在天天出现，在插件上耗费的时间越来越多，做正经事的时间被严重挤占，工作效率越来越低，头痛的毛病却遥遥无期，看不到痊愈的希望。

后来，作者给自己做了几条规定。

第一，电脑里只安装经过测试没有问题的、最可靠最常用的插件，通常不超过 30 个（组）。

第二，有空的时候，也要对新出的插件了解下行情，对于沽名钓誉不实用的，坚决不用（连试都不试）。可能会用得到的，记录下来，等一定要用的时候再去安装测试。

第三，新的插件在其他的电脑上做测试和练习，可靠后再列入常用插件行列。

自从给自己制定了这些规定，头不痛了，工作的效率明显高了许多。

希望你能从作者的经验教训里得到点启发。

本节附录：

以下摘录自 https://extensions.sketchup.com/terms/（括号内为译文）。

SketchUp Extension Warehouse Terms of Use（SketchUp 官方插件库使用条款）

1. Warehouse Content; Use Restrictions（扩展仓库（以下简称仓库）的内容；使用限制）

B. Use Restrictions.（使用限制）

You may not:（你不可以）

i. Modify the Warehouse Content（修改仓库内容）or use them for any public display, performance, sale, rental or for any commercial purpose except as expressly authorized in these Terms of Use;（或将其用于任何公开展示、表演、销售、出租或用于任何商业目的，但本使用条款明确授权的除外）

ii. Decompile, reverse engineer, or disassemble any Warehouse Content（反编译、逆向工程或反汇编任何仓库内容）

iii. Remove or modify any copyright, trademark or other proprietary or legal notices from the Warehouse Content; or（从仓库内容中移除或修改任何版权、商标或其他所有权或法律通知；或）

iv. Redistribute or transfer the Warehouse Content to another person.（将仓库内容重新分配或转移给另一个人）

……You will be responsible for any costs incurred by Trimble or any other party（including attorneys' fees）as a result of your Misuse of the Warehouse Materials.（您将承担 Trimble 或任何其他方因您滥用仓库资料而产生的任何费用（包括律师费））

以下摘录自 https://extensions.sketchup.com/general-extension-eula（括号内为译文）

SketchUp Extension Warehouse: General Extension End User License Agreement（SketchUp 官方插件库通用用户许可协议）

2. License Restrictions（许可限制）

（a）You may not, and you may not permit anyone else to:（您不能，您也不能允许任何人：）

（b）copy, modify, adapt, translate, create a derivative work of the Extensionor use it for any public display or performance,（复制，修改，改编，翻译，创建一个衍生作品的扩展，或将其用于任何公开展示或表演）

（c）decompile, reverse engineer, or disassemble the Extension（反编译、逆向工程或反汇编扩展）

（d）remove, obscure or alter any product identification, proprietary, copyright, trademark or other notices contained in the Extension（删除、模糊或更改扩展中包含的任何产品标识、所有权、版权、商标或其他通知）

（e）distribute, sell, transfer, sublicense, rent, or lease the Extension,（分销、销售、转让、转许可、出租或租赁延期）or use the Extension（or any portion thereof）for time sharing, hosting, service provider, or like purposes;（或将扩展（或其任何部分）用于分时、托管、服务提供商或类似用途）

10.2 相关插件（插件的管理）

通过前面一个小节的介绍，想必你已经对 SketchUp 的"扩展程序（插件）"有了些基本的了解；并且希望你至少对即将接触并寄予厚望的"插件们"树立起一个全面和客观的认识，已经有充分的思想准备接受并处理可能由插件引起的大大小小的问题。

1. 两种不同层级的"插件管理"

即将展开的"插件管理"课题，至少可以从两个不同层级展开。

（1）首先要讨论的是，如何避免上一节所介绍的"找插件和安装调试它们"的麻烦，关键词是"避免""麻烦"。这是对插件第一层次的管理。

（2）然后才是对于电脑上已有的插件进行管理，目的是为了提高建模的效率，关键词是"提高""效率"，这是第二层次的管理。

上一节我们已经介绍和讨论过"找插件、安装、测试"的问题；是一种我们自己动手去搜索，去找，去下载，然后安装和测试的做法；这种做法在 SketchUp 用户中已经沿用了十多年，现在还有不少人在用这样的办法。但是，因为下列原因，这种方法正在被逐步淘汰，因为有这一节将要介绍的更为先进、省事、效率更高的新的办法。

（1）自行"找插件、安装、测试"需要具备对电脑和 SketchUp 相当的认识和经验。

（2）自行"找插件、安装、测试"需要花费很多时间和精力。

（3）如果你有经验又有时间去折腾，以上两条都不是问题，那么后四条就一定会引起你的共鸣。

（4）SketchUp 每年一次更新，随即有很多用熟的插件不再能用，折腾了半年刚刚解决问题，SketchUp 又来一次更新，还要从头再来，年复一年，麻烦复麻烦。

（5）英文的插件看不懂不好用，对应的新版免费汉化插件越来越难找。

（6）上一节提到的各种各样的"运行库""编译库""语言库""扩展库"太难伺候，只要有任一个库更新，启动 SketchUp 时就会弹出一连串的提示，并且"锲而不舍、永不妥协"实在是烦不胜烦。

（7）有些插件确实好用，单个插件收费也不高，但是好些个凑起来就是我们学员负担不起的数字，最好有无限试用版。再说即使愿意购买，也没有外币支付渠道。

那么，更为先进、省事、效率更高的新办法是什么呢？其实，我马上要介绍的这些办法正在成为 SketchUp 用户使用扩展程序（插件）的一种新潮流，一种新的生态，国内国外都有，目的就是为了解决（或部分解决）上面提出的一系列问题。

2. 一种插件管理器

要介绍的是 ExtensionStore v4.0（本书 2021 年 5 月脱稿时的最新版本是 4.0）。

（1）ExtensionStore v4.0（扩展程序商店）它实质上是一个"管理插件的插件"，它还有另一个名字，叫作 SketchUactionTools（SketchUcation 是一个老资格的插件发源地）。

（2）我们可以用它来访问 SketchUaction 庞大的插件库，其中已经包含有 800 多个免费的插件，并且允许用户把它们直接安装到 SketchUp 中去使用。

（3）这个"管理插件的插件"的下载链接为 https://sketchucation.com/pluginstore?pln=SketchUcationTools。

下载完成后，可以在 SketchUp 中通过"窗口"菜单中选择"扩展程序管理器"，进行快速安装。

（4）安装完成后的工具条名称是 ExtensionStore，如图 10.2.1 所示。

图 10.2.1　ExtensionStore 工具条

在扩展程序菜单栏中的名称是 SketchUcation，图 10.2.2 中，菜单栏里还有九个次级菜单，请参阅图 10.2.2 右侧的译文，其功能比工具栏分得更细，调用更快捷，后面还要讨论。

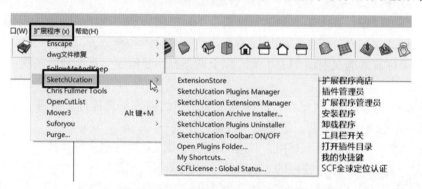

图 10.2.2　ExtensionStore 菜单项

3. 根据 SketchUcation 公布的信息，ExtensionStore v4.0 至少有以下功能

（1）搜索 ExtensionStore 上 800 多个插件和扩展程序之一。

（2）查找信息，报告错误并直接向作者提出功能请求。

（3）使用自动安装功能将插件或扩展程序直接安装到 SketchUp 中。

（4）将 SketchUp 插件或扩展安装到自定义文件夹位置。

（5）向 SketchUp 插件或扩展的作者提供捐赠。

（6）管理已安装的 SketchUp 插件和扩展。

（7）保存已启用/禁用的插件或扩展集。

（8）卸载插件和扩展。

（9）自动插入来自 Archive（存档）（zip 和 rbz 格式）的插件。

（10）切换 SketchUcation 工具栏的可见性。

（11）可以根据需要定制 SketchUp 环境，根据当前任务定义启动或临时加载的插件。

（12）完成自定义后，可保存为 Sets，需要时将插件加载到 SketchUp 中，从而改进工作流程，随时从工作区中删除不必要的项，使管理插件和扩展设置成为一个简单的过程。

4. ExtensionStore（扩展程序商店）的操作面板

（1）单击图 10.2.3 ①的按钮，弹出如图 10.2.3 ②所示的主面板，它的主要功能是搜索和设置。

（2）主面板左侧标签里有"完整的列表""最近"和"最热下载"3 个选项，如图 10.2.3 ③所示。

（3）单击主面板中间的标签，可在众多插件作者中选择一位（如知道其名字），如图 10.2.3 ④所示。

（4）还可以在主面板右侧的标签选择插件的类别，如图 10.2.3 ⑤所示。

（5）我们可以用这 3 个标签中的一个或几个搜索需要的插件，默认状态为"最近、全部作者的、所有类别"，搜索结果出现在图 10.2.3 ②所在的位置。

（6）图 10.2.3 ②所在的位置有搜索出来的插件名称、作者；单击作者名右侧的小箭头，还可以查阅该插件的简介。单击插件名右侧的心形（见图 10.2.3 ②），可表示喜欢，面板右侧是下载按钮。

（7）在图 10.2.3 ②面板的上面有个齿轮图标，单击它，可进入设置页面，见图 10.2.3 ⑥，可设置的项目分别单击图 10.2.3 ⑦⑧⑩⑪，分别是更新、下载、配置与软件集。

在图 10.2.3 ⑦处单击"Updates 更新"，可对已安装的插件进行更新，更新完成后出现 Woot! All your extensions are up to date.（耶！你所有的扩展都是最新的）。

在图 10.2.3 ⑧处单击 Downloads 下载标签，可查看已下载的插件清单。

在图 10.2.3 ⑩处单击 Profile 配置，可看到你的 SketchUp 中已经安装的插件数量等。

在图 10.2.3⑪处单击 Bundles 文件包,可保存、查看你的插件(文件)包,这是一个新的功能,允许你在更多电脑上运行相同的插件包。

（8）单击图 10.2.3 ②的下载按钮后，ExtensionStore 会弹出图 10.2.4 所示的提示，让你确定保存（安装）在默认的"主插件目录"或"自建的插件目录"里，如图 10.2.4 所示。

（9）图 10.2.5 是 SketchUp 在安装任何插件时都会弹出的安全提示。

（10）已经安装的插件，在图 10.2.3 ②插件名称左侧会出现一个提示用的小黑点。

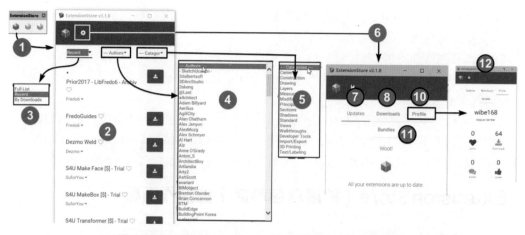

图 10.2.3 ExtensionStore（扩展程序商店）操作界面

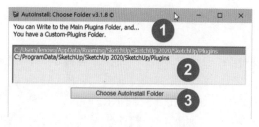

图 10.2.4 插件目录路径

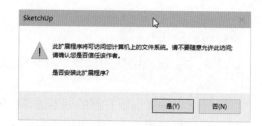

图 10.2.5 安全提示

5. SketchUcation Plugins Manager（SketchUcation 插件管理器）

下面介绍 ExtensionStore 工具条上中间的绿色按钮 "SketchUcation Plugins Manager 插件管理器" 与它的功能，见图 10.2.6。

（1）"插件管理器" 面板最上面一行，默认显示主插件目录（见图 10.2.6②），单击右侧的向下箭头，也可选择用户自建的插件目录（有个默认的目录）。

（2）图 10.2.6③是 "已加载插件"，图 10.2.6④是 "禁用的插件"。

（3）面板中间有一组按钮，图 10.2.6⑥分别是向左、向右的箭头和一个菱形，用途介绍如下。

点选左侧某插件后，再单击向右的箭头，该插件被移入右侧的禁用区，插件名称变成红色，该插件在 SketchUp 起动时不会载入，以节约计算机资源。

如想恢复右侧已被禁用的插件，可选中它后，单击向左的箭头，该插件恢复正常。

中间菱形的是 Load-Temporarily（临时加载），单击右侧已禁用的插件，再单击这个 "临时加载"，这个插件就会出现；用过后可关闭该插件。

（4）无论点选左侧或右侧的某个插件，在图 10.2.6⑤处都可查看该插件的详细信息。

（5）单击图 10.2.6 ⑦的管理器设置按钮，会弹出图 10.2.6 ⑧的一堆按钮（Plugins Sets），可以用它们来添加插件、指定应用、返回、更新、删除、输出和输出全部、输入与输入全部，管理功能非常强大。

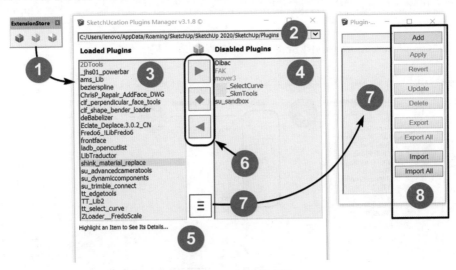

图 10.2.6　插件管理器

（6）上面曾经提到过"SketchUp 的默认插件目录"，路径如下所示，见图 10.2.7 上面一行 C:/Users/ 用户名 /AppData/Roaming/SketchUp/SketchUp 020/SketchUp/Plugins。

（7）另外还有个"用户定义的插件目录"，如果你没有自定义，SketchUp 有一个默认路径，如下一行 C:/ProgramData/SketchUp/Sketchu2020/SketchUp/Plugins，见图 10.2.7，建议你在 C 盘以外的位置另外自定义一个插件目录，可避免重装系统时造成麻烦或损失，这是一个非常好的功能。

图 10.2.7　默认与自定义插件目录路径

6. SketchUcation Extensions Manager（扩展程序管理器）

ExtensionStore 工具条上的第三个按钮是 SketchUcation Extensions Manager（扩展程序管理器），见图 10.2.8。

（1）它与前面介绍的 SketchUcation Plugins Manager（插件管理器）功能与用法完全一样，所以就不再重复介绍与讨论了。

（2）二者的区别仅在于它们分别对"Extensions 扩展程序"和"Plugins 插件"进行管理。

（3）至于"Extensions 扩展程序"与"Plugins 插件"，二者的区别如下（附英文定义）：

- Plugins are bits of code that can be added into Sketchup after the initial install to provide additional features（插件是一些代码，可以在初始安装后添加到 Sketchup 中，提供额外的功能）。
- Extensions are more robust plugins（扩展程序是更强大的插件）。

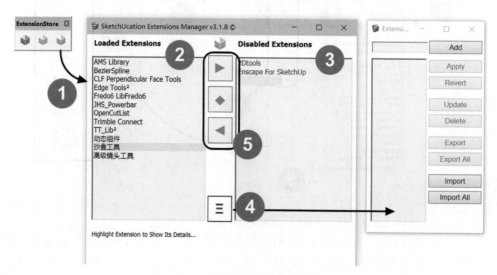

图 10.2.8　扩展程序管理器的操作界面

7. ExtensionStore 的菜单项

图 10.2.9 所示的菜单项在前面已经出现过一次；可以看到，菜单上面三项的功能跟 ExtensionStore 工具条的三个按钮完全相同，不再赘述，各项列出如下。

（1）ExtensionStore 插件商店。

（2）SketchUcation 插件管理器。

（3）SketchUcation 扩展管理器。

（4）SketchUcation 存档安装程序…：就是安装新的插件，ExtensionStore 面板上有相同的功能。

（5）SketchUcation 插件卸载程序：这是 ExtensionStore 面板上没有的功能，用来卸载不再需要的插件。

（6）SketchUcation 工具栏 开 / 关：单击它，可以关闭和显示 ExtensionStore 工具条。

（7）打开插件目录，非常好用，免得记那一大串路径了。

（8）"我的快捷键"试了多次，好像只能显示部分快捷键，似乎不大好用。

（9）"SCF 许可证：全球定位"单击它以后，会弹出如图 10.2.10 所示的窗口，具体项目细节见其上的译文。据我所知：当年的 SCF 非常红火，有两个工具条，分别是标准工具条和超级工具条，已经在很多年前停止更新，也不能在新版的 SketchUp 里应用了。取而代之的是 JHS 标准工具条和 JHS 超级工具条。现在不清楚 2021 年的 ExtensionStore v4.0 还出现 SCF 认证是什么意思。

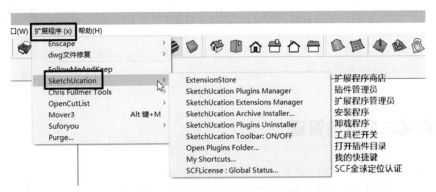

图 10.2.9　SketchUcation 子菜单中的命令

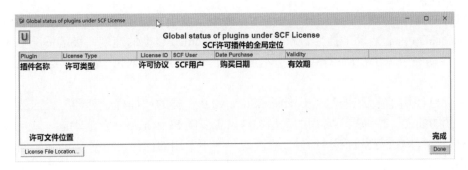

图 10.2.10　SCF 许可下插件的全局定位

8. ExtensionStore v4.0 小结

ExtensionStore v4.0 确实是一个非常出色的"管理插件的插件"，但是，或许因为它自身和其中的插件全都是英文的界面，或许因为其中有一些收费的插件，又或许它还存在些不尽人意之处……总之它在中国大陆的知名度并不高，其应用一直局限于极少数高水平爱好者的尝试。

至于国内，类似的"管理插件的工具"（统称为"插件管理器"）就更多了。其中有些已经成功运行多年，能够提供稳定的服务；有些还存在这样那样的问题，正在改进中；有些则已经熄火……总体讲，我国 SketchUp 应用界在这方面的努力和表现（除知识产权之外），要远优于世界上（包括美国在内的）所有国家。

尤其是最近一些年，国内有好几种"插件管理器"应运而生，从免费开始发展到部分收费，这些"插件管理器"确实解决了我国很多 SketchUp 用户的一些困难，他们可以不再被洋字码所困，也不用为 Ruby 升级犯愁，更不用掏口袋……但这种情况已经成为一种不太健康的"生态"，相关商户或网站普遍存在"未经原创作者书面授权的汉化、改编、分拆、重命名、破解、二次分发"等侵权行为，触犯了国际著作权保护的相关法律，所以才有 SketchUp 官方对于提供插件或插件管理器的商户正在开展的"合规性整改"。

本书作为 SketchUp（中国）授权培训中心的"官方指定教材"，当然必须配合 SketchUp 官方的工作，在国内相关商户或网站完成"合规性整改"之前，只能避免提及它们。所以这本书里目前原则上只向读者推荐 SketchUp 的官方插件库 https://extensions.sketchup.com/ 和另一个优秀插件原创来源 https://sketchucation.com/；这一节要介绍的 ExtensionStore v4.0 就是其中之一。

9. 对插件第二层次的管理

上面介绍的是对插件们第一层次的管理，要解决的是"找插件和安装调试它们"的麻烦。下面还要用一点篇幅讨论"第二层次"的插件管理。是对电脑上已有的插件进行管理，目的是为了提高建模的效率。

1）插件的启动管理

随 SketchUp 一起启动的插件数量严重影响 SketchUp 启动的速度，极端情况下还会造成 SketchUp 启动失败退出，所以不是十分有必要的、最常用的插件，最好不要随 SketchUp 一起启动。

如果你已经用了上面讨论的 ExtensionStore v4.0 一类的"插件管理器"，当然可以指定某些不常用的插件，特别是不常用的大型插件是否要随 SketchUp 一起启动。

如果是自行单独安装的零星插件，就要对一些不常用的插件，包括 SketchUp 自带的地形工具，高级相机工具，天宝连接，动态组件，还有你自己安装的所有暂时不用的插件，都可以通过 SketchUp 的"窗口菜单 / 扩展程序管理器"暂时禁用，这样，下一次 SketchUp 启动的时候，就不用加载它们，可以加快 SketchUp 启动和运行的速度，在需要的时候再勾选它，丝毫不会影响你的应用。

2）插件的颜值与价值

我们知道"以貌取人"是一种不太正确的态度，同样"以貌取插件"也可能是一种认识误区。

SketchUp 的插件从外观看是不能确定它有没有价值、值得不值得收藏和应用的；譬如一些插件连工具图标都没有，要用的时候必须到菜单或右键菜单里去点选，它们看起来很简单，可怜得连衣服都没有，但并不等于它们的功能就不行。

好多没有工具图标的插件，作者已经用了很多年还爱不释手，缺了它们还真的不行，譬如 FAK（不扭转放样），Cylindrical Coordinates（圆柱坐标），SolidSolver（实体修理工），UVTools（UV 贴图 10.2），IVY（藤蔓生成器），Z to 0（Z 轴归零），SetArcSegments（重建圆弧），Voronoi XY（冰裂纹工具）等，都是没有工具图标的插件，却一直陪伴了我很多年。

另一方面，很多插件有花花绿绿的图标，一点开又是一大片图表，弄得人眼花缭乱、无所适从，其实它能做的也就那么点小事情。所以在挑选插件入库之前，最好要亲自动手测试过，要挑选那些确实能够解决问题的，要"不拘一格选插件"，"实用和常用，宁缺毋滥"是原则。

3）插件的桌面管理

你有没有见过孩子们都喜欢把所有玩具统统摊开，铺满床铺或地板"接受检阅"，"乐在眩耀和显摆的满足之中"……长期的教学活动中发现：很多 SketchUp 的初学者跟孩子们有着同样的心理活动，恨不得把所有工具和插件都弄出来，摆满窗口"接受检阅"，同样"乐在眩耀和显摆的满足之中"，花花绿绿的工具条把宝贵的工作空间挤剩下很小的一块，说实话，其实这是一种心理不够成熟的表现。

作者还亲耳听见一位用 SketchUp 已经五六年的熟手说，把尽可能多的工具条弄出来摆满桌面，可以吓唬吓唬不懂 SketchUp 的同事和客户，会让它们肃然起敬，觉得自己很了不起，满足一下虚荣心……依我看，他同样是一个心理不健康的人，并且不懂如何"显摆"……与其用满屏的工具条来装门面吓唬人，还不如建模全程用眼花缭乱的快捷键操作，完全不理会工具条，才是真正令人生畏的炫技。

说实话，SketchUp 的很多默认工具，还有很多插件，若干年都不会去碰它一次，为什么要弄出来占据一大块空间，常用的工具反而被淹没其中，想用要找很久，严重影响建模的速度。所以，聪明人只会把最最常用的工具和插件调出来常驻在窗口里，不是每天都要用几次的工具或插件，不如到需要的时候去弄出来，用过就关掉，让出尽可能多的作图空间，提高作图的效率，这样所节约的时间会远远超过调用插件的那几秒钟。

另一方面，一些又长又大的工具栏，像 JHS 的基本工具栏，占用了好大一块作图空间，有 60 个工具，很多都是可有可无的，即使设置成小规格的工具图标，其长度也超过了所有笔记本电脑显示屏的宽度，其实上面有用的、常用的工具只是非常有限的几个，其中很多工具还是 SketchUp 本来就有的；还有很多工具是跟其他插件重复的，要不要留着它占据宝贵的作图空间，真值得考虑。

还有一些插件，花花绿绿洋洋洒洒一大摊，看起来显得很复杂的样子，满足了插件作者的虚荣心，却弄得初学者们坠入了雾里云中，其实它也只能完成一些简单的功能。

4）插件的更新管理

每一位 SketchUp 用户在起启动 SketchUp 的时候，差不多都遇到过图 10.2.11 和图 10.2.12 这样的"Loard Errors 载入错误"的提示，这种情况大多出现在以下情况中：

- 扩展库、语言库、运行库、编译库等库文件已经失效，需要更新，这是第一可能。
- 某些文件丢失或已经改变，经常发生在用某种"插件管理器"时，这是第二可能。
- 某些插件的版本太旧，不能在新版的 SketchUp 里使用，这是第三可能。
- 免费试用的插件或收费的插件已经过期。
- 或者遇到类似以上这些性质的事情。

没有经验的 SketchUp 用户，反复遇到这种情况一定抓狂，其实这些弹出窗口不过是提示你一下而已，出现这种提示时，大多数情况并不会影响 SketchUp 的正常使用；最多某些插件暂时不能用或中文变成了英文而已，如果你暂时没有时间去处理，可以先放过它，等有空的时候，把这些提示复制下来，认真阅读，你会发现，洋洋洒洒一大篇，其中90%以上是某个插件的路径问题，只有不到10%才是有用的信息，可以"按图索骥"去解决（譬如更新或重新安装新版本），实在解决不了的，只能"忍痛割爱"通过在"窗口"菜单中选择"扩展程序管理器"去关闭掉或干脆删除该插件，重新启动后就不再提示。

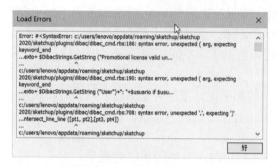

图 10.2.11　载入错误（1）　　　　　图 10.2.12　载入错误（2）

5）插件的更新与卸载

通过在"窗口"菜单中选择"扩展程序管理器"，可以安装插件，可以停用插件，还可以更新与卸载插件，都有明显的按钮与提示（见图10.2.13），不再赘述。

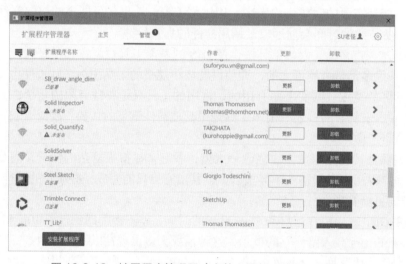

图 10.2.13　扩展程序管理器（安装、更新、停用、卸载）

10.3　相关插件（Color Maker 颜色制造者）

这一节要介绍一个色彩方面的插件，英文名称是Color Maker，直接翻译是"颜色制造者"，它体积小巧却功能强大，是SketchUp用户在色彩应用方面的好帮手。

本书（附件一）里提供这个插件的最新版本。安装这个插件只要用窗口菜单的扩展程序管理器，经实际测试，这个插件好用并且可靠。

安装完成后，需要到视图菜单的工具栏里调用。图 10.3.1 ①是它的工具图标。单击图标后，会弹出一个操作面板（见图 10.3.1）。插件的所有的功能全部集中在这个面板上，非常简洁。

Color Maker 插件可以快速生成国际通用的 15 种重要颜色系统的标准色谱，很好地弥补了 SketchUp 自身色彩工具的不足。下面我们来看看它能为我们做些什么，以及如何让它干活。图 10.3.1 ② Color systems 色彩系统；右边的下拉菜单可以让我们在国际通用的 15 种颜色系统中选择一个，默认是 WEB。全部 15 种色彩系统名称见图 10.3.2。

假设在这 15 种国际通用的颜色系统中选定了一个，如图 10.3.1 ②选用了 WEB 系统，再单击图 10.3.1 ③ Colors（颜色）的下拉菜单，可以看到 WEB 系统的所有颜色，部分截图如图 10.3.3，每一种颜色样本上都标明了国际通用的色彩名称（重要）。图 10.3.1 ④ Color sample 色样，如果我们选中了图 10.3.1 ③里的一种颜色，在图 10.3.1 ④的一行里就出现了这种颜色的样板。

同时在图 10.3.1 ⑤ Values 数值一行里，左边给出了这种颜色的 RGB 值，也就是组成这种颜色的红绿蓝成分，右边，HEX 后面给出的是这种颜色的十六进制数值。通常这些才是我们需要的颜色参数，可以拷贝到任何有调色板的软件里去生成标准色彩，当然也包括 SketchUp 和所有的渲染工具。

图 10.3.1　操作面板

在图 10.3.1 ⑥这里输入颜色的关键词，如 Red 红，Blue 蓝，Yellow 黄等，输入颜色关键词后，再单击图 10.3.1 ⑦ Search colors，弹出所有搜索结果，如图 10.3.4 所示。图 10.3.1 ⑧这个按钮单击后可以列出在图 10.3.1 ②处指定色系的全部颜色。图 10.3.1 ⑨ Create a material 创建一种材质，单击它，可以把图 10.3.1 ④的色样发送到 SketchUp 的材质面板上去，方便建模的时候调用。

图 10.3.1 ⑩为 Create all materials 创建全部材质，如果我们因为工作的需要，经常要跟某种颜色体系打交道，假设我们经常要用到美国的颜色标准，可以在上面选择好 USA FS 595C 色彩系统，然后单击这个 Create all materials 创造全部材质，SketchUp 的材质面板上就会出现

USA FS 595C 色彩系统的全部颜色。全部过程需要几秒钟，用这个工具可以弥补 SketchUp 材质面板色彩不全的缺陷。

图 10.3.1⑪ 为 Help 帮助，单击它将会弹出一个 PDF 帮助文件。图 10.3.1⑫ 为 Cancel 取消，单击它将关闭面板。

下面介绍图 10.3.2 中的各项。

- AS-2700：澳大利亚颜色标准。
- AUTOCAD：这里有 CAD 里可以调用的 255 种颜色。
- BOOTSTRAP：色彩标准。
- HTML-SU：是 HTML 超文本标记语言可调用的颜色。
- MUNSELL：蒙赛尔色彩系统，在 10.4 节里有详细的介绍。
- NBS：美国的颜色标准。
- NCS：新西兰的自然颜色系统。

接下来是潘通公司的八种颜色标准，市面上很多色卡都是潘通的产品，它是事实上的国际标准。

- PMS：是潘通的色彩匹配系统。
- RAL：是德国的颜色标准。
- RESENE：是油漆行业的通用颜色系统。
- UK-BS381：是英国颜色标准。
- USA-FS595C：是美国的颜色标准。
- WEB：是网络图文应用的安全色彩系统。
- X11：是计算机图形学颜色系统。

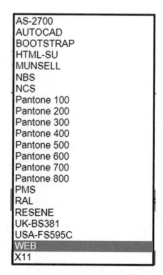

图 10.3.2 可调出的 15 种色系

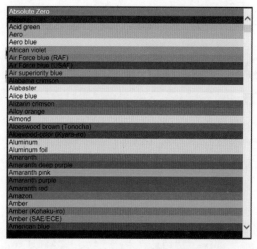

图 10.3.3 Web 色系的部分颜色

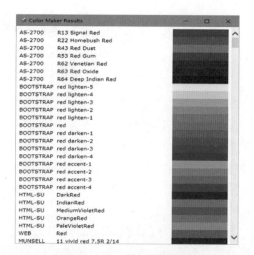

图 10.3.4 部分搜索结果

这个插件的用途和使用方法大概就这么多了，如果你想要对色彩方面做更加深入的研究，建议访问"千通色彩管理网 https://www.qtccolor.com/，这里有很多色彩理论、色彩知识方面的内容可以查阅，也有一些免费的资源可以下载。

声明：作者与 SketchUp（中国）授权培训中心跟提到的任何单位无业务与经济往来。

10.4　相关插件（Munsell Maker 蒙赛尔色彩生成器）

这一节要介绍一种叫作 Munsell Maker 的插件，国内也有称它为"蒙赛尔色板"的。附件里提供这个插件的 rbz 文件，只要用窗口菜单里的"扩展程序管理器"直接安装即可。安装完成后是没有工具图标的，只能在扩展程序菜单栏里调用。见图 10.4.1，这个工具使用起来也比较简单，已经为你做了个图文说明在附件里，大多数人一看就懂。但是，想要用好它，还需要具备一点"蒙赛尔色彩系统"的知识。

对于科班出身的设计师，大多学过色彩理论，当然没有问题；但是还有很多读者，以前没有机会接触"蒙赛尔色彩体系"的，用起来就可能会有问题。

下面用最少的篇幅解释三个问题：

第一，什么是"蒙赛尔色彩体系"。

第二，如何使用这个插件。

第三，为什么要用这个插件，也就是什么人、什么时候需要用这个插件。

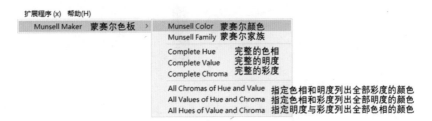

图 10.4.1　Munsell Maker 子菜单中的命令

1. 蒙赛尔（Munsell）色彩系统与标示形式

这个色彩系统由美国艺术家 Munsell 在 1898 年发明的，至今已经应用了 120 年，这个系统的特点就是"用数字来精准描述色彩"，正因为这个特点，在 120 年后的今天，我们用计算机做设计，这个系统就更为重要了。

蒙赛尔系统也是其他色彩分类法的基础。1905 年蒙赛尔出版了一本颜色数字标注法的书，也就是现代人所说的"色卡"，目前仍然是比色法的标准。蒙赛尔色彩系统为传统色彩学奠定了基础，也是当今数字色彩理论参照的重要内容。

为了说明蒙赛尔色彩系统，可以用一个三维空间模型来表述，见图 10.4.2，我们可以用这幅图把蒙赛尔色彩分解出三个重要的概念：色调，也称色相（Hue），明度（Value）；色度，也称浓度和彩度（Chroma）。

　　圆周方向的色环就是色相（色调）（见图10.4.2①②），英文是Hue，简称H。明度（Value）的定义位于中心轴上，用来定义亮色与暗色的特性，从黑（0）到白（10）按序排列，中间还有9级灰度，见图10.4.2③。色度，也就是（浓度、彩度、饱和度，Chroma），是辨别色调纯度的特性。在蒙赛尔系统中，颜色样品离开中央轴的水平距离代表饱和度的变化，见图10.4.2④，色度轴从明度轴向外延伸，中央轴上的色彩度为0，离开中央轴愈远，彩度数值愈大。蒙赛尔系统通常以每两个彩度等级为间隔制作色卡。各种颜色的最大彩度是不相同的，个别颜色彩度可达到20。

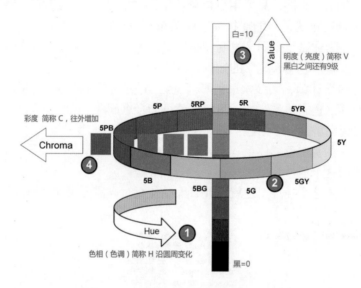

图10.4.2　蒙赛尔色彩系统三维空间模型

　　上面蒙赛尔色彩系统三维空间模型中的"彩度C"和"明度V"的概念与它们的"值"比较直观，容易理解，对于"色相H"与它的值，可以借助于图10.4.3看得更清楚。为了区分颜色的特性，选择五种主色相：红、黄、绿、蓝、紫；以及五种中间色：红黄、黄绿、绿蓝、蓝紫、紫红为标准。按环状排列，划分成100个均分点（每色相再细分为10，共有100个色相，并以5为代表色相，色相之多，几乎是人类分辨色相的极限。定义R为红色，YR为黄红，Y为黄色等。每一主色和中间色均划分为十等分，根据色彩所处位置，可做进一步的定义。

　　通过以上提到的两幅图像，我们大概知道了关于HVC的概念，现在再介绍一下蒙赛尔色系对每一种颜色的标示方法，这也是今后用蒙赛尔色卡必须知道的：蒙赛尔色相的标定系统中，任何颜色都可以用颜色树（色立体）上的色相H、明度值V和彩度C这三项坐标来标定，并给出唯一标号。

　　标定的方法是先写出色相H，再写明度值V，在斜线后写彩度C。譬如：7.5YR7/12，开头的7.5YR表示红黄色调并偏黄，明度7，色度12。再例如标号为10Y8/12的颜色：它的色相是黄（Y）与绿黄（GY）的中间色，明度值是8，彩度是12。这个标号还说明，该颜色比较明亮，具有较高的彩度。

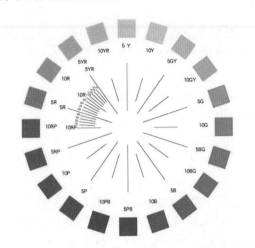

蒙赛尔色彩系统中"色相"的概念

为了区分颜色的特性，
选择五种主色相：红、黄、绿、蓝、紫；
及五种中间色：红黄，黄绿，绿蓝，蓝紫、
紫红为标准。
将其成按环状排列，划分成100个均分点
（每色相细分为10，共有100个色相，
并以5为代表色相，色相之多几乎是人类分辨
色相的极限）。
定义R为红色，YR为黄红，Y为黄色等。
每一主色和中间色均划分为十等分，
根据色彩所处位置可做进一步的定义。

图 10.4.3　蒙赛尔色彩系统中色相的概念

2. 例一（生成一个 Munsell Color 蒙赛尔色彩）

明白了蒙赛尔色系统和它的标示规则，下面再讨论这个插件的应用，就轻松了。

在扩展程序菜单里调用 Munsell Maker 后，可以看到一共有 8 个可选项，分成三组（见图 10.4.4）。

第一组的第一个 Munsell Color 是蒙赛尔色彩（见图 10.4.4①），单击它后，在弹出的数值面板（见图 10.4.4②）的三个下拉菜单里选择 H、V 和 C 的数值（蒙赛尔色卡上有相同的值）。单击确定后，好像什么都没有发生，其实刚才选择的颜色已经到了 SketchUp 的材质面板上，只要打开材质面板的"在模型中"，就可以看到这里多了一种颜色，如图 10.4.4③所示。

显然，你必须提前知道 HVC 的值才能得到准确的颜色，这种情况发生在客户、甲方或者图纸指定了蒙赛尔色卡编号时，你可以输入这个编号里的 HVC，无论你的显示器有没有经过色彩校正，最后输出的模型或图纸上的颜色都是准确的，并且在地球上的任何国家都适用。这是最常见的用法。用数码来标示颜色的好处，也是蒙赛尔老先生的初衷。

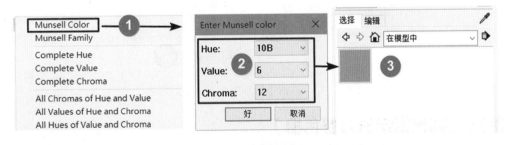

图 10.4.4　用蒙赛尔色彩面板生成一个颜色

3. 例二（生成一组蒙赛尔颜色）

现在看看菜单里的第二项：Munsell Family 蒙赛尔家族，注意这里的"Family 家族、家庭"并不包含图 10.4.5 所示色立体的全部，也不包含色立体中的"一页"，仅仅包含了"一页中的一行"，如图 10.4.5①箭头所指。

现在单击菜单的第二项（见图 10.4.6①）"Munsell Family（蒙赛尔家族）"，弹出一个"蒙赛尔色彩家族名称与编号对照表"，如图 10.4.6②所示，弹出的面板上有一大串列表，一共有 224 行，每 1 行代表蒙赛尔颜色体系中的一组颜色。

每一组由一个编号和颜色说明组成，根据说明的文字，查找出编号并且记住。单击"好"后，又弹出另一个小面板，如图 10.4.7 左侧输入刚才的编号，譬如"1"，材质面板上就增加了这组颜色；如图 10.4.7②所示，这一组颜色的名字是 vivid pink（亮粉红或莹彩粉红）。

这种一次提供一组相似色的功能，对于设计师来说比较方便有用。当然，前提是你必须知道对照表中文字的意义，本节附件里就有这个对照表的所有 224 组色彩的说明和它的编号。

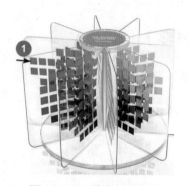

图 10.4.5　蒙赛尔色立体

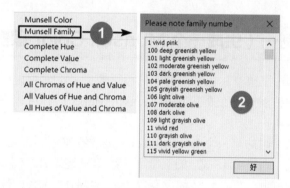

图 10.4.6　蒙赛尔色彩家族名称与编号对照表

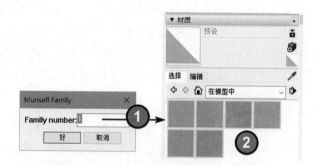

图 10.4.7　蒙赛尔色系第 1 组的全部颜色

4. 例三（列出指定的完整色相）

第二组有 3 个可选项，分别是：Complete Hue：完整的色相；Complete Value：完整的明度；

Complete Chroma：完整的彩度。

现在如图 10.4.8 ①点选了"Complete Hue（完整的色相）"，又在弹出的小面板上选择了 0R 这一组色相，单击"好"确定后，SketchUp 材质面板上就列出了这一组色相的所有颜色（见图 10.4.8 ③）。

另外两个菜单项的操作一样，结果类似，区别是在材质面板上出现的内容不同。

这 3 个选项，对于设计师用来精细挑选颜色很有用，不过，你的显示器最好提前做过色彩校正，否则，你选中的颜色到了打印或印刷的时候结果难料。

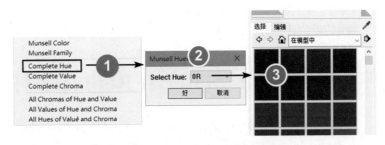

图 10.4.8　列出指定的完整色相

5. 例四（指定 HVC 中的两个，列出所有可能的颜色）

最后还有三个菜单项是变了条件选颜色的工具。

- All Chromas of Hue and Value：指定色相和明度列出全部彩度的颜色。
- All Values of Hue and Chroma：指定色相和彩度列出全部明度的颜色。
- All Hues of Value and Chroma：指定明度与彩度列出全部色相的颜色。

意思是，HVC 三个条件中，指定两个，并列出所有可能的颜色。现在单击菜单里的图 10.4.9 ① All Chromas of Hue and Value，也就是想要指定色相 H 和明度 V，列出全部彩度 C 的颜色；弹出如图 10.4.9 ②所示的小面板，在其中的下拉菜单里选择 Hue（色相）和 Value（明度），单击"好"确认后，SketchUp 的材质面板上就列出了所有 Chroma（彩度）的颜色，如图 10.4.9 ③所示。

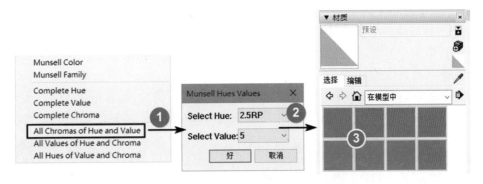

图 10.4.9　指定 H 和 V，列出所有 C 的颜色

菜单上的其余两个项目，用法一样，结果一样，只是材质面板上的结果不一样。

好了，Munsell Maker 蒙赛尔色彩生成器插件的用法和用途大概就这么多了。归纳一下：这个插件有两种不同的用法，也是两种不同的用途。

（1）第一种用法（菜单的上面两项）是知道蒙赛尔色卡的编号，调用准确的颜色；这个编号可能是图纸或甲方指定的，也可以在蒙赛尔色卡中找到。

（2）第二种用法（菜单上的下面六项）是设计师在设计过程中找寻色彩用的，有六种不同的方法，总能找到满意的。

综上所述，这个插件对于色彩方面有较高要求并且严谨认真的 SketchUp 用户是重要的。

附件里有这个插件和前面用到的所有道具图片和简单的图文说明。

10.5　相关插件（TT Material Replacer 材质替换）

这一节要介绍的插件英文名称是 TT Material Replacer，中文翻译为"材质替换"，这是一个非常简单，但使用机会却很多的插件。

这个插件保存在本节的附件里，可以用扩展程序管理器安装。安装完成后，你是找不到工具图标的，只能在工具菜单里调用。

请看图 10.5.1 的演示用模型，已经做好了表面材质；假设你的客户非常挑剔，对原有的材质不满意，需要用新的材质替换掉原先的，这个操作可以用 SketchUp 材质工具完成，但比较费事，现在有了这个插件就方便很多，甚至遇到最最挑剔的客户也可以让他满意。

具体的做法如下：提前把你能够提供的，或者客户愿意接受的所有材质都做成像图 10.5.1 ②这样的样板，甚至可以打包成群组，用起来更方便。这里准备了六种，都是工厂仓库里有现货的；此外还准备了 6 种颜色，也是仓库有存货的。需要调整材质的时候，把它们拉到工作窗口里待用。

现在你可以请客户坐在你的旁边，当面更换材质给他看，让他找一种满意的。到工具菜单调用 Material Replacer（材质替换）插件，工具图标变成一个吸管，旁边的文字是 Replace default，意思是替换默认的；现在把吸管工具移到原有的，想被替换的材质上（见图 10.5.1 ①），工具图标上的文字变成了这种材质的名称；左键单击一下确认想要替换掉它。

然后把工具移动到可供选择的新材质上（图 10.5.1 ②），工具旁边的文字显示的是新材质的名称，再单击一下确认，模型上所有的材质就焕然一新；见图 10.5.2。是不是很振奋？

如果还想看看其他的材质，只需重复这一过程。

不过要提醒你，在替换新的材质之前，最好按一下"撤销"图标，或者用快捷键 Ctrl 加字母 z，返回原先的状态后再试用第二种材质，为什么要这么做？在动手体验的过程中你就会知道提醒你的事情有多重要。

如果发现替换上去的木纹都是横向的，尺寸也不对，可以提前根据模型对象的大致尺寸创建一些矩形的平面；再用"坐标贴图"的方法调整方向和大小备用。这样贴好的图，至少在较大、较多、较主要的平面上是符合要求的，不至于影响视角效果。

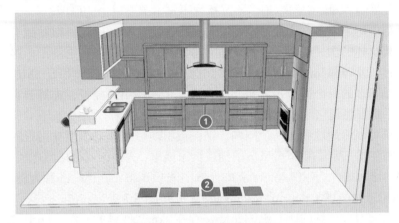

图 10.5.1　材质替换插件用法

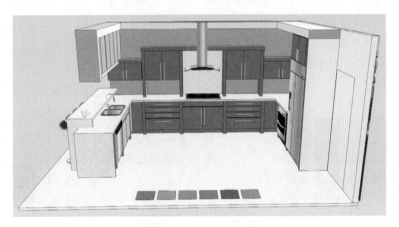

图 10.5.2　材质替换后

　　如果替换材质后发现还有少量不符合要求，需要改变纹理方向的部分，不用一个个去旋转方向，在后面的 10.7 节里还要向你推荐另一个法宝，专门用来调整纹理的方向。

　　好了，这一节介绍的内容是 Material Replacer ，即材质替换插件，如果你经常需要做材质方面的比较、推敲、替换，这个工具会是你非常好的帮手。

10.6　相关插件（Material Resizer 材质调整）

　　在 SketchUp 的用户中经常有人会吐槽，规模不大的一个模型，为什么 skp 文件的体积，动不动就几十兆字节，几百兆字节，操作起来卡得要命。要细究起来，可能有很多种原因，其中材质贴图方面的主要有两项。

　　第一，没有及时清理曾经试用过的、现在已经不再用的贴图和材质。解决这个问题并不难，只要在"窗口"菜单中选择"模型信息"选项调出来；然后在统计信息里清理一下就可以了。这个清理操作效果明显却经常被忘记。不过这并不是本节要讨论的原因。

第二，模型中用了太多高像素甚至超高像素的贴图，有时候，一幅图就有好几兆，模型里有个十幅八幅这样的图，模型一下子就被"催肥"了。眼前就有个例子，这个模型在上一个视频里出现过，从 Windows 的资源管理器中可以看到它的文件体积是 5MB 左右，现在打开的是跟刚才差不多的一个模型，就是多了左边几个贴图用的样板，你猜猜看，它的文件体积有多大。你一定没想到它差不多有原来的四倍大吧。

从这个例子可以清楚地看出一个问题，贴图或材质可能会把模型撑得很胖，这个问题早就引起了大家的注意，所以在 SketchUp 的插件大家族里，为贴图或材质减肥的工具就有不少，这一节要介绍的这种插件，叫作 Material Resizer，材质调整；它也是一种为材质减肥的工具，它来源于 SketchUp 官方的 Extension Warehouse（扩展仓库）。

我们知道，模型中用到的所有贴图是要保存在 skp 文件里的，图 10.6.1 的例子说明贴图尺寸过大会导致模型体积快速膨胀；其实这些高像素、高清晰度的贴图对于设计和表达来说，大多数纯属浪费，没有多少实际的意义。但是，如果我们的模型中已经用了很多偏大的贴图，想要一个个去查找并且修改，却会非常困难；所以我们想要有一个工具，可以把模型里所有贴图的尺寸都列出来，让我们来决定要不要修改和如何修改。

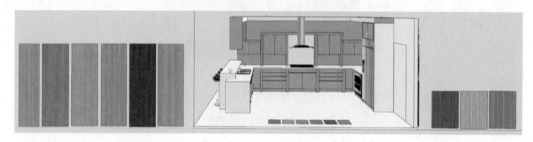

图 10.6.1 本节标本模型

现在介绍的这个插件 Material Resizer（材质调整）就是用来解决这个问题的，下面为你演示一下这个插件能为我们做什么，怎么做。这个插件已经保存在这一节的附件里，可以用 SketchUp 的扩展程序管理器简单安装。安装完成后，它没有工具图标，请到扩展程序菜单里找到 Material Resizer。

单击它以后，弹出一个面板，如图 10.6.2 所示，这个面板上列出了当前模型里所有的材质，左边有一个小小的缩略图和材质名称，右面框出的数据是贴图的尺寸，以像素为单位，一目了然。

仔细看一下，这里有些材质大得吓人，这几个都是六七百万像素的，还有几个三四百万像素，最小的，估计都有一百五十万像素左右。

如果模型里材质品种太多，看得眼花缭乱，图 10.6.2 ②处有个过滤器，单击这个像漏斗的图标，会出现一个输入框，左边一排文字 Show materials larger than 意思是只显示大于你指定像素的材质；假设输入 800 后回车，所有高度或宽度小于 800 像素的材质就不再显示了，只留下大于 800 像素的对象。

现在我们就可以根据这些材质使用的位置和重要性来确定要如何处理它们了，说实话，想把这一步做好并不容易，如果没有相当的经验，不是把图像尺寸定得大了就是定得太小；若是定得大了，为模型瘦身的预期目的打了折扣；定得小了，模型看起来就会模糊不清。

不过，不要着急，在下一节，还要为你介绍一种检测材质的工具，可以很好地为我们解决这个难题，现在我们先把精确调整材质大小的问题放一边，为这些嫌太大的材质定一个大致的尺寸。

请注意图 10.6.2 ④处还有一行字和一个数值框，上面写着 Reduce selected materials to，意思是：想把选定的材质减少到数值框里的像素，默认是 512 像素；我们接受默认的 512 像素好了。

现在还要选择需要瘦身的对象，可以一个个单击勾选，也可以单击图 10.6.2 ③这里，勾选全部，接着就可以单击图 10.6.2 ⑤的 GO！了。

接下来就是等待，它正忙着，要一个个材质去计算和修改，要稍微等一下。现在所有需要调整的材质尺寸全都变了，如图 10.6.3 所示。调整前较大的那个尺寸都变成了 512 像素，原来较小的那个尺寸，全都按比例缩小了。为了比较，我们把它保存为另一个文件。

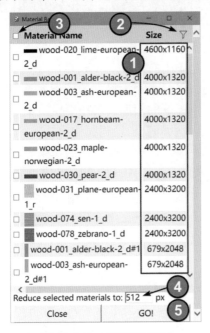

图 10.6.2　瘦身前的清单

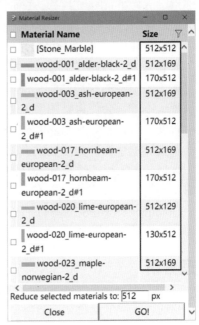

图 10.6.3　瘦身后的清单

现在我们可以来比较一下了，图 10.6.4 是调整前的文件大小 19.1MB，图 10.6.5 是调整后的文件大小，6.17MB。原来的三分之一还不到，效果很明显吧。关键是模型与材质的效果仍然可以保持跟原先一样。

附件里有这个插件，还能找到测试用的模型，你也去试试吧。

图 10.6.4　瘦身前模型大小

图 10.6.5　瘦身后模型大小

10.7　相关插件（Goldilocks 纹理分析）

上一节介绍的插件 Material Resizer（材质调整）可以快速把太大的材质（通常是贴图）调整到你指定的大小，因此可以大大缩小模型的体积。但是，这种方法属于不分青红皂白地"一刀切"，比较粗暴，可能会犯错误——把不该缩小的材质也缩小了。

本节要介绍的插件叫作 Goldilocks，按照字面来直译，肯定让你大吃一惊，居然叫作"金发女郎"。它是跟一种叫作 LightUp 的即时渲染器配套应用的插件。大家都知道：在小规格的模型上用了高像素的纹理会使文件增大，运行变慢；反过来，大尺度的模型如果使用了低像素的纹理也不好，会使得贴图看上去模糊。这两种情况下的模型，若还要做渲染的话，问题更大。所以，即时渲染器 LightUp 出现的同时，"金发女郎"也应运而生。

真的要直译这个插件为"金发女郎"，好像有点不恰当；所以在后面的篇幅里，要改口称它为"纹理分析"。"纹理分析"插件是一个 rbz 文件，可以用 SketchUp 的扩展程序管理器进行简单安装。安装完成后没有工具图标，可以在工具菜单里看到以下两个功能选项。

- Goldilocks texture：是纹理分析。
- Goldilocks Geometry：是几何分析。

1. 纹理分析

现在我们打开一个曾经见过的模型，如图 10.7.1 所示，拿它来当作标本进行分析。单击"工具"菜单中的 Goldilocks texture（纹理分析）选项，就开始对当前模型贴图的像素与模型的尺度关系进行客观分析，并提供分析的结果。

模型用 Goldilocks 分析后，会向我们提供一个如图 10.7.2 这样的图表；图表的左边是 Component Path（对象的路径），右侧是 Texture Resolution（纹理分辨率）；模型中尺寸偏大的贴图会以红色进度条显示，进度条越长，表示贴图与模型的匹配越差；合适的贴图则使用绿色进度条显示。如果看到黄色的进度条，说明这个贴图精度过低，要引起注意。

需要提出：很长的红色条，对应的贴图纹理像素不一定很大，有可能是跟它在模型里扮演的角色不相符，譬如一个没有被删除的废材质，它根本就没有用在模型上，是多余的，但是在分析结果里会非常突出地显示。所以进行"纹理分析"之前，请记得先清理所有不再使用的废材质，免得出现干扰信息。

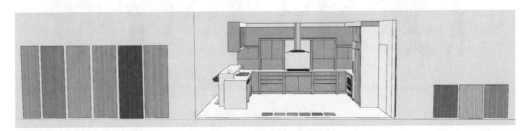

图 10.7.1　测试用模型（1）

现在进行另一项测试，单击"工具"菜单中的 Goldilocks Geometry（几何分析）选项，就开始对当前模型的几何体精细程度进行客观分析，并提供分析的结果，如图 10.7.3 所示，这个图表也有左右两个部分，左侧是 Component Path（对象的路径），右侧的 Edge Density（边缘密度）（边缘密度即边缘线段的数量）红色的进度条越长，就提示这个对象的边缘线段密度越高，越应该精简。

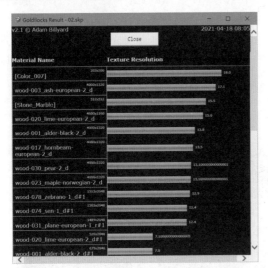

图 10.7.2　Goldilocks texture 纹理分析

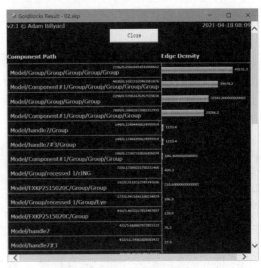

图 10.7.3　Goldilocks Geometry 几何分析

2. 合适尺寸的材质

第二个测试用的是一个养眼的模型，如图 10.7.4 所示，你可以打开附件里的这个模型，观察一下每一个组件的图像，都足够清晰。我们可以看看这些图像的分辨率，为今后我们实战中确定贴图所需的像素数量提供个参考数值。

图 10.7.4　测试用模型（2）

现在单击"工具"菜单中的 Goldilocks texture（纹理分析），分析结果如图 10.7.5 所示，可见大多数对象的纹理大小呈现绿色，说明在合理的范围内。现在就可以注意一下这些清晰度足够高的贴图，它们大概是多少像素：仔细观察图表左边的数据，取个偏高的平均值，高度 1000 左右，宽度五六百像素，就可以获得足够好的效果。

不过还要请注意，Goldilocks 对贴图大小的分析与给出的数据，是基于保证渲染效果、减少渲染时间为目标的，注重的是当前视图（即将渲染的画面）中可见的材质；如果把模型转过一个较大的角度，或者缩放模型可见部分，贴图材质在画面的比例有了改变，就需要重新进行分析。

至于图 10.7.6 的另一项测试，是单击"工具"菜单中的 Goldilocks Geometry（几何分析）选项，对当前模型的几何体精细程度进行客观分析，并提供分析的结果。图 10.7.6 中，这个图表也有左右两个部分，左侧是 Component Path（对象的路径），右侧的 Edge Density（边缘密度）（边缘密度即边缘线段的数量）红色进度条越长，就提示这个对象的边缘线段密度越高，越应该精简。

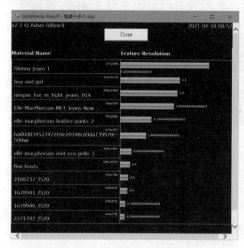

图 10.7.5　模型纹理大小分析

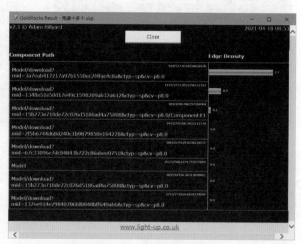

图 10.7.6　模型精细度分析

10.8 相关插件（Texture Positioning Tools 纹理定位）

这一节要介绍的插件英文名称是 ENE Texture Positioning Tools，有人直译成中文叫作"贴图位置调整助手"这个名字太长了，建议根据其实际功能意译成"纹理定位"较好。

附件里有这个插件的 rbz 文件，可以用 SketchUp 的扩展程序管理器安装。安装成功后可以调出如图 10.8.1 这样一个工具条，也可以在扩展程序菜单调用。

图 10.8.1　纹理定位插件

这个插件可以用多种方式精确地调整贴图，并且有操作直观简单，不需要花大量时间去测试学习，直接可用的优点；郑重推荐给建筑设计，室内设计，家具设计等经常要做平面贴图操作的朋友。

下面安排了 8 个场景来介绍这一组插件的用途和用法。

例一：图 10.8.2 是一个柜子模型，现在对它赋材质；最简单的方法是进入群组，全选后赋一种材质，这是一些人的偷懒做法，结果毛病出在所有结构件上的木纹全部是同一个方向，部分贴图方向错误位置已经用圆形的编号列出，以便等一会做对照。

现在的木纹既不符合材料的力学特性，也不符合生活中的常识；所以这种贴图是业余水平，我们专业人员如果把贴图做成这样，是在自降身价、自毁声誉。传统的做法是右击需要调整的面（注意不要选择到边线），在右键快捷菜单中选择"纹理"→"位置"，然后调整纹理的方向；再用吸管获取准确的纹理，然后赋给需要调整的面。如果用插件的话，会方便很多；做法是按住 Ctrl 键，加选所有需要调整的面，然后单击（图 10.8.1 ③④）两个按钮中的一个，区别是向左还是向右旋转，一瞬间就全部调整到准确的方向了。如图 10.8.3 所示。

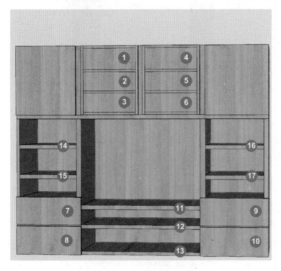

图 10.8.2　错误的贴图

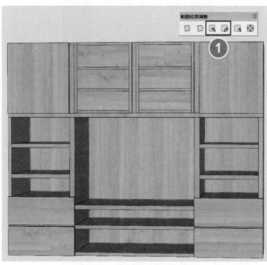

图 10.8.3　调整后的正确贴图

例二：对象是一个"十二面锥体截台"，现在对它赋一种砖块的材质，如图 10.8.4 所示，可以看到，大多数面上的纹理不对。

想要把所有面上的砖块纹理全部调整成水平的，可全选后再单击图 10.8.1 ①"贴图对齐边线"，所有的面就全部调整到水平方向了。如图 10.8.5 所示，当然还可以让它们全部转一个 90°。

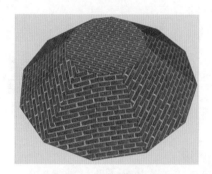
图 10.8.4　错误的贴图

图 10.8.5　调整后的正确贴图

例三：插件的"贴图对齐边线"的功能，用在对类似拱门、拱桥一类的对象上做贴图，特别方便，图 10.8.6 是错误的贴图。全选后单击图 10.8.1 ①，所有贴图调整到对齐边线，如图 10.8.7 所示。

附件里还有一个拱桥的例子，操作过程与结果相同，不赘述。

图 10.8.6　错误的贴图

图 10.8.7　调整后的正确贴图

例四：前面两个例子中，贴图对齐的是圆周方向的边线，想要让纹理对齐其他的方向，可以用图 10.8.1 中的第二个工具"对齐所选边线"，如图 10.8.8 所示，矩形的右上角有一条斜线，现在加选图 10.8.8 ①的面和图 10.8.8 ②的线，然后单击图 10.8.1 ②"对齐所选边线"，结果如图 10.8.8 所示，这是对齐内部的边线。

如果在图形外部随便画一条线（见图 10.8.9 ②），然后按住 Ctrl 键做加选，选择有贴图的面和新画的线，再单击第二个工具（见图 10.8.1 ②）"对齐所选边线"，结果如图 10.8.9 所示。

例五：如果你知道要让纹理旋转的角度，可以直接单击图 10.8.1 ⑤"指定角度旋转贴图"

的按钮，在弹出的数值框里输入角度值，单击确定后，就得到了精确的旋转。这个工具避免了调整贴图坐标的烦琐操作，也为精准调整贴图提供了方便。

图 10.8.8　贴图对齐内部的线

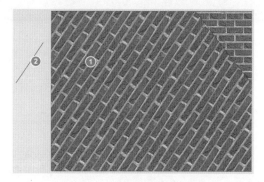

图 10.8.9　贴图对齐外部的线

例六：对于图 10.8.10 这样的情况，一个平面上只允许贴一幅完整的图，调整起来也同样方便，可以用下述办法操作：点选贴图的平面，再加选一条边线，然后单击图 10.8.1 ②"对齐所选边线"，必要时还可以用图 10.8.1 ③④旋转 90°，得到的结果如图 10.8.11 所示。

图 10.8.10　调整前

图 10.8.11　调整后

例七：说实话，前面介绍的这些工具，它们的功能虽然很强，但还是可以用人工替代，不过操作烦琐一些而已，如果前面的这些介绍还不能让你心悦诚服的话，请看最后一个法宝，一定会让你对它刮目相看，它叫作"随机移动贴图"（见图 10.8.1 ⑥），这个工具对于室内设计师做地面铺装，建筑和景观设计师做室内外公共空间的大面积墙体和地面铺装非常好用，请看接下来的演示。

你一定遇到过像图 10.8.12 中的这种情况，做地面铺装的时候，用瓷砖或石板材料做贴图，所有铺装单元里的贴图是完全相同的，这样的重复，看着非常倒胃口。

现在有了这个宝贝，情况就大不相同了，只要在全选后单击图 10.8.1 ⑥这个"随机移动贴图"工具，所有单元上的贴图都会做一个随机的移动，结果就像图 10.8.13 那样，不再是令人难堪的机械、单调排列；如果不满意，还可以再次单击工具，重新排列，一直到满意了为止。

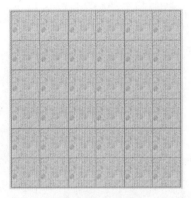

图 10.8.12　调整前

图 10.8.13　调整后

10.9　相关插件（八宝材质助手）

稍微入门一点的 SketchUp 用户，恐怕都会感觉到 SketchUp 自带的默认材质太可怜、太贫乏了。

之前，我们不止一次地演示把图片拉到 SketchUp 的工作窗口里来，然后炸开，它就会出现在材质面板上；如果以后还想用，可以保存成 skm 文件，留作后用。但是，这个办法只适合处理少量的图片，用这种办法处理大批量的图片，几乎没有可行性。

很多年前，大概在 SketchUp 的 5.0 时代，有位热心的好人写了一个叫作"skm 材质生成器"的小程序，可以批量地把 jpg 图片转换成 skm 材质；作者曾经不止一次为这个小程序制作过图文和视频教程；可惜这个神通广大的小程序没有持续更新，在高版本的 SketchUp 里就不太好用了。

去年，国内的"八宝工作室"发布了一个"八宝材质助手"的免费插件，试用以后感觉非常不错，功能也较丰富，比原先的"材质生成器"强了很多。经征求该工作室的同意，把这个插件收录入这本教材，并且附上该工作室提供的视频介绍。

1. 该插件的基本用法

（1）插件通过 SketchUp 的"窗口"菜单中的"扩展程序管理器"选项安装，图标见图 10.9.1 ①。

（2）单击图 10.9.1 ②的加号，在 C 盘之外设置一个存放贴图图片的专用目录，如图 10.9.1 ③所示。

（3）图 10.9.1 ④中显示当前选中子目录里的图片素材缩略图。

（4）单击图 10.9.1 ④处的缩略图，光标变成油漆桶，移动到贴图对象上单击，完成贴图，如图 10.9.1 ⑥所示。

（5）图 10.9.1 ⑦处还有三个滑块，可以对贴图进行"缩放、旋转、透明"操作。

（6）该插件跳过了传统的先把图片转换成 skm 材质的过程，直接调用外部图片做贴图。

（7）贴图目录的体积大小不限，图示的"分类材质图片"有 86893 个文件，76GB，并未影响 SU 运行。

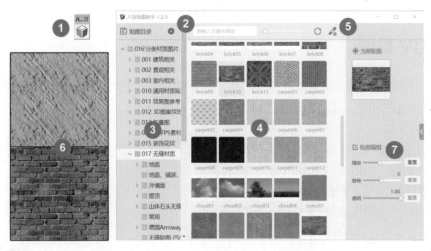

图 10.9.1　八宝材质助手的基本操作

2. 替换贴图（用外部图片）

（1）调用图 10.9.2 ①的吸管工具，单击需要替换的目标，见图 10.9.2 ②。

（2）到图 10.9.2 ③处确定替换范围，在"全局、组内、单组"中选择其一。

（3）再单击图 10.9.2 里一个新材质的缩略图，即可完成替换。

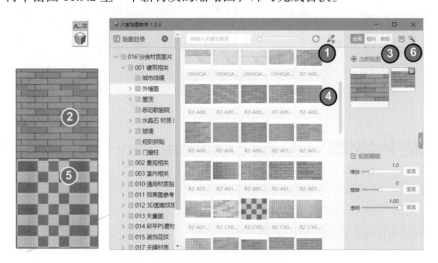

图 10.9.2　两种替换贴图

3. 替换贴图（用模型内材质）

（1）调用图 10.9.2 ①的吸管工具，单击需要替换的目标，见图 10.9.2 ②。

（2）再调用图 10.9.2 ⑥的另一个吸管工具，单击替换的"源"，见图 10.9.2 ⑤。

（3）如上操作后的结果是，图 10.9.2 ②⑤都变成图 10.9.2 ⑤的样子。

4. 替换 UV 贴图

图 10.9.3 ②是一个曲面的模型（抱枕），这种贴图带有 UV 坐标信息，这个插件有锁定原贴图 UV 信息的功能，而后再替换成其他贴图，此时替换后的贴图依然会沿用原来的 UV 坐标。操作顺序如下。

（1）调用图 10.9.3 ①的吸管工具，单击带有 UV 坐标信息的抱枕（见图 10.9.3 ②）。

（2）再单击一下图 10.9.3 ③所指的小锁图标，锁定 UV 图标。

（3）最后单击一下新的贴图（见图 10.9.3 ④）。

（4）替换贴图后的抱枕如图 10.9.3 ⑤所示。

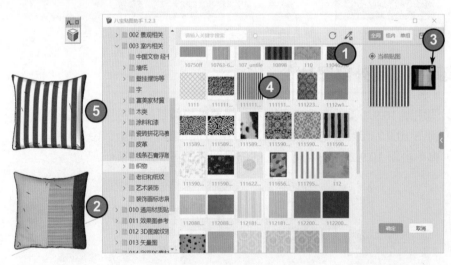

图 10.9.3　替换 UV 贴图

5. 采集模型中的贴图（可将带有 Enscape/Vray 渲染参数的材质保存）

用以下的操作可采集模型中的贴图素材。

（1）调用图 10.9.4 ①的吸管工具。

（2）单击图 10.9.4 ②要采集的贴图素材。

（3）再单击图 10.9.4 ③所指的软盘状图标，在弹出的界面上命名并指定保存位置。

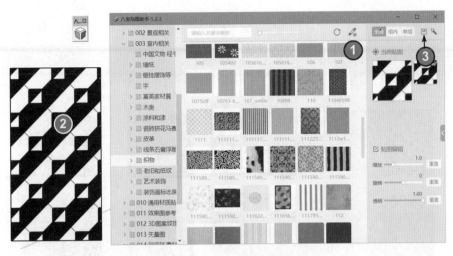

图 10.9.4　采集模型中的贴图

10.10　相关插件（SR Gradientator 水平渐变色）

这一节要介绍的渐变色插件 Gradientator，2013 年刚出来的时候，引起了很多人的兴趣，以为可以用它来弥补 SketchUp 自身色彩方面的不足；经过一个阶段的"热度"后，发现它的应用范围不太大，逐渐冷了下来。在安排写作计划的时候，是否要把这个插件收录进系列教程，作者曾经考虑再三，最后还是连同下一节要介绍的高度和坡度渐变色三者一起收录了进来；俗话说"存在的就是合理的"，既然它存在了，一定会有人用，希望你也是其中的一个。

先介绍一下这个插件的中英文名称、安装和调用。

在本节的附件里可以找到这个 Gradientator 插件，以前有人为它起了名字，叫"线性渐变色""过渡色""渐变色"等；其实插件本身的英文名称 Gradientator 是一个生造的单词，没有功能提示的意义，起中文名称应突出它的主要功能；因为 SketchUp 还有另一个插件，是专门做高度渐变色的，而这一个只能做水平方向的渐变色，所以为这个插件起名为"水平渐变色"还是合理并且容易记忆的，以区别于下一节要介绍的"高度渐变色"。

插件是一个 rbz 文件，可以用 SketchUp 自带的扩展程序管理器做简单安装，安装完成后，在扩展程序菜单里单击 Gradientator，即可调用。

"水平渐变色"插件的基本用法如下。

（1）选择好需要赋给渐变色的对象（一个或若干个）。

（2）通过在"扩展程序"菜单中选择 Gradientator 选项，调出 Gradientator 小面板，如图 10.10.1 ①所示。

（3）在小面板的下拉菜单里选择三种颜色，如图 10.10.1 ①所示，分别选择了"红绿蓝"。

（4）单击 OK 按钮，完成渐变色。

例一：一次对不同的对象赋渐变色。

（1）一次选中图 10.10.1 下排的四个不同对象。

（2）按图 10.10.1 ①的设置赋渐变色（红绿蓝，下同）单击 OK 按钮。

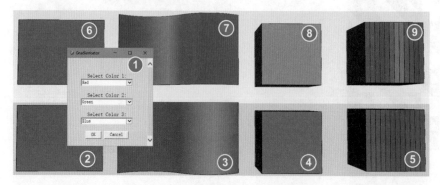

图 10.10.1　不同的条件不同的结果

　　（3）注意下排矩形平面图 10.10.1 ②与右二的立方体 10.10.1 ④并未获得渐变效果，它们都是光滑平整的。

　　（4）同为立方体的 10.10.1 ⑤因经过了细分，曲面 10.10.1 ③本身就是细分的，所以获得渐变色。

　　例二：分别对不同对象赋渐变色。

　　（1）下面的操作全部按图 10.10.1 ①的相同设置，不再复述。

　　（2）单独选择 10.10.1 ⑥的矩形，对其赋渐变色，结果如 10.10.1 ⑥，只接受了 10.10.1 ①的红色。

　　（3）单独选择 10.10.1 ⑦的曲面，对其赋渐变色，结果如 10.10.1 ⑦，赋渐变色成功。

　　（4）单独选择 10.10.1 ⑧的立方体，对其赋渐变色，结果如 10.10.1 ⑧，只接受了一种绿色。

　　（5）单独选择 10.10.1 ⑨的细分立方体，对其赋渐变色，结果如 10.10.1 ⑨，赋渐变色成功。

　　例三：细分次数与渐变色效果。

　　（1）请看图 10.10.2，换了一批实验对象，渐变色的设置仍然一样：红绿蓝。

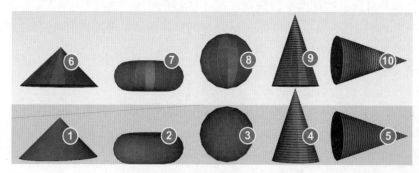

图 10.10.2　细分与渐变色效果

（2）现在一次选择图 10.10.2 下排的所有五个对象①②③④⑤。

（3）赋给红绿蓝的渐变色后，从 10.10.2 ①到 10.10.2 ⑤获得平滑的渐变效果。

（4）下面单独对图 10.10.2 上排的每一对象分别赋渐变色。

（5）结果如图 10.10.2 所示，其中⑥⑦⑧⑨渐变成功但粗糙，⑩因细分次数多而渐变也更细腻。

例四：渐变从坐标原点开始。

图 10.10.3 的地形，渐变条件如旧，可见 10.10.3 ①处为坐标原点，渐变按 10.10.3 ①②③的规律变化。

图 10.10.3　渐变从坐标原点开始

归纳小结一下。

（1）这个插件可以对选中的一个面或一组面产生指定颜色区间的渐变效果。

（2）单击 Gradientator 后，选择起始、中间和结束 3 种颜色，即可自动生成渐变色。

（3）如对 3 个颜色选择窗口中的一个或两个不指定颜色，将自动以 SketchUp 默认的白色填补。

（4）选中的对象不能是组或者组件，组或组件须进入或炸开后操作。

（5）选择的对象必须是一组面（一个单独的面需提前细分）。

（6）经柔化的曲面本质还是由若干平面组成的，也可以赋渐变色。

（7）平面分得越细，得到的渐变色也越精细。

（8）对于地形一类的对象，渐变从坐标原点开始。

10.11　相关插件（高度渐变色）

在 Fredo6 Tools 工具条上有一个能根据地形模型的高程创建一个连续颜色映射（渐变）的工具，还可以选择添加等高线，颜色高度对比表和半透明的彩色 2D 地图。它在 Fredo6 Tools 工具条上黑色方框圈出的位置，见图 10.11.1。

图 10.11.1　Fredo6 Tools 工具条与高度渐变色工具

图 10.11.2 的右边是这个插件的主要设置面板，左边是五个二级对话面板。主面板上有五组功能选项，从上到下分别是颜色渐变面板、高度界限、高度间隔、选择和装饰。下面结合实例说明其用途（如果纸质书看不清楚颜色变化，可查看本节附件里的模型）。

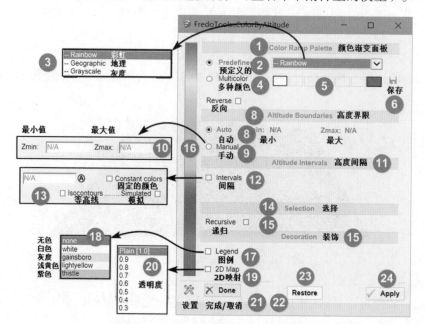

图 10.11.2　高度渐变色设置面板

图 10.11.3 所示为一个地形模型，红轴方向 320m，绿轴方向 360m，蓝轴最高处 67m。

图 10.11.4 是默认设置未作修改，高度界限为自动，图 10.11.4 是预定义为"彩虹"时生成的彩色高程地形，注意图 10.11.4 右侧竖向的色条，高低两端都是红色，映射到地形上最高最低也相同。

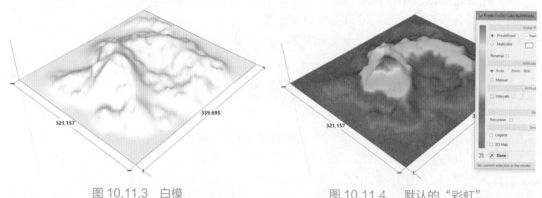

图 10.11.3　白模　　　　　　　　　　图 10.11.4　默认的"彩虹"

图 10.11.5 所示为默认状态，高度界限为自动，是预定义为"地理"时生成的彩色高程地形，注意图 10.11.5 右侧竖向的色条，低端蓝高端紫，映射到地形上最高最低处相同。

图 10.11.6 所示为默认状态，高度界限为自动，是预定义为"灰度"生成的彩色高程，从黑色平滑过渡到白色。勾选 10.11.7①的"反向"后，高程与颜色的关系相反，如图 10.11.7 所示。

默认的颜色搭配不见得都合人意，我们可以自定义一些自己喜欢的颜色。图 10.11.8 是自定义多种颜色后的结果。操作要领：先勾选图 10.11.8①，然后单击右侧的小色块，在弹出的调色板上指定颜色，实例中只指定了三处，见图 10.11.8②③④。

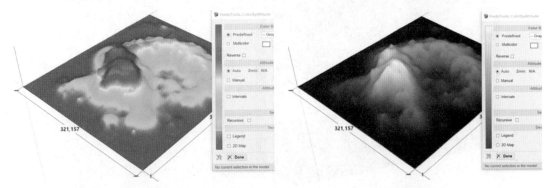

图 10.11.5　默认的"蓝紫"　　　　　　图 10.11.6　默认的"黑白"

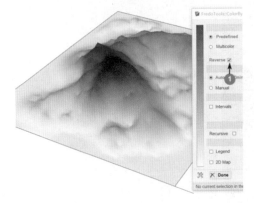
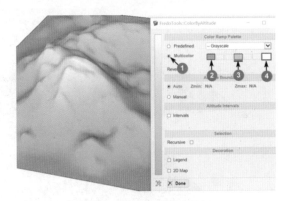

图 10.11.7　反向渐变色　　　　　　图 10.11.8　设置成三色

下面展示一种能自动生成等高线并赋予不同颜色（非渐变）的方式，操作要领如下。

勾选图 10.11.9①，在图 10.11.9②处输入等高线的间隔距离，该例中为 5m，勾选图 10.11.9③，可以在每两条等高线之间只用一种颜色（非渐变），勾选图 10.11.9④可自动生成等高线。

接着介绍如何获得一幅 2D 的彩色等高线地图和一个高程颜色图例的方法，操作要领如下。

勾选图 10.11.10①的"图例"，就可以生成图 10.11.10⑤所示的"高程颜色图例"。勾选图 10.11.10②的 2D Map，可生成图 10.11.10④所示的彩色 2D 等高线地图；在图 10.11.10③中还可以指定等高线地图的透明度，图 10.11.10④的透明度为 50%。

最后介绍一种用所谓"递归"原理实现的颜色高程变换。所谓"递归"，是一种编程中常用的函数算法，简而言之是按照某一法则对一个或多个前后元素进行运算，以确定一系列元素的方法。下面的演示将用"递归算法"实现看起来不可能的事情。

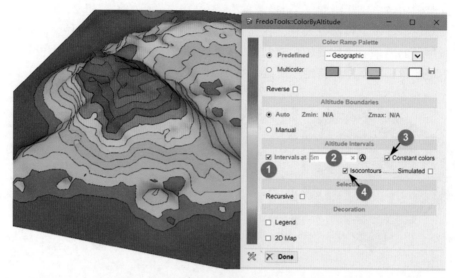

图 10.11.9　自动生成等高线并赋予不同颜色

图 10.11.10　2D 的彩色等高线地图

如图 10.11.11 ①所示，两个在物理上完全不相干的地形，标高相差 54 米，却要用同一组高程颜色和同一组等高线。操作要领如下。

勾选图 10.11.11 ④处的"Recursive 递归"，选择好参与"递归"的两个组，单击右下角的 Apply，稍待片刻就得到如图 10.11.11 ②③的结果。

从结果可见两个完全分开的地形"分享"同一组颜色（注意其中有部分重叠）。

此外还有一种用贴图来解决高度渐变色的办法，这个办法虽然比使用插件稍微麻烦一点，但是渐变效果甚至比用插件还要好些。

（1）准备工作，用 Photoshop 或同类软件的"双色"或"多色"渐变制作一些图片，就像下面的图 10.11.12 所示，渐变的色谱可根据行业习惯或设计师的意图来确定。

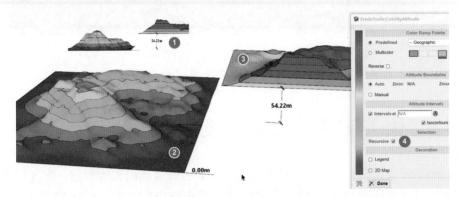

图 10.11.11 "递归"渐变色

图 10.11.12 准备好的图片

（2）打开需要做渐变色的对象，本例中是一个山地的地形，如图 10.11.13 ①所示，再假设这座山很高，高到山顶部分积雪，现在想要用图 10.11.13 ③的图片对山地做贴图。

（3）用小皮尺工具生成一条辅助线，移动到山体最高处，如图 10.11.13 ②所示。

（4）用缩放工具把贴图用的图片调整到辅助线一样高（或稍微更高），如图 10.11.13 ③所示。

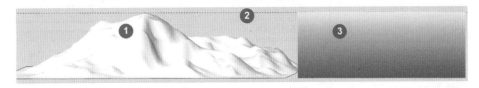

图 10.11.13 把图片调整到与对象同高

（5）炸开图片，鼠标右击面（不要选到线），检查右键快捷菜单中"纹理"子菜单中的"投影"选项是否选中。

（6）用材质面板的吸管工具汲取图片材质，赋给山体，结果如图 10.11.14 左侧所示。

图 10.11.14　完成赋色后的山体

（7）用这个办法对其他形状的对象（譬如球体等）做 Z 轴渐变同样可以。

10.12　相关插件（坡度渐变色）

在 Fredo6 Tools 工具条上有一个能根据地形模型的坡度陡峭程度创建一个连续颜色映射（渐变）的工具，它在 Fredo6 Tools 工具条上黑色方框圈出的位置，见图 10.12.1。虽然这种功能不是每一位 SketchUp 用户所必需，但它对少数用户可能是难能可贵的。

图 10.12.1　Fredo6　Tools 工具条的坡度渐变色工具

图 10.12.2 它的主要设置对话面板和展开的次级菜单。

图 10.12.2①②③是实现以不同颜色标注不同坡度的主要选项，分别指定不同的倾向角度，最高和最低坡度的标注颜色。

图 10.12.2④⑤⑥⑦是辅助选项。分别指定是否要生成额外的彩色高程图例和 2D 平面图，以及图例的背景、平面图的透明度。

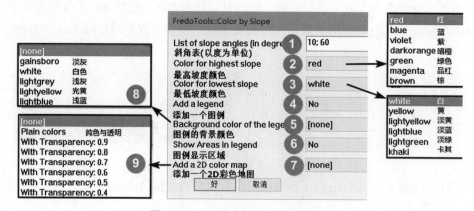

图 10.12.2　坡度渐变色设置面板

下面对 Color by Slope （彩色坡度）插件的用法做具体介绍。

图 10.12.3 左侧就是用不同颜色标注的不同坡度，颜色越浅的，地形越平坦；颜色越深处的地形就越陡峭。

在图 10.12.3 ②处填写了 5 组数字，用西文的分号隔开；5 组数字代表七组不同的坡度范围（下一例还要提到）。

图 10.12.3 ③处指定最高坡度（最陡峭）的坡度用 Blue（蓝色）标注。

图 10.12.3 ④处指定了最低一档（最平缓）的坡度标注为 White（白色）。

图 10.12.3 ②中各档次的颜色由插件，从最低到最高（白到蓝）自动产生。

图 10.12.3 ①里还有另外一个选项 Restore，选中后就是恢复到初始状态。

插件的使用非常简单：点选好组或组件，做好上述设置，单击"好"按钮，稍待片刻，就可以得到图 10.12.3 左侧的"彩色坡度"。

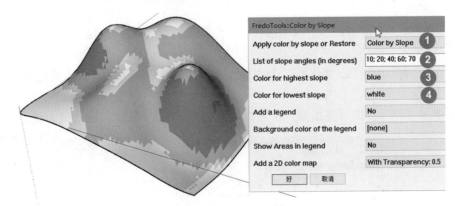

图 10.12.3　坡度渐变色

下面介绍图 10.12.4 ①②③④几个选项的功能与设置。

- 图 10.12.4 ①用来指定是否要生成一个"彩色高程图例"。
- 图 10.12.4 ②处指定图例的底色，默认的 [none] 代表没有底色，生成的图例是透明的背景。
- 图 10.12.4 ③用来指定是否需要生成一幅额外的 2D 平面图，在图 10.12.4 ④里可以指定平面图的透明度。

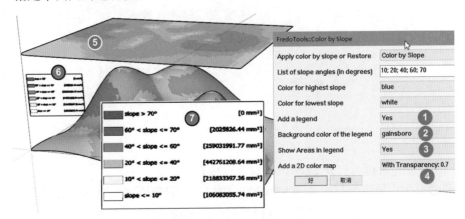

图 10.12.4　2D 高程图与面积统计

- 根据图 10.12.4 右侧的设置，额外生成了一幅平面图，见图 10.12.4 ⑤，还有一个色彩与高程对照用的图例，见图 10.12.4 ⑥。
- 图 10.12.4 ⑦是放大的彩色高程图例，可以看到每一高程区所用的颜色，以及该区域的面积。

下面再介绍一个"坡度渐变色"插件 aa_color_by_slope，这是一个已经汉化的插件，因为下载已久，不记得确切来源了。可以通过在"窗口"菜单中选择"扩展程序管理器"选项安装，安装完成后没有工具图标。

（1）请通过在"扩展程序"菜单中选择"Chris Fullmer 工具集→"坡度颜色"调用。如图 10.12.5 ①所示。

（2）弹出第一个设置面板，如图 10.12.5 ②所示。请填入"最缓处颜色值"（面板名称错）。

（3）单击"好"按钮后，弹出第二个面板，如图 10.12.5 ③所示。请填入最陡处颜色值（面板名称错）。

（4）单击"好"按钮后弹出第三个面板，如图 10.12.5 ④所示，输入最大颜色层次。

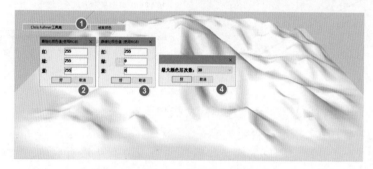

图 10.12.5　坡度渐变色参数设置

（5）第三次单击"好"按钮后，坡度渐变色完成，如图 10.12.6 所示，越陡峭处颜色越深。

图 10.12.6　越陡峭处颜色越深

（6）RGB 颜色数值可打开 SketchUp 材质面板查看。

对于经常要跟山地模型打交道的 SketchUp 用户，一定知道这一节内容的用途。

本节附件里有坡度渐变色插件和山地模型可供练习用。

10.13　相关插件（Grey Scale 灰度材质）

《道德经》里有"一生二，二生三，三生万物"的哲学思想，它同样可应用于色彩理论中：我们可以把黑和白看成是色彩的两极，一和二；所谓"有"到极点归于黑，"无"到极点归于白，在素描中，除了黑白两极之外，中间是深浅不同的灰色；可以看成是"三"所代表的万物。

无论是中国传统国画还是西方的素描，都由黑白两极奠定基础，黑白之间是数不清的灰色，在中国，由黑色白色与过渡的灰色组成的国画，其艺术价值一点都没有因为色彩简单而受影响，照样千年不败、万人收藏。可见灰色对整体完整性和艺术感染力方面有举足轻重的作用。

灰色作为常用的中性色，是所有纯色中最能彰显气质的颜色，无论用在建筑、景观、室内还是家具上，都显得知性、优雅和不落俗套。上面说的这些，就是把这个插件拉进到这本书里来的缘由。

这个插件是一个 rbz 格式的文件，来源于 Extension Warehouse，保存在这一节的附件里；可以用 SketchUp 自带的扩展程序管理器简单安装。安装完成后，没有工具图标，要在扩展程序菜单里调用 Grey scale（灰度模式）；这个插件界面，除了重复的，一共只有七个英文单词，一级二级菜单一共只有两个选项，五个单词：GreyScale mode（灰度模式）和 Front Face mode（正面模式），现在分别看一看它们的表现。

例一：标本是图 10.13.1 ①一架公务飞机的模型。彩色的。

（1）单击"扩展程序菜单 / Grey scale / GreyScale mode"，如图 10.13.1 ②所示。

（2）彩色的模型变成了灰色，如图 10.13.1 ③所示。

图 10.13.1　例一，公务飞机

（3）再次单击"扩展程序菜单 / Grey scale / GreyScale mode"，模型仍可恢复成彩色。

例二：以 SketchUp 默认的正面颜色替换所有颜色。

（1）单击"扩展程序菜单 / Grey scale / Front Face mode"，如图 10.13.2 ①所示。

（2）彩色模型的所有颜色被 SketchUp 默认正面的颜色所替代，如图 10.13.2 所示。

（3）再次单击"扩展程序菜单 / Grey scale / Front Face mode"，模型仍可恢复成彩色。

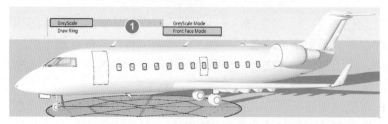

图 10.13.2　例二，SketchUp 默认的正面颜色

例三：标本如图 10.13.3 ①所示，印度南部的 Mysore Palace "迈索尔皇宫"，彩色的。

（1）单击"扩展程序菜单 / Grey scale / GreyScale mode"，如图 10.13.3 ②所示。

（2）彩色的模型变成了灰色，如图 10.13.3 ③所示。

（3）再次单击"扩展程序菜单 / Grey scale / GreyScale mode"，模型仍可恢复成彩色。

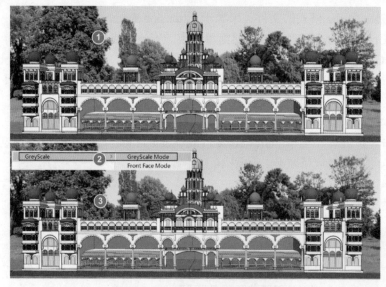

图 10.13.3　例三，迈索尔皇宫

例四：突出展示部分材质，标本为图 10.13.4 ①的别墅模型，也是彩色的。

有一种艺术表达方式叫作"突出"，假设我们想要突出表达一部分墙面的材质，如图 10.13.5 所示可以这样做。

（1）在扩展程序菜单中选择 Grey scale / GyeyScale mode，如图 10.13.4 ②所示。

（2）彩色的模型变成了灰色，如图 10.13.4 ③所示。

（3）现在可以用鼠标右击需要突出展示的材质，在右键关联菜单里找到 Revert Color（恢复颜色），这样，想要突出显示的材质就恢复了原状，其余部分仍然是灰色的。

（4）在扩展程序菜单中选择 Grey scale / GreyScale mode，模型仍可恢复成彩色。

图 10.13.4　例四，别墅

图 10.13.5　灰色中突出显示一部分材质

　　这个插件很简单，但是你如果想把自己的设计表达得不落俗套、与众不同，可以考虑用这个插件换换口味，给人以耳目一新的感觉。

10.14　相关插件（UV 贴图问题与解决）

　　稍微有点经验的 SketchUp 用户都知道"UV 贴图"这个名词，有人还实践过。在本书的 6.4 节里，我们也曾经介绍过这部分的内容，还提出了一些问题作为思考题，答应要公开解决的办法，这一节就要实现承诺，现在重新把这个问题拿出来做详细的讨论。

请看图 10.14.1，好像是正常的贴图，但只要转过一个角度，见图 10.14.2 圈出的部分，就看到两端的败絮了。无论你用的是最常见的 UV Tools 还是其他的 UV 工具，这种现象在对 SketchUp 的球形或曲面 UV 贴图中普遍存在，这是个从理论上讲就无法"直接解决"的问题，等一会就告诉你为什么无法直接解决。

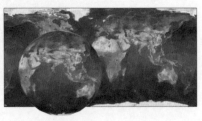

图 10.14.1　用 UV 贴图的西瓜与地球仪

虽然这种现象无法直接解决，但也不要失望，我们可以用一些办法来间接解决它。

这一节要向你介绍的，并非是如何使用 UV Tools 或其他 UV 贴图工具的问题，这种插件的使用太简单了；这一节要介绍的是贴图做 UV 调整后普遍存在的"乱纹"问题的成因与解决办法。

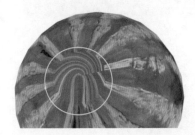

图 10.14.2　两端的败絮

这本书前面的章节演示过很多贴图的方法和技巧，大多是用 SketchUp 自身功能来实现的，这些简单的方法可以完成大多数贴图任务；但是像在球体这样的特殊对象上做贴图，SketchUp 自身的功能就显得不够了，为了提高 SketchUp 的贴图功能，出现了很多专门针对 SketchUp 贴图的扩展插件，这些插件的名称，几乎都有 UV 两个字母，那么，为什么贴图插件的名称都有 UV 二字呢？那还要从 UV 坐标讲起。

在系列教程的《SketchUp 要点精讲》里，一开头我们就介绍过 SketchUp 的坐标系统，也就是红绿蓝三轴，对应于以 XYZ 表示的世界坐标系（对设计师而言，更重要的是它们还对应于东西、南北和上下）。

像球体这样的对象，几乎每一个面都不能很好地对应于 XYZ 轴。所以，无论用 SketchUp 的坐标贴图（像素贴图）还是投影贴图，都不能得到完美的效果。这个难题不是 SketchUp 所独有的，所有需要贴图的软件都有这个问题。

所以，人们就想办法设计出了另外一个专门用来贴图的坐标系；因为 XYZ 三个字母已经用过了，为了区别，另选三个字母 UVW 来表示这个专门用来贴图的坐标系。XYZ 坐标系比较简单，它只有方向的概念；而 UVW 坐标系更复杂，不但有方向，还有数量，是一种以矢量理论为基础的系统。

在 UVW 坐标系中：

- U 等于水平方向第 U 个像素除以图片的宽度。
- V 等于垂直方向的第 V 个像素除以图片的高度。
- U 和 V 的值，一般都是 0 到 1 之间的小数；UV 贴图工具内部就是按照这个运算规则来操作的。
- 至于 W 的方向，垂直于 UV 平面，只有需要对贴图的法线方向翻转的时候才有用，因为 W 坐标不常用，所以就简称为 UV 了。

有一个例子可以非常形象地获得对 UV 坐标系的理解，那就是地球仪上的经纬线，可以看作是 UV 坐标。地球仪上所有的纬线对应于 U，而所有的经线对应于 V。而地图则可以看成是展开压平的地球仪，地图上的经纬线也就是展开压平的 UV 坐标。

好了，我们已经具备了必要的知识，现在就可以说明为什么大多数 UV 工具对球体贴图做 UV 调整后，南北两极出现乱纹的原因了。

我们知道，UV 坐标就是贴图映射到模型表面每一个小平面的依据，我们还知道这里所有的水平线对应于 U；所有与 U 线相邻的线对应于 V，这样的对应关系，隐含说明了以 UV 坐标表示的平面，必然是四边形（不一定是正矩形），只有四边形才可能用 UV 坐标系对贴图做调整。

现在我们回到图 10.14.3 的"西瓜"模型，取消全部柔化，暴露出全部边线后，问题就很清楚了：球形的南北两极，乱纹的位置都是三边形，根据上面介绍的 UV 坐标理论，它们根本不能获得合法的 UV 坐标，所以无法作出准确的 UV 调整就是很正常的了，球体南北极因此产生乱纹也就不足为奇了。所有需要贴图的软件工具都会有这种现象带来的麻烦，这是 UV 贴图理论和方法无法回避的。

下面我们要讨论如何想办法解决这个问题。

其实这个问题，在其他的老牌三维设计软件中早就已经解决，但是 SketchUp 本身只支持三角面，也有人为解决类似问题，编写了一些可以把三边面改造成四边面的插件，譬如：SUbD，还有 Quad Face Tools 等，可惜，这些插件只有很短的试用期，并且不是万能的，它们也未必能解决所有的类似问题。不过，作者还是打算为这两个插件制作一套教程，将来安排在系列教程的《SketchUp 曲面建模思路与技巧》一书里。

下面向你介绍作者"急中生智"想出来的办法，可以把讨厌的三边面变成四边面，从而实现了正常的 UV 贴图调整。我们现在要做的就是在每个三角形的顶部画上一小段直线，这样三边面就变成了四边面。真正的操作并没有必要一条条画线，那样做太笨了，请看图 10.14.4，只要在球体的轴心位置做一个小小的圆柱体（越细越好），然后做模型交错，就会把所有的三边面改造成四边面，球体两端 UV 贴图乱纹的问题，按面积算可以解决 99% 以上，剩下的不到 1% 仍然是三边面，已经可以略去不计了。

处理结果就如图 10.14.5 和图 10.14.6 所示，两极的乱纹问题基本解决。但是这个方法还不是十全十美的，解决了 99% 以上面积的乱纹，还剩下一点点后遗症的部位，仍然是三边面，不过已经看不出来了。

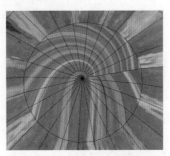

图 10.14.3　球体两极的三边面

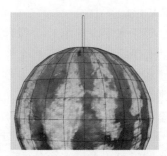

图 10.14.4　解决方法示意

图 10.14.5　解决 99% 后的效果（1）

图 10.14.6　解决 99% 后的效果（2）

　　这个方法虽然简陋，但是解决了 99% 以上的问题，操作起来也不难，还算是个简单易行的技巧，附件里为你留下练习用的模型和素材，你也可以去研究一下，试试还有没有更好的办法。

10.15　相关插件（SketchUV UV 调整一）

　　在所有的三维建模工具里，贴图，特别是在不规则表面上的贴图，都是绕不过去的难点；也是 SketchUp 天生的弱点之一，很多热心人为此编写出不少针对曲面贴图的插件；据简单统计，在 SketchUp 里针对材质或贴图方面的插件，前前后后至少出现过 50 个以上，其中很多并没有太大的使用价值；能够解决点问题的插件中，有免费的，功能通常都比较简单；功能全面些的，大多要收费。

　　这本书中已经介绍和将要介绍的，关于材质贴图方面的精选插件有十多种，大多功能和操作都比较简单，只要看完几分钟，顶多十几分钟的视频，配合图文教程，就可以顺利掌握。但是现在要介绍的这个插件却不是这样，SketchUV，至少有十年历史，并且还在不断更新，最早是收费的，后来免费了，在附件里保存有来自 Extension Warehouse（扩展仓库）的英文原版，还有网友 H.J 汉化的版本，经过实用测试没有问题。从这一节到 10.18 的五节都会用 H.J

汉化的版本。请注意国内业界还有很多不同的汉化版,有新有旧,所起的中文名也各不相同(有六七种)。

SketchUV 是一个功能比较完整强大的 UV 贴图专业工具;正因为专业与功能强大,所以要完全驾驭它,也要多付出一点时间;如果你能把 SketchUV 这个工具用好用活,可以说在SketchUp 里的贴图就再也难不倒你了,甚至还可以把产生的 UV 纹理导出到其他三维软件里去。作者把它作为一个重要工具推荐给你;一共要分成三个小节来介绍它,考虑到用图文形式来详细讨论这个插件的应用技巧实在是勉为其难,所以将以插件原创单位推出的权威视频为主线(已加上中文提示),以书中图文内容为辅的形式,来全面介绍和讨论这个重要工具。

附件里中英文两个版本的 SketchUV,都可以用 SketchUp 的扩展程序管理器简单安装;安装完成后,英文版的在视图菜单的工具栏里调用 SketchUV;汉化版的在同样的位置调用"UV 贴图"。无论什么版本,工具条上只有两个按钮(见图 10.15.1),彩色的是贴图工具(严格讲应该是"UV 坐标调整工具",因为它的功能并不是直接贴图,它只产生和调整贴图用的 UV 坐标);黑白的是"路径选择工具",是在特殊情况下,获取 UV 坐标的辅助工具。

图 10.15.1 SketchUV 的工具图标

1. SketchUV 的操作特点

(1)这个插件很有趣,它的主要功能都藏在鼠标的右键关联菜单里,如果操作的顺序不对,条件不满足,点烂了左键右键,你都找不到下一步该怎么做。这一点是首先要告诉你的诀窍。

(2)再要告诉你的是:这个插件操作的时候,为了方便地获得准确的 UV 坐标,最好提前用"视图工具"把视图调整到准确的投影方向,譬如"前视图";相机调整到"平行投影"。

2. 球形贴图例(操作细节请浏览视频)

(1)三击全选想要做 UV 贴图的对象,把所有的面和隐藏的边线虚显出来,如图10.15.2 所示。

(2)单击调用工具栏上左侧彩色的"UV 贴图工具"。

(3)光标回到想要做 UV 贴图的面上,找准一个当作 UV 坐标基点的交点,如图 10.15.3 ①箭头所指处的交点。

(4)单击鼠标右键,才能看到该插件的全部功能(见图 10.15.4),现在演示用的是汉化版,英文版的操作相同。右键菜单上面的文字将在后面解释。

(5)当前需要做贴图的对象是球体,所以要选择"球形贴图"。

(6)请注意右键菜单括号里的"视图"二字,英文版里是 View,它想要表达的其实是"所见即所得模式"的意思,三个都是。

(7)单击右键菜单的"球形贴图"后,如图 10.15.5 所示,球体上布满了这种可称为"UV坐标"的图样,上面有 16 乘 16 的方格(以 0 到 F 的十六进制数值表示),还有从红到紫的渐变色。

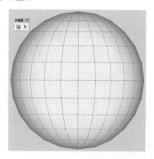

图 10.15.2　三击虚显边线

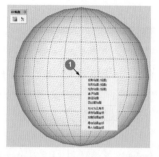

图 10.15.3　指定 UV 基点

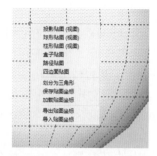

图 10.15.4　右键菜单细节

（8）当看到 UV 坐标符合贴图要求时（后面还有调整 UV 坐标方面的概要），以鼠标右击对象，在右键菜单里点选"保存贴图坐标"，如图 10.15.6 所示，弹出窗口告知保存成功及面的数量。注意球体两极（见图 10.15.10）仍然是三角面，乱纹问题依然存在。

（9）把地图拉到 SketchUp 窗口中炸开，用吸管工具汲取并赋给球体后，出现如图 10.15.7 所示的乱纹。

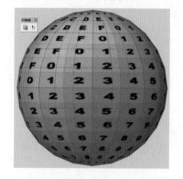

图 10.15.5　显示 UV 坐标

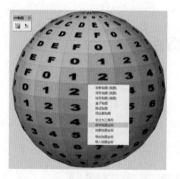

图 10.15.6　保存 UV 坐标

图 10.15.7　常规赋材质后

（10）单击工具条左侧的彩色工具，移动到球面上，在右键菜单中点选"加载贴图坐标"（见图 10.15.8）。

（11）贴图即刻得到 UV 调整（见图 10.15.9）（按保存的 UV 坐标重新分配各像素位置）。

图 10.15.8　加载 UV 坐标

图 10.15.9　UV 调整后

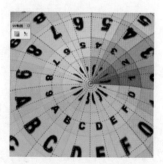

图 10.15.10　两极的三边面

3. 调整 UV 坐标操作概要

上面的例子是在理想状态下的情况，实战中很少有不用调整 UV 坐标的大小，方向的。下面介绍 SketchUV 插件实战中如何用键盘鼠标配合进行 UV 参数的调整（以下操作的前提是已经选中调整对象，并单击了工具条上的彩色按钮及单击过调整对象）。

（1）操纵上下左右箭头键，可以看到 UV 坐标的移动。

（2）在按上下左右箭头键的同时还按下 Ctrl 键，UV 坐标旋转。

（3）上下箭头键加上 Shift 键，就是调整垂直方向上的 UV 坐标尺寸。

（4）左右箭头键加上 Shift 键，就是调整水平方向上的 UV 坐标尺寸。

（5）按下键盘上的 Tab 键（制表键）后，在所选的对象前面出现一个用来校正坐标的田字格方框，此时，移动鼠标就可以旋转对象，跟校正用的田字格对齐。

（6）输入运算符加数字，可以对纹理做放大缩小、左右旋转的定量操作。

（7）譬如输入星号加 2 回车，纹理缩小一半。

（8）想要放大纹理，就要输入斜杠后加放大的倍数。

（9）如输入加号和 5，纹理向左旋转 5°。

（10）如输入减号和 5，就是向右旋转 5°。

（11）回车键 Enter 的具体用法在后面的小节里讨论。

上面介绍的操作概要，已经列出在图 10.15.11 左上角你不用抄写，在附件里有一个相同的图文备查文件可供随时查阅，上面也有同样的提示信息。

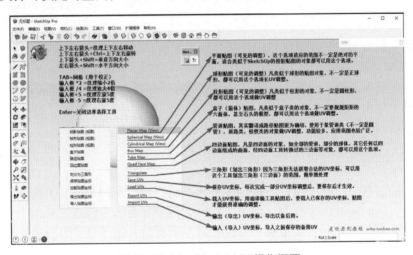

图 10.15.11　SketchUV 操作概要

4. SketchUV 右键菜单详解

最后，还要详细介绍一下右键菜单里的其他可操作的选项。

1）平面贴图（所见即所得）

刚才已经演示过了，虽然这个选项的名字是平面贴图，其实适应的范围很广，不一定是绝对的平面，只要适合类似 SketchUp 默认投影贴图的对象，都可以用这个选项。

2）球形贴图（所见即所得）

凡类似于球形的贴图对象，不一定是正球形，像"一坨""一疙瘩"类似的对象，都可以用这个选项试试看。

3）柱形贴图（所见即所得）

凡类似于柱形的对象，不一定是圆柱形，都可以用这个选项做 UV 调整。

4）盒子（箱体）贴图

凡类似于盒子类的对象，不一定要规规矩矩的六面体，甚至一块石头的模型，都可以用这个选项做 UV 调整。

5）管道贴图（英文的 Tube Map）

其实翻译成路径贴图更为确切，用于像管道类（不一定是圆管）、道路类、枝杈类的对象做 UV 调整，功能较多，应用范围也较广泛。

6）四边面贴图

凡是四边面的对象，如全部的管道，球体的大部分，其他任何以四边面组成的曲面，或者经四边面工具转换过的三边面等对象，都可以用这个选项。

7）划分为三角形（区割出三角形）

因为三角形无法获取合法的 UV 坐标，可以用这个工具区割出三角形（三边面）的范围，做单独处理。

8）保存 UV 坐标

每次完成一部分 UV 坐标调整后，要保存后才生效。

9）载入 UV 坐标

用油漆桶工具贴图后，要载入已保存的 UV 坐标，贴图才能获得准确的调整。

10）输出（导出）UV 坐标

导出以备后用。

11）输入（导入）UV 坐标

导入先前保存的备用 UV。

上面介绍的这些，一时半会记不住也不要紧，已经列出在图 10.15.11 的右侧，并且保存在本节附件里，随时随地供你查阅，操作过几次就心里有数了。后面还有四个小节，是关于这个插件其余选项的演示和高级用法，所以你现在不必急着做练习，等看完了后面的几个小节再动手不迟。

10.16　相关插件（SketchUV UV 调整二）

上一节，向你介绍了 SketchUV 的最基本操作，只涉及了这个插件功能的一个方面，还有更多更强的功能将在这一节和以后的两个小节，一共三节为你做全面的介绍。这三个小节附带的视频中为你演示的是这个插件的作者：mind.sight.studios 团队，简称 m.s.s；他们是很多知名插件的作者。

他们在公布这个插件的同时，还非常贴心地提供了五个视频，基本涵盖了这个插件的全部功能，这五个视频是这个插件最权威的教程。在后面的四个视频里，本书作者为你添加了全部汉字说明，剪辑制作和背景音乐（原视频是无声的，比较沉闷），在重要的位置，还为你添加了必要的额外中文说明。认真看完这几个视频，稍作练习体会，轻松驾驭 SketchUV 将不再会有困难。下面请开始学习。

例一：电脑椅靠背坐垫部分（视频从 1′32″ 开始）。

（1）三击靠背，虚显所有隐藏的线（如是群组须双击进入，不用炸开）。

（2）让它面向相机，单击彩色图标，按 Tab 键调出田字格后校正，如图 10.16.1 所示。

（3）调用工具栏上的彩色图标，右键单击一个交点并选择投影贴图，如图 10.16.2 所示。

（4）接着可以用"箭头键 +Ctrl 或 Shift"调整 UV 大小和方向（或输入缩放比例）。

（5）选择坐垫，重复上面的过程，注意尽量改善接缝处衔接，见图 10.16.3 和图 10.16.4。

（6）窍门：双击一个面，该面就可快速对齐相机，免得反复调整，见图 10.16.5。

（7）每完成一部分 UV 映射，就要在右键菜单里点选"保存 UV 坐标"。

（8）对剩下的表面重复执行赋 UV 和调整后，如图 10.16.6 所示，是完整的 UV 映射的椅子，注意在接缝处要有好的连续性。

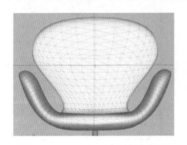
图 10.16.1　Tab 键校正靠背

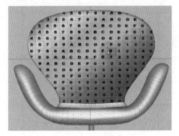
图 10.16.2　赋给 UV 坐标

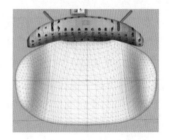
图 10.16.3　按 Tab 键校正坐垫

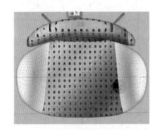
图 10.16.4　赋给 UV 并调整

图 10.16.5　侧面赋 UV 并调整

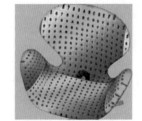
图 10.16.6　完成赋 UV 后

（9）油漆桶工具赋材质后，通过右击，在弹出的快捷菜单中选择"加载 UV 坐标"选项，完成贴图后，仍能调整大小方向。

例二：电脑椅立柱部分见图 10.16.19（视频从 6′11″开始）。

（1）电脑椅坐垫下面有个立柱，形状是标准的圆柱体（见图 10.16.7）。

（2）进入群组，三击虚显网格，必要时用 Tab 键调出田字格校正方向。

（3）调用工具栏上的彩色图标，右键单击一个交点，并选择"柱形贴图"，如图 10.16.8 所示。

（4）接着可以用"箭头键 +Ctrl 或 Shift"调整 UV 大小和方向（或输入缩放比例）。

（5）右击柱面，在弹出的快捷菜单中选择"保存 UV 坐标"。

（6）油漆桶工具赋材质后，通过右键菜单选择"加载 UV 坐标"选项，完成贴图后，仍能调整大小方向。完成 UV 映射后的效果如图 10.16.9。

  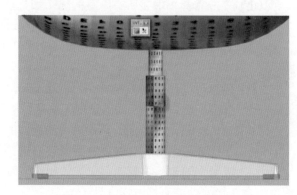

图 10.16.7　白模　　　图 10.16.8　赋 UV 后　　　图 10.16.9　完成 UV 映射后的立柱

例三：不规则箱体（视频从 6′49″开始）。

（1）立柱下的基座，可以看成是"箱体"。

（2）进入群组，三击虚显网格，必要时用 Tab 键调出田字格校正方向，如图 10.16.10 所示。

（3）调用工具栏上的彩色图标，右击一个交点并在弹出的快捷菜单中选择"盒子贴图"选项后，如图 10.16.11 所示。整体效果如图 10.16.12 所示。

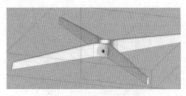 

图 10.16.10　白模　　　　图 10.16.11　赋 UV 映射　　　图 10.16.12　整体 UV 映射

（4）接着可以用"箭头键 +Ctrl 或 Shift"调整 UV 大小和方向（或输入缩放比例）。

（5）右击一个面，在弹出的快捷菜单中选择"保存 UV 坐标"。

（6）油漆桶工具赋材质后，执行右键菜单中的"加载 UV 坐标"选项，完成贴图后，仍能调整大小方向。

例四：不规则柱形（视频从 8′50″ 开始）。

（1）虽然图 10.16.13 所示的灯座对于贴图来说是一个比较复杂的对象，但它大致还是圆柱体的形状，也可以看成是管状，所以我们可以用 SketchUpV 的柱面映射 UV 或者管状映射 UV。

（2）进入群组，三击虚显网格，必要时用 Tab 键调出田字格校正方向，如图 10.16.13 所示。

（3）调用工具栏上的彩色图标，右键单击一个交点并选择"柱形贴图"后，如图 10.16.14 所示。

（4）或者右键单击一个交点并选择"路径贴图"后，如图 10.16.15 所示。

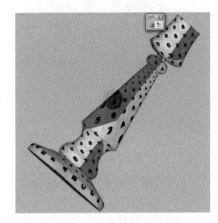

图 10.16.13　特殊柱体　　　图 10.16.14　赋 UV　　　图 10.16.15　调整 UV

（5）接着可以用"箭头键 +Ctrl 或 Shift"调整 UV 大小和方向（或输入缩放比例）。

（6）右击一个面，在弹出的快捷菜单中选择"保存 UV 坐标"。

（7）油漆桶工具赋材质后，执行"右键菜单 / 加载 UV 坐标"，完成贴图后，仍能调整大小方向。

例五：4 种不同的管状路径贴图（视频从 11′44″ 开始，参见图 10.16.16 至图 10.16.19）。

（1）一般规律：凡是用"路径跟随"创建的任何几何图形都可以用管状 UV 映射。

（2）一定要沿着管子的纵轴设置 UV 坐标系的 U 方向（UV 坐标系定义见 10.14 节）。

（3）基本操作同前几例：进入群组，三击虚显网格。

（4）调用工具栏上的彩色图标，沿管子的纵轴画线，指定 U 方向，生成 UV 映射。

（5）接着可以用"箭头键 +Ctrl 或 Shift"调整 UV 大小和方向（或输入缩放比例）。

（6）右击一个面，在弹出的快捷菜单中选择"保存 UV 坐标"。

（7）油漆桶工具赋材质后，执行右键菜单中的"加载 UV 坐标"选项，完成贴图后，仍能调整大小方向。

图 10.16.16 弯管状 UV 映射

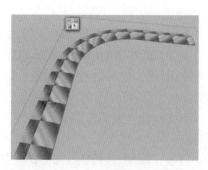

图 10.16.17 异形截面管状 UV 映射

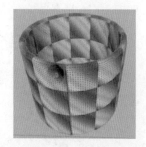

图 10.16.18 直管 UV 映射

图 10.16.19 弯曲平面 UV 映射

例六：球形特例热气球（视频从 14′55″ 开始）。

（1）这个特例看起来像是球面，也可以看成类似于柱面映射。

（2）进入群组，三击虚显网格，必要时用 Tab 键调出田字格校正方向，如图 10.16.20 所示。

（3）调用工具栏上的彩色图标，右键单击一个交点并选择"球形贴图"后，如图 10.16.21 所示。

（4）接着可以用"箭头键 +Ctrl 或 Shift"调整 UV 大小和方向（或输入缩放比例）。

（5）右击一个面，在弹出的快捷菜单中选择"保存 UV 坐标"。

（6）以油漆桶工具赋材质后，执行右键菜单中的"加载 UV 坐标"选择，完成贴图后仍能调整大小方向。

（7）如图 10.16.22 所示，贴图应在 U 方向重复两次，所以要输入"*2U"。

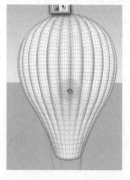

图 10.16.20 热气球白模

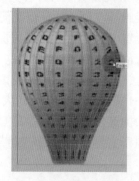

图 10.16.21 赋 UV 映射后

图 10.16.22 贴图后

例七：路径工具（视频从 16′30″ 开始）。

（1）SketchUV 插件工具栏右侧上还有一个黑白颜色的"路径选择工具"，这个工具的主要功能是方便画线（如指定 U 方向的线），帮助将复杂表面分割成更易于管理的 UV 贴图部分等。

（2）单击一条边以启动路径，然后单击路径上的各种边，单击的边与附近的边就会自动选中。

（3）在使用该工具画线后，任何时候按 Enter 或 Return 键，可以使边缘变硬。

（4）可以通过双击边缘来快速选择边缘循环。

（5）这个工具在基于四边形的网格上效果最好，但也可以在其他几何图形上试试。

（6）在三角形网格中双击一条边，选择一个循环有时可能奏效，但通常会产生意想不到的结果。

（7）这个工具对于将表面分割成更小的区域进行 UV 贴图非常有用。

10.17　相关插件（SketchUV UV 调整三）

这一节要展示的是如何用 SketchUV 的 Box Map（箱体贴图）功能为一块岩石做 UV 贴图的全过程，请参见图 10.17.1 至图 10.17.6。请注意 SketchUV 对于贴图对象形状的定义并不十分严格，所以不用纠结右键菜单里的投影、球形、柱形、盒子、路径……它们都不要求完全符合某些要求，只要形状差不多就可以试试。这一节的标本——石块，最接近盒子（箱体），所以下面将用 SketchUV 的"盒子贴图"来做尝试。

（1）图 10.17.1 是一块石头的白模，边线 2225，有 1392 个面，对于模型中的配角，这种线面数量有点太高了。图 10.17.5 和图 10.17.6 是另一块低线面数量的石头。

（2）三击对象，虚显所有隐藏的线（如是群组须双击进入，不用炸开），如图 10.17.2 所示。

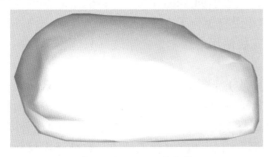

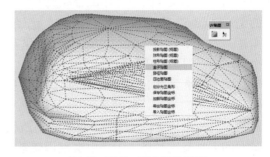

图 10.17.1　石头白模　　　　　　　　图 10.17.2　指定箱体贴图

（3）调用工具栏上的彩色图标，右键单击一个交点并选择"箱体贴图"，结果如图 10.17.3 所示。

（4）接着可以用"箭头键 +Ctrl 或 Shift"调整 UV 大小和方向（或输入缩放比例）。

（5）完成 UV 映射调整后，不要忘记在右键菜单里点选"保存 UV 坐标"。

（6）油漆桶工具赋材质；再次调用工具栏上的彩色图标，从右键菜单加载 UV 坐标。

（7）完成贴图后仍能调整大小方向。

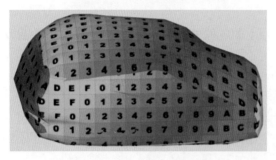

图 10.17.3　赋给 UV 映像

图 10.17.4　贴图完成

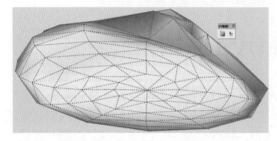

图 10.17.5　低线面数量的石头

图 10.17.6　贴图完成后

10.18　相关插件（ThruPaint 穿透纹理）

按原来的计划，这一节和下一节的内容仍然要介绍 SketchUV，想说说导出 UV 坐标后再用一种叫作 Roadkill 的小程序配合完成 UV 调整，最后返回 SketchUp……；但是非常令人扫兴的是，Roadkill 是 Maya 的一个插件，已经很多年没有更新了，花了近两天搜尽了国内外每个角落，都找不到一个能在 Windows 10 里正常安装使用的版本，无奈之际只能作罢，换上两个同样精彩的与材质和贴图有关的插件。

这一节要介绍的是 Fredo6 Tools（弗雷多工具条）上最右边的工具，名称是 Thrypaint，这是一个生造的单词，后半截 paint 是油漆，前半截的 Thry 有穿过、穿越的意思。按字面翻译的话，应该是"穿越油漆"（能穿透组或组件刷材质的意思）。因为 Fredo6 为这个插件起的英文的名称就比较怪，于是中文翻译就各显神通，有翻译成纹理工具的，有翻译成材质工具的，有翻译成贴图工具的，还有翻译成材质增强工具的；作者觉得无论中文还是英文里的 material（材质）、chartlet、map（贴图）、texture（纹理），它们之间都是有区别的，根据该插件的实质行为和出于对作者原意的尊重，还是用穿透纹理比较贴切。

本节附件里有这组插件的英文版和汉化版，都可以通过从"窗口"菜单中选择"扩展程序管理器"进行简单安装。安装完成后，可以从【视图菜单 / 工具栏】调出如图 10.18.1 所示的工具条。

请注意：汉化版里有不少翻译错误，如果你的英文还行，建议还是用英文原版的好。

图 10.18.1　Fredo6 Tools 工具条

（1）单击图 10.18.1 最右边的按钮后，会弹出如图 10.18.2 所示的小面板，有人可能不太适应的是，凡是 Fredo6 所编写的插件大多有一个花花绿绿的小面板，就像图 10.18.2 所示的那样，特别是初学者，可能一下子就被懵住了，无从下手；稍微深入点研究后，你就会发现，其中很多按钮其实就是 SketchUp 本身就有的功能，还有一些是完全用不着的，有一多半的按钮是可以省略或移到右键菜单里去的。

既然 Fredo6 辛辛苦苦这么做了，我们也就要从头到尾来介绍一遍。一定不要被它五颜六色的样子唬住，我们可以把它分解成①～⑥六个部分来理解与学习。

（2）单击图 10.18.2①像画笔的按钮，可以查看"默认参数"表格并设置；单击它后，弹出一个如图 10.18.3 所示的"参数设置面板"（截图已缩减成 40% 高度），这是供用户对插件的操作界面修改定制而用的，先不用理会它，就接受默认的设置好了。

（3）画笔按钮的左侧有四个小按钮，是用来改变该面板位置和状态用的，试一下就知道用途。

（4）图 10.18.2②是信息提示区，工作时显示某些信息，也先不要理会它。

图 10.18.2　Thru Paint 设置面板

图 10.18.3　参数设置面板

（5）图 10.18.2③所示为 Materials（材质）；基本功能就是获取材质，包括四个功能图标，从左至右分别是：

- 获取面上的材质。
- 获取材质和 UV 调整。
- 两个灰色的箭头是上一个和下一个材质。
- 最右边是获取 SketchUp 的默认材质（用来恢复到默认的正面和反面）。

（6）图 10.18.2 ④这一组的名字是 UV painting（UV 贴图），这一组工具中的前三个才是这个插件中最重要的。

第一个方格的按钮是"用四边形做 UV 贴图"，这个图标的形状就表示了这种贴图适合对球形或类似形状的对象做贴图。选中后显示红黄方格。

第二个方格的按钮是"自然 UV"，是一种不变形的纹理。选中后是红黄色的。

第三个带有四条射线的图标，暗示这就是传统的投影贴图。选中后也是红黄色。

第四个像油漆刷的工具，说是转移 UV，请看视频里面的实际用途。

（7）图 10.18.2 ⑤这组工具占有的面积最大，主要是用来对线和面的选择和柔化平滑，单击"面向"或"四边"两处小按钮，可以收缩工具条上对应的部分。你会发现，这一组工具还可以分成三个更小的组：

- 图 10.18.2 ⑦所在的小组有 5 个小按钮，分别对应于"面里的面""表面""所有已联接面""所有相邻的面用相同的材质""所有相邻面具有相同的材质和 UV"；这些都是用来选择赋材质的面，其实只要是 SketchUp 的熟手，选择这些面根本不用如此复杂的工具。
- 图 10.18.2 ⑧所在的组也有五个小按钮，分别是"可见面""正面""反面""反面和正面""面翻转方向"，都是用来确定赋材质的面。
- 图 10.18.2 ⑨这个小组的几个工具都是用来对边线进行处理的，分别是："实线""柔化""平滑"和"隐藏"。

（8）图 10.18.2 ⑥的"Options 选择"，都跟 SketchUp 的环境配置有关，中文翻译为"SU 环境保护"有问题。这组按钮也可以分成 3 个小组：

- 图 10.18.2 ⑩这一组有四个小按钮，第一个工具是显示每个面的对角线。第二个按钮当调用 SU 本地绘制工具时，自动激活 ThruPaint，也就是这个插件。第三个按钮可以调用 SU 本地的材质工具，快捷键是 F9。你可以自行判断这些工具是不是多余的。第四个工具是用来在显示和隐藏边线之间切换。
- 图 10.18.2 ⑪ 有一个大大的问号，并不是要带你去学习如何使用这个插件，而是带你去看三大类，五十多个快捷键，说实话，为了贴个图就要记这么多快捷键，投入产出比太低了。不过还是一定要记住上下左右键以及与 Shift、Ctrl 配合，对贴图做放大缩小，平移动旋转的操作，动手试一下就知道。至于输入参数的语法，可以查表解决。
- 图 10.18.2 ⑫ 垃圾桶图标的工具，英文的原文说明是 Purge all thrupaint attributes in the model, Reducing the size of the model. 译成中文是：清除模型中的所有 thrupaint

属性，还原模型的尺寸。也就是说：万一你把模型搞到一团糟的时候，点这里可以离开现在的麻烦，回到"童年快乐的时光"。

（9）这个插件还有比较繁杂的"VCB 输入"，所谓 VCB，就是 SketchUp 的"数值框"作者已经把所有的快捷键与"VCB 输入"复制在后面当作附件，方便你操作时查阅（参见表 10.18.1 至表 10.18.3）。

这个插件涉及的内容较多，要用图文的形式完整呈现，估计得五六十页，在本节的附件里有插件作者 Fredo6 的 16 分钟哑巴视频（本书作者已添加背景音乐），还把原先的英文提示译成中文字幕，只要对 SketchUp 有点认识的用户，看过上面的图文概要后再去看视频，应该不难理解。

表 10.18.1　快捷键（带箭头的纹理转换）

转　换	关　键	描　述
箭头 [常规]	关于鼠标的位置或可视化的起点进行旋转和缩放	
平移	右箭头	沿红轴（U）
	向上箭头	沿绿轴（V）
	左箭头	相反的红轴（- U）
	向下箭头	相反的绿轴（- V）
缩放	按 Ctrl- 向上箭头	统一比例 - 放大
	按 Ctrl- 向下箭头	统一比例 - 缩小
	Shift 键 - 右箭头	缩放比例在 U - 放大
	Shift 键 - 左箭头	在 U- 缩减缩放比例
	Shift 键 - 向上箭头	缩放比例在 V - 放大
	Shift 键 - 向下箭头	在 V- 缩减缩放比例
旋转	按 Ctrl- 右箭头	绿色向红色旋转（顺时针）
	按 Ctrl- 左箭头	朝着绿色的旋转红色
	上一页	旋转 +90°（当没有场景）
	下一页	旋转 -90°（当没有场景）

表 10.18.2　其他快捷键

操　作	关　键	描　述
材质	Enter 键	鼠标下的示例材质
	Backspace 键	设置默认材质（取消当前材料）
	Tab 键	通过物料清单循环反向加载模型中
	Shift-Tab 键	加载模型中循环切换物料清单

续表

操 作	关 键	描 述
纹理	任何箭头	示例材质和 UV 模式下鼠标（纹理）
	按 Ctrl 单独	当前的纹理时，强制油漆模式下
	按 Ctrl 单独	可视版：旋转和缩放切换推拉
	F7	切换网格可视性（在网格 UV 模式）
杂项	F9	调用本地的 SU 油漆桶工具
	F10	显示此帮助

表 10.18.3　VCB 输入语法（注：VCB 就是 SketchUp 的"数值框"）

转 换	描 述	例 子
VCB（常规）	分隔空间或链接的命令	2xu 30d 4*v
	可接受一级方程式（没有空间）	2+3x or （3*4+2）d
平移	正确红色和绿色的方向 - 在 UV 单位（0 到 1.0）	
	在 U 的翻转	0.5u
	翻转在 V	0.5v
	在 UV 的相同的翻转	0.5
旋转	角度正面从绿色到红色（顺时针）	
	关于鼠标的位置，或可视化的起点完成旋转	
	相对旋转度数	30d
	相对旋转弧度	0.5r
	相对旋转在等级	100/3g
	相对旋转 %（坡度）	45%
	绝对旋转：双后缀	30dd or 0.5rr
	旋转 90°	+
	旋转 -90°	-
	旋转 180°	++
缩放	尺度系数正相对的，绝对的负面	
	关于鼠标的位置，或可视化的起点完成缩放	
	统一比例	3x
	缩放比例在 U	2.5xu
	缩放比例在 V	3.5xv
	缩放 U 和 V	2.5xu 3.5xv

续表

转　换	描　述	例　子
镜像	关于鼠标的位置，或可视化的起点完成镜像	
	关于起点的对称性	/
	U 轴的镜像	/u
	V 轴的镜像	/v
平铺	U 和 V 中定义的系数贴图	
	进行全面平铺（系数 1X1）	1*
	系数在 U	2*u
	系数在 V	2*v
	如果没有定义，请使用储存的系数（1）	*
	询问平铺系数	**
复位纹理位置	复位所有	0
	复位旋转	0d
	复位缩放比例	0x

10.19　相关插件（Color Paint 调色板）

因为上一节开始就说明的原因，这一节要向你介绍 Fredo6 Tools 工具条上的另外一个宝贝"Color Paint 调色板"，它在 Fredo6 Tools 工具条上的位置见图 10.19.1 圈出的部分。

图 10.19.1　Fredo6 Tools 工具条

1. Color Paint 调色板概述

SketchUp 自带的材质面板上，有一个"颜色"的可选项，里面包含了 106 种颜色的集合；还有一个"指定颜色"选项里有 152 种颜色的集合；且不说这两个颜色集存在的不足甚至毛病（可参阅本书 2.5 节），单说这两个颜色集的规模，就难以适应对色彩有专业应用要求的 SketchUp 用户。

弗雷多先生大概也看到了这一点，所以就编写了这样一个插件，大大扩展了 SketchUp 用户对于色彩的掌控能力与运用范围。单击"Fredo6 tools / Color Paint 调色板"后，将弹出名为 Color Selector（颜色选择器）的面板，见图 10.19.2，上面有 8 个标签，包含有 6 个颜色集合，分别是：

- 图 10.19.2 ③ Named 已命名，138 种有英文标准名称的颜色。
- 图 10.19.2 ④ Grayscale 灰度，包含了 256 种不同的灰度。
- 图 10.19.2 ⑤ RAL Classic 劳尔经典色卡，230 种标准色。
- 图 10.19.2 ⑥ RAL Design 劳尔设计色卡，1624 种标准色。
- 图 10.19.2 ⑦ SVG Palette 139 Colors，139 种 SVG 色卡标准色。
- 图 10.19.2 ⑧ Extended 扩展的颜色集，含 873 种标准颜色。
- 图 10.19.2 ①②加载与调用调色板文件和"我喜欢的颜色集"。

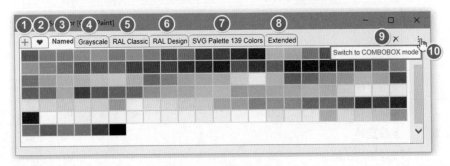

图 10.19.2　调色板工作面板

2. 使用举例（Named 已命名的颜色）

单击图 10.19.3①Named(已命名)标签，可看到包含有 138 个色块；把光标移动停留于（不要单击）任何一个色块上，都会显示如图 10.19.3 ②所示的信息，其中包含有国际标准的英文名称、编号、色卡号和 RGB、Hexa、HSV、Luminance 等数据；为了让不太熟悉色彩理论的读者也能享用这个插件带来的便利，下面对图 10.19.3 ②所示的色彩术语稍微展开介绍。

（1）SVG：一种主要用于网页配色的调色板。图 10.19.3 ②所指的红色相当于：SVG139 号色。

（2）RGB：是一种广泛应用于屏幕显示的，以"红绿蓝"色光三原色为基础建立的色彩模式。主要应用于计算机或手机屏幕，投影仪等电子显示应用。一般的喷墨打印机可以勉强表达 RGB 色彩，但有色差，要比显示器上看起来暗一点，饱和度也低一点。请注意 RGB 颜色不宜直接用于对色彩有较高要求的印刷。图 10.19.3 ②上的 RGB=255.0.0 代表红色。

（3）Hexa：也是一种表示颜色的方法，用六位十六进制码代表一种颜色，每两位代表一种颜色，顺序是"红绿蓝"，如图 10.19.3 ②上的 Hexa=FF0000，也是上述同一种红色。十六进制的数值 FF 相当于十进制的 255，可见其意义与上述的 RGB 是相同的，只是表达的方式不同。

（4）HSV：该色彩模式跟 SketchUp 材质面板上的 HSB 和另一种 HSL 都是以"色相、饱和度、明度"来表征颜色的系统，三种颜色模式的 H 都是指色相（Hue），S 指饱和度（Saturation）；HSB/HSV/HSL 中的字母 B/V/L 都指亮度（明度），英文单词分别为 Brightness / Value / Lightness；这三种色系即使存在少许不同，也没有根本的区别。

（5）Luminance：明亮程度，也叫光度。用来度量被照表面的亮度，等于光源或表面的单位投影面积所发射的单位立体角的光通量。

光标移动到某一个色块上单击，光标变成油漆桶，这种颜色就成为材质面板的当前颜色，它将出现在材质面板的左上角，接着就可以用材质面板对它"查看""编辑"，也可以直接对目标"赋色"。

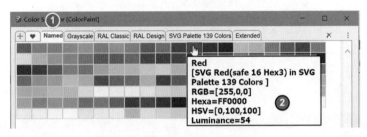

图 10.19.3　一种颜色的数据

3. Color Paint 调色板的高级应用

上面介绍了 Color Paint 调色板与 SketchUp 材质面板配合起来的应用，可以方便地获得宽广的可选色域范围。下面还有"Color Paint 调色板"插件的其他功能与用法。下面介绍的用法，适用于 Color Paint 调色板上的所有色系。

- 赋色：单击某种颜色，光标变成油漆桶后，移动到对象上单击，即可为对象赋色；同时，这种颜色也出现在 SketchUp 材质面板的"当前材质"上（即材质面板上最大的色块），此时点开材质面板的"编辑标签"，还可以对其进行修改编辑（这个应用上面已经提到过）。
- 查看颜色参数：光标移动到某种颜色，即可查看这种颜色的所有详细参数，如图 10.19.3 ②所示，这个应用上面也提到过了。
- 创建颜色集：单击某种喜欢的颜色，不要松开鼠标，稍微移动一点点，当这种颜色上出现一个红色心形的图案时，这种颜色已经被收集到图 10.19.4 ①"我喜欢的颜色"里。图 10.19.4 ②就是刚刚收集的几种颜色。
- 从颜色集里删除：只要单击某种你不再喜欢的颜色，按着鼠标左键不放，拖曳到图 10.19.4 ③有红色叉叉的图标上，这种颜色就从"我喜欢的颜色里"被删除。
- 当前颜色收集到颜色集：单击图 10.19.4 ④的油漆桶图标，可以把 SketchUp 当前正在使用的材质收集到"我喜欢的颜色"里去，注意：若当前材质是某种图片，保存的是其颜色的平均值，而不是图片本身。
- 创造一种颜色：单击图 10.19.4 ⑤的 RGB 图标，会弹出图 10.19.5 所示的 Favorite Color Creation 面板，这是一个创造颜色的工具，我们可以在这里输入任意 RGB、

HCV、Hexa 颜色系统的数据来产生一种颜色，单击图 10.19.5 ⑥即可加入到图 10.19.4 ①的"最喜爱颜色"里去。另外，在图 10.19.5 ④的 Opacity 里可以指定新颜色的"不透明度"。

● 加载与调用调色板文件：单击图 10.19.4 ⑥加号的标签，弹出如图 10.19.6 所示的对话栏，单击图 10.19.6 ①可以加载一个已有的调色板文件；单击图 10.19.6 ③可调出一个创建调色板文件的范本。

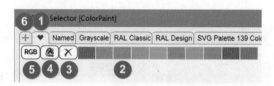

图 10.19.4　创造与保存颜色集

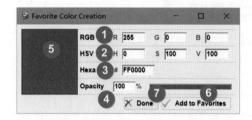

图 10.19.5　创造颜色

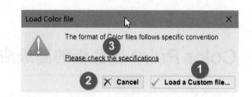

图 10.19.6　加载已有的调色板

归纳一下，Fredo6 Tools 的"Color Paint 调色板"较好地弥补了 SketchUp 材质面板的不足，大大扩展充实了 SketchUp 用户在色彩方面的选择余地；相当于增加了一个独立的可配置的颜色选择器与色彩收藏夹。

10.20　相关插件 TT UV Toolkit（TT UV 工具包）

在先前的 10.14 到 10.16 节中，我们用三节的较大篇幅介绍了 SketchUV 这个插件，如果能够真正掌握好、运用好 SketchUV，可以说在 SketchUp 里的贴图操作基本就不会再有什么问题了。

这一节要介绍另一个功能强大的插件，UV Toolkit；可以直接翻译成"UV 工具箱"；虽然名字都有 UV 二字，功能却完全不同，可以互补却不能替代。这个插件可以到 https://sketchucation.com/ 下载。插件作者的网名是 ThomThom，简称 TT，他还写过很多其他的插件。除了扩展程序库里的英文版，我还找到一个由网名"56 度"汉化的版本，也一并保存在附件里。

两种版本都是 rbz 文件，可以用窗口菜单里的扩展程序管理器简单安装。安装完成后，可以通过"视图菜单 / 工具栏"调出如图 10.20.1 这样一个工具条；在扩展程序菜单里同时有一组可选项（见图 10.20.2），请注意工具条与菜单的内容有区别，所以有时要配合起来用。

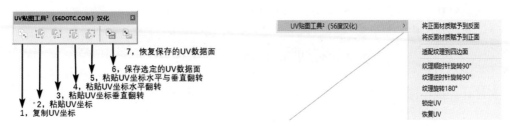

图 10.20.1　工具条　　　　　　　　　　　　　图 10.20.2　菜单栏

例一：我们先演示一下菜单最上面的两个功能（正反面材质互赋）。

（1）随便画一个面，对正面随便赋一种材质。

（2）然后点选菜单，把正面的材质赋给反面。

（3）现在反面也有了跟正面相同的材质。

（4）接着对正面赋给 SketchUp 的默认材质（白色）。

（5）选择菜单中的"将反面的材质赋给正面"，两面又有了相同材质。

一定有人会奇怪，这两个功能有什么用？其实这两个功能对于到了渲染阶段才发现有部分面的朝向不对，用来做局部修复补救非常有用，用了它，就不用一个个重新做贴图了。

例二：继续演示这个插件的主要功能（复制与粘贴 UV）。

请看图 10.20.3 里有一大堆大大小小的平面，有长有短，有些上面还有孔洞，想要在这些平面上做图 10.20.3 ①同样的贴图，要求是：不管这些平面的大小形状，每个平面上只准许有一个图片的纹样。

用常规的贴图方法是这样操作的：吸管工具汲取图 10.20.3 ①的材质，赋给所有无编号的面，然后右击每一个平面，纹理，位置，一个个调整贴图的大小与形状。现在换用这个插件来做就简单得多了。

（1）选择经过调整的贴图（见图 10.20.3），单击第一个工具（见图 10.20.3 ①），这样就让插件记住了当前已经选中的图 10.20.3 的 UV 坐标。

（2）然后一次性选择图 10.20.3 里的一大堆平面。

（3）现在单击图 10.20.3 ③的按钮，对这些面粘贴刚才复制的 UV 坐标。

（4）图 10.20.4 所示为操作后的结果，可以看到所有的面，不管大小形状，是否有孔洞，全都完成了贴图和尺寸缩放，每个面上只有一个图，都不重复。

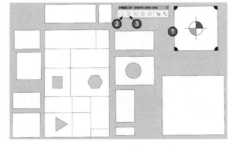

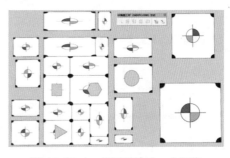

图 10.20.3　一堆形状不同的面　　　　　　　图 10.20.4　分别赋给同一个图像

这个功能有什么用？下面用两个实例来告诉你。

例三：街心花园中心铺装。

图 10.20.5 是一个街心花园的白模与准备用来贴图用的图片素材，其中①②③是要做贴图的位置（三圈小方块分别成组）；④⑤⑥是用来贴图的素材图片。注意这三种图片都有石块之间的接缝，完成贴图后的①②③也必须有石块之间的接缝，这样就更接近真实。操作过程如下。

（1）对图 10.20.5①的一个小方格赋材质，并通过【右键菜单/纹理/位置】调整大小和位置，完成后如图 10.20.6①已经调成扇形，四周带半条拼缝。

（2）选中图 10.20.6①后，再单击工具条第一个按钮"复制 UV 坐标"。

（3）进入图 10.20.5①的群组，选中所有小块后，单击工具条第二个工具"复制 UV 坐标"。

（4）第一圈完成 UV 贴图后，如图 10.20.7 所示。

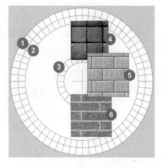

图 10.20.5　街心花园白模与素材

图 10.20.6　调整大小方位后

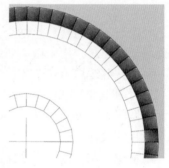

图 10.20.7　完成复制 UV 后

（5）图 10.20.8 是对第二圈重复赋材质，调整贴图大小位置后。

（6）调整完成后，再单击工具条第一个按钮"复制 UV 坐标"。

（7）选中所有小块后单击工具条第二个工具"复制 UV 坐标"。

（8）第二圈完成后如图 10.20.9 所示。

（9）用上述方法完成第三圈的 UV 贴图等，成品如图 10.20.10 所示。

图 10.20.8　第二圈重复

图 10.20.9　第二圈完成后

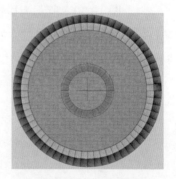

图 10.20.10　全部完成后

例四：翻转 UV。

UV Toolkit 工具条上的第三、四、五个工具分别用来对 UV 坐标做水平、垂直、水平 + 垂直的三种翻转，这个实例展示三种不同的翻转效果与操作方法。

（1）请看图 10.20.11，其中的①是贴图素材，②③④⑤是已经完成贴图的对象。

（2）请再对照图 10.20.12 ②③④⑤，已经经过了不同的"UV 翻转"。

（3）以图 10.20.11 ②为例，单击选中已经赋材质的面。

（4）再单击工具条第一个按钮，记住这个面的 UV 坐标。

（5）接着单击工具条的第三个按钮"UV 坐标水平翻转"，结果如图 10.20.12 ②所示。

（6）图 10.20.12 ③所示为经过垂直翻转后的结果。

（7）图 10.20.12 ④⑤所示为经过水平 + 垂直翻转后的结果。

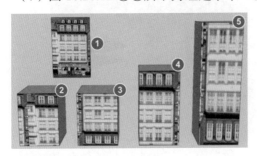 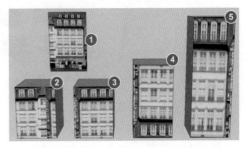

图 10.20.11　贴图后的原始状态　　　　　　　图 10.20.12　三种不同的翻转后

例五：更换组件的全部树叶。

图 10.20.13 里有两棵树的组件，是我们以前介绍过的 2.5D 的组件（树干树枝是 3D 的，树叶是 2D 的）这种组件同时避免了 3D 和 2D 两种树木组件的缺点，是一种不错的发明。我们现在不是要研究这种组件的做法，做这种组件太麻烦了，但是我们可以改造它。

图 10.20.13　2.5D 树组件的原始状态

这种组件是把树叶做成小组件，再把若干小组件组合成一个大一点的组件，经过几个层级的组合，最后形成一棵完整的树。现在要把这棵树上的树叶全部换成图中躺在地面上的新树叶，一定有人会想这是在说胡话，这么多树叶，排列得乱七八糟，是想换就能够换的吗？

下面我们来试试看，能不能把原来的树叶换成这些。

（1）选择好躺在地面上的树叶图像，单击工具条上第一个按钮"复制 UV 坐标"。

（2）全选要更换的所有树枝树叶（提前炸开）。

（3）单击工具条上第二个按钮，"粘贴 UV 坐标"。

（4）结果如图 10.20.14 所示。

图 10.20.14 更换树叶后

例六：保存和恢复 UV。

图 10.20.15 是一个用地形工具创建的地形，赋给①所示的材质后全部是碎片。点选好①后，再单击工具条右边第二个按钮"保存选定的 UV 数据面"。再单击工具条最右边的按钮"恢复选定的 UV 数据面"。

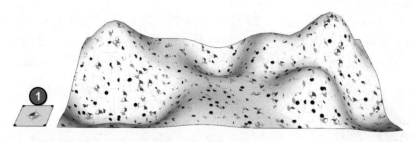

图 10.20.15 用材质工具赋材质后

操作结果如图 10.20.16 所示。

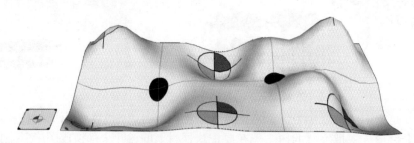

图 10.20.16 恢复 UV 坐标后

前面，我们用六个例子介绍了 UV Toolkit 的几种功能，至于你想把它用到什么地方，相信你到了需要的时候，自然会想到它。

这个插件和前面演示的所有道具及素材全部保存在附件里，你也去试试吧。

10.21　相关插件小结

说出来你可能会惊讶，写本书的第 10 章"相关插件"前面关于插件的 20 节，用去的时间居然近 4 个月。期间查找、测试跟"色彩、贴图、材质"有关的插件共七八十个，挑选出 15 个比较可靠、常用、有价值的插件，重点测试、撰写 20 小节的图文教程，制作了 20 节视频，在将近 4 个月的测试中，淘汰了几十种没有太大应用价值，功能重复，不可靠，跟新版 SketchUp 不兼容的老旧插件（是指跟色彩、贴图、材质有关的），只挑选出上面提到的 15 种；还有 27 种插件（软件）作为后备对象，其中有一些优秀的插件（软件），譬如"一键风格""一键渲染""网格工具"等，都是非常好的插件，可惜跟我们当前的主题"色彩、贴图、材质"有一定的距离，这些好插件今后或许会收录进"官方指定教材"的其他部分里去。其中还有很多因为功能重复、测试中表现不可靠、版本老旧、实用性有限等各种各样的原因，没有深入下去为它们撰稿制作视频。

现把已经正式采用的插件与可供读者参考的插件（软件）分别列出清单于后。

1）已经被本书收录，有图文与视频教程的插件（软件）

10.2　ExtensionStore v4.0（扩展程序管理器）

10.3　Color Maker（颜色制造者）

10.4　Munsell Maker（蒙赛尔色彩生成器）

10.5　Material Replacer（材质替换）

10.6　Material Resizer（材质调整）

10.7　Goldilocks（纹理分析）

10.8　Texture Positioning Tools（纹理定位）

10.9　八宝材质助手

10.10　SR Gradientator（水平渐变色）

10.11　Fredo6 Tools（高度渐变色）

10.12　Fredo6 Tools（坡度渐变色）

10.13　Grey Scale（灰度材质）

10.14　UVTools 贴图问题与解决

10.15　SketchUV（UV 调整一）

10.16　SketchUV（UV 调整二）

10.17　SketchUV（UV 调整三）

10.18　Thru Paint（穿透纹理）

10.19　Color Paint（调色板）

10.20　TT UV Toolkit（TT UV 工具包）

供参改的插件：

以上 18 种插件的 rbz 文件已经保存在各章节的附件里，都通过了 SketchUp 2020/2021 版的安装测试，都可以通过"窗口菜单 / 扩展程序管理器"安装使用。

2）27 种插件供参考

（1）large image splitter（AE 切割大图像）：

https://extensions.sketchup.com/en/content/large-image-splitter

当导入高分辨率图像时，SketchUp 会自动以较低的分辨率显示，并出现模糊，而打开"使用最大纹理"又严重影响 SketchUp 的运行速度；这个工具可以把高分辨率的图像分割成小块，在一定程度上解决了这个问题。

（2）Material Tools（材质工具）：

https://extensions.sketchup.com/en/content/material-tools

这个插件原来叫作 Remove Materials；具有以下功能：

- 可将组级别的材质传递到面级别上。
- 删除全部实体材质。
- 从选择集中删除实体材质。
- 删除全部边线上的材质。
- 删除全部边界及表面上的材质。
- 删除全部背面材质。
- 通过选择材质名称进行材质删除。
- 列出全部材质贴图并按像素大小进行排列。
- 烘培颜色调整到材质贴图上。

（3）S4U Scale Definition（重设贴图比例）：

https://extensions.sketchup.com/en/content/s4u-scale-definition

缩放过的组或者组件，往往贴图的比例会变得很大或者很小，这个插件可以让贴图按图片的原始比例来显示贴图大小，而不用去调整贴图的尺寸。

（4）SKMtools, MaterialTools, ImageTools（材质贴图工具箱）：

http://sketchucation.com/forums/viewtopic.php?p=293677

据介绍，这套插件包含了以下几个功能：

- 对动画做贴图。
- 把 GIF 文件拆解成单个图片。
- 可对 png 图片自动描边。
- 针对 SKM 文件进行导入、导出、制作缩略图。

（5）Heightmap from Model（模型转高程图）：

http://sketchucation.com/forums/viewtopic.php?p=209935

该插件可以将 SketchUp 的地形模型输出为 3D 游戏引擎常用的 RAW 和 BMP 图像格式，这样可以在 3D 软件里利用置换贴图直接调用。

（6）SketchFX Pro Ex （一键风格）。

https://extensions.sketchup.com/en/content/sketchfx-ex

https://extensions.sketchup.com/en/content/sketchfx-pro

SketchFX 是 SketchUp 的一个非常快的可视化插件，SketchFX pro 是专业版，SketchFX Ex 是加强专业版，支持动画。无须学习，只需单击一下鼠标，即可创建非常具有视觉冲击力的插图，有着非常丰富的艺术风格。插件比较消耗资源，电脑配置差的需要耐心。

（7）Visualizer for SketchUp （一键渲染）：

https://extensions.sketchup.com/en/content/visualizer-sketchup

一键渲染还免费，可惜只能在 SketchUp 2015 版用，不再更新。只要在 SketchUp 里赋好材质，选好时间阴影，单击 Visualizer 的图标即可渲染。不需要设置任何参数，玻璃材质智能识别，适合懒鬼用！

（8）Normal Map Maker（法线贴图）：

https://extensions.sketchup.com/en/content/clf-normal-map-maker

这是一个要跟渲染工具配合使用的插件，在低精细度的模型上贴一幅高精度并且有"法线贴图"信息的图片，经过渲染，获得高精度模型类似的视觉效果。也是一种"以图代模"的方法，不过要通过渲染来实现。

（9）TIG Reversed Face Tools （反面材质工具）：

https://extensions.sketchup.com/en/content/clf-perpendicular-face-tools

建模习惯不好的人，时常在渲染或导出时才发现很多反面朝向了相机，虽然不影响在 SketchUp 里的效果，但会发现破面和材质混乱等毛病。这个插件专门解决这个问题，只要选中要反转的面，然后执行插件，面就翻转并保持贴图坐标。

（10）Roadkill UV Tool（UV 贴图伴侣）：

https://www.box.com/s/sefdd1de1jal0jxdfua9

这是一个 SketchUp 外部的小程序，先把模型导出成 obj，然后导入这个小软件，进行材质展开与调整后，再导出成 obj，从 SketchUp 导入调整过的 obj，贴图的 UV 坐标就得到纠正。

（11）UVprojection （UV 投影）：

https://sketchucation.com/forums/viewtopic.php?t=34552&p=304651#p304581

这是用来调整贴图大小和方向的老插件。

（12）Shadowtex（阴影材质）：

https://extensions.sketchup.com/en/content/shadowtex

可以对模型的阴影背光区附上指定颜色或贴图的工具。

（13）ImageTrimmer （自动描边工具）：

http://sketchucation.com/forums/viewtopic.php?p=293677

这是前述 SKMtools/MaterialTools/ImageTools （材质贴图工具箱）里的一个功能，独立出来的插件，可以对 png 图片做描边，是创建 2D 组件的帮手。

（14）FlatText Free（浮动文字插件）：

https://extensions.sketchup.com/en/content/flattext-free

这是一款能将一段文字放置在任何地方的工具，还可以进行编辑，操作简单，体积小巧。这是免费版，另外有个功能更强大的收费版 FlatText。

（15）S4U_Material（材质速调）：

https://extensions.sketchup.com/pl/content/s4u-material

可以对正反面的材质进行互换、统一和恢复默认材质等操作。

（16）tt_remove_material（材质删除）：

https://sketchucation.com/forums/viewtopic.php?t=17587

这是 SketchUp 7.0 时代的老插件，功能较多。

（17）layer material tools（图层材质转换）：

https://sketchucation.com/plugin/1299-tig_layer_material_tools

该插件辅助在材质和图层中进行转换，有四个不同的方式：按图层名生成材质；按材质名生成图层；按图层设置材质名称；按材质名称设置图层。

（18）Heightmap from Model（模型转高程图）：

http://sketchucation.com/forums/viewtopic.php?p=209935

这个插件可以将 SketchUp 的地形模型输出为 3D 游戏引擎常用的 RAW 和 BMP 图像格式，这样可以在 3D 软件里利用置换贴图直接调用。

（19）CADup（模型转图纸）：

http://sketchucation.com/forums/viewtopic.php?p=309485

这个插件可自动将 SketchUp 中的群组、组件生成各种视图 / 剖视图 / 轴测图，用于继续编辑。插件还会自动形成多个图层。较复杂的模型可能会卡顿或罢工。

（20）Color by slope（坡度颜色）：

https://extensions.sketchup.com/en/content/clf-color-slope

颜色越红坡度越陡，颜色越蓝灰坡度越缓，一目了然，是地形分析的辅助工具。

（21）Algolab Photo Vectorw5r5（图片转 dxf 外部软件）：

http://www.onlinedown.net/soft/1164131.htm

这个插件可提供强大的位图文件向量化功能，使用者无须做任何特别的设定，即可将点阵格式图档转换为向量格式。

（22）PixPlant（材质制作，外部软件）：

https://www.jb51.net/softs/650732.html

只需选择一个照片，运行 PixPlant 即可获得完美的无缝纹理。PixPlant 运行简单，快捷，可以在很快时间内得到你要的效果，最好跟 Photoshop 配合使用。

（23）Texture Resizer（贴图减肥）：

https://extensions.sketchup.com/en/content/texture-resizer

https://extensions.sketchup.com/en/content/material-resizer

该插件可以将场景中所选择物体的全部贴图像素快速减小，批量操作，无须调用第三方软件，即可达到给 SketchUp 文件快速减肥的效果。

（24）MeshWrapper Tool（网格工具）：

https://extensions.sketchup.com/en/content/meshwrapper-tool

把形状复杂的模型统一为四边面的工具，大大简化模型，方便后续编辑与做 UV 贴图。

（25）CLF Color by Z（高度渐变色）：

https://extensions.sketchup.com/extension/cf4042b9-57db-447c-9303-00801517599b/clf-color-by-z

这是另一种高变渐色工具，但推荐使用 10.10 节的 Fredo6 Toobs。

（26）S4U Export Scenes（s4u 场景导图）：

https://sketchucation.com/plugin/1843-s4u_export_scenes

用于批量导出场景图片，但更推荐 9.7 节介绍的"WebGL 导出全景"。

（27）Extrapolate Colors（推断材质）：

https://extensions.sketchup.com/extension/bcda0c00-5edd-45b9-9df3-e4820ea13e74/clf-extrapolate-colors

用于随机分配选定区域的材质，常用于"铺装"设计，测试有小问题。